항공종사자(조종/관제 분야)를 위한

비행정보 및 관제절차

문제집

편집부 엮음

항공출판사

Preface

1903년 12월 17일 미국의 라이트형제가 인류 최초로 동력비행을 실시한 이후 비행기의 성능은 급속도로 발전하였습니다. 특히 최초의 제트여객기인 보잉 707 항공기가 1954년 2월 승객 100명을 태우고 비행에 성공하여 대형기의 실용화 시대의 막을 열어 주었습니다. 이어 점보제트기의 보급률 증가와 고속화로 대량수송이 가능하게 되었으며, 비행기의 설계, 제작기술 및 생산력의 향상 등 항공기술의 모든 분야에 걸쳐 급격한 발전을 이룩하였습니다.

우리나라는 1969년 3월 대한항공공사를 민영화하여 오늘날의 대한항공을 설립하였으며, 이후 본격적인 민항공시대로 돌입하여 국제경쟁력을 갖춘 항공운송산업이 발전하는 계기가 되었습니다. 국내 항공운송시장은 2009년 항공운송사업 면허체계 개정으로 국내/국제 항공운송사업과 더불어 소형항공운송사업을 규정함으로써 다양한 항공운송시장의 설립 토대를 마련하였으며, 우리나라의 경제발전과 더불어 세계적인 항공사로 성장하였습니다.

항공기 제작산업을 살펴보면 1991년 창공-91이 국내기술로 개발한 첫 공식 승인 비행기입니다. 한국 최초의 고유 모델 항공기인 'KT-1'은 터보프롭엔진을 장착한 공군 초등 기본훈련기로 1988년에 개발이 결정되어 1996년에 시험비행을 성공한 후 1999년부터 양산되었으며, 이후 대량 생산되어 외국에도 수출되었습니다. 2002년에는 한국항공우주산업(KAI)이 개발한 초음속 고등 훈련기인 'T-50'의 시험비행에 성공했습니다. 미국의 록히드 마틴과 같은 외국 기술의 도움을 상당히 받긴 했지만, 우리나라는 아음속(亞音速) 비행기와는 차원이 다른 고도의 기술집약체인 초음속 고유 모델 항공기의 세계 12번째 생산국이 된 것입니다. 이후 노후화된 UH-1, 500MD를 대체하기 위해 2006년 6월에 한국형 중형 기동 헬리콥터인 KUH(수리온) 개발에 착수하였고, 2010년에 초도비행에 성공하여 2012년 12월부터 실전 배치되었습니다.

또한 2021년 4월에는 최초의 국산 전투기인 'KF-21 보라매' 시제기 1호가 출고되었으며, 2022년 7월 초도비행에 성공하였습니다. KF-21 사업은 대한민국의 자체 전투기 개발능력 확보 및 노후 전투기 대체를 위해 추진 중인 공군의 4.5세대 미디엄급 전투기 개발사업입니다. 오는 2026년 6월까지 지상·비행시험을 거쳐 KF-21 개발을 완료하면 우리나라는 세계 8번째 초음속 전투기 독자 개발 국가가 될 전망입니다.

이러한 국내 항공관련 산업 전반에 걸친 확대와 폭넓은 발전에 따라 항공종사자의 역할과 수요도 갈수록 커지고 있습니다.

현재 항공업계에 종사하고 있거나, 차후 항공업계에 진출하기 위해 준비 중인 젊은 이들이 관련 시험을 준비하는데 있어 본서가 도움이 되기를 바라며, 본서의 특징을 들면 다음과 같습니다.

1. 항공종사자(조종/관제분야) 관련 학과시험에 출제되었던 과년도 기출문제를 분석, 출제빈도가 높은 문제들을 수록하였습니다. 이를 통해 출제경향을 파악함으로서 관련 학과시험에 대비할 수 있도록 하였습니다.
2. AIM(Aeronautical Information Manual) 원문의 주요내용을 요약하여 수록하였습니다. 또한 최근에 개정된 국토교통부 고시 항공교통관제절차, 항공교통업무기준, 항공정보 및 항공지도 등에 관한 업무기준, 무선통신매뉴얼, AIP 및 FAA Manual, ICAO Annex 등과 관련된 문제를 수록하였습니다.
3. 각 장의 말미에 최근의 출제경향과 유사한 총 1,050여 문항의 예상문제를 수록하여 문제풀이의 핵심을 파악하고, 본인의 실력정도를 테스트 해 볼 수 있도록 하였습니다.
4. 각 문제마다 해설을 수록하여 정답/오답의 관련 내용을 파악하고 이해도를 높일 수 있도록 하였습니다.
5. 문제의 출처를 파악하고, 필요한 경우 해당 출처에서 그 밖의 내용을 살펴볼 수 있도록 각 문제의 내용에 대한 원 출처(original source)를 수록하였습니다.
   해설에 수록된 출처 약어의 원어는 다음과 같습니다.
   - AIM; FAA, Aeronautical Information Manual
   - IFH; FAA-H-8083-15, Instrument Flying Handbook
   - IPH; FAA-H-8083-16, Instrument Procedure Handbook
   - PHAK; FAA-H-8083-25, Pilot's Handbook of Aeronautical Knowledge

끝으로 본서를 발간할 수 있도록 예상문제의 출제, 편집, 교정/교열과 검수, 그리고 출판에 이르기까지 모든 부분에 걸쳐 도움을 주신 모든 분들에게 깊은 감사의 말씀을 드립니다.

편집부

Table of Contents

제1장. 공중항법(Air Navigation)
제1절. 항행안전시설(Navigation Aids) ·· 7
제2절. 지역항법[Area Navigation(RNAV)] ··· 14
출제예상문제 ·· 16

제2장. 항공등화 및 공항표지시설
제1절. 항공등화시설(Airport Lighting Aids) ··· 33
제2절. 공항표지시설과 표지판(Airport Marking Aids and Sign) ················· 37
출제예상문제 ·· 44

제3장. 공역(Airspace)
제1절. 일반사항 ·· 63
제2절. 관제공역(Controlled Airspace) ··· 64
제3절. G등급 공역(Class G Airspace) ··· 67
제4절. 특수사용공역(Special Use Airspace) ··· 67
제5절. 그 밖의 공역구역(Other Airspace Area) ··· 68
출제예상문제 ·· 70

제4장. 항공교통관제(Air Traffic Control)
제1절. 조종사가 이용할 수 있는 업무 ··· 83
제2절. 무선통신 용어 및 기법 ·· 89
제3절. 공항 운영(Airport Operations) ··· 96
제4절. 항공교통관제 허가와 항공기 분리 ·· 102
제5절. 감시 시스템(Surveillance Systems) ·· 108
출제예상문제 ·· 110

제5장. 항공교통절차(Air Traffic Procedures)

제1절. 비행전(Preflight) ·· 167
제2절. 출발 절차(Departure Procedures) ································ 171
제3절. 항공로 절차(En Route Procedure) ······························· 174
제4절. 도착 절차(Arrival Procedures) ···································· 180
제5절. 조종사/관제사의 역할과 책임 ······································· 191
제6절. 국가안보 및 요격절차(National Security and Interception Procedures) ······· 193
출제예상문제 ··· 197

제6장. 비상절차(Emergency Procedure)

제1절. 조종사에게 제공되는 비상지원업무 ································ 265
제2절. 조난 및 긴급절차(Distress and Urgency Procedures) ······· 267
제3절. 양방향무선통신 두절(Two-way Radio Communications Failure) ·········· 270
출제예상문제 ··· 271

제7장. 비행안전(Safety of Flight)

제1절. 항공기상(Aviation Weather) ·· 283
제2절. 고도계 수정 절차(Altimeter Setting Procedures) ············· 292
제3절. 항적난기류(Wake Turbulence) ······································ 293
제4절. 잠재적인 비행위험 요소(Potential Flight Hazard) ············ 294
제5절. 조종사의 의학적 요소(Medical Facts for Pilots) ·············· 296
제6절. 항공차트(Aeronautical Charts) ····································· 301
출제예상문제 ··· 303

1 공중 항법 (Air Navigation)

제1절. 항행안전시설(Navigation Aids)

1. 무지향표지시설(Nondirectional Radio Beacon; NDB)

가. 무지향표지시설은 항공기의 조종사가 방위(bearing)와 기지국(station)의 방향을 판단할 수 있도록 무지향성 신호를 송신한다. 이들 시설은 일반적으로 190~535 kHz의 주파수대에서 운용된다. 컴퍼스 로케이터(compass locator)를 제외한 모든 무지향표지시설은 음성송신을 하는 동안을 제외하고, 3자리의 문자로 된 식별신호(identification)를 부호화하여 연속적으로 송신한다.

나. 무지향표지시설을 계기착륙시설(ILS)의 marker로 사용할 때, 이를 Compass Locator라고 한다.

다. 등급 지시자(class designator)에 문자 "W"(without voice)가 포함되어 있지 않으면 무지향표지시설에 의해 음성송신이 이루어지는 것이다. (HW)

라. 무지향표지시설에 부정확한 방위정보를 유발할 수 있는 전파방해는 번개, 강수정전기(precipitation static) 등과 같은 요소에 의하여 발생한다. 무지향표지시설은 야간에 원거리기지국으로부터의 간섭에 취약하다. 부정확한 방위정보가 시현될 때 조종사에게 경고해 줄 수 있는 "flag"가 ADF 수신기에는 없기 때문에 조종사는 NDB의 식별부호를 지속적으로 경청하여야 한다.

2. 전방향표지시설(VHF Omni-directional Range; VOR)

가. VOR은 108.0~117.95 MHz 주파수대에서 운용된다. VOR은 가시선(line-of-sight)의 제한을 받으며, 통달범위는 수신장비의 고도에 비례하여 변한다.

나. 대부분의 VOR은 VOR 주파수로 음성송신을 하기 위한 장비를 갖추고 있다. 음성송신능력이 없는 VOR은 등급 지시자에 문자 "W"(without voice)를 포함하여 나타낸다. (VORW)

다. VOR을 확실하게 식별하는 유일한 방법은 모스부호 식별신호(Morse Code identification)로 식별하거나, 송신소 명칭(range's name) 다음에 단어 "VOR"을 사용하여 나타내는 녹음된 자동음성식별 신호로 식별하는 것이다. 정비기간 중에 시설은 T-E-S-T 부호(- ● ●●● -)를 송출하거나, 부호가 제거될 수 있다.

식별부호의 제거는 시설의 조정(tune-up) 또는 수리를 위해 공식적으로 방송을 하지 않고 있으며, 간헐적이거나 일정한 신호가 수신된다 하더라도 신뢰할 수 없다는 것을 경고하는 것이다.

라. VOR의 효율은 지상 및 항공기 탑재장비의 적절한 사용과 조정여부에 좌우된다.

(1) 정확도(Accuracy). VOR의 진로정렬(course alignment) 정확도는 일반적으로 ±1° 정도로 정확하다.

(2) 불규칙성(Roughness). 일부 VOR에서 미소한 진로 불규칙성(course roughness)이 발견될 수도 있으며, 이는 course needle이나 순간적인 경보 flag의 작동에 의해 알 수 있다.

특정 프로펠러 RPM 설정이나 헬리콥터 로터속도는 VOR 진로편차지시계(Course Deviation Indicator)를 ±6° 정도 동요하게 하는 원인이 될 수 있다. 일반적으로 RPM 설정을 약간 변경함으로써 이러한 불규칙성을 제거할 수 있다.

마. VOR 수신기 점검(VOR Receiver Check)
　(1) VOR 시험시설(VOT)은 VOT가 위치해 있는 지상에 있는 동안 VOR 수신기의 작동상태와 정확성을 측정할 수 있도록 사용자에게 편리한 수단을 제공하는 시험신호(test signal)를 송신한다.
　(2) VOT 서비스를 이용하기 위하여 VOR 수신기를 VOT 주파수에 맞춘다. Omni-bearing selector(OBS)를 0°에 맞추면 진로편차지시계(CDI)는 중앙으로 오고 to/from 지시는 "from"을 나타내어야 하며, OBS를 180°에 맞추면 to/from 지시는 "to"를 나타내어야 한다. VOR 수신기가 RMI(Radio Magnetic Indicator)를 작동시키면 RMI는 어떤 OBS 설정에서도 180°를 가리킨다.
　(3) 적정 등급의 무선시설수리공장에서 방사되는 VOT는 VOR 신호와 동일한 목적으로 사용되며, 주파수는 일반적으로 108.0 MHz 이다.
　(4) 공중과 지상점검지점은 공항 지표면의 특정지점 또는 공항주변에서 체공 중 특정 랜드마크(landmark)의 상공에서 수신할 수 있는 공인된 radial로 구성된다.
　　(가) 지상점검을 하여 오차가 ±4°를 초과하거나 공중점검을 하여 오차가 ±6°를 초과하면, 먼저 오차의 원인을 수정하지 않고 계기비행방식(IFR)으로 비행을 해서는 안된다.
　　(나) 이중 시스템 VOR(안테나를 제외하고 상호 독립된 장비)을 항공기에 장착하고 있다면 하나의 시스템을 다른 시스템과 비교하여 점검할 수도 있다. 두 시스템을 동일한 VOR 지상시설에 동조시키고 기지국으로의 지시방위(indicated bearing)를 주시한다. 두 지시방위 간의 최대허용편차는 4° 이다.

3. 전술항행표지시설(Tactical Air Navigation; TACAN)
　가. FAA는 민간 VOR/DME 프로그램과 TACAN 시설을 통합하였으며, 이 통합시설을 VORTAC 이라고 한다.
　나. TACAN 지상장비는 고정식 또는 이동식송신기로 구성된다. 지상장비와 함께 항공기 탑재장비는 송신된 신호를 방위각(azimuth)과 거리정보의 시각적 표현으로 변환시킨다.

4. 전방향표지시설/전술항행표지시설(VHF Omni-directional Range/Tactical Air Navigation; VORTAC)
　가. VORTAC은 VOR과 TACAN의 두 부분으로 구성된 시설로 한 위치에서 VOR 방위, TACAN 방위 및 TACAN 거리(DME) 세 가지의 각기 다른 정보를 제공한다.
　나. VOR과 TACAN의 송신신호는 각각 3자리의 문자로 된 부호의 송신에 의해서 식별되며, 연동되기 때문에 TACAN 거리와 함께 VOR 방위를 사용하는 조종사는 수신한 두 신호가 분명히 동일한 지상기지국(ground station)에서 송신된 것임을 확신할 수 있다.

5. 거리측정시설(Distance Measuring Equipment; DME)
　가. DME는 가시선(line-of-sight) 원리에 따라 작동하기 때문에 매우 높은 정확도의 거리정보를 제공한다. 가시고도(line-of-sight altitude) 199 NM까지의 거리에서 1/2 mile 또는 거리의 3% 가운데 더 큰 수치 이내의 정확성을 가진 신뢰할 수 있는 신호를 수신할 수 있다. DME 장비로부터 수신되는 거리정보는 경사거리(slant range distance)이며 실제 수평거리는 아니다.

나. ICAO 부속서 10에 의한 DME의 운용주파수 범위는 960~1,215 MHz 이다. TACAN 장비를 갖춘 항공기는 VORTAC으로부터 자동으로 거리정보를 수신하지만, VOR을 갖춘 항공기는 별도의 DME 항공기 탑재장비가 있어야 한다.

다. VOR/DME, VORTAC, ILS/DME 및 LOC/DME 시설은 시분할(time share) 방식에 의해 송신되는 동기화된 식별부호에 의해 식별된다. 시설의 VOR 또는 로컬라이저(localizer) 부분은 1,020 Hz의 부호화된 변조음(tone modulated) 또는 부호와 음성의 조합에 의해 식별된다.

TACAN 또는 DME는 1,350 Hz의 부호화된 변조음에 의해 식별된다. VOR 또는 로컬라이저의 식별부호가 3회 또는 4회 송신될 때 DME 또는 TACAN 식별부호는 1회 송신된다. VOR 또는 DME 중 하나가 작동하지 않을 때 어느 식별부호가 운용시설에서 유지되고 있는 식별부호인지를 아는 것이 중요하다. 약 30초 간격으로 반복되는 단 하나의 식별부호는 DME가 작동하고 있다는 것을 나타낸다.

6. 항행안전시설 서비스범위(NAVAID Service Volume)

가. VOR/DME/TACAN 표준 서비스범위(SSV)

원래의 NAVAID SSV는 그림 1-1과 같이 Terminal(T), Low(L)와 High(H) 3가지 등급(class)으로 지정된다. NAVAID의 사용가능거리는 각 등급별로 송신기 상공의 높이(above the transmitter height; ATH)로부터의 고도에 따라 달라진다.

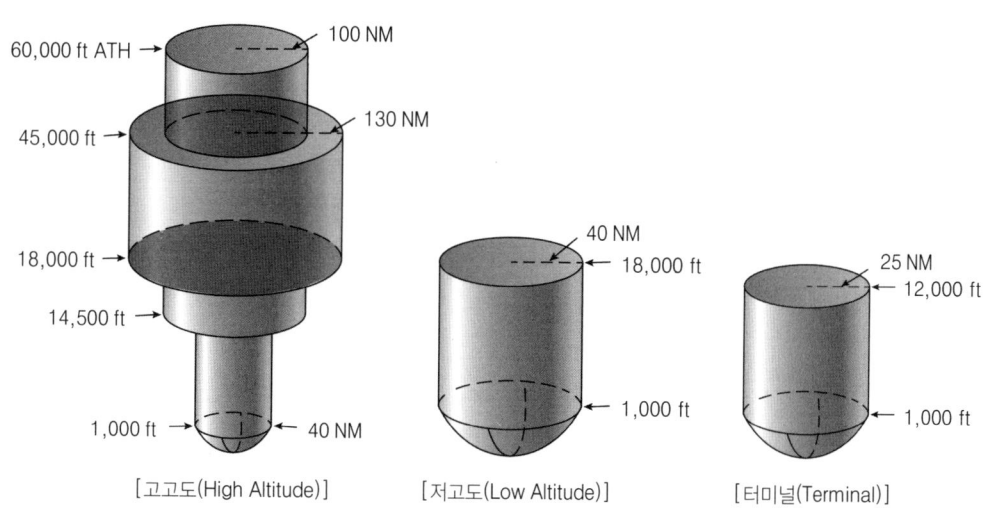

그림 1-1. 원래의 표준 서비스범위(Original standard service volume)

표 1-1. VOR/DME/TACAN 표준 서비스범위(Standard Service Volume)

SSV 지시자 (Designator)	고도 및 거리범위(Altitude and Range Boundary)
T(터미널)	1,000 ft ATH 이상, 12,000 ft ATH 이하의 고도에서 반경 25 NM 이내
L(저고도)	1,000 ft ATH 이상, 18,000 ft ATH 이하의 고도에서 반경 40 NM 이내
H(고고도)	1,000 ft ATH 이상, 14,500 ft ATH 이하의 고도에서 반경 40 NM 이내 14,500 ft ATH 이상, 60,000 ft 이하의 고도에서 반경 100 NM 이내 18,000 ft ATH 이상, 45,000 ft ATH 이하의 고도에서 반경 130 NM 이내

나. 무지향표지시설(NDB) 서비스의 통달범위는 표 1-2와 같다. 거리(반경)는 각 등급별로 모든 고도에서 동일하다.

표 1-2. NDB 서비스범위(NDB Service Volume)

등급(Class)	거리(반경)
Compass Locator	15 NM
MH	25 NM
H	50 NM
HH	75 NM

다. 항행성능의 발전과 더불어 원래 SSV 범위의 확장이 필요함에 따라 4개의 새로운 SSV가 추가되었다. VOR과 관련되어 추가된 2개의 새로운 SSV는 VOR Low(VL)와 VOR High(VH)이며 그림 1-2와 같다. DME와 관련되어 추가된 다른 2개의 새로운 SSV는 DME Low(DL)와 DME High(DH)이며 그림 1-3과 같다.

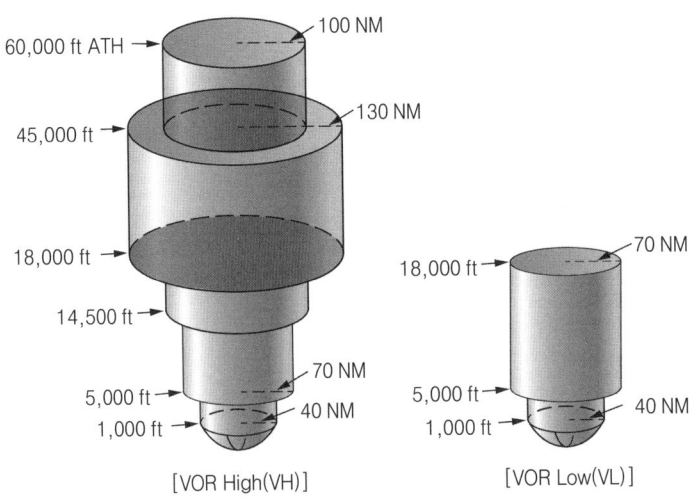

그림 1-2. 새로운 VOR 서비스범위(New VOR service volume)

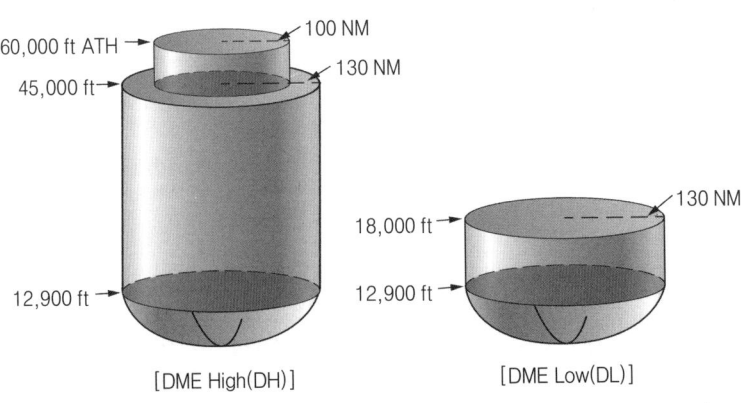

그림 1-3. 새로운 DME 서비스범위(New DME service volume)

표 1-3. VOR/DME/TACAN 새로운 표준 서비스범위(New Standard Service Volume)

SSV 지시자 (Designator)	고도 및 거리범위(Altitude and Range Boundary)
VL (VOR Low)	1,000 ft ATH 이상, 5,000 ft ATH 미만의 고도에서 반경 40 NM 이내
	5,000 ft ATH 이상, 18,000 ft 미만의 고도에서 반경 70 NM 이내
VH (VOR High)	1,000 ft ATH 이상, 5,000 ft ATH 미만의 고도에서 반경 40 NM 이내
	5,000 ft ATH 이상, 14,500 ft 이하의 고도에서 반경 70 NM 이내
	14,500 ft ATH 이상, 60,000 ft ATH 이하의 고도에서 반경 100 NM 이내
	18,000 ft ATH 이상, 45,000 ft ATH 이하의 고도에서 반경 130 NM 이내
DL (DME Low)	12,900 ft ATH 이하의 고도에서 NAVAID까지의 가시선(LOS)에 해당하는 반경
	12,900 ft ATH 이상, 18,000 ft ATH 미만의 고도에서 반경 130 NM 이내
DH (DME High)	12,900 ft ATH 이하의 고도에서 NAVAID까지의 가시선(LOS)에 해당하는 반경
	12,900 ft ATH 이상, 60,000 ft ATH 이하의 고도에서 반경 100 NM 이내
	12,900 ft ATH 이상, 45,000 ft ATH 이하의 고도에서 반경 130 NM 이내

7. 계기착륙시설(Instrument Landing System ; ILS)

가. 일반(General)

(1) ILS는 항공기가 활주로로 최종접근시 항공기의 정확한 활주로 정대(alignment) 및 강하를 위한 접근로(approach path)를 제공하기 위하여 설계되었다.

(2) 시스템은 기능에 따라 다음과 같이 세 부분으로 구분할 수 있다.

 (가) 유도정보(guidance information) : 로컬라이저(localizer), 글라이드 슬롭(glide slope)

 (나) 거리정보(range information) : 마커비콘(marker beacon), DME

 (다) 시각정보(visual information) : 진입등, 접지구역등 및 활주로중심선등, 활주로등

나. 로컬라이저(Localizer)

(1) 로컬라이저 송신기(localizer transmitter)는 108.10~111.95 MHz 주파수 범위 내에서 40개의 ILS 채널 중 하나로 운용된다. 신호는 조종사에게 활주로중심선으로 진로유도(course guidance)를 제공한다.

(2) 로컬라이저의 접근진로는 전방진로(front course)라고 하며 글라이드 슬롭(glide slope), 마커비콘(marker beacon) 등과 같이 다른 기능을 하는 부분과 함께 사용된다. 로컬라이저 신호는 활주로의 반대편 끝단에서 송신된다. 활주로시단에서 700 ft(좌측 최대 비행범위에서 우측 최대 비행범위까지)의 진로 폭이 되도록 조절된다.

(3) 활주로중심선의 연장선을 따라 전방진로(front course) 반대방향으로의 진로를 후방진로(back course)라고 한다.

(4) 식별신호는 국제모스부호(International Morse Code)로 되어 있으며, 로컬라이저 주파수로 송신되는 문자 I(● ●) 다음에 3자리의 식별문자(identifier)로 구성된다. (예, I-DIA)

(5) 로컬라이저는 안테나로부터 18 NM의 거리에서부터 활주로시단까지의 진로 상에서 가장 높은 지역의 상공 1,000 ft의 고도와 안테나 site 표고 상공 4,500 ft 사이의 강하경로(descent path) 전체에 대하여 진로유도를 제공한다. 다음과 같은 운용서비스범위의 구역에 적절한 진로이탈(off-course) 지시가 제공된다.

 (가) 안테나로부터 반경 18 NM 이내에서 진로(course)의 양쪽 측면 10° 까지

 (나) 반경 10 NM 이내에서 진로(course)의 양쪽 측면 10°부터 35° 까지 (그림 1-4 참조)

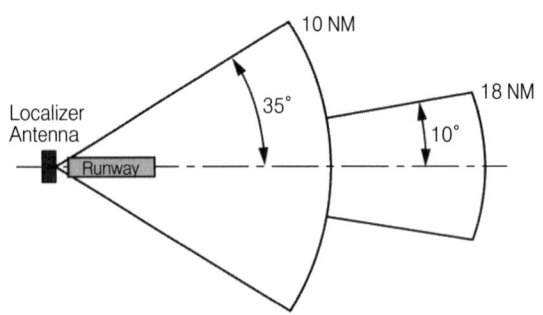

그림 1-4. 로컬라이저 통달범위(Limits of Localizer Coverage)

다. 활공각/활공로(Glide Slope/Glide Path) 제공시설
  (1) 329.15 MHz∼335.00 MHz 주파수 범위 내에서 40개의 ILS 채널 중 하나로 운용되는 UHF glide slope 송신기(transmitter)는 로컬라이저의 전방진로 방향으로 신호를 송출한다.
  (2) Glide slope 송신기는 접근활주로의 시단(활주로 아래쪽으로)으로부터 750∼1,250 ft 사이에 위치하며, 활주로중심선으로부터 250∼650 ft 벗어나 있다. 송신기는 폭 1.4°(수직으로)의 glide path 신호전파를 송신한다. 신호는 인가된 ILS 접근절차에 명시되어 있는 인가된 최저결심고도(DH)까지 강하할 수 있도록 강하정보를 제공한다.
  (3) Glide path 투사각(projection angle)은 보통 수평선 상부 3°로 조정되어 있으며, 활주로표고 상부 약 200 ft에서 MM과 교차하고 약 1,400 ft에서 OM과 교차한다. 일반적으로 glide slope는 10 NM의 거리까지 사용할 수 있다.
  (4) Glide slope 활주로시단통과높이(threshold crossing height; TCH)가 활주로시단 상공 glide path의 실제 정진로(on-course)를 지시하는 높이를 나타내는 것은 아니다. TCH는 항공기가 활주로시단 4 mile에서부터 중간마커 glidepath 구간까지 형성된 경로를 유지할 경우, 항공기의 glide slope 안테나가 통과하게 될 활주로시단 상공의 높이를 나타낸다.

라. 마커비콘(Marker Beacon)
  (1) ILS 마커비콘(marker beacon)은 3 watt 이하의 정격출력을 가지며, 안테나 배열은 안테나의 상부 1,000 ft에서 약 2,400 ft의 폭과 4,200 ft 길이 범위의 타원형 모양을 형성하도록 설계된다.
  (2) 통상적으로 ILS와 관련된 OM과 MM 두 개의 마커비콘이 있다. Category Ⅱ ILS가 있는 장소에는 내측마커(IM)가 설치된다. 항공기가 마커 상공을 통과할 때 조종사는 표 1-4와 같은 지시를 수신할 수 있다.

표 1-4. 마커 통과 지시(Marker Passage Indication)

마커(Marker)	부호(Code)	등화(Light)
OM	― ― ―	청색(Blue)
MM	• ― • ―	황색(Amber)
IM	• • • •	백색(White)
BC	• • • •	백색(White)

  (가) 보통 외측마커(OM)는 로컬라이저 진로 상의 적절한 고도에 있는 항공기가 ILS glide path로 진입할 위치를 나타낸다.

(나) 중간마커(MM)는 착륙활주로시단(landing threshold)으로부터 약 3,500 ft의 위치를 나타낸다.
(다) 내측마커(IM)는 항공기가 MM과 착륙활주로시단 사이 glide path 상의 설정된 결심고도(DH)에 있을 때의 지점을 나타낸다.
(3) 일반적으로 후방진로 마커(back course marker)는 접근강하가 시작되는 ILS 후방진로 최종접근 픽스(final approach fix)를 나타낸다.

마. 컴퍼스 로케이터(Compass Locator)
(1) 컴퍼스 로케이터 송신기(compass locator transmitter)는 일반적으로 MM과 OM이 설치된 장소에 위치한다. 송신기는 25 watt 이하의 출력과 최소 15 mile의 통달범위를 가지며, 190~535 kHz에서 운용된다.
(2) 컴퍼스 로케이터는 2자리 문자의 식별부호 group을 송신한다. 외측 로케이터(outer locator)는 로케이터 식별부호 group의 첫 2자리 문자를 송신하고, 중간 로케이터(middle locator)는 로케이터 식별부호 group의 마지막 2자리 문자를 송신한다.

바. ILS 최저치(ILS Minimums)
ICAO Annex 14에 의하여 정상 작동하는 모든 필수 지상 및 항공기 탑재시스템 구성요소에 따라 인가되는 ILS 최저치는 다음과 같다.
(1) 정밀접근활주로, Category I ; 결심고도 60 m(200 ft) 이상, 그리고 시정 800 m 이상 또는 활주로가시거리 550 m 이상
(2) 정밀접근활주로, Category II ; 결심고도 30 m(100 ft) 이상 60 m(200 ft) 미만, 그리고 활주로가시거리 300 m 이상
(3) 정밀접근활주로, Category III ; 결심고도 30 m(100 ft) 미만 또는 적용하지 않음, 그리고 활주로가시거리 300 m 미만 또는 적용하지 않음

자. ILS 진로 왜곡(ILS Course Distortion)
ATC는 관제공항에서 공항관제탑(ATCT)이 다음과 같은 기상상태에서 운영되는 동안에 ILS 보호구역 내에서 간섭을 일으키는 운행을 회피하기 위하여 관제지시를 발부한다.
(1) 기상상태. 공식기상관측 결과 운고(ceiling) 800 ft 미만 또는 시정 2 mile 미만인 경우
 (가) 로컬라이저 보호구역(Localizer Critical Area). 착륙, 활주로 개방, 출발 또는 실패접근을 하는 항공기를 제외하고 도착하는 항공기가 외측마커(OM)나 OM 대신에 사용되는 fix 안쪽에 있을 때에는 보호구역 내 또는 상공으로 차량 및 항공기의 운행이 허가되지 않는다.
 (나) Glide slope 보호구역(Critical Area). 도착하는 항공기가 ILS 외측마커(OM)나 OM 대신에 사용되는 fix 안쪽에 있을 경우, 도착하는 항공기가 활주로 육안확인 보고를 하지 않고 다른 활주로에 착륙하기 위하여 측면이동하거나 선회하는 것이 아니라면 보호구역 내 또는 상공으로 차량 및 항공기의 운행이 허가되지 않는다.
(2) 기상상태. 운고(ceiling) 800 ft 이상 또는 시정 2 mile 이상인 경우
 (가) 이러한 기상상태에서는 보호구역을 보호하기 위한 조치가 취해지지 않는다.
 (나) 이러한 기상상태에서 운항승무원은 자동착륙 또는 복합접근(coupled approach)을 수행할 것이라는 것을 관제탑에 통보하여야 한다.

8. 단순지향성표지시설(Simplified Directional Facility; SDF)

가. SDF는 ILS 로컬라이저와 유사한 최종접근진로를 제공하며 glide slope 정보는 제공하지 않는다.

나. SDF 계기접근에 사용되는 접근기법 및 절차는 SDF 진로가 활주로와 일직선이 아니며, 진로가 ILS 로컬라이저보다 더 넓기 때문에 정밀도가 더 낮다는 점 외에는 표준 로컬라이저 접근 수행시에 사용하는 접근기법 및 절차와 근본적으로 동일하다.

다. SDF 신호는 최대 비행성능과 최적의 진로특성을 제공하기 위하여 필요에 따라 6° 또는 12° 중의 하나에 고정되어 있다.

9. 마이크로파착륙시설(Microwave Landing System; MLS)

가. MLS는 활주로에 접근하는 항공기의 정확한 정렬(alignment)과 강하를 위한 정밀한 항행유도를 제공한다. 이것은 방위각(azimuth), 고도각(elevation) 및 거리정보를 제공한다.

나. 이 시스템은 접근방위각(approach azimuth), 후방방위각(back azimuth), 접근고도각(approach elevation), 거리(range) 및 데이터 전송(data communication) 다섯 개의 기능으로 구분할 수 있다.

다. MLS 식별부호는 문자 M으로 시작되는 4자리의 식별문자이다. 식별문자는 접근방위각(그리고 후방방위각) 지상장비에 의해 최소한 분당 6회 국제모스부호로 송신된다.

라. 방위각 통달범위(azimuth coverage)는 다음과 같다.
  (1) 횡적범위: 표준구성의 경우, 활주로중심선의 양쪽 측면으로 최소 40°
  (2) 고도: 15°의 각도로 최소 20,000 ft까지
  (3) 거리: 최소 20 NM까지

10. 관성기준장치(IRU), 관성항법장치(INS) 및 자세방위기준장치(AHRS)

가. 관성기준장치(Inertial Reference Unit; IRU)는 시스템 구성품의 관성효과로부터 유발되는 신호에 의하여 항공기 자세(pitch, roll 및 heading), 위치 그리고 속도정보를 제공하는 자이로(gyro)와 가속도계(accelerometer)로 구성된 자립항법시스템이다. 알려진 위치와 정렬되면 IRU는 계속해서 위치와 속도를 산정한다.

나. 관성항법장치(Inertial Navigation System; INS)는 관성항법컴퓨터와 IRU의 구성요소를 결합한 것이다. 이 시스템은 일련의 waypoint programming을 통해 사전에 결정된 항적(track)을 따라 항행할 수 있도록 한다.

다. 자세방위기준장치(Attitude Heading Reference System; AHRS)는 기상레이더 및 자동조종장치(autopilot)와 같은 항공기시스템에 자세정보를 제공하는 전자장치이지만 위치정보를 직접 산출하지는 않는다.

11. 위성위치식별시스템(Global Positioning System; GPS)

위성위치식별시스템(GPS)은 세계 어디에서나 정확한 위치를 판단하기 위하여 사용되는 우주기반의 무선항법시스템이다. 24개의 위성군은 전 세계의 사용자가 항상 최소한 5개의 위성을 볼 수 있도록 설계되어 있다. 수신기가 정확한 3차원의 위치를 얻기 위해서는 최소한 4개의 위성이 필요하다. 수신기는 mask angle(수신기가 위성을 이용할 수 있는 수평선으로부터의 가장 낮은 각도) 이상인 위성으로부터의 자료를 이용한다.

제2절. 지역항법〔Area Navigation(RNAV)〕

1. 지역항법(RNAV)

지역항법(Area Navigation; RNAV)은 지상이나 우주기반 항행안전시설의 통달범위 내에서, 또는 자립 항행안전시설이나 이들을 조합한 시설의 성능한계 내에서 원하는 비행경로로 항공기의 운항을 가능하게 하는 항법의 한 방식이다. RNAV 비행로와 절차의 몇 가지 잠재적인 이점은 다음과 같다.

가. 시간 및 연료의 절약

나. 레이더유도, 고도와 속도배정의 의존을 줄임으로써 요구되는 ATC 무선송신의 감소

다. 효율적인 공역의 사용

2. RNAV 항행요건(Nav Specs)

RNAV 항행요건(Nav Specs)은 정의된 공역개념 내에서 항법적용을 지원하기 위해 필요한 일련의 항공기 및 운항승무원 요건이다. RNP 및 RNAV 지시자의 경우, 숫자 지시자(numerical designation)는 공역, 비행로 또는 절차 내에서 운항하는 항공기 들이 비행시간 최소 95% 동안 달성할 것으로 예상되는 nautical mile 단위의 횡적 항행 정확도를 나타낸다.

가. RNAV 1: 통상적으로 RNAV 1은 DP 및 STAR에 사용되며, 차트에 제시된다. 항공기는 전체 비행시간의 95% 동안에 1 NM 미만의 전체 시스템 오차를 유지하여야 한다.

나. RNAV 2: 달리 명시되지 않는 한, 통상적으로 RNAV 2는 항공로 운항에 사용된다. T-routes 및 Q-routes는 이러한 Nav Spec.의 예이다. 항공기는 전체 비행시간의 95% 동안에 2 NM 미만의 전체 시스템 오차를 유지하여야 한다.

다. RNAV 10: 통상적으로 대양운항에 사용된다.

출제예상문제

Ⅰ. 항행안전시설(Navigation Aids)

【문제】1. 무지향표지시설(NDB)의 운용 주파수대는?
① 108~117 kHz
② 108~250 kHz
③ 190~459 kHz
④ 190~535 kHz

【문제】2. 다음 중 가장 낮은 주파수대에서 운용되는 시설은?
① VOR
② NDB
③ DME
④ LOC

【문제】3. 조종사가 ADF로 비행 시 NDB의 식별부호 수신음을 계속 monitoring 해야 하는 이유는?
① ADF 수신기에는 flag alarm이 없으므로
② ADF 수신기에는 voice alarm이 없으므로
③ ADF 수신기에는 alarm signal이 없으므로
④ ADF 수신기에는 coded audio alarm이 없으므로

【문제】4. Nondirectional Radio Beacon(NDB)에 대한 설명 중 틀린 것은?
① 360° 전방위로 무지향성 전파를 발사하여 항공기에 방향정보를 제공하는 항법보조장비이다.
② 일반적으로 사용하는 주파수 범위는 108.1~111.95 MHz 이다.
③ 항로상의 fix로 사용할 수 있다.
④ ILS marker로 사용할 수 있다.

〈해설〉 FAA AIM 1-1-2. 무지향표지시설(Nondirectional Radio Beacon ; NDB)
1. 무지향표지시설(NDB)은 일반적으로 190~535 kHz의 주파수대에서 운용된다.
2. 부정확한 방위정보가 시현될 때, ADF 수신기에는 조종사에게 이를 경고해 줄 수 있는 "flag"가 없기 때문에 조종사는 NDB의 식별부호를 지속적으로 경청하여야 한다.

〈참조〉 교통안전공단, 항공정보매뉴얼
1. NDB는 지상의 안테나(국)로부터 수평면의 360° 전방향으로 무지향성 전파를 발사하고, 이를 항공기 내의 자동방향탐지기(ADF)가 수신하여 ADF 계기를 지시하게 하는 방향정보 제공시설이다.
2. 항법용 NDB는 여러 가지 제한으로 인해 현재는 VOR로 대치되었으나 항로상의 fix, ILS marker 또는 VOR을 보조하는 역할 등 보조항법 시스템의 용도로 아직도 이용되고 있다.

【문제】5. ADF의 오차를 유발할 수 있는 효과가 아닌 것은?
① 해안선 효과(coastal effect)
② 일출 효과(sunrise effect)
③ 산악 효과(mountain effect)
④ 뇌우 효과(thunderstorms effect)

〈해설〉 ADF 신호를 제한하여 성능에 영향을 미치는 요소는 다음과 같다.
1. 뇌우 효과(thunderstorms effect) : 뇌우와 같은 정전기 현상으로 인한 영향

[정답] 1. ④ 2. ② 3. ① 4. ② 5. ②

2. 야간 효과(night effect) : 특히, 야간에 직접파(공중파)의 지상파 간섭으로 인한 영향
3. 산악 효과(mountain effect) : 산과 같은 지형에서 신호의 굴절로 인한 영향
4. 해안선 굴절(coastal refraction) : 해상과 지상에서 표면파(surface wave)의 속도 차이로 인한 영향

【문제】6. 전방향표지시설(VOR)의 주파수대는?
① 108.0~117.95 MHz
② 108.0~135.95 MHz
③ 118.0~117.95 MHz
④ 118.0~135.95 MHz

【문제】7. VORW에서 "W"가 의미하는 것은?
① VOR with voice
② VOR without voice
③ VOR with identification
④ VOR without identification

【문제】8. 헬리콥터 또는 프로펠러 항공기의 Course Deviation Indicator(CDI)가 흔들릴 때 조종사의 조치로 적합한 것은?
① 엔진 power를 조절한다.
② Fuel/air mixture를 조절한다.
③ RPM을 조절한다.
④ 항공기 speed를 조절한다.

〈해설〉 FAA AIM 1-1-3. 전방향표지시설(VHF Omni-directional Range; VOR)
1. VOR은 108.0~117.95 MHz 주파수대에서 운용된다.
2. 음성송신능력이 없는 VOR은 등급 지시자에 문자 "W"(without voice)를 포함하여 이를 나타낸다. (VORW)
3. 특정 프로펠러 RPM 설정이나 헬리콥터 로터속도는 VOR 진로편차지시계(Course Deviation Indicator)를 ±6° 정도 동요하게 하는 원인이 될 수 있다. 일반적으로 RPM 설정을 약간 변경함으로써 이러한 불규칙성(roughness)을 제거할 수 있다.

【문제】9. 동일한 부호명칭을 사용하는 VOR 간의 최소분리간격은?
① 100 NM ② 200 NM ③ 400 NM ④ 600 NM

〈해설〉 ICAO Annex 11, Appendix 2, 2.2(항행안전무선시설의 위치에 있는 중요지점의 부호명칭)
1. 부호명칭(coded designator)은 항행안전무선시설의 식별부호와 동일하여야 한다.
2. 두 개의 항행안전무선시설이 동일 위치에서 서로 다른 주파수대로 운용될 경우를 제외하고, 부호명칭은 항행안전무선시설로부터 1,100 km(600 NM) 이내에서 중복 사용되어서는 안된다.

【문제】10. 조종사가 공항표면의 지정된 점검지점에서 VOR 수신기를 점검할 때, 수신기의 오차는 얼마 이내이어야 하는가?
① 선정된 radial의 ±8°
② 선정된 radial의 ±6°
③ 선정된 radial의 ±4°
④ 선정된 radial의 ±2°

【문제】11. 다음 중 VOR 수신기 지상점검 시 허용오차 이내인 것은?
① 005° FROM, 182° TO
② 180° FROM, 360° TO
③ 003° FROM, 178° TO
④ 354° FROM, 182° TO

정답 6. ① 7. ② 8. ③ 9. ④ 10. ③ 11. ③

【문제】12. VOR 수신기 공중점검의 허용오차 범위는 얼마인가?
　　① ±4°　　② ±5°　　③ ±6°　　④ ±7°

【문제】13. VOR은 몇 도 오차 범위 이내인 경우 항로에서 사용 가능한가?
　　① ±4°　　② ±6°　　③ ±8°　　④ ±10°

【문제】14. Dual system VOR 점검 시 두 지시방위 간의 최대허용편차는?
　　① 2°　　② 4°　　③ 6°　　④ 8

【문제】15. VOT 수신기 점검에 대한 설명 중 틀린 것은?
　　① VOR 수신기를 주파수 108.0 MHz에 동조시키고 OBS를 0°로 맞추면, CDI가 중앙으로 오고 TO-FROM 지시계는 FROM을 나타내어야 한다.
　　② 지정된 공항점검지역에서 점검 시 허용오차는 ±4° 이다.
　　③ 인가된 공중점검지역이나 항로상에서 점검 시 허용오차는 ±6° 이다.
　　④ Dual system VOR의 두 지시방위 간의 최대허용편차는 6° 이다.

〈해설〉 FAA AIM 1-1-4. VOR 수신기 점검(VOR Receiver Check)
　　1. VOR 수신기를 VOT 주파수에 맞춘다. Omni-bearing selector(OBS)를 0°(360°)에 맞추면 진로편차지시계(CDI)는 중앙으로 오고 to/from 지시는 "from"을 나타내어야 하며, omni-bearing selector를 180°에 맞추면 to/from 지시는 "to"를 나타내어야 한다.
　　2. 지상점검을 하여 오차가 ±4°를 초과하거나 공중점검을 하여 ±6°를 초과한다면, 먼저 오차의 원인을 수정하지 않고 계기비행방식(IFR)으로 비행을 해서는 안된다.
　　3. 이중 시스템(dual system) VOR을 항공기에 장착하고 있다면 두 시스템을 동일한 VOR 지상시설에 동조시키고 기지국으로의 지시방위(indicated bearing)를 주시한다. 두 지시방위 간의 최대허용편차는 4° 이다.

【문제】16. 항공기가 비행을 할 때 송신소로부터의 거리와 방위각을 제공하는 시설은?
　　① 무지향표지시설(NDB)　　② 전방향표지시설(VOR)
　　③ 거리측정시설(DME)　　④ 전술항행표지시설(TACAN)

〈해설〉 FAA AIM 1-1-5. 전술항행표지시설(Tactical Air Navigation; TACAN)
　　TACAN 지상장비는 고정식 또는 이동식송신기로 구성된다. 지상장비와 함께 항공기 탑재장비는 송신된 신호를 방위각(azimuth)과 거리정보의 시각적 표현으로 변환시킨다.

【문제】17. 거리측정장비(DME)의 최대수신거리는?
　　① 60 NM　　② 100 NM　　③ 199 NM　　④ 299 NM

【문제】18. 일반적으로 DME 계기가 지시하는 거리는?
　　① 경사거리를 NM으로 지시한다.　　② 경사거리를 SM으로 지시한다.
　　③ 수평거리를 NM으로 지시한다.　　④ 수평거리를 SM으로 지시한다.

[정답]　12. ③　13. ②　14. ②　15. ④　16. ④　17. ③　18. ①

【문제】19. 거리측정장비(DME)로 신호 수신시 정확도는?
　　① 1 NM 또는 거리의 6% 중 큰 것보다 작아야 한다.
　　② 1 NM 또는 거리의 3% 중 큰 것보다 작아야 한다.
　　③ 1/2 NM 또는 거리의 6% 중 큰 것보다 작아야 한다.
　　④ 1/2 NM 또는 거리의 3% 중 큰 것보다 작아야 한다.

【문제】20. 다음 중 운용 주파수가 가장 높은 것은?
　　① NDB　　　　② VOR　　　　③ DME　　　　④ LOC

【문제】21. DME의 주파수 범위는?
　　① 190～535 MHz　　　　② 210～345 MHz
　　③ 960～1,215 MHz　　　④ 980～1,575 MHz

【문제】22. UHF 주파수 범위 내에서 운용되는 시설은?
　　① DME　　　　② VOR　　　　③ RMI　　　　④ ADF

【문제】23. DME에 대한 설명 중 틀린 것은?
　　① 주파수는 960～1,215 MHz의 UHF 주파수 범위 내에서 운용된다.
　　② 오차는 1/3마일 또는 3% 가운데 더 큰 것보다 작다.
　　③ 가시고도 199 NM까지의 거리에서 신뢰할 수 있는 신호를 수신할 수 있다.
　　④ 항공기에 제공되는 거리정보는 경사거리(slant range) 이다.

〈해설〉 FAA AIM 1-1-7. 거리측정시설(Distance Measuring Equipment; DME)
　　1. DME는 가시고도(line-of-sight altitude) 199 NM까지의 거리에서 1/2 mile 또는 거리의 3% 가운데 더 큰 수치 이내의 정확성을 가진 신뢰할 수 있는 신호를 수신할 수 있다. DME 장비로부터 수신되는 거리정보는 경사거리(slant range distance)이며 실제 수평거리는 아니다.
　　2. ICAO 부속서 10에 의한 DME의 운용주파수 범위는 960～1,215 MHz 이다.
〈참조〉 극초단파(UHF)의 주파수대는 300～3,000 MHz 이다. 따라서 DME는 UHF 주파수 범위 내에서 운용되는 시설이다.

【문제】24. DME의 경사거리 오차(slant range error)는 매 1,000 ft의 고도 당 기지국(station)으로부터 몇 마일 정도 떨어져 있다면 차이가 심하지 않다고 간주할 수 있는가?
　　① 0.3마일　　② 0.5마일　　③ 1마일　　④ 2마일

【문제】25. 다음 중 DME 오차가 가장 큰 경우는?
　　① DME 지상무선국으로부터 먼 곳의 저고도
　　② DME 지상무선국 직상공의 고고도
　　③ DME 지상무선국으로부터 먼 곳의 고고도
　　④ DME 지상무선국 직상공의 저고도

정답　19. ④　20. ③　21. ③　22. ①　23. ②　24. ③　25. ②

【문제】26. 10,000 ft MSL로 DME 통과시 station으로부터 거리가 최소 얼마 이상이어야 slant range error를 무시할 수 있는가?
　① 5 NM　　　② 10 NM　　　③ 15 NM　　　④ 20 NM

〈해설〉 FAA IFH 제9장. Navigation System, DME 오차(DME error)
　1. DME 오차는 항공기 고도가 낮고, DME ground station으로부터 멀수록 최소가 된다. 반대로 항공기가 DME ground station 상공의 고고도에 있을 때 오차가 가장 커진다.
　2. 항공기가 지상시설표고 상공고도 1,000 ft 당 시설로부터 1 mile 이상 떨어져 있다면 경사거리 오차(slant range error)는 무시할 수 있다.

【문제】27. VORTAC 식별부호를 매 30초마다 한 번씩만 수신하였다면 무엇을 의미하는가?
　① DME 시설 부분만 작동한다.
　② VOR 시설 부분만 작동한다.
　③ VOR 및 DME 시설 모두 정상 작동하지 않는다.
　④ VOR 및 DME 시설 모두 정상 작동한다.

【문제】28. VOR/DME 두 시설이 한 쌍으로 구성되어 있는 경우, VOR 부분이 운용되고 있지 않을 때 이를 식별할 수 있는 신호는?
　① 1,020 Hz의 20초 간격 식별부호　　② 1,350 Hz의 20초 간격 식별부호
　③ 1,020 Hz의 30초 간격 식별부호　　④ 1,350 Hz의 30초 간격 식별부호

〈해설〉 FAA AIM 1-1-7. 거리측정시설(Distance Measuring Equipment; DME)
　1. 시설의 VOR 또는 로컬라이저 부분은 1,020 Hz의 부호화된 변조음 또는 부호와 음성의 조합에 의해 식별된다. TACAN 또는 DME는 1,350 Hz의 부호화된 변조음에 의해 식별된다.
　2. VOR 또는 로컬라이저의 식별부호가 3회 또는 4회 송신될 때 DME 또는 TACAN 식별부호는 1회 송신된다. VOR 또는 DME 중 하나가 작동하지 않을 때 약 30초 간격으로 반복되는 단 하나의 식별부호는 DME가 작동하고 있다는 것을 나타낸다.

【문제】29. 동시에 DME 정보를 이용할 수 있는 항공기 대수는?
　① 75대　　　② 100대　　　③ 120대　　　④ 150대

〈해설〉 ICAO Annex 10, Vol 1, 3.5 Specification for UHF distance measuring equipment(DME)
　1. 트랜스폰더의 항공기 처리능력은 지역의 최대교통량 또는 100대의 항공기 중에서 항공기의 처리대수가 보다 낮은 교통량에 적합하여야 한다.
　2. 권고(recommendation) - 지역의 최대교통량이 100대의 항공기를 초과하는 경우, 트랜스폰더는 최대교통량을 처리할 수 있어야 한다.

【문제】30. Flight management system(FMS)의 구성요소가 아닌 것은?
　① Flight management computer(FMC)
　② Auto throttle(A/T)
　③ Autopilot/flight director system(AFDS)
　④ Distance measuring equipment(DME)

정답　26. ②　27. ①　28. ④　29. ②　30. ④

〈해설〉 예를 들면 B737 항공기의 비행관리시스템(Flight management system)은 Flight management computer system(FMCS), Autopilot/flight director system(AFDS), Auto throttle(A/T), Inertial reference system(IRS) 및 Global positioning system(GPS)으로 구성되어 있다.

【문제】31. 1,000 ft에서 12,000 ft까지의 고도에서 Terminal VOR의 운용범위는?
① 반경 20 NM   ② 반경 25 NM   ③ 반경 30 NM   ④ 반경 35 NM

【문제】32. L등급 VOR의 Service volume은?
① 1,000 ft ~ 12,000 ft
② 1,000 ft ~ 14,500 ft
③ 1,000 ft ~ 16,000 ft
④ 1,000 ft ~ 18,000 ft

【문제】33. VOR "L" 등급의 Service volume 반경은?
① 20 NM   ② 25 NM   ③ 40 NM   ④ 100 NM

【문제】34. 14,500 ft ~ 60,000 ft의 범위에서 VOR(H)의 유효거리는?
① 반경 25 NM   ② 반경 40 NM   ③ 반경 100 NM   ④ 반경 130 NM

【문제】35. H-VOR의 SSV 범위로 잘못된 것은?
① 1,000 ~ 12,000 ft ATH, 25 NM
② 1,000 ~ 14,500 ft ATH, 40 NM
③ 14,500 ~ 60,000 ft ATH, 100 NM
④ 18,000 ~ 45,000 ft ATH, 130 NM

【문제】36. VOR "H" 등급의 Service volume으로 맞는 것은?
① 1,000 ~ 12,000피트, 40 NM
② 12,000 ~ 60,000피트, 100 NM
③ 12,000 ~ 14,500피트, 25 NM
④ 18,000 ~ 45,000피트, 130 NM

【문제】37. 각 등급별 NDB Service volume의 반경으로 맞지 않는 것은?
① Compass Locator : 20 NM
② MH : 25 NM
③ H : 50 NM
④ HH : 75 NM

〈해설〉 FAA AIM 1-1-8. 항행안전시설 서비스범위(NAVAID Service Volume)
1. VOR/DME/TACAN의 표준 서비스범위(Standard Service Volume)

등급 지시자	고도 범위	거리 범위(반경)
T(터미널)	1,000 ft ATH 이상 12,000 ft ATH 이하	25 NM
L(저고도)	1,000 ft ATH 이상 18,000 ft ATH 이하	40 NM
H(고고도)	1,000 ft ATH 이상 14,500 ft ATH 이하 14,500 ft ATH 이상 60,000 ft 이하 18,000 ft ATH 이상 45,000 ft ATH 이하	40 NM 100 NM 130 NM

2. NDB의 서비스범위(NDB Service Volume)

등급(Class)	거리 범위(반경)	등급(Class)	거리 범위(반경)
Compass Locator	15 NM	H	50 NM
MH	25 NM	HH	75 NM

[정답] 31. ②   32. ④   33. ③   34. ③   35. ①   36. ④   37. ①

【문제】38. ILS가 제공해 주는 정보가 아닌 것은?
　　① 유도정보(guidance information)　　② 거리정보(range information)
　　③ 고도정보(altitude information)　　④ 시각정보(visual information)

【문제】39. ILS의 localizer와 glide slope가 항공기에 제공해 주는 정보는?
　　① 유도정보　　　　　　　　　　　　② 유도정보 및 거리정보
　　③ 고도정보　　　　　　　　　　　　④ 거리정보 및 고도정보

【문제】40. ILS Localizer transmitter가 제공하는 정보는?
　　① 거리　　　　② 방위각　　　　③ 경로　　　　④ 고도

【문제】41. ILS 구성요소 중 거리정보를 제공하는 시설은?
　　① Localizer, Glide slope　　　　　② Localizer, DME
　　③ Marker beacon, Glide slope　　　④ Marker beacon, DME

【문제】42. Instrument Landing System의 기본 구성요소가 아닌 것은?
　　① Localizer　　　　　　　　　　　② Marker beacon
　　③ Glide slope　　　　　　　　　　④ Compass locator

〈해설〉FAA AIM 1-1-9. 계기착륙시설(Instrument Landing System ; ILS)
　　ILS 시스템은 기능에 따라 세 부분으로 구분할 수 있다.
　　1. 유도정보(guidance information) : 로컬라이저(localizer), 글라이드 슬롭(glide slope)
　　　로컬라이저는 활주로 중심의 연장선에서 수평(좌우) 방위각 정보를 제공한다. 글라이드 슬롭은 일반적으로 3°의 강하각으로 활주로 접지지점까지의 수직(상하) 활공각 정보를 제공한다.
　　2. 거리정보(range information) : 마커비콘(marker beacon), DME
　　3. 시각정보(visual information) : 진입등, 접지구역등 및 중심선등, 활주로등

【문제】43. Localizer의 운용 주파수 범위는?
　　① 108.0~117.95 MHz　　　　　　　② 108.10~111.95 MHz
　　③ 190~535 kHz　　　　　　　　　 ④ 329.15~335.0 MHz

【문제】44. Localizer 신호의 runway threshold에서의 폭은?
　　① 400 ft　　　② 500 ft　　　③ 600 ft　　　④ 700 ft

【문제】45. VOR receiver에 reverse sensing이 발생되는 경우는?
　　① 비행하고 있는 heading과 VOR indicator의 OBS로 선택한 bearing이 반대 방향일 때
　　② 비행하고 있는 heading과 VOR indicator의 OBS로 선택한 bearing이 90° 일 때
　　③ 비행하고 있는 heading과 VOR indicator의 OBS로 선택한 bearing이 같은 방향일 때
　　④ VOR은 reverse sensing이 발생되지 않는다.

정답　38. ③　39. ①　40. ②　41. ④　42. ④　43. ②　44. ④　45. ①

【문제】 46. ILS Localizer 안테나로부터 반경 10마일 이내에서 localizer 신호의 유효각도는?
① 10°　　　　② 25°　　　　③ 35°　　　　④ 40°

【문제】 47. ILS Localizer 안테나로부터 18NM 이내에서 localizer 신호의 normal coverage는?
① 10°　　　　② 15°　　　　③ 20°　　　　④ 30°

【문제】 48. ILS Localizer의 최대유효거리는?
① 10 NM　　　② 18 NM　　　③ 26 NM　　　④ 35 NM

【문제】 49. ILS localizer에 대한 설명 중 틀린 것은?
① 운용 주파수 범위는 108.1~111.95 MHz 이다.
② Localizer 신호는 활주로 끝에서 700 m의 진로 폭이 되도록 조절된다.
③ Reverse sensing 기능이 없는 항공기는 back course 상에서 on-course로 비행할 때에는 course 수정을 반대로 하여야 한다.
④ 식별신호는 로컬라이저 주파수로 송신되는 문자 I 다음에 3자리의 식별문자로 구성된다.

〈해설〉 FAA AIM 1-1-9, b. 로컬라이저(Localizer)
1. 로컬라이저 송신기(localizer transmitter)는 108.10~111.95 MHz 주파수 범위 내에서 40개의 ILS 채널 중 하나로 운용된다.
2. 로컬라이저 신호는 활주로시단에서 700 ft의 진로 폭이 되도록 조절된다.

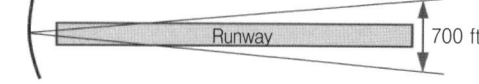

3. 식별신호는 국제모스부호(International Morse Code)로 되어 있으며, 로컬라이저 주파수로 송신되는 문자 I (●●) 다음에 3자리의 식별문자로 구성된다.
4. 로컬라이저는 안테나로부터 18 NM의 거리에서부터 활주로시단까지의 진로 상에서 가장 높은 지역의 상공 1,000 ft의 고도와 안테나 site 표고 상공 4,500 ft 사이의 강하경로 전체에 대하여 진로 유도를 제공한다. 다음과 같은 구역에 적절한 진로이탈(off-course) 지시가 제공된다.
가. 안테나로부터 반경 18 NM 이내 : 진로(course)의 양쪽 측면 10° 까지
나. 안테나로부터 반경 10 NM 이내 : 진로(course)의 양쪽 측면 10°부터 35° 까지
5. 항공기의 ILS 장비가 역방향감지(reverse sensing) 능력이 없다면 후방진로 상에서 inbound 비행을 할 때, 진로이탈(off-course) 상태에서 정진로(on-course)로 수정 조작시에는 needle 편향의 반대방향으로 항공기를 조종해야 한다.

■ 잠깐! 알고 가세요.
[주요 항행안전시설 주파수대(Frequency band)]

항행안전시설	주파수대(Frequency band)	비 고
무지향표지시설(NDB)	190~535 kHz	
	190~1,750 kHz (ICAO Annex 10)	
전방향표지시설(VOR)	108.0~117.95 MHz	
	108.00~117.975 MHz (ICAO Annex 10)	
거리측정시설(DME)	960~1,215 MHz	UHF 주파수 범위
ILS Localizer	108.10~111.95 MHz	
ILS Glideslope	329.15~335.00 MHz	

정답　46. ③　47. ①　48. ②　49. ②

【문제】50. ILS glide slope transmitter의 위치는?
　① 접근 활주로 끝에서 800~1,120 ft 외측, 활주로 중심선에서 옆으로 300~500 ft 사이
　② 접근 활주로 끝에서 800~1,120 ft 내측, 활주로 중심선에서 옆으로 300~500 ft 사이
　③ 접근 활주로 끝에서 750~1,250 ft 외측, 활주로 중심선에서 옆으로 250~650 ft 사이
　④ 접근 활주로 끝에서 750~1,250 ft 내측, 활주로 중심선에서 옆으로 250~650 ft 사이

【문제】51. Glide slope signal의 수직범위는?
　① 0.8°　　② 1.0°　　③ 1.4°　　④ 2.0°

【문제】52. Glide slope의 활공로 투사각은 얼마인가?
　① 2°　　② 3°　　③ 4°　　④ 5°

【문제】53. 다음 중 활주로 중심선의 연장선 상에 설치되지 않는 시설은?
　① Localizer　　　　　　② Compass locator
　③ Marker beacon　　　④ Glide path

【문제】54. Glide path와 교차되는 middle marker 상공의 높이는?
　① 100 ft　　② 150 ft　　③ 200 ft　　④ 250 ft

【문제】55. Outer marker 상공에서 glide path의 높이는?
　① 1,000 ft　　② 1,400 ft　　③ 2,000 ft　　④ 2,300 ft

【문제】56. ILS coverage에 대한 설명으로 옳지 않은 것은?
　① Localizer는 안테나로부터 10 NM까지 중심선에서 양쪽으로 35°의 신호를 제공한다.
　② Localizer는 안테나로부터 18 NM까지 중심선에서 양쪽으로 10°의 신호를 제공한다.
　③ Localizer는 antenna site 표고 상공 4,500 ft까지 신호를 제공한다.
　④ Glide slope는 12 NM까지 신호를 제공한다.

【문제】57. ILS glide slope 신호의 유효거리는?
　① 10 NM　　② 12 NM　　③ 15 NM　　④ 18 NM

【문제】58. TCH 49 ft에서 "TCH"의 의미는?
　① ILS glide slope가 threshold를 통과하는 고도
　② Glide slope antenna가 threshold를 통과하는 고도
　③ 항공기의 landing gear가 threshold를 통과하는 고도
　④ 조종석의 조종사가 threshold를 통과하는 고도
　〈해설〉 FAA AIM 1-1-9, d. 활공각/활공로(Glide Slope/Glide Path) 제공시설

[정답]　50. ④　51. ③　52. ②　53. ④　54. ③　55. ②　56. ④　57. ①　58. ②

1. Glide slope 송신기는 접근활주로의 시단(활주로 아래쪽으로)으로부터 750~1,250 ft 사이에 위치하며, 활주로중심선으로부터 250~650 ft 벗어나 있다. 송신기는 폭 1.4°(수직으로)의 glide path 신호전파를 송신한다.
2. Glide path 투사각(projection angle)은 보통 수평선 상부 3°로 조정되어 있으며, 활주로표고 상부 약 200 ft에서 MM과 교차하고 약 1,400 ft에서 OM과 교차한다. 일반적으로 glide slope는 10 NM의 거리까지 사용할 수 있다.
3. 활주로시단통과높이(threshold crossing height ; TCH)는 항공기가 활주로시단 4 mile에서부터 중간마커 glidepath 구간까지 형성된 경로를 유지할 경우, 항공기의 glide slope 안테나가 통과하게 될 활주로시단 상공의 높이를 나타내며 비행계획 목적의 참조용으로 사용된다.

【문제】59. Outer Marker의 모스부호(Morse code)는?
① 초당 2회의 dot   ② 초당 2회의 dash
③ 초당 6회의 dot   ④ 초당 6회의 dash

【문제】60. ILS Outer Marker의 식별 색상은?
① Blue   ② Amber   ③ White   ④ Red

【문제】61. ILS MM의 light 색깔과 신호음은?
① White, • • • •   ② Blue, ─ ─ ─ ─
③ Amber, • ─ • ─   ④ Blue, • ─ • ─

【문제】62. ILS front course 접근 경로선상에 설치된 inner marker에서 조종사가 수신할 수 있는 신호음과 등화는?
① 초당 6회의 dot 음, 백색   ② 초당 2회의 dot 음, 황색
③ 초당 6회의 dash 음, 청색   ④ 초당 2회의 dash 음, 백색

【문제】63. ILS back course가 있는 공항에 back course로 접근 시 light 색깔과 신호음은?
① White, • ─ • ─   ② Blue, • ─ • ─
③ White, • • •   ④ Blue, • • •

【문제】64. 활주로 끝단으로부터 middle marker까지의 거리는?
① 2,500 ft   ② 3,200 ft   ③ 3,500 ft   ④ 4,000 ft

【문제】65. 활주로 끝단으로부터 outer marker까지의 거리는?
① 2~5 NM   ② 4~7 NM   ③ 5~8 NM   ④ 8~10 NM

【문제】66. 마커비컨의 기능에 대한 설명 중 틀린 것은?
① 외부마커(OM)는 ILS glide path로 진입할 위치를 나타낸다.
② 중간마커(MM)는 landing threshold로부터 약 3,500 ft의 위치를 나타낸다.

정답 59. ②   60. ①   61. ③   62. ①   63. ③   64. ③   65. ②   66. ④

③ 내부마커(IM)는 MM과 landing threshold 사이의 설정된 결심고도에 있을 때의 위치를 나타낸다.

④ 후방진로 마커(back course marker)는 ILS 후방진로 initial approach fix를 나타낸다.

〈해설〉 FAA AIM 1-1-9, f. 마커비콘(Marker Beacon)
1. 항공기가 마커 상공을 통과할 때 이를 지시하는 부호(code), 음성신호 및 등화는 다음과 같다.

마커(Marker)	부호(Code)	음성신호(Audio Signal)	등화(Light)
OM	— — —	초당 2회의 dash	청색(Blue)
MM	● — ● —	분당 95회의 dot/dash	황색(Amber)
IM	● ● ● ●	초당 6회의 dot	백색(White)
BC	● ● ● ●	-	백색(White)

2. 보통 외측마커(OM)는 로컬라이저 진로 상의 적절한 고도에 있는 항공기가 ILS glide path로 진입할 위치를 나타낸다. 외측마커는 glide slope가 수직 ±50 ft의 절차선회(최저체공) 고도를 교차하는 지점인 활주로종단(runway end)으로부터 4~7 mile에 위치한다.
3. 중간마커(MM)는 착륙활주로시단(landing threshold)으로부터 약 3,500 ft의 위치를 나타낸다. 이것은 또한 glide path 상의 항공기가 접지구역표고 약 200 ft 상공의 고도에 있을 때의 위치이다.
4. 내측마커(IM)는 항공기가 MM과 착륙활주로시단 사이 glide path 상의 설정된 결심고도(DH)에 있을 때의 지점을 나타낸다.
5. 일반적으로 후방진로 마커(back course marker)는 접근강하가 시작되는 ILS 후방진로 최종접근 픽스(final approach fix)를 나타낸다.

【문제】67. Compass locator 신호의 최소통달범위는?
 ① 10 NM(18.5 km) ② 15 NM(28.0 km)
 ③ 18 NM(33.35 km) ④ 20 NM(37.0 km)

【문제】68. Compass locator의 출력과 유효거리는?
 ① 20 W 이하, 최소 10마일 ② 20 W 이하, 최소 15마일
 ③ 25 W 이하, 최소 10마일 ④ 25 W 이하, 최소 15마일

【문제】69. ILS 식별부호가 "ISEL" 일 때, "I" 다음의 첫 두 자리 문자가 의미하는 시설은?
 ① Compass locator ② Inner locator
 ③ Middle locator ④ Outer locator

【문제】70. ILS의 localizer signal 중 첫 2자리 문자의 signal을 송신하고, marker beacon을 대신할 수 있는 것은?
 ① Back marker ② Inner marker
 ③ Middle compass locator ④ Outer compass locator

【문제】71. ILS 구성품으로 3자리의 localizer 식별부호 중 뒤의 두 자리 문자를 송신하는 것은?
 ① Middle compass locator ② Outer compass locator
 ③ Inner marker ④ Back marker

정답 67. ② 68. ④ 69. ④ 70. ④ 71. ①

〈해설〉 FAA AIM 1-1-9, g. 컴퍼스 로케이터(Compass Locator)
1. 컴퍼스 로케이터 송신기(compass locator transmitter)는 일반적으로 MM과 OM이 설치된 장소에 위치한다. 송신기는 25 watt 이하의 출력과 최소 15 mile의 통달범위를 가지며, 190~535 kHz에서 운용된다.
2. 컴퍼스 로케이터는 2자리 문자의 식별부호 group을 송신한다. 외측 로케이터(outer locator)는 로케이터 식별부호 group의 첫 2자리 문자를 송신하고, 중간 로케이터(middle locator)는 로케이터 식별부호 group의 마지막 2자리 문자를 송신한다.

[예시]

공 항	항행안전무선시설	식별부호
Raleigh-Durham	ILS Localizer	I-RDU
	LOM(outer marker compass locator)	RD
	LMM(middle marker compass locator)	DU

【문제】72. CAT Ⅰ 정밀접근활주로의 결심고도(DH) 및 활주로가시거리(RVR) 최저치는?
① 100 ft, 550 m　　　　　　　② 100 ft, 650 m
③ 200 ft, 550 m　　　　　　　④ 200 ft, 650 m

【문제】73. Approach light system이 설치되어 있는 활주로에서 ILS CAT Ⅰ의 RVR은?
① 2,200 ft 이상　② 2,000 ft 이상　③ 1,800 ft 이상　④ 1,600 ft 이상

【문제】74. CAT Ⅱ ILS의 DH 및 RVR 범위는?
① DH: 30 m 이상 50 m 미만, RVR: 350 m 이상 500 m 미만
② DH: 30 m 이상 50 m 미만, RVR: 300 m 이상 550 m 미만
③ DH: 30 m 이상 60 m 미만, RVR: 350 m 이상 500 m 미만
④ DH: 30 m 이상 60 m 미만, RVR: 300 m 이상 550 m 미만

【문제】75. Category Ⅱ 정밀접근활주로의 RVR 최소치는?
① 800 ft　　② 1,000 ft　　③ 1,300 ft　　④ 1,500 ft

【문제】76. Category Ⅲ 정밀접근활주로의 결심고도는?
① 50 ft 미만　② 100 ft 미만　③ 125 ft 미만　④ 150 ft 미만

〈해설〉 ICAO Annex 14, 1.1 Definitions
계기접근절차에 사용되는 정밀접근활주로는 결심고도와 시정 또는 활주로가시범위(RVR)에 따라 다음과 같이 구분한다.

종류(category)	결심고도(DH)	시정 또는 활주로가시거리(RVR)
Category Ⅰ	200 ft(60 m) 이상 250 ft(75 m) 미만	시정 800 m 또는 RVR 1,800 ft(550 m) 이상
Category Ⅱ	100 ft(30 m) 이상 200 ft(60 m) 미만	RVR 1,000 ft(300 m) 이상 1,800 ft(550 m) 미만
Category Ⅲ	100 ft(30 m) 미만 또는 No DH	RVR 1,000 ft(300 m) 미만 또는 No RVR

[정답] 72. ③　73. ③　74. ④　75. ②　76. ②

【문제】77. 조종연습을 위해 CAT Ⅱ ILS 접근 시 critical area를 고려하지 않아도 되는 기상상태는?
① 운고 800 ft 미만, 시정 2 SM 미만
② 운고 800 ft 이상, 시정 2 SM 이상
③ 운고 800 ft 미만, 시정 3 SM 미만
④ 운고 800 ft 이상, 시정 3 SM 이상

【문제】78. 계기비행 훈련 중 CAT Ⅲ ILS 접근 시 critical area protection이 되지 않는 기상상태는?
① 운고 1,200 ft, VIS 3 SM 미만
② 운고 1,200 ft, VIS 3 SM 이상
③ 운고 800 ft, VIS 2 SM 미만
④ 운고 800 ft, VIS 2 SM 이상

〈해설〉 FAA AIM 1-1-9. ILS 진로 왜곡(ILS Course Distortion)
　　기상상태가 운고(ceiling) 800 ft 이상 또는 시정 2 mile 이상인 경우 ILS 보호구역(critical area)을 보호하기 위한 조치가 취해지지 않는다. 운고(ceiling) 800 ft 미만 또는 시정 2 mile 미만인 경우, ILS 신호의 안정성(integrity)을 확보하기 위하여 ILS 보호구역으로 접근하는 항공기와 차량을 통제하여야 한다.

【문제】79. ILS Localizer와 유사하나 활주로 중앙으로 정대되지 않고, localizer보다 방위각이 더 넓은 시설은?
① SDF　　　　② LDA　　　　③ MLS　　　　④ DME

【문제】80. Simplified directional facility(SDF) 신호가 제공하는 진로의 폭은?
① 3° 또는 6°　② 7° 또는 10°　③ 6° 또는 12°　④ 12° 또는 15°

〈해설〉 FAA AIM 1-1-10. 단순지향성표지시설(Simplified Directional Facility; SDF)
1. SDF 계기접근에 사용되는 접근기법 및 절차는 SDF 진로가 활주로와 일직선이 아니며, 진로가 ILS 로컬라이저보다 더 넓기 때문에 정밀도가 더 낮다는 점 외에는 표준 로컬라이저 접근 수행시에 사용하는 접근기법 및 절차와 근본적으로 동일하다.
2. SDF 신호는 최대 비행성능과 최적의 진로특성을 제공하기 위하여 필요에 따라 6° 또는 12° 중의 하나에 고정되어 있다.

【문제】81. Microwave Landing System(MLS)이 제공하는 정보는?
① azimuth, elevation, distance
② azimuth, elevation, three-letter identification
③ azimuth, elevation, data communication
④ range, elevation, MLS readout

【문제】82. Microwave Landing System(MLS)의 접근 방위각 유도정보가 제공되는 최소고도는?
① 8,000 ft　　② 10,000 ft　　③ 20,000 ft　　④ 22,000 ft

【문제】83. MLS azimuth 유도정보가 제공되는 전방 및 후방의 거리범위는?
① 10 NM, 10 NM
② 15 NM, 10 NM
③ 20 NM, 7 NM
④ 20 NM, 15 NM

정답　77. ①　78. ④　79. ①　80. ③　81. ①　82. ③　83. ③

【문제】84. Microwave Landing System(MLS) 식별에 사용되는 Morse Code 식별부호는?
① 문자 "M" Morse Code 다음에 세 자리 문자의 Morse Code 식별부호
② 문자 "M" Morse Code 다음에 네 자리 문자의 Morse Code 식별부호
③ 문자 "IM" Morse Code 다음에 세 자리 문자의 Morse Code 식별부호
④ 문자 "IM" Morse Code 다음에 네 자리 문자의 Morse Code 식별부호

【문제】85. Microwave Landing System(MLS)의 방위각 통달범위는?
① 활주로중심선의 ±20° 범위 내에서 12 NM까지
② 활주로중심선의 ±20° 범위 내에서 20 NM까지
③ 활주로중심선의 ±40° 범위 내에서 12 NM까지
④ 활주로중심선의 ±40° 범위 내에서 20 NM까지

〈해설〉 FAA AIM. 마이크로파착륙시설(Microwave Landing System; MLS)
1. MLS는 활주로에 접근하는 항공기의 정확한 정렬(alignment)과 강하를 위한 정밀한 항행유도를 제공한다. 이것은 방위각(azimuth), 고도각(elevation) 및 거리(distance) 정보를 제공한다.
2. MLS 식별부호는 문자 M으로 시작되는 4자리의 식별문자이다. 식별문자는 접근방위각(그리고 후방방위각) 지상장비에 의해 분당 최소한 6회 국제모스부호(international morse code)로 송신된다.
3. 방위각 통달범위(azimuth coverage)
 가. 횡적범위 : 표준구성의 경우, 활주로중심선의 양쪽 측면으로 최소 40°
 나. 고도 : 15°의 각도로 최소 20,000 ft까지
 다. 거리 : 전방(front) 최소 20 NM, 후방(back) 최소 약 7 NM

【문제】86. VORTAC 시설을 정비중일 때, 이를 어떻게 알 수 있는가?
① TACAN 음성식별신호의 제거
② 식별부호의 제거
③ 식별부호 다음의 연속되는 dash 음
④ 문자 M으로 시작되는 식별부호

〈해설〉 FAA AIM 1-1-11. 정비 중 NAVAID 식별부호 제거
일상적인 정비나 긴급정비를 하는 동안에는 특정 NAVAID에서 식별부호(또는 해당되는 경우, 부호 및 음성)가 제거된다. 정비기간 중에 VOR은 T-E-S-T 부호(— ● ●●● —)를 송출할 수도 있다.

【문제】87. LORAN 수신기로 조종사에게 항법정보를 제공하기 위해서는 최소 몇 개의 국(station)으로부터 신호를 수신하여야 하는가?
① 2개   ② 3개   ③ 4개   ④ 5개

〈해설〉 LORAN 수신기가 조종사에게 항법정보를 제공하기 위해서는 하나의 chain 내에서 3개 이상의 국(station)으로부터 신호를 수신하여야 한다.

【문제】88. 다음 중 관성항법장치(INS)의 구성요소가 아닌 것은?
① 가속도계   ② 항법컴퓨터   ③ 신호수신기   ④ 자이로

정답 84. ①   85. ④   86. ②   87. ②   88. ③

〈해설〉 FAA AIM 1-1-15. 관성기준장치(IRU), 관성항법장치(INS)
1. 관성기준장치(Inertial Reference Unit; IRU)는 시스템 구성품의 관성효과로부터 유발되는 신호에 의하여 항공기 자세(pitch, roll 및 heading), 위치 그리고 속도정보를 제공하는 자이로(gyro)와 가속도계(accelerometer)로 구성된 자립항법시스템이다.
2. 관성항법장치(Inertial Navigation System; INS)는 관성항법컴퓨터와 IRU의 구성요소를 결합한 것이다.

【문제】89. 지상의 항공보안무선시설 대신에 NAVSTAR 인공위성을 이용하는 항법은?
① GPS ② INS ③ MLS ④ ILS

【문제】90. GPS(global positioning system)의 위성부분은 몇 개의 가용위성으로 구성되는가?
① 18개 ② 22개 ③ 24개 ④ 26개

【문제】91. 민간용 GPS의 일반적인 수평 정확도는?
① 10 m ② 50 m ③ 100 m ④ 120 m

【문제】92. 위성항법장치(GPS) 오차의 주요인은?
① 위성 기준시간과의 차이에 의한 오차 ② 위성의 위치에 의한 오차
③ 전리층에 의한 오차 ④ 수신기 잡음에 의한 오차

【문제】93. GPS를 이용한 항법을 할 때 3차원 정보(위도, 경도 및 고도)와 시간을 얻기 위해 필요한 최소 위성수는?
① 3개 ② 4개 ③ 5개 ④ 6개

【문제】94. 위성항법시스템(GPS)에 대한 설명으로 틀린 것은?
① 기상의 영향을 받지 않는다.
② 위치정보를 얻기 위해서는 3개의 위성을, 3차원 정보와 시간을 얻기 위해서는 4개의 위성을 필요로 한다.
③ 전리층에 의한 지연 또는 위성의 원자시계와 GPS 기준시간과의 불일치로 오차가 발생한다.
④ Precise positioning service(PPS)의 오차는 100 m 이다.

〈해설〉 FAA AIM 1-1-17. 위성위치식별시스템(Global Positioning System; GPS)
1. 위성위치식별시스템(GPS)은 세계 어디에서나 정확한 위치를 판단하기 위하여 수신기에 의해 사용되는 신호를 보내는 인공위성 기반의 무선항법시스템이다. GPS는 기상의 영향을 받지 않고 비교적 정확한 정보를 제공하는 반면, 전리층에 의한 지연이나 위성과 수신기에 있는 원자시계의 불일치 등으로 인해 오차를 발생시킬 수 있다.
2. GPS는 SPS와 PPS 서비스를 제공하고 있다. Standard positioning service(SPS)는 95%의 확률로 100 m 이하의 수평적 정확도를 99.99%의 확률로 300 m 정도의 수평적 정확도를 모든 사용자에게 제공한다. Precise positioning service(PPS)는 SPS보다 매우 정밀하나 제한된 사용자 이외에는 사용이 허가되지 않고 있다.

[정답] 89. ① 90. ③ 91. ③ 92. ③ 93. ② 94. ④

3. GPS 수신기는 계산된 의사거리와 위성에 의해 제공된 위치정보를 이용하여 삼각측량의 원리를 수학적으로 이용하여 위치를 계산한다. GPS 수신기는 3차원 위치(위도, 경도 및 고도)와 시간을 얻기 위해 적어도 4개의 위성을 필요로 한다.
4. GPS 위성은 총 24개로 구성되어 지구상의 어떤 곳에서도 5개 이상의 위성이 관측될 수 있다.

〈참조〉 Jeppesen, General Airway Manual. Introduction
위성위치식별시스템(Global Positioning System; GPS) - 일반적으로 민간용 시스템의 정확도는 수평으로 100 m 이다.

【문제】 95. 비정밀계기접근 시 GPS 장비를 사용할 수 있는 절차는?
① VOR 절차 ② LOC 절차 ③ SDF 절차 ④ LDA 절차

〈해설〉 FAA AIM 1-1-17, b. GPS 계기접근절차(GPS Instrument Approach Procedures)
GPS overlay 접근은 조종사가 GPS 항공전자장비를 사용하여 비행할 수 있도록 허가된 비정밀계기접근절차이다. 로컬라이저(LOC), 로컬라이저형 방향보조시설(LDA; Localizer Type Directional Aid) 및 단순지향성표지시설(SDF; Simplified Directional Facility) 절차에서는 허가되지 않는다. Overlay 절차는 표제(title)의 "절차 명칭(name of the procedure)"과 "or GPS"로 식별된다. (예를 들면, VOR/DME or GPS RWY 15)

Ⅱ. 지역항법(RNAV)

【문제】 1. Area Navigation(RNAV)의 특성이 아닌 것은?
① 복잡한 항로 및 공항을 피해 비행할 수 있다.
② 항로와 평행하게 비행할 수 있다.
③ 희망하는 공항으로 바로 비행할 수 있다.
④ 회피해야 하는 지역을 피하기 위해 arc turn을 할 수 있다.

【문제】 2. Area Navigation(RNAV)에 대한 설명 중 틀린 것은?
① 곡선구간은 운항거리 및 시간을 단축할 수 없다.
② 혼잡 항로 및 공항지역을 피할 수 있다.
③ 공항 간에 직선비행이 가능하다.
④ 공역 수용량을 증대시킬 수 있다.

〈해설〉 FAA AIM 1-2-1, b. 지역항법(Area Navigation; RNAV)
RNAV는 지상이나 우주기반 항행안전시설의 통달범위 내에서, 또는 자립 항행안전시설이나 이들을 조합한 시설의 성능한계 내에서 원하는 비행경로로 항공기의 운항을 가능하게 하는 항법의 한 방식이다.

〈참조〉 RNAV 항법을 적용 시에는 지상의 항법시설 상공을 비행할 필요 없이 허용된 오차의 한도 내에서 항로를 비행할 수 있으므로, 위성항행시스템(CNS/ATM) 목표 중의 하나인 항공기 분리 적용기준의 단축으로 공역의 수용능력을 증대시킬 수 있다. 기존 항법에 비한 RNAV 항법의 장점은 다음과 같다.
1. 두 지점 간을 최단거리로 연결하여 운항거리 및 시간의 단축
2. 복수항로의 설정으로 항공로에서의 항공기 소통의 원활화
3. 교통밀집지역인 공항지역의 우회항로 설정으로 항공기 소통 원활화

[정답] 95. ① / 1. ④ 2. ①

4. 상황에 따른 대체항로 설정 가능
5. 최적의 holding pattern 설정
6. 지상의 항공보안시설 감축 가능

【문제】 3. RNAV 비행로에서 운항 중인 항공기가 위치보고를 해야 하는 곳은?
① VOR　　　　　② TACAN　　　　　③ Waypoint　　　　　④ DME

〈해설〉 항공교통관제절차 4-1-5. 픽스 사용(Fix Use)
　　　임의 RNAV 비행로에 표시된 waypoint는 항공교통관제기관에서 별도로 요구하지 않는 한, 자동으로 필수보고지점이 된다.

【문제】 4. RNAV 비행로 운항 시 사용장비가 아닌 것은?
① VOR　　　　　② GPS　　　　　③ DME　　　　　④ ADF

〈해설〉 FAA IFH 제9장. Navigation System, Area Navigation(RNAV)
　　　지역항법(RNAV) 장비는 VOR/DME, LORAN, GPS 및 관성항법장치(INS)를 포함한다.

【문제】 5. RNAV 비행로에서 비행하는 RNAV 항법 항공기의 경우, 항로 중심으로부터 유지해야 하는 거리는?
① 1~2 NM　　　② 2~3 NM　　　③ 3~4 NM　　　④ 4~5 NM

【문제】 6. RNAV Departure procedure의 요구되는 RNP는?
① RNP 0.3　　　② RNP 1　　　③ RNP 2　　　④ RNP 3

〈해설〉 FAA AIM 1-2-1, b. 지역항법(Area Navigation; RNAV)
　　　항행요건(Nav Specs)은 정의된 공역개념 내에서 항법적용을 지원하기 위해 필요한 일련의 항공기 및 운항승무원 요건이다. RNP 및 RNAV 지시자의 경우, 숫자 지시자(numerical designation)는 공역, 비행로 또는 절차 내에서 운항하는 항공기 들이 비행시간 최소 95% 동안 달성할 것으로 예상되는 nautical mile 단위의 횡적 항행 정확도를 나타낸다.
　　1. RNAV 1 : 통상적으로 RNAV 1은 DP 및 STAR에 사용되며, 차트에 제시된다. 항공기는 전체 비행시간의 95% 동안에 1 NM 미만의 전체 시스템 오차를 유지하여야 한다.
　　2. RNAV 2 : 달리 명시되지 않는 한, 통상적으로 RNAV 2는 항공로 운항에 사용된다. T-routes 및 Q-routes는 이러한 Nav Spec.의 예이다. 항공기는 전체 비행시간의 95% 동안에 2 NM 미만의 전체 시스템 오차를 유지하여야 한다.
　　3. RNAV 10 : 통상적으로 대양운항에 사용된다.

【문제】 7. 약어 RNP의 의미는?
① Required Navigation Precision　　② Requested Navigation Position
③ Required Navigation Performance　　④ Required Navigation Point

〈해설〉 FAA AIM 용어사전(Glossary). Required Navigation Performance(RNP)
　　　지정된 공역 내에서 운항시 필요한 항행성능의 정도를 나타내는 용어

정답　3. ③　　4. ④　　5. ①　　6. ②　　7. ③

2 항공등화 및 공항표지시설

제1절. 항공등화시설(Airport Lighting Aids)

1. 진입등시스템(Approach Light System; ALS)

가. ALS는 착륙을 위해 계기비행에서 시계비행으로 전환하기 위한 기본적인 수단을 제공한다.

나. ALS는 착륙활주로시단(landing threshold)에서 접근구역(approach area)으로 정밀계기활주로의 경우 2,400~3,000 ft, 비정밀계기활주로의 경우 1,400~1,500 ft의 거리에 이르는 신호등의 배열이다. 어떤 시스템은 연속섬광등(sequenced flashing light)을 포함하고 있다.

2. 시각활공각지시등(Visual Glideslope Indicator)

가. 시각진입각지시등(Visual Approach Slope Indicator; VASI)

(1) 2-bar VASI 시설은 일반적으로 3°로 설정되는 한 개의 시각적인 활공로(glide path)를 제공한다. 3-bar VASI 시설은 두 개의 시각적인 활공로를 제공한다. 낮은 활공로는 전면과 중간 bar에 의해 제공되며 일반적으로 3°에 설정되고, 높은 활공로는 중간과 후면 bar에 의해 제공되며 보통 1/4° 더 높다.

(가) 2-bar VASI (4개 등화장치)

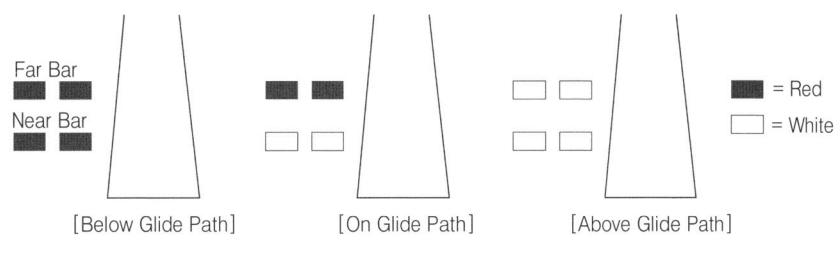

그림 2-1. 2-Bar VASI

(나) 3-bar VASI (6개 등화장치)

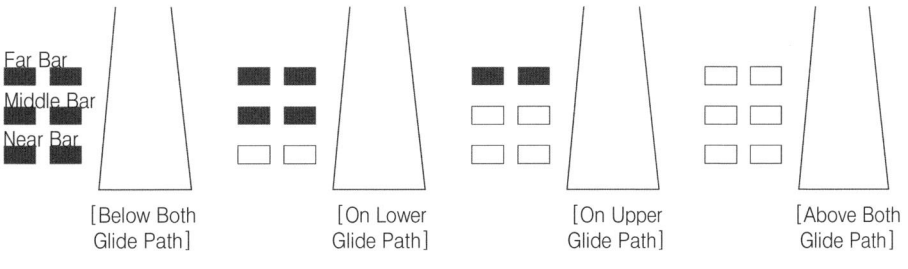

그림 2-2. 3-Bar VASI

(2) VASI는 활주로에 접근하는 동안 시각적인 강하유도정보를 제공하기 위하여 배열된 등화시스템이다. 이 등화는 주간에는 3~5 mile에서, 야간에는 20 mile 이상에서 식별이 가능하다. VASI의 시각적인 활공로(glide path)는 활주로중심선의 연장선 ±10° 이내에서 활주로시단으로부터 4 NM까지 안전한 장애물 회피를 제공한다.

나. 정밀진입각지시등(Precision Approach Path Indicator; PAPI)

정밀진입각지시등(PAPI)은 VASI와 유사한 등화장치를 사용하지만 2개 또는 4개의 등화장치가 1열로 설치된다. 이 등화는 주간에는 약 5 mile, 그리고 야간에는 20 mile까지 식별이 가능하다. PAPI의 시각적인 활공로(glide path)는 통상적으로 활주로중심선의 연장선 ±10° 이내에서 활주로시단으로부터 3.4 NM까지 안전한 장애물 회피를 제공한다.

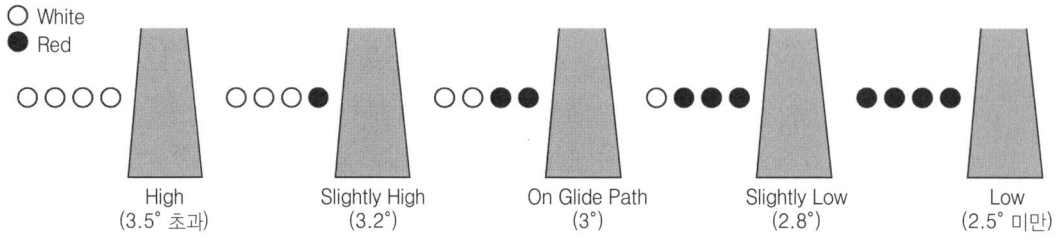

그림 2-3. 정밀진입각지시등(PAPI)

다. 3색 시스템(Tri-color System)

일반적으로 3색 시각진입각지시등은 지시등이 설치되어 있는 활주로의 최종접근구역에 3가지 색상의 시각적인 접근로를 표시하는 단일등화장치로 구성된다. 낮은 활공로 지시는 적색, 높은 활공로 지시는 황색(amber)이며 적정한 활공로(on glide path) 지시는 녹색이다. 항공기가 녹색에서 적색으로 강하할 때, 조종사는 녹색에서 적색으로 변화되는 동안 짙은 황색(dark amber)을 볼 수도 있다. 이러한 유형의 지시등은 시정상태에 따라 대략 주간에는 1/2~1 mile, 그리고 야간에는 5 mile의 범위까지 유용하다.

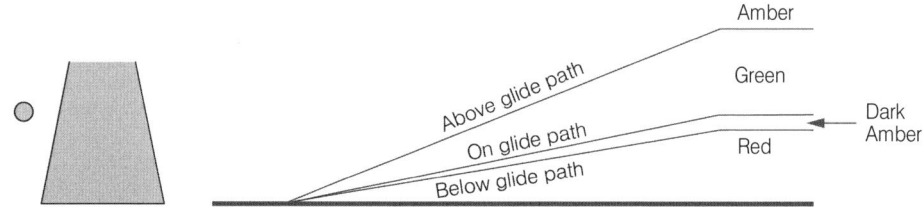

그림 2-4. 3색 시각진입각지시등(Tri-color visual approach slope indicator)

라. 점멸식 시스템(Pulsating System)

일반적으로 점멸식 시각진입각지시등은 지시등이 설치되어 있는 활주로의 최종접근구역에 두 가지 색상의 시각적인 접근로를 표시하는 단일등화장치로 구성된다. 적정한 활공로 지시는 백색고정등이다. 약간 낮은 활공로 지시는 적색고정등이며, 높은 활공로 지시는 백색점멸등이다. 이 시스템의 유용한 범위는 주간에는 약 4 mile이고, 야간에는 약 10 mile까지이다.

3. 활주로종단식별등(Runway End Identifier Lights; REIL)

REIL은 특정 접근활주로종단의 신속하고 확실한 식별을 위해 대부분의 비행장에 설치된다. 이 시스템은 활주로시단(runway threshold)의 양 측면에 가로로 위치한 한 쌍의 동시섬광등(flash light)으로 이루어진다. 이 등은 다음과 같은 경우에 효과적이다.

가. 높은 광도의 다른 등화에 의해 둘러싸인 활주로의 식별
나. 주변 지형과 구분이 잘 되지 않는 활주로의 식별
다. 시정이 감소된 동안 활주로의 식별

4. 활주로등 시스템(Runway Edge Light Systems)

가. 활주로등(runway edge light)은 어두울 때나 시정이 제한된 상태에서 활주로의 가장자리를 나타내기 위해 사용된다. 이 등화시스템은 발생할 수 있는 광도 또는 밝기에 따라 고광도활주로등(HIRL), 중광도활주로등(MIRL) 및 저광도활주로등(LIRL)으로 분류된다.

나. 활주로등은 착륙을 위한 주의구역(caution zone)을 형성하기 위하여 계기활주로에서 마지막 2,000 ft 또는 활주로 길이의 절반 중 짧은 곳에서 백색이 황색으로 대체되는 것을 제외하고는 백색이다.

다. 활주로종단(runway end)을 표시하는 등화는 출발 항공기에게 활주로종단을 나타내기 위하여 활주로 쪽으로 적색 불빛을 비추고, 착륙 항공기에게는 시단(threshold)을 나타내기 위하여 활주로종단 바깥쪽으로 녹색 불빛을 비춘다.

5. 활주로의 등화(In-runway Lighting)

가. 활주로중심선등 시스템(Runway Centerline Lighting System; RCLS)

활주로중심선등은 악시정상태에서 착륙을 돕기 위해 일부 정밀접근활주로에 설치된다. 이 등은 활주로중심선을 따라 50 ft 간격으로 설치된다. 착륙활주로시단(landing threshold)에서 보았을 때 활주로 마지막 3,000 ft까지의 활주로중심선등은 백색이다. 다음 2,000 ft 구간에서 백색등은 적색등과 교대로 설치되고, 활주로의 마지막 1,000 ft 구간의 경우 모든 중심선등은 적색이다.

나. 접지구역등(Touchdown Zone Lights; TDZL)

접지구역등은 악시정상태에서 착륙할 때 접지구역을 알려주기 위하여 일부 정밀접근활주로에 설치된다. 이 등은 활주로중심선에 대해 대칭으로 배열되는 2열의 가로등화(transverse light) bar로 이루어진다. 이 시스템은 착륙활주로시단으로부터 100 ft 떨어진 곳에서 시작하여 착륙활주로시단으로부터 3,000 ft 또는 활주로 중간지점 중 짧은 곳 까지 이어지는 백색고정등으로 이루어진다.

다. 착륙 및 잠시대기등(Land and Hold Short Light)

착륙 및 잠시대기등은 착륙 및 잠시대기운영(LAHSO)이 인가된 활주로 상의 지정된 잠시대기지점을 나타내기 위하여 사용된다. 착륙 및 잠시대기등은 잠시대기지점에 활주로를 가로질러 설치되는 일렬의 점멸식백색등으로 이루어진다.

6. 조종사의 공항등화 제어(Pilot Control of Airport Lighting; PCL)

가. 비행중 등화의 제어를 제공하는 지정된 공항에서는 항공기 마이크로폰(microphone)의 키를 눌러 등화의 무선제어가 가능하다. 등화시스템의 제어는 등화시간이 지정되어 있지 않은 지역, 관제탑이나 FSS가 없는 곳, 관제탑이나 FSS가 업무를 종료했을 때(시간제운영 관제탑 또는 FSS가 있는 지역), 또는 지정된 시간에 주로 이용된다.

나. 제어시스템은 3회, 5회 또는 7회의 마이크로폰 클릭(click)에 반응하는 3단계 제어로 이루어진다. 이 3단계 제어는 2단계, 3단계 또는 1단계로 작동할 수 있는 등화시설을 점등시킨다. 2단계와 3단계 등화시설은 광도를 변경시킬 수 있지만 1단계는 광도를 변경시킬 수 없다. 모든 등화는 가장 최근의 작동시간부터 15분 동안 점등되고, 15분이 경과되기 전에는 소등되지 않는다.

다. 처음에는 항상 마이크 키(mike key)를 7회 사용할 것을 권장하며, 이렇게 함으로써 제어되는 모든 등화가 이용할 수 있는 최대광도로 점등되도록 한다. 조절할 수 있는 성능이 제공되는 곳에서는 이후에 필요하면 키를 3회 또는 5회 눌러 저광도(또는 REIL 소등)로 조절할 수 있다.

표 2-1. 무선제어시스템(Radio Control System)

마이크 키 (Key Mike)	기능(Function)
5초 이내 7회	가능한 최대광도
5초 이내 5회	중간 또는 저광도 (저광도 REIL 또는 REIL 소등)
5초 이내 3회	가능한 최저광도 (저광도 REIL 또는 REIL 소등)

7. 비행장/헬기장등대(Airport/Heliport Beacon)

가. 비행장등대 및 헬기장등대는 한 가지 또는 두 가지의 색상이 교대로 섬광하며, 총섬광횟수는 다음과 같다.

(1) 공항, 랜드마크(landmark) 및 연방항공로(federal airway) 상의 지점을 나타내기 위한 등대는 분당 24~30회

(2) 헬기장(heliport)을 나타내기 위한 등대는 분당 30~45회

나. 등대(beacon)의 색상과 색의 조합은 다음과 같다.

(1) 백색과 녹색: 등화시설을 갖춘 육상비행장

(2) 단일 녹색: 등화시설을 갖춘 육상비행장

(3) 백색과 황색: 등화시설을 갖춘 수상비행장

(4) 단일 황색: 등화시설을 갖춘 수상비행장

(5) 녹색, 황색과 백색: 등화시설을 갖춘 헬기장

다. 군 비행장등대는 백색과 녹색이 교대로 섬광되지만, 녹색 섬광 사이에 백색이 두 번 섬광(두 번의 빠른)된다는 점이 민간등대와 다르다.

라. B등급, C등급, D등급 및 E등급 공항교통구역(surface area)에서 주간에 비행장등대를 운영하는 것은 대개의 경우, 지상시정이 3 mile 미만이거나 운고(ceiling)가 1,000 ft 미만이라는 것을 나타낸다. 조종사는 기상상태가 IFR 인지 VFR 인지의 여부를 전적으로 비행장등대의 운영에 의존해서는 안된다.

8. 유도로 등화(Taxiway Light)

가. 유도로등(Taxiway Edge Light)

유도로등은 어두울 때나 시정이 제한된 상태에서 유도로의 가장자리(edge)를 나타내기 위해 사용된다. 이 시설은 청색 불빛을 비춘다.

나. 유도로중심선등(Taxiway Centerline Light)

유도로중심선등은 저시정상태에서 지상교통(ground traffic)을 돕기 위해 사용된다. 유도로중심선등은 직선구간의 직선, 곡선구간의 곡선 유도로중심선을 따라서 설치되며 활주로, 주기장 및 계류장 구역의 구간에서는 지정된 지상활주경로를 따라 설치된다. 유도로중심선등은 고정등이며 녹색 불빛을 비춘다.

다. 활주로경계등(Runway Guard Light)

활주로경계등은 유도로/활주로 교차지점에 설치된다. 활주로경계등은 저시정상태 하에서 유도로/활주로 교차지점의 선명도를 높이기 위해 주로 사용되지만, 어떠한 기상상태에서도 사용할 수 있다. 활주로경계등은 유도로의 양쪽 측면에 설치되는 한 쌍의 노출형 황색 섬광등, 또는 활주로정지위치표지에 전체 유도로를 가로질러 설치되는 일렬의 매립형 황색등으로 이루어진다.

라. 정지선등(Stop Bar Light)

설치된 정지선등은 저시정상태(활주로가시거리 1,200 ft 미만)에서 사용활주로의 진입 또는 통과에 대한 ATC 허가를 확인하기 위해서 활용된다. 정지선등은 활주로정지위치에 전체 유도로를 가로질러 설치되는 일렬의 단방향성 매립형 적색고정등과 양쪽 측면의 노출형 적색고정등으로 이루어진다.

제2절. 공항표지시설과 표지판(Airport Marking Aids and Sign)

1. 공항포장면 표지(Airport Pavement Marking)

가. 공항포장면 표지를 4개의 구역별로 분류하면 다음과 같다.
 (1) 활주로 표지(Runway Marking)
 (2) 유도로 표지(Taxiway Marking)
 (3) 정지위치 표지(Holding Position Marking)
 (4) 기타 표지(Other Marking)

나. 표지 색상(Marking Color). 활주로 표지는 백색이다. 백색 열십자기호에 적색 "H"를 사용하는 병원헬기장(heliport)을 제외한 헬기장의 착륙구역을 나타내는 표지 또한 백색이다. 유도로, 항공기가 사용하지 않는 지역(폐쇄지역 및 위험지역) 및 정지위치의 표지는 황색이다.

2. 활주로 표지(Runway Marking)

가. 일반(General)

활주로 표지에는 시각, 비정밀계기 그리고 정밀계기활주로 세 가지 종류의 표지가 있다. 표 2-2는 각 활주로 종류에 따른 표지의 구성요소를 나타낸다.

표 2-2. 활주로 표지 구성요소(Runway Marking Element)

표지 구성요소 (marking element)	시각활주로 (visual runway)	비정밀계기활주로	정밀계기활주로
명칭(designation)	X	X	X
중심선(centerline)	X	X	X
시단(threshold)	X^1	X	X
목표점(aiming point)	X^2	X	X
접지구역(touchdown zone)			X
옆선(side stripe)			X
X^1 : 국제상업운송에 사용하고 있거나, 사용하려는 활주로			
X^2 : 제트항공기가 사용하는 4,000 ft(1,200 m) 이상의 활주로			

나. 활주로 명칭(Runway Designator). 활주로 번호와 문자는 진입방향에 의해 정해진다. 활주로 번호는 자북에서부터 시계방향으로 측정한 활주로중심선 자방위(magnetic azimuth)의 10분의 1에 가장 가까운 정수이다. 문자는 평행 활주로의 좌측(Left; L), 우측(Right; R) 또는 중앙(Center; C)을 구분한다.

다. 활주로중심선표지(Runway Centerline Marking). 활주로중심선은 활주로의 중앙을 나타내며, 이착륙 중에 정렬유도(alignment guidance)를 제공한다. 활주로중심선은 일정한 길이의 줄무늬(stripe)와 간격(gap)으로 된 선으로 이루어진다.

라. **활주로목표점표지(Runway Aiming Point Marking).** 목표점표지는 항공기가 착륙하는 동안 시각 목표점으로서의 역할을 한다. 이 표지는 폭이 넓은 백색 줄무늬(stripe)로 구성된 두 개의 직사각형 표지이며, 착륙활주로시단(landing threshold)으로부터 약 1,000 ft 지점의 활주로중심선 양 측면에 위치한다.

마. **활주로접지구역표지(Runway Touchdown Zone Marker).** 접지구역표지는 착륙 시 접지구역을 알려주고 500 ft(150 m) 간격으로 거리정보를 제공하기 위하여 설치된다. 이 표지는 한 개, 두 개 그리고 세 개의 직사각형 막대(bar) group으로 구성되며, 활주로중심선에 대해 쌍으로 대칭이 되게 배열된다.

바. **활주로옆선표지(Runway Side Stripe Marking).** 활주로옆선표지는 활주로의 가장자리(edge)를 나타낸다. 이 표지는 활주로와 주변 지형 또는 갓길(shoulder) 간의 시각적인 대조를 제공한다. 옆선표지는 백색의 연속 줄무늬(stripe)로 구성되며, 활주로의 양 측면에 위치한다.

사. **활주로갓길표지(Runway Shoulder Marking).** 활주로갓길표지는 활주로옆선(side stripe)을 보충하여 항공기가 사용하지 않는 활주로가장자리에 인접한 포장구역을 식별하기 위하여 사용된다. 활주로갓길표지는 황색이다.

아. **활주로시단표지(Runway Threshold Marking).** 활주로시단표지는 두 가지의 형태로 표시된다. 이 표지는 활주로중심선에 대해 대칭으로 배열된 같은 크기의 8개의 세로 줄무늬, 또는 활주로의 폭에 따른 줄무늬의 수로 구성된다. 시단표지는 착륙에 사용할 수 있는 활주로의 시작지점 식별에 도움을 준다.

표 2-3. 활주로시단 줄무늬의 수(Number of Runway Threshold Stripes)

활주로 폭 (Runway Width)	줄무늬 수 (Number of Stripes)
60 ft (18 m)	4
75 ft (23 m)	6
100 ft (30 m)	8
150 ft (45 m)	12
200 ft (60 m)	16

(1) 시단의 재배치(Relocation of a Threshold)

공사, 정비 또는 그 밖의 사유로 때로는 시단을 활주로의 착륙후 지상활주방향(rollout end)으로 재배치하는 것이 필요할 수도 있다. 시단이 재배치되면 접근활주로시단의 설정된 부분은 폐쇄되고 반대방향의 활주로 길이는 줄어든다. 폐쇄된 활주로 부분을 나타내기 위한 하나의 일반적인 관행은 활주로를 가로지르는 폭 10 ft의 백색 시단선(threshold bar)을 사용하는 것이다.

(2) 이설시단(Displaced Threshold)

이설시단은 활주로의 지정된 시작지점 이외에 활주로 상의 다른 지점에 위치한 시단이다. 활주로시단의 이설은 착륙에 이용할 수 있는 활주로의 길이를 감소시킨다. 이설된 활주로 뒤의 활주로 부분은 이륙 시에는 양방향에서, 착륙 시에는 반대방향에서만 사용할 수 있다. 이설시단에는 폭 10 ft의 백색 시단선(threshold bar)이 활주로를 가로질러 설치된다. 백색 화살표는 활주로의 시작지점과 이설시단 사이의 구간에 활주로중심선을 따라 설치된다. 백색 화살표의 머리부분은 시단선 바로 앞에 활주로를 가로질러 설치된다.

그림 2-5. 시단의 재배치(Relocation)	그림 2-6. 이설시단표지(Displaced Threshold)
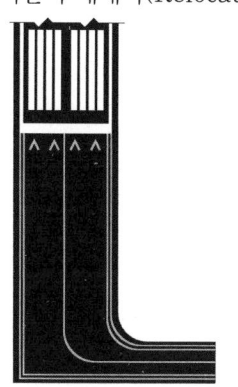	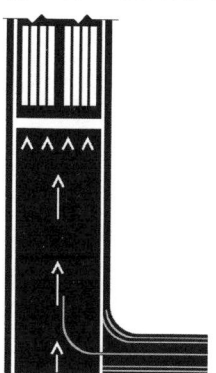

자. 경계선(Demarcation Bar). 경계선은 이설시단이 있는 활주로를 활주로 앞쪽에 있는 제트 분사대(blast pad), 정지로(stopway) 또는 유도로와 구분한다. 경계선의 폭은 3 ft(1 m)이며, 활주로 상에 위치하고 있지 않기 때문에 황색이다.
- 갈매기형(Chevron) 표지. 이 표지는 착륙, 이륙과 지상활주에 사용할 수 없는 활주로와 일직선인 포장구역을 나타내기 위하여 사용된다. 갈매기형 표지는 황색이다.

차. 활주로시단선(Runway Threshold Bar). 활주로시단선은 시단이 재배치되거나 이설되었을 경우에 착륙에 이용할 수 있는 활주로의 시작지점을 나타낸다. 활주로시단선의 폭은 10 ft(3 m)이며, 활주로를 가로질러 설치된다.

3. 유도로표지(Taxiway Marking)

가. 유도로중심선(Taxiway Centerline)
  (1) 표준형중심선(Normal Centerline). 유도로중심선(taxiway centerline)은 폭 6~12 in(15~30 cm)인 한 줄의 황색실선이다. 이것은 지정된 경로를 따라 지상활주를 할 수 있도록 시각적인 신호(visual cue)를 제공한다.
  (2) 개량형중심선(Enhanced Centerline). 주로 대형 사업용항공기를 운영하는 공항과 같은 일부 공항에서 사용되며, 표준형 유도로중심선 양쪽 측면의 평행한 황색점선으로 이루어진다.
나. 유도로가장자리표지(Taxiway Edge Marking). 유도로가장자리표지는 유도로의 가장자리(edge)를 나타내기 위하여 사용된다. 이 표지는 기본적으로 유도로 가장자리가 포장면의 가장자리와 일치하지 않을 때 사용된다. 항공기가 유도로 가장자리를 횡단할 것인지의 여부에 따라 다음과 같은 두 가지 종류의 표지가 있다.
  (1) 실선표지(Continuous Marking). 이 표지는 이중의 황색실선으로 이루어진다. 실선표지는 갓길(shoulder) 또는 항공기가 사용하지 않을 그 밖의 인접한 포장면에서 유도로 가장자리를 나타내기 위하여 사용된다.
  (2) 점선표지(Dashed Marking). 이 표지는 유도로 가장자리 또는 항공기가 사용할 유도로 가장자리에 인접한 포장면, 예를 들면 계류장(apron)과 같은 포장면의 유도선(taxilane) 가장자리를 운용상 나타낼 필요가 있을 경우에 사용된다. 이 표지는 이중의 황색점선으로 이루어진다.

다. 유도로갓길표지(Taxi Shoulder Marking). 제트분사(blast)나 물에 의한 침식을 방지하기 위하여 때로는 유도로, 대기지역(holding bay) 및 계류장에 포장된 갓길이 갖추어진다. 갓길이 외견상으로 완전한 강도를 지닌 포장면으로 보이더라도 이 포장면은 항공기가 사용하기 위해 만든 것도 아니고, 항공기를 지지하지 못할 수도 있다. 일반적으로 유도로가장자리표지는 이러한 지역을 나타낸다. 유도로갓길표지는 가장자리 줄무늬(stripe) 부분이 항공기가 사용할 수 있는 것으로 혼동을 유발할 수 있는 고립지역(islands) 또는 유도로 곡선부와 같은 상황들이 존재하는 곳에서, 사용할 수 없는 포장면이라는 것을 나타내기 위하여 사용된다. 유도로갓길표지는 황색이다.

라. 표면에 표시하는 유도로방향표지(Surface Painted Taxiway Direction Sign). 표면에 표시하는 유도로방향표지는 황색바탕에 흑색문자로 되어있으며, 교차지점에 유도로방향표지판을 설치할 수 없는 경우나 이러한 표지판을 보완할 필요가 있는 경우에 설치된다.

마. 표면에 표시하는 위치표지(Surface Painted Location Sign). 표면에 표시하는 위치표지는 흑색바탕에 황색문자로 되어 있다. 이 표지는 유도로 측면을 따라 설치된 위치표지판을 보완하거나, 항공기가 위치한 유도로의 명칭(designation)을 조종사가 확인하는 것을 돕기 위하여 필요가 있을 때 사용된다.

바. 지리적위치표지(Geographic Position Marking). 이 표지는 공항의 지상이동안내 및 통제시스템(Surface Movement Guidance Control System; SMGCS) 계획에 의하여 지정된 저시정 지상활주경로(taxi route)의 지점에 설치된다.

이 표지는 저시정 운영 시에 지상활주하는 항공기의 위치를 파악하기 위하여 사용된다. 저시정 운영이란 활주로가시거리 1,200 ft(360 m) 미만에서의 운영을 말한다. 이 표지는 지상활주방향으로 유도로중심선의 좌측에 위치한다. 지리적위치표지는 중앙에 분홍색 원이 있는 백색의 고리(ring)와 접하는 외부의 흑색고리로 이루어지는 원(circle)이다. 아스팔트나 그 밖의 검은 색상의 포장면에 표시할 때는 백색고리와 흑색고리가 서로 바뀐다. 즉 백색고리가 바깥쪽고리가 되고 흑색고리는 안쪽고리가 된다. 표지는 숫자 또는 숫자와 문자로 표기된다.

4. 정지위치표지(Holding Position Markings)

가. 활주로정지위치표지(Runway Holding Position Markings). 활주로에서 이 표지는 항공기가 활주로로 접근할 때 정지해야 하는 지점을 나타낸다. 활주로정지위치표지는 6 in 또는 12 in 간격의 두 줄의 실선과 두 줄의 점선으로 된 네 줄의 황색선으로 이루어지며, 유도로 또는 활주로의 폭(width)을 가로질러 설치된다. 실선은 항상 항공기가 정지해야 하는 쪽에 위치한다. ATC가 "Hold short of Runway XX"라고 지시하면, 조종사는 항공기의 어느 부분도 활주로정지위치표지를 넘지 않도록 정지하여야 한다. 활주로를 이탈하는 항공기는 항공기의 모든 부분이 해당 정지위치표지를 통과하기 전까지는 활주로를 벗어난 것이 아니다.

나. 계기착륙시설(ILS)의 정지위치표지(Holding Position Markings for ILS). ILS 보호구역의 정지위치표지는 유도로를 가로지르는 10 ft 간격의 한 쌍의 실선에 연결된 2 ft 간격의 두 줄의 황색실선으로 되어 있다. 적색바탕에 백색명칭의 표지판이 이 정지위치표지 근처에 설치된다. ILS 보호구역에서 ATC의 잠시대기지시를 받은 경우, 조종사는 항공기의 어느 부분도 정지위치표지를 넘지 않도록 정지하여야 한다.

5. 기타 표지(Other Marking)

가. 차량도로표지(Vehicle Roadway Marking). 차량도로표지는 차량운행을 위한 통로이면서 항공기도 사용할 교차지역(crossing area)을 지정할 필요가 있을 경우에 사용된다. 이 표지는 도로의 각 가장자리를 나타내는 백색실선과 도로 가장자리 안쪽의 차로를 분리하는 점선으로 이루어진다.

나. VOR 수신기점검지점표지(VOR Receiver Checkpoint Marking). VOR 수신기점검지점표지는 조종사가 항행안전시설 신호로 항공기의 계기를 점검할 수 있도록 한다. 이 표지는 중앙에 화살표가 있는 원으로 되어 있으며, 화살표는 점검지점 방위(azimuth)의 방향으로 맞추어진다. 표지 및 관련 표지판은 항공기가 접근하기 쉬우면서도 다른 공항의 교통을 심하게 방해하지 않는 공항 계류장 또는 유도로 상의 선정된 지점에 위치한다.

다. 비이동지역경계표지(Nonmovement Area Boundary Marking). 이 표지는 이동지역(movement area), 즉 항공교통관제 하에 있는 지역을 나타낸다. 이 표지는 황색이고 이동지역과 비이동지역 사이의 경계에 위치한다. 비이동지역경계표지는 폭 6 in(15 cm)의 두 개의 황색 선(한 개의 실선과 한 개의 점선)으로 이루어진다. 실선은 비이동지역 쪽에 위치하고, 점선은 이동지역 쪽에 위치한다.

라. 영구폐쇄 활주로와 유도로(Permanently Closed Runways and Taxiway)의 표지 및 등화. 영구적으로 폐쇄되는 활주로와 유도로의 등화배선 전원은 차단된다. 활주로시단(runway threshold), 활주로 명칭(runway designation)과 접지구역표지는 지워지고, 활주로의 각 끝 부분에 1,000 ft 간격으로 황색 십자형 기호가 표시된다.

마. 임시폐쇄 활주로와 유도로(Temporarily Closed Runways and Taxiway). 조종사에게 활주로가 임시로 폐쇄되었다는 시각적인 지시를 제공하기 위하여 활주로 각 끝 부분에만 활주로에 십자형기호가 표시된다. 십자형 기호의 색상은 황색이다.

6. 명령지시표지판(Mandatory Instruction Sign)

가. 이 표지판은 적색바탕에 백색문자로 되어 있으며, 다음을 나타내기 위하여 사용된다.
  (1) 활주로 또는 보호구역(critical area)으로의 진입
  (2) 항공기의 진입이 금지된 구역

나. 전형적인 명령표지판(mandatory sign)은 다음과 같다.
  (1) 활주로정지위치표지판(Runway Holding Position Sign). 이 표지판은 활주로와 교차하는 유도로 또는 다른 활주로와 교차하는 활주로 상의 정지위치(holding position)에 설치된다. 표지판의 문자에는 교차하는 활주로의 명칭이 포함된다.
  (2) 활주로 접근구역 정지위치표지판(Runway Approach Area Holding Position Sign). 이 표지판은 항공기가 활주로 상에서의 운행에 방해가 되지 않도록 하기 위해서 활주로의 접근 또는 출발구역에 위치한 유도로 상에 항공기를 잠시 대기시킬 필요가 있는 일부 공항에서 사용된다. 이런 경우 접근활주로시단의 명칭 다음에 dash(−)와 문자 "APCH"를 표시한 표지판이 유도로의 정지위치에 설치된다.
  (3) ILS 보호구역 정지위치표지판(ILS Critical Area Holding Position Sign). 계기착륙시설이 운영되는 일부 공항에서는 정지위치표지에 기술된 정지위치가 아닌 다른 지점의 유도로 상에 항공기를 정지시키는 것이 필요하다. 이러한 경우 이의 운영을 나타내는 정지위치표지판은 "ILS" 문자를 표시하며, 기술된 유도로 상의 정지위치표지 근처에 위치한다.

(4) 진입금지표지판(No Entry Sign). 진입금지표지판은 해당 지역으로 항공기가 진입하는 것을 금지한다. 전형적으로 이 표지판은 일방 통행로로 사용될 유도로, 또는 활주로와 차량도로의 교차지점이나 유도로와 차량도로의 교차지점, 또는 유도로로 오인하거나 그 밖에 항공기가 이동할 수 있는 포장면으로 오인할 수 있는 도로가 있는 계류장에 위치한다.

7. 위치표지판(Location Signs)

위치표지판은 항공기가 위치한 유도로나 활주로를 식별하기 위하여 사용된다. 그 밖의 위치표지판은 조종사가 지역을 벗어날 시기를 결정하는 데에 도움을 주기 위한 시각적인 신호(visual cue)를 제공한다. 각 위치표지판은 다음과 같다.

가. 유도로위치표지판(Taxiway Location Sign). 이 표지판은 황색테두리의 흑색바탕에 황색문자로 되어 있다. 이 문자는 항공기가 위치하고 있는 유도로의 명칭(designation)이다. 이 표지판은 단독으로 또는 방향표지판(direction sign)이나 활주로정지위치표지판과 함께 유도로를 따라 설치된다.

나. 활주로위치표지판(Runway Location Sign). 그림 2-7과 같이 황색테두리의 흑색바탕에 황색숫자로 되어 있다. 기재된 숫자는 항공기가 위치하고 있는 활주로의 명칭(designation)이다. 이 표지판은 조종사가 자기나침반(magnetic compass)에 의하여 이용할 수 있는 정보를 보충하기 위한 의도이며, 전형적으로 둘 이상의 활주로가 서로 근접하여 조종사가 어느 활주로에 있는지 혼동을 유발할 수 있는 곳에 설치된다.

다. 활주로경계표지판(Runway Boundary Sign). 이 표지판은 그림 2-8과 같이 포장면의 정지위치표지를 나타내는 그림의 흑색문자와 황색바탕으로 되어 있다. 활주로를 향하고 있어서 활주로를 벗어나는 조종사가 볼 수 있는 이 표지판은 포장면의 정지위치표지 근처에 설치된다. 이 표지판은 조종사가 "활주로에서 벗어났다는 것(clear of the runway)"을 판단하기 위한 안내자로 사용할 수 있는 또 다른 시각적 신호를 제공하기 위한 것이다.

그림 2-7. 활주로위치표지판　　그림 2-8. 활주로경계표지판　　그림 2-9. ILS 보호구역경계표지판

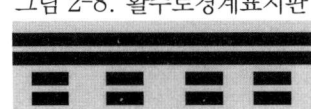

라. ILS 보호구역경계표지판(ILS Critical Area Boundary Sign). 이 표지판은 그림 2-9와 같이 포장면 ILS 정지위치표지를 나타내는 그림의 흑색문자와 황색바탕으로 되어 있다. 이 표지판은 ILS 정지위치표지 근처에 위치하고 있어서 보호구역을 벗어나는 조종사가 볼 수 있다. 이 표지판은 조종사가 "ILS 보호구역을 벗어났다는 것(clear of the ILS critical area)"을 판단하기 위한 안내자로 사용할 수 있는 또 다른 시각적 신호를 제공하기 위한 것이다.

8. 방향표지판(Direction Sign)

가. 방향표지판은 황색바탕에 흑색문자로 되어 있다. 문자는 조종사가 회전해야 하거나 잠시 대기하여야 할 교차지점을 벗어나는 교차유도로의 명칭(designation)을 나타낸다. 각 명칭에는 회전방향을 나타내는 화살표가 함께 표시된다.

나. 위치표지판이 방향표지판과 함께 위치하는 경우를 제외하고, 표지판에 나타나는 각 유도로명칭은 단지 하나의 화살표와 함께 표시된다. 하나 이상의 유도로명칭을 표지판에 나타낼 경우, 각 명칭 및 함께 표시하는 화살표는 수직의 메시지 구분선(message divider)이나 유도로위치표지판으로 다른 유도로명칭과 구분되어야 한다.

다. 일반적으로 방향표지판은 교차지점 이전의 좌측에 위치한다. 출구를 나타내기 위해 활주로 상에 사용될 경우, 표지판은 출구와 같은 방향의 활주로 측면에 위치한다.

라. 표지판에 유도로 명칭과 함께 표시하는 화살표는 조종사의 좌측 첫 번째 유도로에서부터 시작하여 시계방향으로 배열된다.

9. 목적지표지판(Destination Sign)

가. 목적지표지판도 황색바탕에 공항에서의 목적지를 나타내는 흑색문자로 되어 있다. 이 표지판은 항상 목적지까지 지상활주경로의 방향을 나타내는 화살표와 함께 표시된다. 목적지표지판의 화살표가 회전을 지시할 경우, 이 표지판은 교차지점 이전에 설치된다.

나. 일반적으로 이러한 유형의 표지판에 나타내는 목적지에는 활주로, 계류장(apron), 터미널, 군용구역, 민항구역, 화물취급구역, 국제선구역 및 지상운항지원실 등을 포함한다. 이러한 목적지를 나타내는 일부 표지판의 문자에는 약어가 사용되기도 한다.

10. 정보표지판(Information Signs)

정보표지판은 황색바탕에 흑색문자로 되어 있다. 이 표지판은 관제탑에서 보이지 않는 지역, 적용할 수 있는 무선주파수와 소음감소절차 등과 같은 정보를 조종사에게 제공하기 위하여 사용한다.

11. 활주로잔여거리표지판(Runway Distance Remaining Sign)

활주로잔여거리표지판은 흑색바탕에 백색숫자로 되어 있으며, 활주로의 한쪽 또는 양쪽 편을 따라 설치된다. 표지판의 숫자는 착륙활주로의 잔여거리(1,000 ft 단위로)를 나타낸다. 마지막 표지판, 즉 숫자 "1"의 표지판은 활주로종단으로부터 최소한 950 ft 지점에 위치한다.

그림 2-10. 3,000 ft의 활주로 잔여거리를 나타내는 활주로잔여거리표지판

출제예상문제

Ⅰ. 항공등화시설(Airport Lighting System)

【문제】1. 다음 중 Approach light가 아닌 것은?
　　　① HIRL　　　② SSALF　　　③ RAIL　　　④ MALSR

【문제】2. 다음 중 Approach light system에 속하지 않는 것은?
　　　① ALSF-Ⅰ　　　② MALSF　　　③ VASI　　　④ RLLS

【문제】3. 다음 중 Approach light 만으로 짝지어진 것은?
　　　① RAIL, ODALS, RLLS, SSALR, VASI
　　　② ODALS, RLLS, SSALR, SSALF, VASI
　　　③ RAIL, RLLS, SSALR, SSALF, VASI
　　　④ RAIL, ODALS, RLLS, SSALR, SSALF

【문제】4. Red side row light가 있는 approach light system은?
　　　① ALSF-Ⅰ　　　② ALSF-Ⅱ　　　③ MALSR　　　④ SSALR

【문제】5. MALSR, SSALR에서 "R"이 의미하는 것은?
　　　① Runway Approach Lighting System
　　　② Runway Alignment Indicator Lights
　　　③ Runway Lead-in Light System
　　　④ Runway Sequenced Flashing Lights

【문제】6. 주간시정이 양호할 때 SSALR로 전환이 가능한 approach light system은?
　　　① MALSR　　　② SALSF　　　③ ALSF-1　　　④ ALSF-2

【문제】7. Precision instrument runway의 approach light system 설치길이는?
　　　① 1,500~3,500 ft　　　② 1,400~2,500 ft
　　　③ 2,000~3,000 ft　　　④ 2,400~3,000 ft

【문제】8. 비정밀접근 활주로의 경우, 진입등시스템의 설치길이는?
　　　① 400~500 ft　　　② 900~1,000 ft
　　　③ 1,400~1,500 ft　　　④ 2,400~3,000 ft

　〈해설〉FAA AIM 2-1-1. 진입등시스템(Approach Light System; ALS)

정답　1. ①　2. ③　3. ④　4. ②　5. ②　6. ④　7. ④　8 ③

1. 진입등시스템(ALS)은 착륙활주로시단(landing threshold)에서 접근구역(approach area)으로 정밀계기활주로의 경우 2,400~3,000 ft, 비정밀계기활주로의 경우 1,400~1,500 ft의 거리에 이르는 신호등(signal light)의 배열이다.
2. 진입등시스템(ALS)의 유형

유형(Type)	설명(Definition)
ALSF-1	Approach Light System with Sequenced Flashing Lights in ILS CAT-I configuration.
ALSF-2	Approach Light System with Sequenced Flashing Lights and Red Side Row Lights in ILS CAT-II configuration. (ALSF-2는 기상상태가 허용될 때 SSALR로 운용할 수 있다.)
SSALF	Simplified Short Approach Light System with Sequenced Flashing Lights.
SSALR	Simplified Short Approach Light System with Runway Alignment Indicator Lights.
MALSF	Medium Intensity Approach Light System with Sequenced Flashing Lights.
MALSR	Medium Intensity Approach Light System with Runway Alignment Indicator Lights.
RLLS	Runway Lead-in Light system
RAIL	Runway Alignment Indicator Lights
ODALS	Omnidirectional Approach Lighting System consists of seven omnidirectional flashing lights located in the approach area of a nonprecision runway.

【문제】9. Approach light system에서 활주로 끝에 설치되는 sequenced flashing light의 작동조건은?
  ① 시정이 3마일 미만인 경우
  ② 시정이 5마일 미만인 경우
  ③ 운고가 1,000 ft 미만인 경우
  ④ 운고가 1,500 ft 미만인 경우

〈해설〉 항공교통관제절차 3-4-7. 연속 섬광등(Sequenced Flashing Light)은 다음과 같이 운용하여야 한다.
  1. 시정이 3마일 미만이고, 진입등이 있는 활주로 계기비행 접근을 할 때
  2. 조종사 요구시
  3. 관제사가 필요하다고 판단할 때, 단 조종사의 요구에 상반되지 않아야 한다.

【문제】10. VASI(Visual Approach Slope Indicator)의 식별가능거리는?
  ① 주간 2~4 NM, 야간 10 NM 이상
  ② 주간 2~4 NM, 야간 20 NM 이상
  ③ 주간 3~5 NM, 야간 10 NM 이상
  ④ 주간 3~5 NM, 야간 20 NM 이상

【문제】11. 2-bar VASI가 제공하는 접근각은?
  ① 2°   ② 3°   ③ 4°   ④ 5°

【문제】12. VASI의 장애물 회피 보장범위는?
  ① 활주로 연장선으로부터 좌우 10°, 활주로 끝으로부터 4 NM
  ② 활주로 연장선으로부터 좌우 10°, 활주로 끝으로부터 7 NM
  ③ 활주로 연장선으로부터 좌우 5°, 활주로 끝으로부터 4 NM
  ④ 활주로 연장선으로부터 좌우 5°, 활주로 끝으로부터 7 NM

정답 9. ① 10. ④ 11. ② 12. ①

【문제】 13. 2-bar VASI 시설은 일반적으로 몇 개의 시각적인 활공로(glide path)를 제공하는가?
① 1개　　　　　　　　　　　　② 2개
③ 3개　　　　　　　　　　　　④ 양쪽으로 2개

〈해설〉 FAA AIM 2-1-2, a. 시각진입각지시등(Visual Approach Slope Indicator; VASI)
1. VASI는 주간에는 3~5 mile에서, 그리고 야간에는 20 mile 이상에서 식별이 가능하다.
2. VASI의 시각적인 활공로(glide path)는 활주로중심선의 연장선 ±10° 이내에서 활주로시단으로부터 4 NM까지 안전한 장애물 회피를 제공한다.
3. 2-bar VASI 시설은 일반적으로 3°로 설정되는 한 개의 시각적인 활공로(glide path)를 제공한다.

【문제】 14. 적정 glide path인 경우 2-bar VASI의 색은?
① 전면 - 적색, 후면 - 적색　　　② 전면 - 백색, 후면 - 백색
③ 전면 - 적색, 후면 - 백색　　　④ 전면 - 백색, 후면 - 적색

【문제】 15. 3-bar VASI가 설치된 활주로에 접근 중인 비행기가 MDA에 도달했을 때 모든 VASI 라이트가 적색으로 나타났다. 조종사는 어떠한 조치를 취해야 하는가?
① 적절한 접근경로에 진입하기 위해서 상승한다.
② 적절한 접근경로에 진입하기 위해서 강하한다.
③ 적절한 접근경로에 진입하기 위해서 잠시 수평비행을 한다.
④ 활주로가 보이면 동일한 강하율로 계속 접근한다.

【문제】 16. VASI가 설치된 활주로에 접근 시, MDA에 도달하기 이전에 모든 VASI light 들이 빨간색으로 보였을 때의 행동으로 적절한 것은?
① On glide를 위해 상승한다.　　② On glide를 위해 잠시 level off 한다.
③ 활주로 insight를 위해 강하한다.　　④ Missed approach를 한다.

〈해설〉 2-1-2, a. 시각진입각지시등(Visual Approach Slope Indicator; VASI)

유형(Type)	Bar	활공로(Glide path) 지시 (■=Red □=White)			
2-bar VASI		Below	On	Above	
	Far Bar	■■	■■	□□	
	Near Bar	■■	□□	□□	
3-bar VASI		Below both	On lower	On upper	Above both
	Far Bar	■■	■■	■■	□□
	Middle Bar	■■	■■	□□	□□
	Near Bar	■■	□□	□□	□□

〈참조〉 활주로에 접근하는 동안 모든 VASI Light들이 적색(red)으로 보인다면, 활공로가 정상보다 낮은 것이므로 적절한 접근경로에 진입할 때까지 수평비행을 유지해야 한다.

【문제】 17. PAPI의 식별가능거리는?
① 주간 3마일, 야간 10마일　　② 주간 3마일, 야간 20마일
③ 주간 5마일, 야간 10마일　　④ 주간 5마일, 야간 20마일

정답　13. ①　14. ④　15. ③　16. ②　17. ④

【문제】 18. 강하각이 정상보다 낮을 때 PAPI의 색깔은? (여기에서, ○; White, ●; Red)
① ○○○○　　② ○●●●　　③ ○○○●　　④ ●●●●

【문제】 19. PAPI 등화장치의 색상이 1개는 white, 3개는 red일 때 glide path는?
① 약간 낮음(slightly low)　　② 낮음(low)
③ 약간 높음(slightly high)　　④ 높음(high)

【문제】 20. 정상보다 약간 높은(slightly high) 진입각인 경우, PAPI 등화의 지시는?
① 4개 White　　② 4개 Red
③ 3개 White, 1개 Red　　④ 1개 White, 3개 Red

【문제】 21. On glide path인 경우, PAPI의 지시는?
① 4개 White　　② 4개 Red
③ 3개 White, 1개 Red　　④ 2개 White, 2개 Red

〈해설〉 FAA AIM 2-1-2, b. 정밀진입각지시등(Precision Approach Path Indicator; PAPI)
  1. 정밀진입각지시등(PAPI)은 주간에는 약 5 mile, 그리고 야간에는 20 mile까지 식별이 가능하다.
  2. 진입각에 따른 등의 색상은 다음과 같다.

진입각	High (3.5° 초과)	Slightly high (3.2°)	On glide path (3°)	Slightly low (2.8°)	Low (2.5° 미만)
색상	○○○○	○○○●	○○●●	○●●●	●●●●

○ White, ● Red

【문제】 22. 3색(tri-color) VASI의 정상유효거리(normal range)는?
① 주간: 1/2~1마일, 야간: 3마일　　② 주간: 1/2~1마일, 야간: 5마일
③ 주간: 1~2마일, 야간: 3마일　　④ 주간: 1~2마일, 야간: 5마일

【문제】 23. 항공기가 정상적인 glide path보다 낮은 곳에 있을 때 tri-color VASI의 색깔은?
① White　　② Green　　③ Red　　④ Amber

【문제】 24. 정상 강하각에서 below glide path로 내려갈 때 3색(tri-color) VASI에서 볼 수 있는 색의 순서는?
① 녹색 - 황색 - 적색　　② 녹색 - 적색 - 황색
③ 녹색 - 백색 - 적색　　④ 녹색 - 적색 - 백색

【문제】 25. On glide slope에서 below glide slope로 전환하는 동안 Tri-color VASI에서 볼 수 있는 색은?
① Dark amber - Amber　　② Dark amber - Red
③ Dark red - Red　　④ Dark red - Amber

정답　18. ④　19. ①　20. ③　21. ④　22. ②　23. ③　24. ①　25. ②

【문제】26. Above glide path 시 tri-color VASI의 지시 색깔은?

① Red ② Amber ③ Green ④ White

〈해설〉 FAA AIM 2-1-2, c. 3색 시스템(Tri-color System)
1. 일반적으로 3색 시각진입각지시등은 지시등이 설치되어 있는 활주로의 최종접근구역에 3가지 색상의 시각적인 접근로를 표시하는 단일등화장치로 구성된다. 이러한 유형의 지시등은 시정상태에 따라 대략 주간에는 1/2~1 mile, 그리고 야간에는 5 mile의 범위까지 유용하다.
2. 낮은 활공로 지시는 적색, 높은 활공로 지시는 황색(amber)이며 적정한 활공로(on glide path) 지시는 녹색이다. 항공기가 녹색에서 적색으로 강하할 때, 조종사는 녹색에서 적색으로 변화되는 동안 짙은 황색(dark amber)을 볼 수도 있다.

■ 잠깐! 알고 가세요.
[진입등시스템 식별가능거리]

진입등시스템(Approach light system)	식별가능거리	
	주 간	야 간
시각진입각지시등(Visual Approach Slope Indicator; VASI)	3~5마일	20마일
정밀진입각지시등(Precision Approach Path Indicator; PAPI)	5마일	20마일
3색 시스템(Tri-color System)	1/2~1마일	5마일
점멸식 시스템(Pulsating System)	4마일	10마일

【문제】27. 조종사가 VASI를 갖춘 활주로에 ILS 접근 중 OM을 통과한 후 glide slope out을 인지하였다. VASI를 확인한 경우 조종사의 조치사항으로 올바른 것은?
① ATC에 통보하고 즉시 로컬라이저 접근을 실시하여 로컬라이저 DH까지 강하한다.
② Glide slope 대신에 VASI를 보고 계속 접근한다.
③ LOC 접근을 요청하고, 조종사의 판단에 따라 VASI 아래로 강하할 수 있다.
④ 해당 공항의 발간된 실패접근절차에 따른다.

【문제】28. 다음 중 진입각지시등이 아닌 것은?
① 3-bar VASI ② Tri-color VASI
③ PAPI ④ REIL

【문제】29. REIL의 주 목적은?
① 감소된 시정 중에 진입방향 활주로 끝의 신속하고 확실한 식별
② 감소된 시정 중에 주 활주로의 신속하고 확실한 식별
③ 어둡거나 시정장애가 있을 때 활주로 가장자리의 식별
④ 어둡거나 시정장애가 있을 때 활주로 진입로의 식별

【문제】30. 특정 활주로의 접근로 끝단을 신속하고 정확하게 식별하기 위하여 설치되는 등화는?
① REIL ② RCLS ③ HIRL ④ TDZL

정답 26. ② 27. ② 28. ④ 29. ① 30. ①

【문제】 31. Runway End Identifier Light(REIL)에 관한 설명 중 맞는 것은?
① Fixed lights showing red toward the runway and showing green outward from the runway.
② Synchronized flashing lights showing white.
③ Flashing lights showing yellow until the last 2,000 feet of the runway.
④ Fixed unidirectional lights showing red in the direction of the runway.

〈해설〉 FAA AIM 2-1-3. 활주로종단식별등(Runway End Identifier Lights; REIL)
활주로종단식별등(REIL)은 특정 접근활주로종단의 신속하고 확실한 식별을 위해 대부분의 비행장에 설치된다.

〈참조〉 FAA AC 150/5300-13A(Airport Design), Chapter 6
활주로종단식별등(REIL)은 접근활주로시단(approach end)의 양 모서리에 위치하는 고광도의 백색 섬광등(flashing white light)으로 이루어진다. 이 등은 조종사가 활주로시단을 식별할 수 있도록 접근구역으로 향하여 있다. 이 등은 두 개의 단방향성 또는 전방향성(360°) 동시 섬광등으로 이루어지며, 활주로 시단의 양 측면에 한 개씩 설치된다.

【문제】 32. 야간 또는 저시정 시 활주로의 윤곽을 식별할 수 있도록 설치하는 등화는?
① Runway edge light   ② Runway end light
③ Runway centerline light   ④ Approach light

【문제】 33. 항공기가 활주로에 접근 시 접근하는 방향에서 볼 수 있는 활주로말단등(runway threshold light)의 색깔은?
① 백색   ② 청색   ③ 적색   ④ 녹색

〈해설〉 FAA AIM 2-1-4. 활주로등 시스템(Runway Edge Light Systems)
1. 활주로등(runway edge light)은 어두울 때나 시정이 제한된 상태에서 활주로의 가장자리를 나타내기 위해 사용된다.
2. 활주로종단(runway end)을 표시하는 등화는 출발 항공기에게 활주로종단을 나타내기 위하여 활주로 쪽으로 적색 불빛을 비추고, 착륙 항공기에게는 시단(threshold)을 나타내기 위하여 활주로종단 바깥쪽으로 녹색 불빛을 비춘다.

【문제】 34. Runway centerline light의 활주로 마지막 1,000 ft 구간의 색깔은?
① Red   ② White   ③ Green   ④ Red, White

【문제】 35. Runway centerline light의 적색등과 백색등이 교대로 보인다면, 이것은 무엇을 의미하는가?
① 활주로가 3,000 ft 남았다.   ② 활주로가 2,000 ft 남았다.
③ 활주로가 1,000 ft 남았다.   ④ 활주로의 절반이 남았다.

【문제】 36. 활주로 종단으로부터 1,000 ft에서 3,000 ft까지의 활주로중심선등의 색깔은?
① 백색   ② 적색   ③ 백색, 적색   ④ 황색

[정답] 31. ② 32. ① 33. ④ 34. ① 35. ① 36. ③

〈해설〉 FAA AIM 2-1-5. a. 활주로중심선등 시스템(Runway Centerline Lighting System; RCLS)
착륙활주로시단(landing threshold)에서 보았을 때 활주로 마지막 3,000 ft까지의 활주로중심선등은 백색이다. 다음 2,000 ft 구간에서 백색등은 적색등과 교대로 설치되고, 활주로의 마지막 1,000 ft 구간의 경우 모든 중심선등은 적색이다.

【문제】37. 비행장등화의 점등에 관한 설명 중 옳지 않은 것은?
① 야간에 항공기가 이륙한 후 최소한 5분간 점등을 계속한다.
② 야간에 항공기가 착륙한 후 최소한 10분간 점등을 계속한다.
③ IFR 기상상태에서 항공기가 이착륙하는 경우 점등한다.
④ 야간에 항공기가 이착륙하는 경우 점등한다.

〈해설〉 공항시설법 시행규칙 별표 17(항행안전시설의 관리기준) 제1호. 공항·비행장등화(비행장등대는 제외한다)는 야간(태양이 수평선 아래 6도보다 낮은 경우를 말한다)과 계기비행 기상상태에서 항공기가 이륙하거나 착륙하는 경우 또는 상공을 통과하는 항공기의 항행을 돕기 위하여 필요하다고 인정되는 경우에는 다음의 방법으로 점등한다.
1. 항공기가 착륙하는 경우 : 해당 착륙예정시각 1시간 전에 점등준비를 하고, 그 착륙예정시각보다 최소한 10분 전에 점등한다.
2. 항공기가 이륙하는 경우 : 이륙한 후 최소한 5분간 점등을 계속한다.

【문제】38. PCL(pilot controlled lighting)이 운용되는 시간은 가장 최근 작동시간부터 얼마 동안인가?
① 10분 ② 15분 ③ 20분 ④ 25분

【문제】39. Pilot controlled lighting(PCL)에 대한 설명 중 틀린 것은?
① 작동시키면 15분 후에 실용적, 경제적 이유로 자동으로 꺼진다.
② 저광도로 설정하기 위해서는 마이크 키를 7번 눌러 먼저 고광도 등화로 만들어야 한다.
③ 마이크 키를 2번 누르면 저광도, 5번 누르면 중광도로 설정된다.
④ 시각진입각지시등(VASI)과 활주로말단식별등(REIL)의 등화를 PCL로 조절할 수 있는 공항도 있다.

〈해설〉 FAA AIM 2-1-9. 조종사의 공항등화 제어(Pilot Control of Airport Lighting; PCL)
1. 모든 등화는 가장 최근의 작동시간부터 15분 동안 점등되고, 15분이 경과되기 전에는 소등되지 않는다.
2. 처음에는 항상 마이크 키(mike key)를 7회 사용하는 것을 권장하며, 이렇게 함으로써 제어되는 모든 등화가 이용할 수 있는 최대광도로 점등되도록 한다. 조절할 수 있는 성능이 제공되는 곳에서는 이후에 필요하면 키를 3회 또는 5회 눌러 저광도(또는 REIL 소등)로 조절할 수 있다.

【문제】40. 접지구역등(TDZL)에 관한 설명 중 틀린 것은?
① 정밀접근활주로 Category Ⅱ 또는 Ⅲ의 접지구역에 설치하여야 한다.
② 활주로 길이가 1,800 m 이하인 곳에서는 활주로 중간지점에 설치한다.
③ 등간 간격은 30 m 혹은 60 m로 한다.
④ 불빛은 가변백색의 고정된 단방향등으로 한다.

[정답] 37. ② 38. ② 39. ③ 40. ②

〈해설〉 ICAO Annex 14, 5.3.13 Runway touchdown zone lights
   1. 적용 : 접지구역등(TDZL)은 category Ⅱ 또는 Ⅲ정밀접근활주로의 접지구역에 설치하여야 한다.
   2. 위치
      가. 활주로시단에서 활주로 방향으로 900 m 거리까지 설치한다.
      나. 활주로 길이가 1,800 m 이하인 곳에서는 활주로 중간지점까지 설치한다.
      다. 등간 간격은 30 m 혹은 60 m로 한다.
   3. 특성 : 불빛은 가변백색의 고정된 단방향등(unidirectional lights)으로 한다.

【문제】 41. 활주로 상의 잠시대기지점을 나타내기 위하여 사용되는 LAHSO light의 색깔은?
   ① White   ② Yellow   ③ Red   ④ Green

〈해설〉 FAA AIM 2-1-5, e. 착륙 및 잠시대기등(Land and Hold Short Light)
   착륙 및 잠시대기등은 착륙 및 잠시대기운영(LAHSO)이 인가된 활주로 상의 지정된 잠시대기지점을 나타내기 위하여 사용된다. 착륙 및 잠시대기등은 잠시대기지점에 활주로를 가로질러 설치되는 일렬의 점멸식백색등으로 이루어진다.

【문제】 42. 민간 육상비행장을 의미하는 비행장등대의 색은?
   ① White and Green   ② White and Yellow
   ③ White and Red   ④ Green and Red

【문제】 43. Heliport를 나타내는 공항등대의 색은?
   ① 백색과 초록색   ② 백색과 노란색
   ③ 초록색, 노란색과 백색   ④ 초록색 섬광 사이에 두 번의 백색 섬광

【문제】 44. 군 공항의 비행장등대를 식별하는 불빛 색상은?
   ① 백색 섬광 사이에 두 번의 황색 섬광   ② 백색 섬광 사이에 두 번의 녹색 섬광
   ③ 황색 섬광 사이에 두 번의 백색 섬광   ④ 녹색 섬광 사이에 두 번의 백색 섬광

【문제】 45. 주간에 비행장등대(airport beacon)가 작동하고 있을 때 예상되는 기상은?
   ① 지상시정 3마일 미만, 운고(ceiling) 1,000피트 미만
   ② 지상시정 5마일 미만, 운고(ceiling) 1,000피트 미만
   ③ 지상시정 3마일 미만, 운고(ceiling) 1,500피트 미만
   ④ 지상시정 5마일 미만, 운고(ceiling) 1,500피트 미만

【문제】 46. 비행장등대(aerodrome beacon)에 대한 설명 중 틀린 것은?
   ① 지상시정 3마일 미만, 운고(ceiling) 1,000피트 미만일 때 점등된다.
   ② 비행장등대의 운영여부로 IFR 기상상태인지 VFR 기상상태인지를 구별할 수 있다.
   ③ B등급, C등급, D등급 및 E등급 공역에서 주간에 지상시정 및 운고를 나타내기 위하여 활용된다.
   ④ 비행장에 비행장등대가 점등된 경우 IFR로 접근을 해야 한다.

정답   41. ①   42. ①   43. ③   44. ④   45. ①   46. ②

【문제】 47. 비행장등대의 색으로 틀린 것은?
① 육상비행장: 백색 1개, 녹색 1개
② 수상비행장: 백색 1개, 황색 1개
③ 군비행장: 백색 2개, 녹색 1개
④ 헬기비행장: 백색 1, 녹색 1, 적색 1

〈해설〉 FAA AIM 2-1-9. 비행장/헬기장등대(Airport/Heliport Beacon)
 1. 등대(beacon)의 색상과 색의 조합은 다음과 같다.
  가. 백색과 녹색 : 등화시설을 갖춘 육상비행장
  나. 백색과 황색 : 등화시설을 갖춘 수상비행장
  다. 녹색, 황색과 백색 : 등화시설을 갖춘 헬기장
 2. 군 비행장등대는 백색과 녹색이 교대로 섬광되지만, 녹색 섬광 사이에 백색이 두 번 섬광(두 번의 빠른)된다는 점이 민간등대와 다르다.
 3. B등급, C등급, D등급 및 E등급 공항교통구역(surface area)에서 주간에 비행장등대를 운영하는 것은 대개의 경우, 지상시정이 3 mile 미만이거나 운고(ceiling)가 1,000 ft 미만이라는 것을 나타낸다. 조종사는 기상상태가 IFR 인지 VFR 인지의 여부를 전적으로 비행장등대의 운영에 의존해서는 안된다.

【문제】 48. 비행장등대에 대한 설명 중 틀린 것은?
① 공중에서 비행장을 찾기 어려운 야간에 사용하는 비행장에 설치하여야 한다.
② 1분간의 섬광횟수는 30~40회로 한다.
③ 어두운 지역의 비행장 내 또는 비행장 인근에 설치한다.
④ 불빛은 녹색과 백색의 섬교광 또는 백색의 섬광으로 한다.

〈해설〉 항공등화 설치 및 기술기준 제2장 제1절 제8조. 항공등대
  항공기가 주로 시계비행을 할 경우 또는 시정이 자주 좋지 않거나 주변등화나 지형 때문에 공중에서 비행장을 찾기 어려운 야간에 사용하는 비행장에는 다음과 같이 비행장등대를 설치하여야 한다.
 1. 위치 : 배경 조명이 어두운 지역의 비행장 내 또는 비행장 인근에 설치한다.
 2. 특성
  가. 불빛은 녹색과 백색의 섬교광 또는 백색 섬광일 것
  나. 1분간의 섬광횟수는 20회부터 30회까지로 할 것
〈참조〉 AIM에서는 1분간의 섬광횟수를 "공항, 랜드마크(landmark) 및 연방항공로(federal airway) 상의 지점을 나타내기 위한 등대는 분당 24~30회로 한다." 라고 규정하고 있다.

【문제】 49. 비행장등대(rotating beacon)의 운용에 대한 설명 중 맞는 것은?
① 24시간 운용한다.
② 일몰시부터 일출시까지 또는 주간에 운고 또는 시정치가 계기비행 최저치 미만일 때 운용한다.
③ 일출시부터 일몰시까지의 기간 중 보고된 운고 및 시정치가 계기비행 최저치 미만일 때 운용한다.
④ 관제업무가 제공될 때 일몰시부터 일출시까지 운용한다.

〈해설〉 항공교통관제절차 3-4-19. 비행장등대(Rotatin Beacon/Aerodrome Beacon)
  관제업무 제공 중, 비행장등대는 다음과 같이 점등하여야 한다.
 1. 일몰시부터 일출시까지
 2. 일출시부터 일몰시까지의 기간 중, 보고된 운고(ceiling) 또는 시정치가 시계비행 최저치 미만일 때

정답 47. ④ 48. ② 49. ④

【문제】50. 유도로 가장자리에 설치되는 유도로등(taxiway edge light)의 색깔은?
　　① 청색　　　② 적색　　　③ 황색　　　④ 녹색

【문제】51. 유도로 centerline light의 불빛 색은?
　　① Blue　　　② Yellow　　　③ Green　　　④ White

【문제】52. 활주로와 유도로의 경계를 나타내주는 등은?
　　① 활주로유도등　　　　② 유도로안내등
　　③ 정지선등　　　　　　④ 활주로경계등

【문제】53. 조종사가 활주로에 접지하거나 유도로에서 이동할 때, 활주로 또는 계류장의 출입경로를 알려주는 유도로중심선등은 무슨 색인가?
　　① 녹색　　　② 청색　　　③ 황색　　　④ 백색

〈해설〉 FAA AIM 2-1-10. 유도로 등화(Taxiway Light)
　1. 유도로등(taxiway edge light) : 어두울 때나 시정이 제한된 상태에서 유도로의 가장자리(edge)를 나타내기 위해 사용된다. 이 시설은 청색 불빛을 비춘다.
　2. 유도로중심선등(taxiway centerline light) : 저시정상태에서 지상교통을 돕기 위해 사용된다. 유도로중심선등은 고정등이며 녹색 불빛을 비춘다.
　3. 활주로경계등(runway guard light) : 활주로에 진입하기 전에 멈추어야 할 위치를 알려주기 위하여 유도로/활주로 교차지점에 설치된다.

【문제】54. 계기비행 활주로 및 유도로의 등화 색상으로 틀린 것은?
　　① 활주로등(Runway edge light) : 백색
　　② 활주로중심선등(Runway centerline light) : 백색, 적색
　　③ 유도로등(Taxiway edge light) : 청색
　　④ 정지선등(Stop bar light) : 적색

■ 잠깐! 알고 가세요.
[활주로/유도로 등화 색상]

구 분	유 형	색 상
활주로 등화	활주로등(Runway edge light)	황색, 백색
	활주로중심선등(Runway centerline light)	백색, 적색
	접지구역등(Touchdown Zone Lights; TDZL)	백색
	착륙 및 잠시대기등(Land and Hold Short Light)	백색
유도로 등화	유도로등(Taxiway Edge Light)	청색
	유도로중심선등(Taxiway center-line light)	녹색
	통과선등(Clearance Bar Light)	황색
	활주로경계등(Runway Guard Light)	황색
	정지선등(Stop Bar Light)	적색

정답　50. ①　51. ③　52. ④　53. ①　54. ①

Ⅱ. 공항표지시설과 표지판(Airport Marking Aids and Sign)

【문제】1. 활주로 표지(runway marking)의 색은?
① White　　　② Black　　　③ Yellow　　　④ Red

【문제】2. 유도로 표지(taxiway marking) 및 항공기 주기장 표지(aircraft stand marking)의 색깔은?
① 적색　　　② 백색　　　③ 청색　　　④ 황색

〈해설〉 비행장시설 설치기준 제6절 비행장표지, 제51조. 표지일반.
　　1. 활주로 표지는 백색이어야 한다.
　　2. 유도로 표지, 활주로 회전패드표지 및 항공기 주기장 표지는 황색이어야 한다.

【문제】3. Runway heading이 147°인 경우, runway marking은?
① 14　　　② 15　　　③ 147　　　④ 150

【문제】4. Heading 053°인 활주로의 활주로 번호는?
① 05　　　② 06　　　③ 50　　　④ 53

【문제】5. 활주로 표지(runway marking) 숫자의 기준은?
① True bearing　　　② Magnetic bearing
③ Compass bearing　　　④ Compass heading

【문제】6. 활주로의 양 끝에 숫자 "09"와 "27"이 표시되어 있는 경우, 이 활주로 번호의 의미는?
① 009°와 027°의 진방위(true direction)
② 090°와 270°의 진방위(true direction)
③ 090°와 027°의 자방위(magnetic direction)
④ 090°와 270°의 자방위(magnetic direction)

【문제】7. 활주로 번호를 지정하는 기준은?
① 활주로중심선의 진북 방위각의 전체 숫자
② 활주로중심선의 진북 방위각의 백과 십 단위의 숫자
③ 활주로중심선의 자북 방위각의 백과 십 단위의 숫자
④ 활주로중심선의 자북 방위각의 전체 숫자

【문제】8. 활주로 명칭표지에 대한 설명 중 틀린 것은?
① 활주로 명칭표지의 색상은 백색이다.
② 활주로 명칭표지는 활주로 양 시단지역에 표시한다.
③ 활주로가 040°이면 활주로 번호는 4로 표시한다.
④ 진입방향에서 볼 때 자방위를 10으로 나눈 값에서 가장 가까운 정수가 활주로 지정번호가 된다.

〔정답〕　1. ①　2. ④　3. ②　4. ①　5. ②　6. ④　7. ③　8. ③

〈해설〉 FAA AIM 2-3-3. 활주로 표지(Runway Marking) b. 활주로 명칭(Runway Designator)
활주로 번호와 문자는 진입방향에 의해 정해진다. 활주로 번호는 자북에서부터 시계방향으로 측정한 활주로중심선 자방위(magnetic azimuth)의 10분의 1에 가장 가까운 정수이다.

〈참조〉 활주로 표지(runway marking)는 두 자리 숫자로 되어 있으며, 이 활주로 번호는 진입방향에 의해 정해진다. 활주로 번호는 자북에서부터 시계방향으로 측정한 활주로중심선 자방위(magnetic azimuth)의 10분의 1에 가장 가까운 정수이다. 예를 들어 자방위가 183°인 곳의 활주로 명칭은 18이 되고, 자방위 87°와 같이 1자리 정수로 표기되는 경우에는 "0"을 숫자 앞에 붙여 활주로 명칭은 09가 된다.

【문제】9. 비정밀 계기활주로 상에 없는 runway marking은?
① Aiming point, Touchdown zone
② Touchdown zone, Threshold marking
③ Side stripe, Aiming point
④ Side stripe, Touchdown zone

【문제】10. 정밀 계기활주로에만 있는 표지 요소는?
① Centerline marking
② Side stripe marking
③ Threshold marking
④ Aiming point marking

〈해설〉 FAA AIM 2-3-3. 활주로 표지(Runway Marking)

표지 구성요소 (marking element)	시각 활주로 (visual runway)	비정밀 계기활주로	정밀 계기활주로
명칭(designation)	X	X	X
중심선(centerline)	X	X	X
시단(threshold)	X^1	X	X
목표점(aiming point)	X^2	X	X
접지구역(touchdown zone)			X
옆선(side stripe)			X

X^1 : 국제상업운송에 사용하고 있거나 사용하려는 활주로
X^2 : 제트항공기가 사용하는 4,000 ft(1200 m) 이상의 활주로

【문제】11. 활주로 노견표시(shoulder marking)에 대한 설명 중 맞는 것은?
① 줄무늬는 활주로 중심선에 대하여 55도 기울어져 설치되어 있다.
② 백색이다.
③ 폭 0.9 m 이상, 간격 30 m로 되어 있다
④ 유도로 가장자리와 활주로 시단표지 사이에 위치한다.

〈해설〉 비행장시설 설치기준 제52조. 활주로상의 표지. 활주로갓길표지(runway shoulder marking)는 다음과 같이 하여야 한다.
  1. 적용 : 활주로갓길표지는 활주로옆선표지를 보충해서 항공기 이동을 목적으로 하지 않는 활주로 옆 포장구역의 명확한 식별을 위하여 필요한 경우에 설치할 수 있다.
  2. 위치 : 활주로갓길표지는 포장면의 가장자리와 활주로 옆선표지 사이에 위치한다.
  3. 색상 : 활주로갓길표지는 황색이다.
  4. 특성
    가. 활주로갓길표지의 폭은 0.9 m 이상, 간격은 30 m로 이루어진다.
    나. 줄무늬는 활주로 중심선에 대하여 45도의 경사도로 설치된다.

정답 9. ④ 10. ② 11. ③

【문제】 12. 활주로 시단표지(threshold marking)는?
　　① 활주로 중심선에 대칭하여 굵은 세로줄
　　② 활주로 중심선에 수직으로 가로줄
　　③ 활주로 중심선에 대칭하여 빗금
　　④ 활주로 중심선에 대칭하여 격자무늬

【문제】 13. 활주로 폭과 runway threshold marking의 stripe 수가 잘못 연결된 것은?
　　① 75 ft - 6개　　　　　　　　② 100 ft - 8개
　　③ 150 ft - 10개　　　　　　　④ 200 ft - 16개

〈해설〉 FAA AIM 2-3-3, h. 활주로시단표지(Runway Threshold Marking)
　　활주로시단표지는 두 가지의 형태로 표시된다. 이 표지는 활주로중심선에 대해 대칭으로 배열된 같은 크기의 8개의 세로 줄무늬, 또는 아래 표와 같이 활주로의 폭에 따른 줄무늬의 수로 구성된다.

활주로 폭	줄무늬(stripe) 수
60 ft (18 m)	4
75 ft (23 m)	6
100 ft (30 m)	8
150 ft (45 m)	12
200 ft (60 m)	16

【문제】 14. Displaced threshold는 어떻게 나타내는가?
　　① Yellow chevrons pointing towards the threshold point.
　　② White arrows pointing towards the threshold along the runway.
　　③ A white X on the unusable part of the threshold.
　　④ A longitudinal yellow stripe added to the threshold marking.

【문제】 15. 항공기가 활주로 경계선(demarcation bar)과 활주로 개시지점/종료지점(displaced threshold) 사이에서 할 수 없는 것은?
　　① 이륙　　　② 활주　　　③ 착륙활주　　　④ 착륙

【문제】 16. 이설시단(displaced threshold)에 대한 설명 중 맞는 것은?
　　① 이륙에 이용할 수 있다.　　　　② 착륙에 이용할 수 있다.
　　③ 이륙 및 착륙에 이용할 수 있다.　④ 착륙 및 지상활주에 이용할 수 있다.

【문제】 17. 이설시단(displaced threshold)에 대한 설명 중 틀린 것은?
　　① 시단표지(threshold marking)에 추가하여 세로방향의 백색 줄무늬(stripe)로 표시된다.
　　② 이착륙이 가능하다.
　　③ 이륙, 지상활주 또는 착륙활주에 이용할 수 있다.
　　④ 착륙은 반대방향으로만 할 수 있다.

[정답]　12. ①　13. ③　14. ②　15. ④　16. ①　17. ②

〈해설〉 FAA AIM 2-3-3, h. 활주로시단표지(Runway Threshold Marking)
1. 이설시단(displaced threshold)은 활주로의 지정된 시작지점 이외에 다른 활주로 상의 지점에 위치한 시단이다. 활주로시단의 이설은 착륙에 이용할 수 있는 활주로의 길이를 감소시킨다. 이설된 활주로 뒤의 활주로 부분은 이륙 시에는 양방향에서, 착륙 시에는 반대방향에서만 사용할 수 있다.
2. 이설시단에는 폭 10 ft의 백색 시단선(threshold bar)이 활주로를 가로질러 설치된다. 백색 화살표는 활주로의 시작지점과 이설시단 사이의 구간에 활주로중심선을 따라 설치된다.

〈참조〉 FAA Aeronautical Knowledge, Chapter 12. Airport Operations
시단은 활주로 끝단 근처의 폐쇄로 인해 이설될 수 있다. 활주로의 이러한 부분은 착륙에는 사용할 수 없지만 지상활주(taxiing), 이륙 또는 착륙활주(landing rollout)에는 이용할 수도 있다.

【문제】 18. Aiming point의 위치는?
① 착륙활주로 시단으로부터 500 ft
② 착륙활주로 시단으로부터 1,000 ft
③ 착륙활주로 시단으로부터 1,500 ft
④ 착륙활주로 시단으로부터 3,000 ft

〈해설〉 FAA AIM 2-3-3, d. 활주로목표점표지(Runway Aiming Point Marking)
활주로목표점표지는 항공기가 착륙하는 동안 시각 목표점으로서의 역할을 한다. 이 표지는 폭이 넓은 백색 줄무늬(stripe)로 구성된 두 개의 직사각형 표지이며, 착륙활주로 시단(landing threshold)으로부터 약 1,000 ft 지점의 활주로중심선 양 측면에 위치한다.

【문제】 19. Runway의 yellow chevron marking이 의미하는 것은?
① Blast pad/Stopway
② Displaced threshold
③ Runway turn pad
④ Runway strips

【문제】 20. Runway marking 중 노란색 갈매기 모양으로 표시되고 지상활주나 이륙, 착륙을 위해서 사용할 수 없으나, 이륙을 단념해야 할 경우에 항공기를 감속시키거나 정지시키기 위하여 추가적인 정지로로 이용할 수 있는 지역은?
① Displaced threshold
② Taxi, takeoff and takeoff roll-out area
③ Blast pad/Stopway
④ Taxiway hold area

【문제】 21. Runway threshold 전에 표시된 갈매기 모양 표지(chevron marking)의 의미는?
① 항공기가 이륙하여 일정고도까지 초기 상승하는데 지장이 없도록 하기 위하여 활주로 종단 이후에 설정된 장방형의 구역을 나타낸다.
② 시단이 이설된 활주로를 활주로 앞쪽에 있는 제트 분사대, 정지로, 유도로와 구분해 주기 위해 설치된다.
③ 이륙 시에는 양방향에서, 착륙 시에는 반대방향에서만 사용할 수 있다.
④ 착륙, 이륙 및 지상활주에 사용할 수 없는 활주로와 정대된 포장지역을 나타낸다.

〈해설〉 FAA AIM 2-3-3, i. 경계선(Demarcation Bar)
1. 경계선(Demarcation Bar) : 경계선은 이설시단이 있는 활주로를 활주로 앞쪽에 있는 제트 분사대(blast pad), 정지로(stopway) 또는 유도로와 구분한다. 경계선의 폭은 3 ft(1 m)이며, 활주로 상에 위치하고 있지 않기 때문에 황색이다.

[정답] 18. ② 19. ① 20. ③ 21. ④

2. 갈매기형(Chevron) 표지. 이 표지는 착륙, 이륙과 지상활주에 사용할 수 없는 활주로와 일직선인 포장구역을 나타내기 위하여 사용된다. 갈매기형 표지는 황색이다.

【문제】22. Taxiway centerline의 모양과 색깔은?

① 1줄의 백색실선 ② 1줄의 황색실선 ③ 2줄의 백색점선 ④ 2줄의 황색점선

〈해설〉 FAA AIM 2-3-4. 유도로 표지(Taxiway Marking)
유도로중심선(taxiway centerline)은 폭 6~12 in(15~30 cm)인 한 줄의 황색실선이다.

■ 잠깐! 알고 가세요.
[활주로/유도로 표지 색상]

구 분	유 형	색 상
활주로 표지	활주로표지(Runway Marking) 명칭/중심선표지/목표점표지/접지구역표지/옆선표지	백색
	활주로갓길표지(Runway Shoulder Marking)	황색
	활주로시단표지(Runway Threshold Marking)	백색
	경계선(Demarcation Bar)	황색
	활주로시단선(Runway Threshold Bar)	백색
유도로 표지	유도로중심선(Taxiway Centerline)	황색
	유도로가장자리표지(Taxiway Edge Markings)	황색
	유도로갓길표지(Taxi Shoulder Markings)	황색
	표면에 표시하는 유도로방향표지(Taxiway Direction Sign)	황색바탕, 흑색
	표면에 표시하는 위치표지(Surface Painted Location Sign)	흑색바탕, 황색

【문제】23. 활주로정지선(runway hold line)의 색깔과 모양을 바르게 설명한 것은?

① 노란색으로 한 줄의 점선과 한 줄의 실선으로 되어 있다.
② 노란색으로 두 줄의 실선으로 되어 있다.
③ 노란색으로 두 줄의 실선과 두 줄의 점선으로 되어 있다.
④ 두 줄의 흰색 실선으로 되어 있다.

【문제】24. Runway holding position marking에 대한 설명 중 잘못된 것은?

① 항공기가 정지해야 하는 지점을 나타낸다.
② 두 줄의 실선과 점선으로 된 네 줄의 황색선이다.
③ 실선은 항상 항공기가 정지해야 하는 쪽에 위치한다.
④ "Hold Shot of Runway XX" 지시를 받은 경우, main gear가 대기지점을 넘지 않도록 정지하여야 한다.

【문제】25. Hold Short of Runway의 의미는?

① 항공기의 nose gear가 활주로정지위치표지를 넘어서는 안된다.
② 항공기의 main gear가 활주로정지위치표지를 넘어서는 안된다.
③ 항공기의 tail section이 활주로정지위치표지를 넘어서는 안된다.
④ 항공기의 어느 부분도 활주로정지위치표지를 넘어서는 안된다.

[정답] 22. ②   23. ③   24. ④   25. ④

〈해설〉 FAA AIM 2-3-5, a. 활주로정지위치표지(Runway Holding Position Markings)
  1. 활주로에서 이 표지는 항공기가 활주로 접근할 때 정지해야 하는 지점을 나타낸다. 활주로정지위치표지는 6 in 또는 12 in 간격의 두 줄의 실선과 두 줄의 점선으로 된 네 줄의 황색선으로 이루어지며, 유도로 또는 활주로의 폭(width)을 가로질러 설치된다. 실선은 항상 항공기가 정지해야 하는 쪽에 위치한다.
  2. ATC가 "Hold short of runway XX"라고 지시하면, 조종사는 항공기의 어느 부분도 활주로정지위치표지를 넘지 않도록 정지하여야 한다.

【문제】 26. VOR Receiver checkpoint 표지판 글자의 색은?
  ① 적색바탕에 백색글자   ② 백색바탕에 적색글자
  ③ 황색바탕에 흑색글자   ④ 흑색바탕에 황색글자
〈해설〉 ICAO Annex 14, 5.4.4.3 VOR aerodrome checkpoint sign(VOR 공항 점검지점 표지판)
  VOR 공항 점검지점 표지판은 황색바탕에 흑색으로 표기된다.

【문제】 27. 활주로 끝단에 황색의 "X"자가 표시되어 있는 것을 보았다. 이는 무엇을 의미하는가?
  ① 임시 폐쇄 활주로   ② 영구 폐쇄 활주로
  ③ 착륙 금지구역   ④ 이륙 금지구역
〈해설〉 FAA AIM 2-3-6, e. 임시 폐쇄 활주로와 유도로(Temporarily Closed Runways and Taxiway)
  조종사에게 활주로가 임시로 폐쇄되었다는 시각적인 지시를 제공하기 위하여 활주로 상의 활주로 각 끝 부분에만 십자형 기호가 표시된다.

【문제】 28. 공항 표지판 중 mandatory instruction sign의 색깔은?
  ① 황색바탕에 흑색글자   ② 흑색바탕에 황색글자
  ③ 적색바탕에 백색글자   ④ 백색바탕에 적색글자

【문제】 29. Holding position sign의 색은?
  ① 황색바탕에 흑색문자   ② 흑색바탕에 황색문자
  ③ 적색바탕에 백색문자   ④ 백색바탕에 적색문자

【문제】 30. 명령지시 표지판(mandatory instruction sign)에 대한 설명 중 맞는 것은?
  ① 항공기가 활주로를 빠져나가는 출구 및 유도로 진입하기 위한 입구의 위치 표시
  ② 항공기나 차량이 관제사 허가가 있어야 진입할 수 있는 구역의 위치 표시
  ③ 활주로를 이탈하는 교차지점에 설치
  ④ 특정 위치 또는 경로를 나타내는 것이 운항상 필요한 곳에 설치

【문제】 31. 공항 표지 중 활주로, critical area 또는 항공기 진입금지구역의 입구에 적색바탕에 흰색문자나 숫자로 표기하는 공항 표지는?
  ① Mandatory instruction sign   ② Location sign
  ③ Direction sign   ④ Information sign

[정답] 26. ③   27. ①   28. ③   29. ③   30. ②   31. ①

【문제】 32. 비행장 표시(airport sign)의 색깔에 대한 설명 틀린 것은?
　① 활주로 대기지점 표시(runway holding position sign)는 백색바탕에 적색글자이다.
　② 위치 표시(location signs)는 검정바탕에 황색글자이다.
　③ 목적지 표시(destination sign)는 황색바탕에 검정글자이다.
　④ 방향 표시(direction sign)는 황색바탕에 검정글자이다.

〈해설〉 FAA AIM 2-3-8. 명령지시표지판(Mandatory Instruction Sign)
　1. 이 표지판은 적색바탕에 백색문자로 되어 있으며, 다음을 나타내기 위하여 사용된다.
　　가. 활주로 또는 보호구역(critical area)으로의 진입
　　나. 항공기의 진입이 금지된 구역
　2. 전형적인 명령표지판(mandatory sign)은 다음과 같다.
　　가. 활주로정지위치표지판(Runway Holding Position Sign)
　　나. 활주로 접근구역 정지위치표지판(Runway Approach Area Holding Position Sign)
　　다. ILS 보호구역 정지위치표지판(ILS Critical Area Holding Position Sign)
　　라. 진입금지표지판(No Entry Sign)

【문제】 33. 아래 그림과 같은 공항 표지판의 종류는?

　① Location sign
　② Mandatory instruction sign
　③ Direction sign
　④ Destination sign

【문제】 34. Location sign의 표지판 색깔은?
　① 황색바탕, 흑색글자, 흑색 테두리
　② 황색바탕, 흑색글자, 황색 테두리
　③ 흑색바탕, 황색글자, 백색 테두리
　④ 흑색바탕, 황색글자, 황색 테두리

〈해설〉 FAA AIM 2-3-9. 위치표지판(Location Signs)
　1. 유도로 위치표지판. 이 표지판은 황색 테두리의 흑색바탕에 황색문자로 되어 있다.
　2. 활주로 위치표지판. 이 표지판은 황색 테두리의 흑색바탕에 황색숫자로 되어 있다.

【문제】 35. 비행장에 설치하는 표지판(airfield sign)에 대한 설명 중 잘못된 것은?
　① 진입금지 표지판(no entry sign)은 유도로의 양쪽에 위치한다.
　② 명령지시 표지판(mandatory instruction sign)은 백색바탕에 적색문자로 구성한다.
　③ 위치 표지판(location sign)은 일시정지위치에 설치한다.
　④ 위치 표지판(location sign)은 흑색바탕에 황색문자로 구성한다.

〈해설〉 항공등화 설치 및 기술기준, 제2장 제38조 유도로안내등
　1. 진입금지표지판(No entry sign)
　　가. 적용 : 진입이 금지된 지역에 진입금지표지판을 설치하여야 한다.
　　나. 위치 : 진입이 금지된 지역의 입구부터 조종사들이 볼 수 있도록 유도로의 양쪽에 설치하여야 한다.
　　다. 특성 : 표지판은 적색바탕에 백색문자로 구성하여야 한다.

［정답］　32. ①　　33. ①　　34. ④　　35. ②

2. 위치표지판(Location sign)
 가. 적용
  (1) 계류장에서 빠져나가는 유도로 또는 교차지역을 지나서 위치한 유도로를 식별하기 위하여 필요한 곳에 설치하여야 한다.
  (2) 일시정지위치에 설치하여야 한다.
 나. 특성 : 흑색바탕에 황색문자로 구성하여야 하며, 단독으로 설치되는 경우 외곽에 황색 경계선이 있어야 한다.

【문제】36. 황색바탕에 흑색문자로 되어있으며, 선회방향을 나타내는 화살표가 함께 표시되어 있는 표지판은?
 ① Location sign
 ② Information sign
 ③ Destination sign
 ④ Direction sign

〈해설〉 FAA AIM 2-3-10. 방향표지판(direction sign)은 황색바탕에 흑색문자로 되어 있다. 문자는 조종사가 회전해야 하거나 잠시 대기하여야 할 교차지점을 벗어나는 교차유도로의 명칭(designation)을 나타낸다. 각 명칭에는 회전방향을 나타내는 화살표가 함께 표시된다.

【문제】37. 관제탑에서 보이지 않는 지역, 적용 가능한 무선주파수 그리고 소음경감절차 등과 같은 정보를 조종사에게 제공하기 위하여 설치하는 표지는?
 ① 위치 표지(location sign)
 ② 목적지 표지(destination sign)
 ③ 정보 표지(information sign)
 ④ 방향 표지(direction sign)

〈해설〉 FAA AIM 2-3-12. 정보표지판(information sign)은 황색바탕에 흑색문자로 되어 있다. 이 표지판은 관제탑에서 보이지 않는 지역, 적용할 수 있는 무선주파수와 소음감소절차 등과 같은 정보를 조종사에게 제공하기 위하여 사용한다.

【문제】38. 활주로 잔여거리 표지판의 색깔은?
 ① 황색 바탕에 검은색 숫자
 ② 검은색 바탕에 황색 숫자
 ③ 흰색 바탕에 검은색 숫자
 ④ 검은색 바탕에 흰색 숫자

■ 잠깐! 알고 가세요.
[주요 표지판 색상]

구 분		면	기호(문자 또는 숫자)	테두리
명령지시 표지판	활주로정지위치표지판	적색	백색	—
	활주로 접근구역 정지위치표지판			
	ILS 보호구역 정지위치표지판			
	진입금지표지판			
위치표지판	유도로위치표지판, 활주로위치표지판	흑색	황색	황색
	활주로경계표지판, ILS 보호구역경계표지판	황색	흑색	—
방향표지판		황색	흑색	—
목적지표지판		황색	흑색	—
정보표지판		황색	흑색	—
활주로잔여거리표지판		흑색	백색	—

정답 36. ④ 37. ③ 38. ④

【문제】 39. 공항에 착륙하여 활주 중에 활주로 상에서 볼 수 있는 다음 그림과 같은 sign의 의미는?

① 활주로의 잔여거리가 3,000 ft 남았다는 것을 의미한다.
② Touchdown point에서부터 3,000 ft 지상 활주했다는 것을 의미한다.
③ 활주로의 번호를 의미한다.
④ 활주로를 이탈하기 위한 유도로의 번호를 의미한다.

〈해설〉 FAA AIM 2-3-13. 활주로잔여거리표지판(Runway Distance Remaining Sign)은 흑색바탕에 백색숫자로 되어 있으며, 활주로의 한쪽 또는 양쪽 편을 따라 설치된다. 표지판의 숫자는 착륙활주로의 잔여거리(1,000 ft 단위로)를 나타낸다.

정답 39. ①

3 공역(Airspace)

제1절. 일반사항(General)

1. 기본 VFR 기상최저치(Basic VFR Weather Minimum)

가. 비행시정이나 구름으로부터의 거리가 고도와 공역등급에 따라 규정된 것보다 낮을 때에는 기본 VFR로 항공기를 운항할 수 없다. (표 3-1 참조)

나. 특별시계비행(Special VFR) 기상최저치에 규정된 경우를 제외하고, 운고(ceiling)가 1,000 ft 미만일 경우 공항의 지표면까지의 지정된 관제공역 횡적범위 이내에서는 누구도 운고 아래에서 VFR로 항공기를 운항할 수 없다.

표 3-1. 기본 VFR 기상최저치(Basic VFR Weather Minimums)

공역(Airspace)			비행시정(Flight Visibility)	구름으로부터의 거리(Distance from Cloud)
A등급			미적용	미적용
B등급			3 SM	구름을 피할 수 있는 거리
C등급			3 SM	아래로 500 ft, 위로 1,000 ft, 수평으로 2,000 ft
D등급			3 SM	아래로 500 ft, 위로 1,000 ft, 수평으로 2,000 ft
E등급	10,000 ft MSL 미만		3 SM	아래로 500 ft, 위로 1,000 ft, 수평으로 2,000 ft
	10,000 ft MSL 이상		5 SM	아래로 1,000 ft, 위로 1,000 ft, 수평으로 1SM
G등급	지표면에서 1,200 ft 이하 (MSL 고도에 관계없이)	주간	1 SM	구름을 피할 수 있는 거리
		야간	3 SM	아래로 500 ft, 위로 1,000 ft, 수평으로 2,000 ft
	지표면에서 1,200 ft 초과 10,000 ft MSL 미만	주간	1 SM	아래로 500 ft, 위로 1,000 ft, 수평으로 2,000 ft
		야간	3 SM	아래로 500 ft, 위로 1,000 ft, 수평으로 2,000 ft
	지표면에서 1,200 ft 초과 10,000 ft MSL 이상		5 SM	아래로 1,000 ft, 위로 1,000 ft, 수평으로 1SM

2. VFR 순항고도와 비행고도(VFR Cruising Altitudes and Flight Level)

표 3-2. VFR 순항고도와 비행고도(VFR Cruising Altitudes and Flight Level)

자방위(지상항적 [ground track])	지표면 상공 3,000 ft 초과 18,000 ft MSL 미만으로 비행하는 경우	18,000 ft MSL 이상 FL290까지 비행하는 경우
0~179	1,000 ft MSL의 홀수배에 500 ft를 더한 고도(3,500 ft, 5,500 ft, 7,500 ft 등)	비행고도의 홀수배에 500 ft를 더한 고도(FL195, FL215, FL235 등)
180~359	1,000 ft MSL의 짝수배에 500 ft를 더한 고도(4,500 ft, 6,500 ft, 8,500 ft 등)	비행고도의 짝수배에 500 ft를 더한 고도(FL185, FL205, FL225 등)

제2절. 관제공역(Controlled Airspace)

1. A등급 공역(Class A Airspace)

가. 정의. 일반적으로 A등급 공역은 본토 48개 주와 알래스카 해안으로부터 12 NM 이내 수역 상부의 공역, 그리고 국내 항행안전무선시설 신호 또는 ATC 레이더 포착범위(radar coverage) 지역 내의 국내절차가 적용되는 본토 48개 주와 알래스카 해안으로부터 12 NM 이상의 설정된 국제공역을 포함한 18,000 ft MSL부터 FL600까지이다.

나. 운항규칙 및 조종사/장비요건. 달리 허가되지 않는 한 모든 조종사는 IFR로 항공기를 운항해야 한다.

2. B등급 공역(Class B Airspace)

가. 정의. 일반적으로 IFR에 의한 운항이나 승객 탑승으로 매우 분주한 공항주변의 지표면으로부터 10,000 ft MSL까지의 공역이다. 이 구역에서 운항하기 위해서 모든 항공기는 ATC 허가가 필요하며, 허가를 받은 항공기는 공역 내에서 분리업무를 제공받는다.

나. 운항규칙 및 VFR 운항을 위한 조종사/장비요건. 기상상태에 관계없이 B등급 공역 내에서 운항하기 전에 ATC 허가가 필요하다. 요구조건에 포함되는 사항은 다음과 같다.
  (1) ATC에 의해 달리 허가되지 않는 한, 항공기는 B등급 공역에서 해당 주파수로 ATC와 교신할 수 있는 송수신무선통신기(two-way radio)를 갖추어야 한다.
  (2) 다음과 같은 조건을 갖추지 않는 한, B등급 공역 내에 있는 공항에서 민간항공기로 이륙 또는 착륙하거나 B등급 공역 내에서 민간항공기를 운항할 수 없다.
    (가) 기장(pilot-in-command)이 최소한 자가용조종사 자격증명을 소지하거나,
    (나) 항공기는 자가용조종사 자격증명을 취득하려는 조종연습생 또는 레크레이션 조종사(recreational pilot), 스포츠 조종사(sport pilot)에 의해 운항되어야 하며, 14 CFR 61.95절의 요구조건을 충족하여야 한다.
  (3) ATC에 의해 달리 허가되지 않는 한, 각 항공기는 다음과 같은 장비를 갖추어야 한다.
    (가) IFR 운항의 경우, 사용가능한 VOR이나 TACAN 수신기 또는 사용가능하며 적합한 RNAV 시스템
    (나) 모든 운항의 경우, 그 구역에서 해당 주파수로 ATC와 교신할 수 있는 송수신무선통신기
    (다) ATC에 의해 달리 허가되지 않는 한, 자동고도보고장치를 갖춘 사용가능한 레이더비컨 트랜스폰더

다. 비행절차(Flight Procedure)
  (1) 비행(Flight). B등급 공역 내의 항공기는 최신의 IFR 절차에 따라 비행하여야 한다.
  (2) VFR 비행
    (가) 도착하는 항공기는 B등급 공역에 진입하기 전에 ATC 허가를 받아야 하며, 국지차트(local chart)에 표시된 지리적 fix에서 해당 주파수로 ATC와 교신하여야 한다.
    (나) 출발하는 항공기는 B등급 공역을 출발하기 위한 허가를 받아야 하며 허가중계소(clearance delivery position)에 의도하는 고도 및 비행경로를 통보하여야 한다.

라. ATC 허가 및 분리(ATC Clearances and Separation)
  (1) VFR 항공기는 무게 19,000 lbs 이하의 모든 VFR/IFR 항공기로부터 다음과 같은 최저치로 분리한다.

(가) 표적분해(target resolution), 또는
(나) 500 ft 수직분리, 또는
(다) 시계분리(visual separation)
(2) VFR 항공기는 무게 19,000 lbs를 초과하는 모든 VFR/IFR 항공기 및 터보제트 항공기로부터 다음과 같은 최저치 이상으로 분리한다.
(가) 1 1/2 mile 횡적분리(lateral separation), 또는
(나) 500 ft 수직분리(vertical separation), 또는
(다) 시계분리(visual separation)

3. C등급 공역(Class C Airspace)

가. 정의. 일반적으로 관제탑이 운영되고 레이더접근관제업무가 제공되며, 일정 수준의 IFR 운항이나 승객탑승이 이루어지는 공항주변의 지표면으로부터 공항표고(차트에는 MSL로 표기) 4,000 ft 상공까지의 공역이다. 각 C등급 공역구역의 형태는 서로 다르지만, 일반적으로 공역은 지표면으로부터 공항표고 4,000 ft 상공까지 이어지는 반경 5 NM의 공항교통구역 중심부(core surface area)와 공항표고 1,200 ft에서부터 4,000 ft 상공까지 이어지는 반경 10 NM의 선반모양의 지역(shelf area)으로 구성된다.

나. 운항규칙 및 조종사/장비요건
(1) 조종사 자격(Pilot Certification). 특별한 자격이 요구되지 않는다.
(2) 장비(Equipment)
  (가) 송수신무선통신기
  (나) ATC에 의해 달리 허가되지 않는 한, 자동고도보고장치를 갖춘 사용가능한 레이더비컨 트랜스폰더(radar beacon transponder)
(3) 도착 또는 통과비행 진입요건. 진입하기 전에 ATC 업무를 제공하는 ATC 기관과 양방향무선교신이 이루어져야 하며, 그 후 C등급 공역 내에 있는 동안 무선교신을 유지하여야 한다. 양방향무선교신이 이루어지기 전에 C등급 공역에 진입하지 않도록 하기 위하여, C등급 공역 경계에서 충분히 떨어진 곳에서부터 무선교신을 시도하여야 한다.
(4) 출발(Departure)
  (가) 관제탑이 운영되는 주요공항 또는 인접공항의 출발. 양방향무선교신이 이루어지고 유지되어야 하며, 그 후 C등급 공역에서 운항하는 동안에는 ATC의 지시에 따라야 한다.
  (나) 관제탑이 운영되지 않는 인접공항의 출발. 출발 후 가능한 한 빨리 C등급 공역을 관할하는 ATC 기관과 양방향무선교신이 이루어져야 한다.
(5) 항공기 속도(Aircraft Speed). ATC에 의해 요청되거나 달리 허가되지 않는 한, C등급 공역구역의 주요공항으로부터 4 NM 이내의 지표면으로부터 상공 2,500 ft 이하에서는 200 knot(230 mph) 이상의 지시대기속도로 항공기를 운항할 수 없다.

다. 항공교통업무(Air Traffic Service). 양방향무선교신과 레이더포착(radar contact)이 이루어진 경우, 모든 VFR 항공기에게 다음의 업무가 제공된다.
(1) 주요공항으로의 순서배정
(2) C등급 공역과 외측구역(outer service) 내에 C등급 업무 제공
(3) 업무량이 허용하는 한도 내에서 외측구역 외부에 기본 레이더업무를 제공한다. 이것은 업무에 영

향을 주면 관제사에 의해 종료될 수 있다.
라. 항공기 분리(Aircraft Separation). 양방향무선교신과 레이더포착이 이루어진 후, C등급 공역과 외측구역 내에 분리가 제공된다. VFR 항공기는 C등급 공역 내에서 IFR 항공기와 분리된다.
마. 인접공항(Secondary Airports)
  (1) 인접공항으로 입항하는 항공기는 해당 관제탑 또는 조언주파수로 변경할 시간을 주기 위하여 충분한 거리에서 종료된다. 이러한 항공기에 대한 C등급 업무는 항공기가 관제탑과 교신하거나 조언주파수로 변경할 것을 지시 받았을 때 종료된다.
  (2) 인접관제공항을 출발하는 항공기는 레이더에 식별되고, C등급 공역기관과 양방향무선교신이 이루어지기 전까지는 C등급 업무를 제공받지 못할 것이다.

4. D등급 공역(Class D Airspace)

가. 정의. 일반적으로 관제탑이 운영되는 공항주변의 지표면으로부터 공항표고(차트에는 MSL로 표기) 2,500 ft 상공까지 이어진다. 각 D등급 공역구역의 형태는 서로 다르며, 계기절차를 발간할 때 공역은 일반적으로 절차가 포함되도록 설계된다.

나. 운항규칙 및 조종사/장비요건
  (1) 조종사 자격(Pilot Certification). 특별한 자격이 요구되지 않는다.
  (2) 장비(Equipment). ATC에 의해 달리 허가되지 않는 한, 사용가능한 송수신무선통신기가 필요하다.
  (3) 도착 또는 통과비행 진입요건. 진입하기 전에 ATC 업무를 제공하는 ATC 기관과 양방향무선교신이 이루어져야 하며, 그 후 D등급 공역 내에 있는 동안 무선교신을 유지하여야 한다. 도착하는 항공기의 조종사는 공고된 주파수로 관제탑과 교신하고 항공기 위치, 고도, 목적지 및 요구사항을 통보하여야 한다. 양방향무선교신이 이루어지기 전에 D등급 공역에 진입하지 않도록 하기 위하여 D등급 공역 경계에서 충분히 떨어진 곳에서 무선교신을 시도하여야 한다.
  (4) 출발(Departure)
    (가) 관제탑이 운영되는 주요공항 또는 인접공항의 출발. 양방향무선교신이 이루어지고 유지되어야 하며, 그 후 D등급 공역에서 운항하는 동안에는 ATC의 지시에 따라야 한다.
    (나) 관제탑이 운영되지 않는 인접공항의 출발. 출발 후 가능한 한 빨리 D등급 공역을 관할하는 ATC 기관과 양방향무선교신이 이루어져야 한다.
  (5) 항공기 속도(Aircraft Speed). ATC에 의해 요청되거나 달리 허가되지 않는 한, D등급 공역구역의 주요공항으로부터 4 NM 이내의 지표면으로부터 상공 2,500 ft 이하에서는 200 knot(230 mph) 이상의 지시대기속도로 항공기를 운항할 수 없다.
다. VFR 항공기 분리. VFR 항공기에게는 분리업무가 제공되지 않는다.

5. E등급 공역(Class E Airspace)

가. 정의. 터미널이나 항공로 용도의 다양한 도움을 주기 위하여 지정된 관제공역이다.

나. 운항규칙 및 조종사/장비요건
  (1) 조종사 자격(Pilot Certification). 특별한 자격이 요구되지 않는다.
  (2) 장비(Equipment). 공역에서는 특별한 장비가 요구되지 않는다.
  (3) 도착 또는 통과비행 진입요건. 특별한 요건은 없다.

다. 수직범위(Vertical limits). 18,000 ft MSL을 제외하고 E등급 공역의 수직범위는 정해져 있지 않지만, 지표면 또는 지정된 고도에서부터 위쪽으로 중첩되거나 인접한 관제공역까지 이어진다.

라. VFR 항공기 분리. VFR 항공기에게는 분리업무가 제공되지 않는다.

제3절. G등급 공역(Class G Airspace)

1. 일반(General)

G등급 공역(비관제공역)은 A등급, B등급, C등급, D등급 또는 E등급 공역으로 지정되지 않은 공역의 부분이다.

2. IFR 요건(IFR Requirement)

가. 조종사는 비행경로로부터 수평거리 4 NM 범위 안의 가장 높은 장애물로부터 최소한 1,000 ft(지정된 산악지역에서는 2,000 ft) 이상을 유지해야 한다.

나. IFR 고도

표 3-3. G등급 공역 IFR 고도(IFR Altitudes Class G Airspace)

자항로 (지상항적) [magnetic course (ground track)]	18,000 ft MSL 미만으로 비행하는 경우
0°~179°	1,000 ft MSL의 홀수배 (3,000 ft, 5,000 ft, 7,000 ft 등)
180°~359°	1,000 ft MSL의 짝수배 (2,000 ft, 4,000 ft, 6,000 ft 등)

제4절. 특수사용공역(Special Use Airspace)

1. 금지구역(Prohibited Area)

금지구역은 항공기의 비행이 금지되는 지표면 상의 구역으로 식별된 지정된 범위의 공역이다. 이러한 구역은 안전 또는 그 밖의 공공복리와 관련된 이유 때문에 설정된다.

2. 제한구역(Restricted Area)

제한구역은 항공기의 비행이 전적으로 금지되지는 않지만 제한을 받는 지표면 상의 구역으로 식별된 공역이다. 이 구역 내의 비행활동은 공역의 특성상 제한되거나, 제한이 비행활동의 일부분이 아닌 항공기 운항에 적용되거나 또는 이 모두가 적용되어야 한다. 제한구역은 포사격, 항공사격 또는 유도미사일과 같이 항공기에 뜻하지 않은 위험이 존재한다는 것을 의미한다.

3. 경고구역(Warning Area)

경고구역은 비참여항공기에게 위험할 수 있는 활동을 포함하고 있는 미국의 해안 3 NM 밖에서부터 외부로 이어지는 지정된 범위의 공역이다. 이러한 경고구역의 목적은 비참여조종사에게 잠재적인 위험을 경고하기 위한 것이다. 경고구역은 국내해상이나 공해상 또는 양쪽에 위치할 수 있다.

4. 군작전구역(Military Operations Area)

MOA는 IFR 항공기로부터 특정 군훈련활동을 분리할 목적으로 설정된 수직 및 횡적범위의 공역으로 이루어진다. MOA가 운용될 때 마다 ATC가 IFR 분리를 제공할 수 있다면 비참여 IFR 항공기는

MOR 통과를 허가받을 수도 있다. 그렇지 않으면 ATC는 비참여 IFR 항공기를 제한하거나 비행로를 재배정할 수 있다.

5. 경계구역(Alert Area)

경계구역은 대규모 조종사의 훈련이나 비정상적인 항공활동이 수행될 수 있는 구역이라는 것을 비참여조종사에게 알려주기 위하여 항공차트에 표기된다. 조종사는 이 구역에서 비행할 때는 특히 경계하여야 한다. 경계구역 내에서의 모든 활동은 CFR에 의거하여 수행해야 하며, 구역을 통과하는 조종사뿐만 아니라 참여항공기의 조종사도 동일하게 충돌회피의 책임이 있다.

6. 통제사격구역(Controlled Firing Area)

통제사격구역(CFA)은 통제된 상황에서 수행되지 않으면 비참여항공기에게 위험할 수 있는 활동을 포함하고 있다. 다른 특수사용공역에 비해 통제사격구역의 독특한 특징은 관측 항공기, 레이더 또는 지상경계소가 그 구역에 접근할 것 같은 항공기를 발견하면 즉시 활동을 중지시킨다는 것이다.

7. 국가보안구역(National Security Area)

국가보안구역은 지상시설의 보안과 안전의 증가가 요구되는 지역에 설정되는 한정된 횡적 및 수직범위의 공역으로 이루어진다.

제5절. 그 밖의 공역구역(Other Airspace Area)

1. 군훈련경로(Military Training Route)

가. MTR은 저고도, 고속훈련수행의 목적으로 군에서 사용하기 위하여 개발되었다. 1,500 ft AGL 초과 경로는 가능한 최대범위까지 IFR로 비행하기 위하여, 그리고 1,500 ft AGL 이하의 경로는 일반적으로 VFR로 비행하기 위하여 개발되었다.

나. 일반적으로 MTR은 10,000 ft 이하에서 250 knot를 초과하는 속도로 운항할 수 있도록 설정되었다. MTR은 IFR 군훈련경로(IFR Military Training Routes; IR)와 VFR 군훈련경로(VFR Military Training Routes; VR)로 이루어진다.

다. 군훈련경로는 다음과 같이 차트에 표기된다.
 (1) IFR 저고도항공로차트(IFR Enroute Low Altitude Chart). 이 차트에는 1,500 ft AGL 초과 고도의 운항을 위한 모든 IR 경로와 모든 VR 경로를 표기한다.
 (2) VFR 구역항공차트(VFR Sectional Aeronautical Chart). 이 차트에는 IR, VR, MOA, 제한구역, 경고구역 및 경계구역 정보와 같은 군훈련활동을 표기한다.
 (3) 지역 비행계획수립용(AP/1B) 차트 (DOD 비행정보간행물-FLIP). 이 차트는 원래는 군용으로 국립지리정보국(NGA)에 의해 발간되며, IR과 VR 경로 모두에 대한 상세한 정보를 담고 있다.

2. 일시적비행제한(Temporary Flight Restriction)

일시적비행제한구역의 설정목적은 다음과 같다.

가. 저공으로 비행하는 항공기가 지상의 사고를 확대, 변경, 확산 또는 악화시킬 수 있을 경우, 사고와 관련하여 현존하거나 닥쳐올 수 있는 위험으로부터 공중 또는 지상의 인명과 재산 보호

나. 재난구조항공기의 운항을 위한 안전한 환경 제공
다. 공공의 높은 관심을 유발할 수 있는 사고 또는 행사현장 상공에서 이를 구경하는 항공기의 불안전한 혼잡 방지
라. 하와이 주에 인도적인 이유로 선포되는 국가재난의 보호
마. 대통령, 부통령 또는 그 밖의 공인 보호
마. 항공우주국(space agency) 운영을 위한 안전한 환경 제공

3. 발간되는 VFR 비행로(Published VFR Route)

가. VFR 비행로(VFR Flyway)
　　VFR 비행로는 특정 진로가 아니라 조종사가 B등급 공역을 회피하기 위하여 복잡한 터미널공역으로 진입, 이탈, 통과하거나 또는 근처로의 비행계획수립에 사용하기 위한 일반적인 비행경로(flight path)라고 정의할 수 있다. 이러한 비행로를 비행하기 위하여 ATC 허가를 받을 필요는 없다.

나. VFR 회랑(VFR Corridor)
(1) 초기 B등급 공역구역의 일부 설계에서는 비관제항공기의 통행을 위한 회랑(corridor)을 제공하였다. VFR 회랑(VFR corridor)은 항공기가 ATC 허가나 항공교통관제기관과 교신없이 운항할 수 있는 지정된 수직과 횡적범위의 B등급 공역을 통과하는 공역이라고 정의할 수 있다.
(2) 사실상 이 회랑은 B등급 공역을 통과하는 "공간(hole)"이다. 회랑은 B등급 공역에 의해 사방이 둘러싸여 있으며 VFR 비행로처럼 지표면까지 이어지지는 않는다.

4. 터미널레이더업무구역(Terminal Radar Service Area; TRSA)

가. 원래 TRSA는 선정된 공항에서 터미널레이더프로그램의 일부로서 설정되었다. 규정적인 관점에서 보면 TRSA의 설정은 규정제정절차를 거치지 않기 때문에 TRSA는 관제공역이 아니다.
나. TRSA 내의 주요공항은 D등급 공역이 된다. TRSA의 나머지 부분은 일반적으로 700 ft 또는 1,200 ft 에서 시작되는 E등급 공역 및 항공로단계에서 터미널단계로, 터미널단계에서 항공로단계로 전환되는 다른 관제공역 위에 놓여 있다.
다. VFR로 운항하는 조종사는 레이더접근관제소와 교신하고 TRSA 업무를 이용할 것을 권장하고 있다. 그러나 참여여부는 조종사의 자발적인 선택에 달려 있다.
라. TRSA는 VFR 구역차트 및 터미널지역차트에 각 구간별 흑색실선 및 고도로 표기된다. D등급 부분은 청색점선으로 표시된다.

출제예상문제

Ⅰ. 일반사항(General)

【문제】1. C등급 공역에서 VFR 비행을 위한 구름으로부터의 거리는?
① 아래 1,000 ft, 위 1,000 ft, 수평 2,000 ft
② 아래 500 ft, 위 1,000 ft, 수평 2,000 ft
③ 아래 500 ft, 위 1,000 ft, 수평 1,000 ft
④ 아래 1,000 ft, 위 500 ft, 수평 2,000 ft

【문제】2. 10,000 ft 이상의 E등급 공역에서 VFR 비행시 최저비행시정은?
① 3 SM   ② 4 SM   ③ 5 SM   ④ 6 SM

【문제】3. E등급 공역의 10,000 ft MSL 이상 고도에서 VFR 비행 시 구름으로부터의 거리는?
① 아래 500 ft, 위 1,000 ft, 수평 2,000 ft
② 아래 1,000 ft, 위 500 ft, 수평 2,000 ft
③ 아래 500 ft, 위 1,000 ft, 수평 1 SM
④ 아래 1,000 ft, 위 1,000 ft, 수평 1 SM

〈해설〉 FAA AIM 3-1-4. 기본 VFR 기상최저치(Basic VFR Weather Minimum)

공역(Airspace)		비행시정	구름으로부터의 거리
A등급		미적용	미적용
B등급		3 SM	구름을 피할 수 있는 거리
C등급		3 SM	아래로 500 ft, 위로 1,000 ft, 수평으로 2,000 ft
D등급		3 SM	아래로 500 ft, 위로 1,000 ft, 수평으로 2,000 ft
E등급	10,000 ft MSL 미만	3 SM	아래로 500 ft, 위로 1,000 ft, 수평으로 2,000 ft
	10,000 ft MSL 이상	5 SM	아래로 1,000 ft, 위로 1,000 ft, 수평으로 1SM
G등급	지표면에서 1,200 ft 이하 (MSL 고도에 관계없이) 주간	1 SM	구름을 피할 수 있는 거리
	야간	3 SM	아래로 500 ft, 위로 1,000 ft, 수평으로 2,000 ft
	지표면에서 1,200 ft 초과 MSL 10,000 ft 미만 주간	1 SM	아래로 500 ft, 위로 1,000 ft, 수평으로 2,000 ft
	야간	3 SM	아래로 500 ft, 위로 1,000 ft, 수평으로 2,000 ft
	지표면에서 1,200 ft 초과 10,000 ft MSL 이상	5 SM	아래로 1,000 ft, 위로 1,000 ft, 수평으로 1SM

【문제】4. VFR 순항고도가 적용되는 최저고도는?
① 1,000 ft   ② 2,000 ft   ③ 3,000 ft   ④ 4,000 ft

정답 1. ② 2. ③ 3. ④ 4. ③

【문제】 5. 비행고도 29,000 ft 이상에서 자방위 160°로 VFR 비행 시 어느 고도를 선정하여 비행하여야 하는가?
　　① FL290　　② FL300　　③ FL310　　④ FL320

【문제】 6. 시계비행방식으로 비행방향 180°에서 359°까지 비행시 순항고도로 적당한 것은?
　　① 25,000 ft　　② 26,000 ft　　③ 26,500 ft　　④ 27,500 ft

【문제】 7. Magnetic course 240°로 VFR 비행 시 순항고도로 적합한 것은?
　　① 3,000 ft　　② 3,500 ft　　③ 4,000 ft　　④ 4,500 ft

【문제】 8. 다음 중 시계비행 시 고도 8,500 ft를 유지할 수 있는 방향은? (단, 자북을 기준으로 한다)
　　① 0°　　② 10°　　③ 179°　　④ 180°

〈해설〉 FAA AIM 3-1-5. VFR 순항고도와 비행고도, 항공안전법 시행규칙 제164조(순항고도)

비행방향	고 도	
	29,000 ft 미만	29,000 ft 이상
0°~179°	1,000 ft의 홀수배에 500 ft를 더한 고도 (예; 3,500 ft, 5,500 ft, 7,500 ft 등)	30,000 ft 또는 30,000 ft에 4,000 ft의 배수를 더한 고도 (예; 30,000 ft, 34,000 ft, 38,000 ft 등)
180°~359°	1,000 ft의 짝수배에 500 ft를 더한 고도 (예; 4,500 ft, 6,500 ft, 8,500 ft 등)	32,000 ft 또는 32,000 ft에 4,000 ft의 배수를 더한 고도 (예; 32,000 ft, 36,000 ft, 40,000 ft 등)

Ⅱ. 관제공역(Controlled Airspace)

【문제】 1. 미국 Class A airspace의 고도범위는?
　　① 14,500 ft MSL~FL600
　　② 14,500 ft MSL~FL800
　　③ 18,000 ft MSL~FL600
　　④ 18,000 ft MSL~FL800

【문제】 2. 우리나라 A등급 공역의 고도범위는?
　　① 평균해면 18,000 ft 초과 40,000 ft 이하의 항로
　　② 평균해면 18,000 ft 초과 60,000 ft 이하의 항로
　　③ 평균해면 20,000 ft 초과 40,000 ft 이하의 항로
　　④ 평균해면 20,000 ft 초과 60,000 ft 이하의 항로

【문제】 3. 모든 조종사가 IFR로 비행해야 하는 공역은?
　　① A등급 공역　　② B등급 공역　　③ C등급 공역　　④ D등급 공역

【문제】 4. 비행을 하기 위해서 계기비행증명을 소지하여야 하는 공역은?
　　① A등급 공역　　② B등급 공역　　③ C등급 공역　　④ D등급 공역

정답　5. ②　6. ③　7. ④　8. ④　/　1. ③　2. ④　3. ①　4. ①

〈해설〉 FAA AIM 3-2-2. A등급 공역(Class A Airspace)
  1. 정의 : 일반적으로 A등급 공역은 18,000 ft MSL부터 FL600까지이다.
  2. 운항규칙 : 달리 허가되지 않는 한 모든 조종사는 IFR로 항공기를 운항해야 한다.
〈참조〉 AIP ENR 1.4 항공교통업무 공역등급. 2.4 A등급-관제공역
  1. 인천비행정보구역(인천 FIR) 내의 평균해면 20,000피트 초과 평균해면 60,000피트 이하의 항로(airway)로서 국토해양부장관이 공고한 공역이다.
  2. 국토해양부장관의 허가가 없는 한 계기비행규칙(IFR)에 의하여 비행하여야 하며, 조종사는 계기비행면허/자격을 소지하여야 한다.

【문제】5. 반드시 계기비행방식에 따라 비행해야 하는 경우가 아닌 것은?
  ① 천음속으로 비행하는 경우
  ② 초음속으로 비행하는 경우
  ③ 비행시정이 1,500 m 미만인 기상상태에서 비행하는 경우
  ④ 6,100 m를 초과하는 고도로 비행하는 경우
〈해설〉 항공안전법 시행규칙 제172조(시계비행의 금지) 제3항. 항공기는 다음 각 호의 어느 하나에 해당되는 경우에는 기상상태에 관계없이 계기비행방식에 따라 비행하여야 한다. 다만, 관할 항공교통관제기관의 허가를 받은 경우에는 그러하지 아니하다.
  1. 평균해면으로부터 6,100 m(2만피트)를 초과하는 고도로 비행하는 경우
  2. 천음속(遷音速) 또는 초음속(超音速)으로 비행하는 경우

【문제】6. B등급 공역의 입출항 절차에 대한 설명 중 틀린 것은?
  ① 계기비행면허를 소지하여야 한다.
  ② 진입 전에 관할 ATC 기관과 무선교신이 이루어져야 한다.
  ③ 출항하는 VFR 항공기는 B등급 공역을 출항하기 위한 인가를 받아야 한다.
  ④ 관할 ATC 기관의 허가가 없는 한, 송수신무선통신기 및 자동고도보고장치를 갖춘 트랜스폰더를 구비해야 한다.

【문제】7. B등급 공역에서 19,000 lbs 이하의 모든 항공기와 VFR 항공기 간의 수직분리거리는?
  ① 300 ft   ② 500 ft   ③ 1,000 ft   ④ 1,200 ft

【문제】8. B등급 공역에서 VFR 항공기와 무게 19,000 pound를 초과하는 다른 항공기 간의 최저 횡적분리간격은?
  ① 1 NM   ② 1.5 NM   ③ 2 NM   ④ 2.5 NM

【문제】9. B등급 공역에서 IFR 비행시 ATC에 의하여 다른 인가가 없는 한 장착이 요구되는 장비가 아닌 것은?
  ① 송수신 무선통신기   ② 기상레이더
  ③ VOR 또는 TACAN 수신기   ④ Mode C, 4096 Transponder

[정답] 5. ③   6. ①   7. ②   8. ②   9. ②

【문제】 10. B등급 공역에서 VFR 비행을 위한 필수장비가 아닌 것은?
① 쌍방향 무선통신무전기
② 자동고도보고장치를 갖춘 Mode C 트랜스폰더
③ 거리측정시설(DME) 수신기
④ IFR 운용을 위한, VOR 또는 TACAN 수신기

〈해설〉 FAA AIM 3-2-3. B등급 공역(Class B Airspace)
1. 다음과 같은 조건을 갖추지 않는 한, B등급 공역 내에 있는 공항에서 민간항공기로 이륙 또는 착륙하거나 B등급 공역 내에서 민간항공기를 운항할 수 없다.
  가. 기장(pilot-in-command)이 최소한 자가용조종사 자격증명을 소지하거나,
  나. 항공기는 자격증명을 취득하려는 조종연습생 또는 레크레이션 조종사(recreational pilot), 스포츠 조종사(sport pilot)에 의해 운항되어야 한다.
2. ATC에 의해 달리 허가되지 않는 한, 각 항공기는 다음과 같은 장비를 갖추어야 한다.
  가. IFR 운항의 경우 : 사용가능한 VOR이나 TACAN 수신기, 또는 사용가능한 RNAV 시스템
  나. 모든 운항의 경우 : 그 구역에서 해당 주파수로 ATC와 교신할 수 있는 송수신무선통신기
  다. ATC에 의해 달리 허가되지 않는 한, 자동고도보고장치를 갖춘 사용가능한 레이더비컨 트랜스폰더
3. VFR 비행절차
  가. 도착하는 항공기는 B등급 공역에 진입하기 전에 ATC 허가를 받아야 하며, 국지차트(local chart)에 표시된 지리적 fix에서 해당 주파수로 ATC와 교신하여야 한다.
  나. 출발하는 항공기는 B등급 공역을 출발하기 위한 허가를 받아야 하며, 허가중계소(clearance delivery position)에 의도하는 고도 및 비행경로를 통보하여야 한다.
4. ATC 허가 및 분리(ATC Clearances and Separation)
  가. VFR 항공기는 무게 19,000 lbs 이하의 모든 VFR/IFR 항공기로부터 다음과 같은 최저치로 분리한다.
    (1) 표적분해(target resolution), 또는
    (2) 500 ft 수직분리(vertical separation), 또는
    (3) 시계분리(visual separation)
  나. VFR 항공기는 무게 19,000 lbs를 초과하는 모든 VFR/IFR 항공기 및 터보제트 항공기로부터 다음과 같은 최저치 이상으로 분리한다.
    (1) 1 1/2 mile 횡적분리(lateral separation), 또는
    (2) 500 ft 수직분리(vertical separation), 또는
    (3) 시계분리(visual separation)

【문제】 11. 인천 FIR 내의 B등급 공역 내에서 10,000 ft 미만의 고도로 운항하는 항공기의 최대속도는?
① 150 KTS   ② 200 KTS   ③ 250 KTS   ④ 300 KTS

〈해설〉 AIP ENR 1.4 항공교통업무 공역등급, 2.2 B등급 - 관제공역
B등급 공역 내에서 비행하는 모든 항공기는 평균해면 10,000 ft 미만의 고도에서는 지시대기속도 250 kt 이하로 비행하여야 한다.

【문제】 12. 우리나라 C등급 공역의 최고제한고도는?
① 4,000 ft   ② 5,000 ft   ③ 6,000 ft   ④ 8,000 ft

정답 10. ③   11. ③   12. ②

【문제】 13. C등급 공역의 내부 원(inner circle)의 반경은?
　　① 3 NM　　② 5 NM　　③ 7 NM　　④ 10 NM

【문제】 14. C등급 공역의 외측구역(outer area)의 반경은 얼마인가?
　　① 5 NM　　② 10 NM　　③ 15 NM　　④ 20 NM

【문제】 15. Class C 공역에서 항공기를 운항하기 위하여 갖추어야 할 최소장비는?
　　① Two-way radio communications, Mode C transponder
　　② Two-way radio communications
　　③ Two-way radio communications, Mode C transponder, VOR
　　④ Mode C transponder, DME

〈해설〉 FAA AIM 3-2-4. C등급 공역(Class C Airspace)
　1. 정의. 일반적으로 공항주변의 지표면으로부터 공항표고 4,000 ft 상공까지의 공역이다. 각 C등급 공역구역의 형태는 서로 다르지만, 일반적으로 공역은 지표면으로부터 공항표고 4,000 ft 상공까지 이어지는 반경 5 NM의 공항교통구역 중심부와 공항표고 1,200 ft에서부터 4,000 ft 상공까지 이어지는 반경 10 NM의 선반모양의 지역(shelf area)으로 구성된다.
　2. 장비(Equipment)
　　가. 송수신무선통신기(two-way radio)
　　나. ATC에 의해 달리 허가되지 않는 한, 자동고도보고장치를 갖춘 사용가능한 레이더비컨 트랜스폰더(radar beacon transponder)

〈참조〉 AIP ENR 1.4 항공교통업무 공역등급, 2.3 C등급 - 관제공역
　광주, 사천, 원주, 강릉, 중원, 서산, 포항, 군산공항 공역의 크기는 공항반경 5 NM(9.3 km) 이내 공역은 공항 지표면으로부터 공항표고 5,000 ft 이하, 공항반경 5 NM(9.3 km)에서 10 NM(18.5 km) 이내 공역은 공항표고 1,000 ft에서부터 5,000 ft 이하의 공역이다.

【문제】 16. C등급 공역에서 제공하는 항공교통업무에 대한 설명으로 맞지 않는 것은?
　　① 주 공항(primary airport)의 모든 항공기 순서배정
　　② 계기비행 항공기에 대한 표준 계기비행 업무
　　③ 계기비행 항공기와 시계비행 항공기 간의 분리, 교통정보 조언 및 안전경고 업무
　　④ 시계비행 항공기 간의 분리, 교통정보 조언 및 안전경고 업무

〈해설〉 항공교통관제절차 7-8-2. C등급 업무(Class C Services)는 다음과 같다.
　1. 주 공항(primary airport)의 모든 항공기 순서배정
　2. 계기비행(IFR) 항공기에 대한 표준 계기비행(IFR) 업무
　3. 계기비행(IFR) 항공기와 시계비행(VFR) 항공기 간의 분리, 교통정보 조언 및 안전경고
　4. 시계비행(VFR) 항공기 간 교통정보 조언 및 안전경고

【문제】 17. IFR, VFR 운항이 모두 가능하며, VFR 항공기 간을 제외한 모든 항공기 간에 분리업무가 제공되는 공역은?
　　① B등급 공역　　② C등급 공역　　③ D등급 공역　　④ E등급 공역

정답　13. ②　14. ②　15. ①　16. ④　17. ②

【문제】 18. C등급 공역에서 항공기 간의 분리업무에 대해서 올바르게 설명한 것은?
① 항공기 간의 분리업무는 무선교신과 레이더식별이 이루어진 후에 제공된다.
② VFR 항공기는 VFR, IFR 항공기로부터 분리업무를 제공받는다.
③ IFR 항공기는 VFR 항공기로부터 분리업무를 제공받지 못한다.
④ IFR 항공기는 다른 IFR 항공기로부터만 분리업무를 제공받는다.

【문제】 19. C등급 공역에서 IFR 비행시 항적분리 내용으로 맞는 것은?
① 모든 항공기로부터 분리
② 다른 IFR 항공기로부터 분리
③ VFR 항공기로부터 분리
④ 다른 IFR 항공기 및 VFR 항공기로부터 분리

〈해설〉 AIP 2.3 C등급 - 관제공역. 항공기 분리
 1. C등급 공역 내에서 비행하는 항공기간 분리는 무선교신과 레이더식별이 이루어진 후에 제공된다.
 2. IFR 항공기는 VFR 및 다른 IFR 항공기로부터 분리업무가 제공되며, VFR 항공기는 IFR 항공기로부터의 분리업무를 제공받는다. 그러나 VFR 헬기를 IFR 헬기로부터 분리시킬 필요는 없다.

【문제】 20. C등급 공역 내에서의 비행절차로 잘못된 것은?
① 공역 진입전 관할 ATC와 반드시 교신을 하여야 한다.
② Radar service를 받으면서 비행하는 동안에는 무선교신을 유지할 필요가 없다.
③ 10,000피트 미만의 고도에서는 지시대기속도 250 knot 이하로 비행하여야 한다.
④ 인접공항을 이륙한 항공기는 C등급 공역 관할 ATC 기관과 무선교신 및 레이더식별이 이루어진 후 C등급 업무를 제공받는다.

〈해설〉 AIP 2.3 C등급 - 관제공역
 1. 비행절차
  가. C등급 공역 내로 들어가는 모든 항공기 조종사는 진입 전에 관할 ATC 기관과 무선교신이 이루어져야 하고 항공기 위치, 고도, 레이더 비컨코드, 목적지를 알리고 C등급 업무를 요청하여 하가를 받아야 한다. C등급 공역 내에서 비행하는 동안에는 계속 무선교신을 유지하여야 한다.
  나. C등급 공역으로 설정된 공항에서 이륙하는 항공기 조종사는 관할 ATC 기관과 무선교신을 하여야 하며, C등급 공역을 벗어날 때까지 무선교신을 유지하여야 한다.
  다. C등급 공역 내에서 비행하는 모든 항공기는 평균해면 10,000피트 미만의 고도에서는 지시대기속도 250노트 이하로 비행하여야 하며, 공항반경 4 NM 내의 지표면으로부터 2,500피트 이하의 고도에서는 지시대기속도 200노트 이하로 비행하여야 한다. 다만 항공기 성능상 이에 따를 수 없는 경우, 관할 ATC 기관의 허가를 얻어 비행할 경우에는 그러하지 아니하다.
 2. 인접공항 운영
  가. 인접공항을 이륙한 항공기는 C등급 공역 관할 ATC 기관과 무선교신 및 레이더식별이 이루어진 후에 C등급 업무를 제공받게 된다.
  나. 인접공항에 입항하는 항공기에 대한 C등급 업무는 인접공항 ATC 기관과 교신할 것을 지시함으로써 종료된다.
  다. C등급 공역과 D등급 공역이 중복되는 공역에서는 D등급 업무를 제공한다.

【문제】 21. Class D controlled airspace 내에서 항공기 운항 시 최대허용속도는?
① 150 KTS ② 200 KTS ③ 230 KTS ④ 250 KTS

정답 18. ① 19. ④ 20. ② 21. ④

【문제】 22. C등급 및 D등급 공역의 주요 공항으로부터 4 NM 이내의 2,500 ft 이하 고도에서 비행할 수 있는 최대 지시대기속도는?

① 100 knot ② 120 knot ③ 150 knot ④ 200 knot

〈해설〉 AIP 2.4 D등급 - 관제공역. 비행절차

D등급 공역 내에서 비행하는 모든 항공기는 평균해면 10,000피트 미만의 고도에서는 지시대기속도 250노트 이하로 비행하여야 하며, 공항반경 4 NM 내의 지표면으로부터 2,500피트 이하의 고도에서는 지시대기속도 200노트 이하로 비행하여야 한다. 다만 항공기 성능상 이에 따를 수 없는 경우, 관할 ATC 기관의 허가를 얻어 비행할 경우에는 그러하지 아니하다.

【문제】 23. D등급 공역의 목적지로부터 10 NM 떨어진 지점에서 IFR 비행계획을 취소했다면 언제 관제탑과 교신하여야 하는가?

① 비행계획을 취소한 후 즉시
② ARTCC가 조언할 때
③ D등급 공역에 진입하기 5분 전에
④ D등급 공역에 진입하기 전에

〈해설〉 FAA AIM 3-2-5. D등급 공역(Class D Airspace)
1. 정의 : 일반적으로 관제탑이 운영되는 공항주변의 지표면으로부터 공항표고(차트에는 MSL로 표기) 2,500 ft 상공까지의 공역이다.
2. 도착 또는 통과비행 진입요건 : 진입하기 전에 ATC 업무를 제공하는 ATC 기관과 양방향무선교신이 이루어져야 하며, 그 후 D등급 공역 내에 있는 동안 무선교신을 유지하여야 한다.

【문제】 24. 다음 공역에 대한 설명 중 맞는 것은?
① 우리나라 A등급 공역의 고도는 FL200~FL600 이다.
② B등급 공역은 시계비행방식에 의한 비행이 불가능하다.
③ C등급 공역에서 운항하는 모든 항공기는 계기비행방식에 따라 운항하여야 한다.
④ C등급 공역에 진입하려는 항공기는 항공교통관제기관의 허가를 받은 후에 진입하여야 한다.

【문제】 25. 각 공역 등급별 항공기 간의 분리업무에 대해 올바르게 설명한 것은?
① A등급 공역에서는 항공기 간에 분리업무가 제공되지 않는다.
② B등급 공역에서는 IFR 항공기만 항공기 간의 분리업무가 제공된다.
③ C등급 공역에서는 IFR 항공기에게 VFR 및 다른 IFR 항공기로부터 분리업무가 제공된다.
④ D등급 공역에서는 VFR 항공기에게도 분리업무가 제공된다.

【문제】 26. 각 공역 등급별로 제공되는 분리업무에 대한 설명 중 틀린 것은?
① A등급 : IFR 항공기에만 분리업무가 제공된다.
② B등급 : IFR 및 VFR 항공기에게 분리업무가 제공된다.
③ C등급 : IFR 및 VFR 항공기에게 분리업무가 제공된다.
④ D등급 : VFR 항공기에게는 분리업무가 제공되지 않는다.

〈해설〉 AIP ENR 1.4, 항공교통업무 공역등급 요약

정답 22. ④ 23. ④ 24. ① 25. ③ 26. ①

공 역		분리업무 적용
A등급		모든 항공기 간에 분리업무가 제공된다.
B등급		IFR 및 VFR 항공기는 모든 항공기로부터 분리업무가 제공된다.
C등급	IFR 항공기	무선교신 및 레이더식별된 항공기에 한하여 VFR 및 다른 IFR 항공기로부터 분리업무가 제공된다.
	VFR 항공기	무선교신 및 레이더식별된 항공기에 한하여 IFR 항공기로부터의 분리업무를 제공받는다.
D등급	IFR 항공기	무선교신 및 레이더식별된 항공기에 한하여 VFR 및 다른 IFR 항공기로부터 분리업무가 제공된다.
	VFR 항공기	분리업무가 제공되지 않는다.
E등급	IFR 항공기	다른 IFR 항공기로부터 분리업무가 제공된다.
	VFR 항공기	분리업무가 제공되지 않는다.

■ 잠깐! 알고 가세요.
[공역 등급별 고도 및 비행방식]

공역	고도 및 설정지역	비행방식	분리적용
A등급	18,000 ft MSL~FL600 이하 항로 • (우리나라) 20,000 ft 초과~60,000 ft 이하 항로	IFR only	모든 항공기
B등급	지표면~10,000 ft MSL 공역	IFR	모든 항공기
		VFR	모든 항공기
C등급	지표면~4,000 ft MSL 공역; 지표면~4,000 ft(반경 5 NM) 1,200 ft~4,000 ft(반경 10 NM) • (우리나라) 지표면~5,000 ft 이하 공역	IFR	IFR, VFR 항공기
		VFR	IFR 항공기
D등급	지표면~2,500 ft MSL 공역	IFR	IFR 항공기
		VFR	제공하지 않음
E등급	A, B, C등급 또는 D등급 이외의 관제공역	IFR	IFR 항공기
		VFR	제공하지 않음

Ⅲ. G등급 공역(Class G Airspace)

【문제】1. 다음 중 관제공역에 해당되지 않는 것은?
① A등급 공역 ② B등급 공역 ③ C등급 공역 ④ G등급 공역

【문제】2. Uncontrolled airspace인 G class airspace에서는?
① VFR flight 만 허용된다. ② IFR flight 만 허용된다.
③ VFR/IFR flight 모두 허용된다. ④ 비관제공역이므로 비행이 금지된다.

〈해설〉AIP ENR 2.7 G등급 - 비관제공역
1. 정의 : 인천비행정보구역 중 A, B, C, D, E등급 이외의 비관제공역이다.
2. 비행요건 : IFR 및 VFR 운항이 모두 가능하며, 조종사에게 특별한 자격이 요구되지 않는다.

【문제】3. G등급 공역을 계기비행 시 비행경로로부터 수평거리 4 NM 내에 있는 가장 높은 장애물로부터 최소한 얼마 이상을 유지하여야 하는가?
① 600 ft ② 1,000 ft ③ 1,800 ft ④ 2,000 ft

정답 1. ④ 2. ③ 3. ②

【문제】4. IFR 비행시 항공로 상의 비행고도는 해당 지역 내에 위치한 가장 높은 장애물로부터 얼마 이상을 유지하여야 하는가?
　　① 150 m　　② 300 m　　③ 500 m　　④ 1,000 m

【문제】5. 최저고도가 지정되어 있지 않은 산악지역을 IFR로 비행할 때 장애물을 안전하게 통과할 수 있는 최저고도는?
　　① 가장 높은 장애물로부터 1,000 ft
　　② 가장 높은 장애물로부터 1,500 ft
　　③ 가장 높은 장애물로부터 2,000 ft
　　④ 가장 높은 장애물로부터 3,000 ft

〈해설〉 FAA AIM 3-3-3. IFR 요건(IFR Requirement)
조종사는 고도 또는 비행고도 요건 외에도, 비행경로로부터 수평거리 4 NM 범위 안의 가장 높은 장애물로부터 최소한 1,000 ft(지정된 산악지역에서는 2,000 ft) 이상을 유지해야 한다는 요건이 포함되어 있다는 것을 생각하고 있어야 한다.

【문제】6. G등급 공역에 대한 설명으로 맞는 것은?
　　① 모든 항공기에 비행정보업무만 제공되는 공역
　　② 모든 항공기에 항공교통조언업무만 제공되는 공역
　　③ 계기비행을 하는 항공기에 항공교통관제업무가 제공되고, 시계비행을 하는 항공기에 교통정보가 제공되는 공역
　　④ 계기비행을 하는 항공기에 비행정보업무와 항공교통조언업무가 제공되고, 시계비행을 하는 항공기에 비행정보업무가 제공되는 공역

〈해설〉 항공안전법 시행규칙 제221조제1항 관련, 별표 23(공역의 구분) 제공하는 항공교통업무에 따른 공역의 구분은 다음과 같다.

구 분	내 용
A등급 공역	모든 항공기가 IFR을 해야 하는 공역
B등급 공역	IFR 및 VFR을 하는 항공기가 비행 가능하고, 모든 항공기에 분리를 포함한 항공교통관제업무가 제공되는 공역
C등급 공역	모든 항공기에 항공교통관제업무가 제공되나, VFR을 하는 항공기 간에는 교통정보만 제공되는 공역
D등급 공역	모든 항공기에 항공교통관제업무가 제공되나, IFR을 하는 항공기와 VFR을 하는 항공기 및 VFR을 하는 항공기 간에는 교통정보만 제공되는 공역
E등급 공역	IFR을 하는 항공기에 항공교통관제업무가 제공되고, VFR을 하는 항공기에 교통정보가 제공되는 공역
F등급 공역	IFR을 하는 항공기에 비행정보업무와 항공교통조언업무가 제공되고, VFR 항공기에 비행정보업무가 제공되는 공역
G등급 공역	모든 항공기에 비행정보업무만 제공되는 공역

【문제】7. 비행고도 29,000피트 이상에서 방위 180°에서 359°로 계기비행하는 항공기의 최저고도는?
　　① 30,000피트　　② 31,000피트　　③ 32,000피트　　④ 33,000피트

【문제】8. FL290 이상의 고도에서 서쪽으로 계기비행하는 항공기의 순항고도는?
　　① FL290　　② FL300　　③ FL310　　④ FL320

정답　4. ②　5. ③　6. ①　7. ②　8. ③

【문제】9. FL180~FL240의 고도에서 magnetic heading 090°로 계기비행하는 항공기가 가장 낮게 유지할 수 있는 고도는?
① FL180　　　② FL185　　　③ FL190　　　④ FL195

【문제】10. Magnetic course 240° 방향으로 계기비행하는 항공기의 고도는?
① FL300　　　② FL320　　　③ FL330　　　④ FL350

〈해설〉FAA AIM 3-3-3. IFR 요건(IFR Requirement), 항공안전법 시행규칙 제164조(순항고도)

비행방향	고도	
	29,000 ft 미만	29,000 ft 이상
0°~179°	1,000 ft의 홀수배의 고도 (예; 1,000 ft, 3,000 ft, 5,000 ft 등)	29,000 ft 또는 29,000 ft에 4,000 ft의 배수를 더한 고도 (예; 29,000 ft, 33,000 ft, 37,000 ft 등)
180°~359°	1,000 ft의 짝수배의 고도 (예; 2,000 ft, 4,000 ft, 6,000 ft 등)	31,000 ft 또는 31,000 ft에 4,000 ft의 배수를 더한 고도 (예; 31,000 ft, 35,000 ft, 39,000 ft 등)

【문제】11. FL290 이하의 동일 항로에서 IFR 비행하는 항공기의 고도분리는?
① 500 ft　　　② 1,000 ft　　　③ 2,000 ft　　　④ 3,000 ft

〈해설〉항공교통관제절차 4-5-1. 수직분리 최저치(Vertical Separation Minima)
계기비행(IFR) 항공기에게 다음과 같은 수직분리 최저치를 적용한다.
1. FL410 이하 : 1,000 ft
2. FL290 이상 RVSM 적용을 받지 않는 항공기와 다른 항공기 간 : 2,000 ft
3. FL410 초과 : 2,000 ft

Ⅳ. 특수사용공역(Special Use Airspace)

【문제】1. 다음 중 특수사용공역이 아닌 것은?
① Prohibited area　　　② Alert area
③ Warning area　　　④ Controlled area

【문제】2. 대규모 조종사의 훈련이나 비정상 형태의 항공활동이 주로 수행되는 공역은?
① Danger Area　　② Alert Area　　③ Warning Area　　④ Restricted Area

【문제】3. 군 훈련항공기와 IFR 항공기를 분리시키기 위한 공역은?
① 경고구역　　　　　　② 경계구역
③ 군작전구역(MOA)　　④ 군훈련경로(MTR)

【문제】4. 특별사용공역(special use airspace)이 아닌 것은?
① 경고구역　　　② 제한구역　　　③ 통제사격구역　　　④ 비행조언구역

[정답] 9. ③　10. ④　11. ②　/　1. ④　2. ②　3. ③　4. ④

제3장 공역(Airspace)

【문제】5. 다음 중 군작전공역은?
① MOA
② Restricted Area
③ Warning Area
④ Prohibited Area

【문제】6. 항공사격, 대공사격 등으로 인한 위험으로부터 항공기의 안전을 보호하거나 그 밖의 이유로 비행허가를 받지 않은 항공기의 비행을 제한하는 공역은?
① Restricted Area
② Prohibited Area
③ Warning Area
④ Alert Area

【문제】7. 사용목적에 따른 공역의 구분에 대한 다음 설명 중 틀린 것은?
① 비행금지공역 : 안전, 국방상 그 밖의 이유로 항공기의 비행을 금지하는 공역
② 비행제한공역 : 항공사격, 대공사격 등으로 인한 위험으로부터 항공기의 안전을 보호하거나 그 밖의 이유로 비행허가를 받지 아니한 항공기의 비행을 제한하는 공역
③ 군작전공역 : 군사작전을 위하여 설정된 공역으로서 계기비행 항공기로부터 분리를 유지할 필요가 있는 공역
④ 위험공역 : 대규모의 조종사의 훈련이나 비정상 형태의 항공활동이 수행되는 공역

〈해설〉 FAA AIM 제4절. 특수사용공역(Special Use Airspace), 항공안전법 시행규칙 제221조(공역의 구분·관리 등)

구 분	설 명
금지구역(Prohibited area)	안전, 국방상 그 밖의 이유로 항공기의 비행을 금지하는 공역
제한구역(Restricted area)	항공사격·대공사격 등으로 인한 위험으로부터 항공기의 안전을 보호하거나 그 밖의 이유로 비행허가를 받지 않은 항공기의 비행을 제한하는 공역
경고구역(Warning area)	비참여항공기에게 위험할 수 있는 활동을 포함하고 있는 공역
군작전구역(Military operation area)	군사작전을 위하여 설정된 공역으로서 계기비행 항공기로부터 분리를 유지할 필요가 있는 공역
경계구역(Alert area)	대규모 조종사의 훈련이나 비정상 형태의 항공활동이 수행되는 공역
통제사격구역(Controlled firing area)	통제된 상황에서 수행되지 않으면 비참여항공기에게 위험할 수 있는 활동을 포함하고 있는 공역
국가보안구역(National security area)	지상시설의 보안과 안전의 증가가 요구되는 지역에 설정되는 한정된 횡적 및 수직범위의 공역

【문제】8. 다음 중 주의공역이 아닌 것은?
① 훈련구역
② 군작전구역
③ 제한구역
④ 위험구역

〈해설〉 공역은 사용목적에 따라 통제구역과 주의공역으로 구분할 수 있다.
1. 통제공역 : 비행금지구역, 비행제한구역, 초경량비행장치, 비행제한구역
2. 주의공역 : 훈련구역, 군작전구역, 위험구역, 경계구역

【문제】9. 우리나라의 공역에 조언구역은 몇 개나 존재하는가?
① 하나도 없다.
② 항공로 상에 1개가 존재한다.
③ 항공로 상에 2개가 존재한다.
④ 항공로 상에 3개가 존재한다.

정답 5. ① 6. ① 7. ④ 8. ③ 9. ①

〈해설〉 조언구역은 항공교통조언업무가 제공되도록 지정된 비관제공역으로 F등급에 해당한다. 우리나라에는 F등급이 없으므로 조언구역이 존재하지 않는다.

【문제】10. 지도상의 "P518" 지역은 무엇을 의미하는가?
① 비행금지구역   ② 비행제한구역   ③ 경고구역   ④ 경계구역

【문제】11. 지도상에 표시된 "R74" 공역의 의미는?
① 비행금지구역   ② 비행제한구역   ③ 군작전구역   ④ 경계구역

【문제】12. 특수사용공역에 대한 다음 설명 중 틀린 것은?
① 비행금지공역은 안전, 국방상 그 밖의 이유로 항공기의 비행을 금지하는 공역이다.
② 경계공역은 대규모의 조종사의 훈련이나 비정상 형태의 항공활동이 수행되는 공역이다.
③ 제한공역을 나타내는 문자는 영문자 "L"로 시작한다.
④ 위험공역을 나타내는 문자는 영문자 "D"로 시작한다.

〈해설〉 공역관리규정 제18조(공역 등의 명칭부여 및 표기) 제4항
특수사용공역의 종류를 나타내는 문자는 다음과 같다.
1. 비행금지구역 : P
2. 비행제한구역 : R
3. 위험구역 : D
4. 경계구역 : A
5. 훈련구역 : CATA
6. 군작전구역 : MOA
7. 초경량비행장치 비행제한구역 : URA

V. 그 밖의 공역구역(Other Airspace Area)

【문제】1. 고도 1,500 ft를 초과하는 군훈련경로(military training route)가 표기된 차트는?
① IFR 저고도 항공로 차트   ② IFR 고고도 항공로 차트
③ IFR 구역 차트   ④ IFR MTR 차트

〈해설〉 FAA AIM 3-5-2. 군훈련경로(Military Training Route)
1. IFR 저고도 항공로차트(IFR Enroute Low Altitude Chart) : 이 차트에는 1,500 ft AGL 초과 고도의 운항을 위한 모든 IR 경로와 모든 VR 경로를 표기한다.
2. VFR 구역 항공차트(VFR Sectional Aeronautical Chart) : 이 차트에는 IR과 VR 정보와 같은 군훈련활동을 표기한다.

[정답]   10. ①   11. ②   12. ③   /   1. ①

4 항공교통관제(Air Traffic Control)

제1절. 조종사가 이용할 수 있는 업무(Services Available to Pilots)

1. 항공로교통관제센터(Air Route Traffic Control Centers; ARTCC)

항공로교통관제센터(ARTCC)는 관제공역 내에서 IFR 비행계획에 의해 운항하는 항공기가 주로 항공로 비행을 하는 동안 항공교통업무를 제공하기 위하여 설립되었다.

2. 관제탑(Control Tower)

관제탑(tower)은 공항 및 공항주변에서의 안전, 질서 및 신속한 교통흐름을 제공하기 위하여 설립되었다. 책임이 위임되었을 경우 관제탑은 터미널지역에 있는 IFR 항공기의 분리도 제공한다.

3. 비행정보업무국(Flight Service Station; FSS)

비행정보업무국(FSS)은 조종사브리핑, 비행계획서 처리, 항공로 비행조언, 수색 및 구조업무 그리고 실종 항공기 및 비상상황에 처한 항공기에 대한 지원업무를 제공하는 항공교통시설이다. 또한 FSS는 ATC 허가를 중계하고 항공고시보(NOTAM)를 처리하며, 항공기상 및 항공정보를 방송한다. 알래스카의 지정된 FSS는 기상관측을 수행하고 공항조언업무(AAS)를 제공한다.

4. 관제탑이 운영되지 않는 공항의 교통조언 지침(Traffic Advisory Practices)

가. 관제탑이 운영되지 않는 공항 운영

(1) 무선장비를 갖춘 항공기는 관제탑이 운영되지 않는 공항에 접근하거나 공항에서 출발할 때 필수적으로 공항조언 목적으로 설정된 공통주파수(common frequency)로 송수신하여야 한다.

(2) 어떤 공항에는 공항에 위치한 전일제나 시간제운영 관제탑이나 FSS, 또는 전일제나 시간제운영 UNICOM 시설이 있으며 전혀 항공국(aeronautical station)이 없는 곳도 있다. 운영되는 관제탑이 없는 공항에서 운항할 때 조종사가 자신의 의도를 알리고 공항/교통정보를 얻기 위해서는 FSS 운용자와의 교신, UNICOM 운용자와의 교신 또는 맹목방송을 하는 3가지 방법이 있다.

나. 공통주파수에 의한 무선교신(Communicating on a Common Frequency)

관제탑이 운영되지 않는 공항에서 무선교신을 할 때 중요한 점은 정확한 공통주파수의 선택이다. CTAF는 공통교통조언주파수(Common Traffic Advisory Frequency)를 의미하는 약어이다. CTAF는 관제탑이 운영되지 않는 공항으로 입출항하는 동안 공항조언 지침을 수행할 목적으로 지정된 주파수이다. CTAF는 UNICOM, MULTICOM, FSS 또는 관제탑주파수 일 수 있으며, 해당 항공간행물에서 확인할 수 있다.

다. 권고하는 교통조언 지침

(1) 입항 항공기의 조종사는 착륙 10 mile 전부터 배정된 CTAF를 적절히 경청하고 교신하여야 한다. 출발하는 항공기의 조종사는 CFR 또는 국지절차에서 달리 요구하지 않는 한, 시동부터 지상활주 중 그리고 공항에서 10 mile까지는 해당 주파수를 경청/교신하여야 한다.

(2) 도착 및 출발 항공기가 일반적으로 이용하는 고도에서 도착이나 출발 이외의 비행을 하는 항공기의 조종사는 CFR 또는 국지절차에서 달리 요구하지 않는 한, 공항 10 mile 이내에서는 해당 주파수를 경청/교신하여야 한다.

라. FSS 제공 공항조언업무/정보업무

CTAF로 FSS와 교신 시에는 출항/입항의도나 정보를 송신하기 전에 공항의 자동기상점검 및 양방향무선교신이 이루어져야 한다. 입항 항공기는 공항으로부터 약 10 mile 전에서 교신을 시도하여 항공기 식별부호 및 기종, 고도, 공항과 관련된 위치, 의도(착륙 또는 상공통과), 자동기상정보의 수신여부를 보고하고 공항조언업무나 공항정보업무를 요청하여야 한다. 출발 항공기는 지상활주 이전에 교신을 시도하여 항공기 식별부호 및 기종, VFR 또는 IFR, 공항에서의 위치, 의도, 이륙방향, 자동기상정보의 수신여부를 보고하고 공항조언업무나 정보업무를 요청하여야 한다. 또한 출발하기 위하여 사용활주로로 지상활주하기 이전에 의도를 보고하여야 한다. FSS에 최초보고 후 다른 업무를 위해 주파수를 변경해야 했다면 교통보고 update를 위해서 FSS 주파수로 복귀하여야 한다.

마. 항공조언시설(Aeronautical Advisory Station)에 의해 제공되는 정보 (UNICOM)

(1) UNICOM은 관제탑이나 FSS가 없는 공공용공항에서 공항정보를 제공하기 위한 비정부 공지무선통신시설(nongovernment air/ground radio communication station)이다.

(2) 조종사의 요청에 따라 UNICOM 시설은 조종사에게 기상정보, 풍향, 추천 활주로 또는 그 밖의 필요한 정보를 제공한다. UNICOM 주파수가 CTAF로 지정된다면, 해당 항공간행물에 식별된다.

5. 공항정보자동방송업무(Automatic Terminal Information Service; ATIS)

가. ATIS는 빈번한 비행활동이 이루어지는 선정된 터미널지역에서 녹음된 비관제정보(noncontrol information)를 계속해서 방송하는 것이다. 이의 목적은 필수적이지만 일상적인 정보를 반복적으로 자동 송신함으로써 관제사의 업무효율을 증가시키고, 주파수의 혼잡을 줄이기 위한 것이다.

정보는 불연속 VHF 무선주파수나 국지 NAVAID의 음성부분을 통해 연속적으로 방송된다. 불연속 VHF 무선주파수에 의한 도착 ATIS 송신은 각 시설요건에 따라 설계되며, 일반적으로 ATIS site로부터 20 NM에서 60 NM까지 그리고 최대고도 25,000 ft AGL의 서비스보호범위를 갖는다. 출발 ATIS의 경우 서비스보호범위는 5 NM 및 100 ft AGL을 초과할 수 없다.

나. ATIS 정보에 포함되는 사항은 다음과 같다.

(1) 공항/시설명칭(Airport/facility name)

(2) 음성문자코드(Phonetic letter code)

(3) 최근 기상전문의 시간[Time of the latest weather sequence (UTC)]

(4) 기상정보

(가) 풍향과 풍속

(나) 시정(Visibility)

(다) 시정장애(Obstructions to vision)

(라) 공식기상관측에 포함된 하늘상태, 기온, 이슬점, 고도계수정치, 필요시 밀도고도 조언, 그리고 그 밖의 관련사항 등으로 구성된 현재 기상상태

(5) 계기접근 및 사용활주로

다. 운고(ceiling)가 5,000 ft를 초과하고, 시정이 5 mile을 초과하면 운고/하늘상태, 시정 및 시정장애

는 ATIS 방송에서 생략할 수 있다. 출발을 위한 별도의 ATIS가 있는 지역을 제외하고, 출발활주로는 착륙활주로와 다른 경우에만 제공된다. 방송에는 VFR로 도착하는 항공기를 위하여 접근관제소와 최초교신을 하기 위한 해당 주파수와 지시사항을 포함할 수 있다. ATIS 방송은 정시기상 및 특별기상을 접수하면 갱신되어야 한다. 활주로의 변경, 사용 중인 계기접근 등과 같은 그 밖의 관련자료가 변경되었을 때도 새로 녹음을 한다.

라. 조종사는 ATIS가 운용중일 때에는 언제든지 ATIS 방송을 청취해야 한다.

마. 조종사는 최초교신 시에 방송에 첨부되는 알파벳 코드 용어(code word)를 복창하여 ATIS 방송을 수신했다는 것을 관제사에게 통보하여야 한다. (예, "Information Sierra received.")

바. 조종사가 ATIS 방송을 수신하였음을 응답한 경우, ATIS가 최근의 정보라면 관제사는 방송에 포함된 내용을 생략할 수 있다.

사. ATIS에 하늘상태나 운고(ceiling) 또는 시정이 포함되어 있지 않다는 것은 하늘상태 또는 운고가 5,000 ft 이상이고, 시정이 5 mile 이상이라는 것을 나타낸다. "The weather is better than 5000 and 5"라고 방송되거나, 또는 현재기상이 방송될 수도 있다.

아. 일부 조종사는 관제탑과 교신시에 "have numbers"라는 용어를 사용한다. 이 용어의 사용은 조종사가 바람, 활주로 그리고 고도계 정보만을 수신했다는 것을 의미하며 관제탑은 이 정보를 반복할 필요가 없다. 이것이 ATIS 방송을 수신하였음을 의미하는 것은 아니며, 절대 이러한 목적으로 사용해서는 안된다.

6. 레이더교통정보업무(Radar Traffic Information Service)

가. 업무의 목적

레이더시현장치(radar display)의 관측에 따른 교통정보의 발부는 특정 레이더표적의 위치 및 항적(track)이 조종사가 의도하는 비행경로에 아주 근접하게 교차하거나 통과할 수 있어서 주의를 기울여야 한다는 것을 조종사에게 알리고, 조언하기 위한 목적으로 이루어진다.

나. 업무의 제공

(1) 레이더의 제한, 교통량, 관제사의 업무량 및 통신주파수의 혼잡과 같은 여러 가지 요소는 관제사가 이러한 업무를 제공하는 데 지장을 줄 수 있다. 관제사는 특정한 경우에 그들이 업무를 제공할 수 있는지, 또는 계속해서 업무를 제공할 것인지의 여부를 결정할 수 있는 완전한 재량을 갖는다. 교통정보는 조종사가 업무를 거부한 경우를 제외하고 IFR 비행계획으로 운항 중인 모든 항공기, 또는 조종사가 A등급 공역 내에서 운항할 때 정기적으로 제공된다.

(2) VFR 레이더조언업무를 받고 있을 때 조종사는 항상 배정된 주파수를 경청하여야 한다. 조종사가 요청하지 않는 한, VFR 레이더조언업무에는 충돌위험이 있는 항공기를 회피하도록 하는 레이더유도가 포함되지 않는다. 조언업무가 더 이상 필요하지 않으면 주파수를 변경하기 전에 관제사에게 통보한 다음, 트랜스폰더가 있으면 트랜스폰더 code를 1200으로 변경한다. 조종사는 VFR 순항고도를 변경할 때도 관제사에게 통보하여야 한다.

다. 교통정보의 발부(Issuance of Traffic Information)

(1) 레이더에 식별된 표적(Radar identified)

(가) 12시간 시각의 용어로 나타내는 항공기로부터의 방위(azimuth), 또는

(나) 민간 시험비행기 또는 군용기가 급격히 기동하여 위의 (가)에 의하여 정확한 교통조언을 발부

할 수 없을 경우, 나침반의 주요 8방위 지점(N, NE, E, SE, S, SW, W, NW) 용어로 항공기 위치로부터의 방향을 명시한다. 이 방법은 조종사의 요청이 있을 때 중단하여야 한다.
    (다) 해상마일(nautical mile) 단위의 항공기로부터의 거리
    (라) 표적(target)의 진행방향
    (마) 인지한 경우, 항공기의 기종 및 고도
  (2) 레이더에 식별되지 않은 표적(Not radar identified)
    (가) 픽스(fix)로부터의 거리 및 방향
    (나) 표적의 진행방향
    (다) 인지한 경우, 항공기의 기종 및 고도

7. 안전경보(Safety Alert)
  가. 지형 또는 장애물 경고(Terrain or Obstruction Alert)
    (1) 관제사의 판단에 항공기가 지형/장애물에 불안전하게 근접한 고도에 있다고 인지되면, 관제사는 즉시 관제 하에 있는 항공기의 조종사에게 경고를 발부한다.
    (2) 최저안전고도경고(Minimum Safe Altitude Warning; MSAW)라고 하는 이 기능은 지형/장애물에 근접하여 잠재적으로 불안전한 항공기를 탐지하는 데 있어서 전적으로 관제사를 보조하기 위한 시설로 설계되었다. MSAW를 운용중일 때 아래와 같이 운항하는 경우, 레이더시설은 시스템에 의해 추적되는 작동 Mode C 고도 encoding 트랜스폰더를 갖춘 모든 항공기에게 MSAW 감시를 제공할 것이다.
      (가) IFR 비행계획으로 운항
      (나) MSAW 감시를 요청한 VFR 운항
  나. 항공기 충돌경고(Aircraft Conflict Alert)
    관제사의 판단에 관제 하에 있는 항공기와 관제 하에 있지 않는 다른 항공기가 서로 불안전하게 근접한 고도에 있다고 인지되면, 관제사는 즉시 관제 하에 있는 항공기의 조종사에게 경고를 발부한다. 경고와 함께 가능하면 관제사는 시간이 허용되는 경우, 항공기의 위치 및 취해야 할 대처방안을 제공한다.

8. VFR 항공기에 대한 터미널레이더업무(Terminal Radar Services for VFR Aircraft)
  가. 기본 레이더업무(Basic Radar Service)
    (1) IFR 항공기의 관제에 레이더가 이용되며, 더불어 위임된 모든 레이더시설은 VFR 항공기에게도 다음의 기본적인 레이더업무를 제공한다.
      (가) 안전경보(safety alert)
      (나) 교통조언(traffic advisory)
      (다) 제한적인 레이더유도(업무량이 허용하는 한도 내에서 제공)
      (라) 이러한 목적을 위하여 절차가 수립되어 있거나 합의서에 명시된 지역에서의 순서배정(sequencing)
    (2) 레이더유도업무는 조종사가 요구할 때, 또는 ATC가 제안하고 조종사가 받아들이는 경우에만 제공된다.
    (3) 도착하는 항공기의 조종사는 공고된 주파수로 접근관제소와 교신하여야 하며 위치, 고도, 항공기 호출부호, 항공기 기종, 레이더비컨 코드(트랜스폰더가 장착되어 있다면) 및 목적지를 통보하고 교통정보를 요청한다.

(4) 접근관제소는 조종사가 "have numbers"를 사용하거나, 바람 및 활주로정보가 ATIS 방송에 포함되어 있고 조종사가 최근의 ATIS 정보를 수신하였음을 알린 경우를 제외하고 바람 및 활주로정보를 제공한다. 교통정보는 업무량이 허용하는 한도 내에서 제공된다. 레이더업무는 자동으로 종료되며 레이더업무를 받는 VFR 도착 항공기가 기본 레이더업무가 제공되는 관제탑이 있는 공항에 착륙했을 때, 또는 관제탑이나 조언주파수로 변경하도록 지시하였을 때에는 조종사에게 종료를 통보할 필요가 없다.

나. TRSA 업무(TRSA에서 VFR 항공기에 대한 레이더 순서배정 및 간격분리 업무)

(1) 이 업무는 특정 터미널지역에서 시행되고 있다. 이 업무의 목적은 터미널레이더업무구역(TRSA)으로 정의된 공역 내에서 운항하는 모든 IFR 항공기 및 참여하는 모든 VFR 항공기 간에 분리를 제공하는 것이다. 조종사의 참여를 권고하지만 의무사항은 아니다.

(2) 만일 어떤 항공기가 이 업무를 원하지 않는다면, 조종사는 접근관제소 또는 지상관제소와 최초교신 시 "Negative radar service"라고 하거나 또는 유사한 언급을 적절히 하여야 한다.

(3) 조종사는 TRSA 내에서 운항하는 동안 TRSA 업무 및 규정된 분리를 제공받는다. 이러한 업무를 레이더에 의존하고 있을 때 레이더가 운용중지된 경우, VFR 항공기의 순서배정과 간격분리는 중단된다.

다. C등급 업무(Class C Service). 이 업무는 기본 레이더업무에 추가하여 IFR 및 VFR 항공기 간의 인가된 분리, 그리고 주요공항에 도착하는 VFR 항공기의 순서배정(sequencing)을 제공한다.

라. B등급 업무(Class B Service). 이 업무는 기본 레이더업무에 추가하여 IFR, VFR 또는 중량에 의거한 항공기의 인가된 분리, 그리고 주요공항에 도착하는 VFR 항공기의 순서배정(sequencing)을 제공한다.

9. 관제탑항공로관제(Tower En Route Control; TEC)

가. TEC는 대도시구역에 입출항하는 항공기에게 업무를 제공하기 위한 ATC 프로그램이다. 이 프로그램의 의도는 저고도시스템에서 ATC 업무를 증진시킬 수 있는 별도의 수단을 제공하기 위한 것이다. 그러나 확대된 TEC 프로그램은 일반적으로 10,000 ft 이하에서 운항하는 터보제트 이외의 항공기에 적용될 것이다. 이 프로그램은 전적으로 접근관제공역 내의 다수 터미널시설에 적용된다. 본래 이것은 비교적 단거리비행을 위한 것이다. 참여조종사는 2시간 이내의 비행 시 TEC를 활용할 것을 권장하고 있다.

나. 조종사가 TEC 프로그램을 활용하기 위한 특별한 요구조건은 없다. 통상적인 비행계획서 제출절차가 적절한 비행계획의 진행을 보장한다. 조종사가 관제탑항공로관제를 요청할 때는 비행계획서의 비고란에 약어 "TEC"를 포함시켜야 한다.

10. 트랜스폰더 운용(Transponder Operation)

가. 일반(General)

(1) 작동 중인 고도보고모드(Mode C 또는 S)를 갖춘 트랜스폰더는 항공기를 식별하기 위한 감시 시스템의 능력을 대폭적으로 증가시키고, 따라서 증진된 상황인식과 잠재적인 공중충돌을 식별할 수 있는 능력을 항공교통관제사에게 제공한다.

(2) 항공교통관제 비컨시스템(ATCRBS)은 군용의 부호화된 레이더비컨(coded radar beacon) 장

치와 유사하며 호환이 된다. 민간 Mode A는 군용 Mode 3와 동일하다.
  (3) 지상에서 트랜스폰더 및 ADS-B 운용
    (가) 출발(Departure). 지상활주해서 주기지점을 벗어나거나 견인차량에 의해 주기지점에서 항공기가 후진하는 동안 고도보고를 하거나, ADS-B(장착하고 있다면)가 가능하도록 하는 트랜스폰더 모드를 선택한다.
    (나) 도착(Arrival). 트랜스폰더를 고도보고모드로 유지하거나, TCAS를 장착하고 있다면 트랜스폰더를 고도보고모드로 선택한다. 항공기의 주기지점이나 gate에 도착하면 트랜스폰더 및 ADS-B(장착하고 있다면)를 STBY 또는 OFF 위치에 놓는다.
  (4) 공중에서 트랜스폰더 운용. 조종사는 Mode C/S 기능이 있다면 이를 포함하여 적절한 Mode 3/A code 또는 ATC가 배정한 code로 트랜스폰더/트랜스미터를 운용하여야 한다.
  (5) 목적지에 도착하기 전에 IFR 비행계획을 취소하기로 결정한 IFR 비행 조종사는 VFR 운항에 맞도록 트랜스폰더를 조정하여야 한다.

나. 트랜스폰더 코드 배정(Transponder Code Designation)
    ATC 목적으로 4096 discrete code 중의 하나 또는 조합을 활용하기 위하여 4자리 숫자의 code 배정이 사용된다. 예를 들면, code 2100은 Two One Zero Zero로 표현된다. 급속도로 발전하는 자동 ATC 시스템의 운용특성으로 인하여, ATC에 의해 특별히 달리 요청되지 않는 한 선택된 트랜스폰더 code의 마지막 2자리 숫자는 항상 "00"으로 판독하여야 한다.

다. 자동고도보고(Automatic Altitude Reporting) (Mode C)
  (1) 대부분의 트랜스폰더(Mode C, S)는 자동고도보고기능을 갖추고 있다. 이 시스템은 항공기 고도를 100 ft 간격의 부호화된 디지털 정보로 전환하여 ADS-B In과 TCAS 시스템뿐만 아니라 해당 감시시설에 송신한다.
  (2) ATC가 달리 지시하거나 탑재된 고도보고장비가 14 CFR 91.217절에서 요구하는 시험을 거치지 않았거나 교정이 되지 않은 경우 이외에는, ATC가 배정한 Mode A/3 코드 및 활성화된 고도보고기능을 가진 Mode C로 응답할 수 있도록 트랜스폰더를 조정한다. ATC가 작동중단을 요구하면 트랜스폰더의 고도보고기능을 끈다. "Stop altitude squawk, altitude differs (feet 단위 수치) feet"의 ATC 지시는 당신의 트랜스폰더가 부정확한 고도정보를 송신 중이거나, 고도계수정치가 부정확하다는 표시일 수 있다. 관제사로부터 고도판독이 부정확하다는 것을 통보받으면 조종사는 항공기의 고도계가 정확하게 설정되어 있는지 확인하여야 한다.
  (3) Mode C 고도보고 트랜스폰더를 운용 중인 항공기의 조종사는 ATC 기관과 최초교신이 이루어졌을 때 100 ft 단위에 가장 가깝게 정확한 고도 또는 비행고도(flight level)를 통보하여야 한다.

라. 트랜스폰더 IDENT 기능(Transponder IDENT Feature)
    트랜스폰더는 ATC가 지정한 대로 운용하여야 한다. ATC 관제사의 요청이 있을 때만 "Ident" 기능(feature)을 작동시킨다.

마. 코드 변경(Code Change)
  (1) 일상적인 코드 변경 수행시, 조종사는 부주의로 code 7500, 7600 또는 7700을 선택하여 지상자동화시설에 순간적으로 허위경보가 발령되지 않도록 하여야 한다.
  (2) 여하한 경우에도 민간항공기의 조종사는 트랜스폰더를 code 7777로 운용해서는 안된다. 이 code는 군요격작전에 배정되어 있다.

(3) 제한구역이나 경고구역 내에서 VFR 또는 IFR로 운항 중인 군조종사는 ATC가 별도의 코드를 배정하지 않는 한 트랜스폰더를 code 4000으로 맞추어야 한다.

바. 시계비행방식(VFR)에서의 트랜스폰더 운용

ATC 기관에 의해 달리 지시되지 않는 한, 고도에 관계없이 Mode 3/A code 1200으로 응답할 수 있도록 트랜스폰더를 조정한다.

사. 레이더비컨 관제용어(Radar Beacon Phraseology)
(1) Squawk (number): Mode A/3에 지정된 code로 레이더비컨 트랜스폰더를 작동시켜라.
(2) Ident: 트랜스폰더의 "Ident" 기능(군항공기는 I/P)을 작동시켜라.
(3) Squawk (number) and Ident: Mode A/3에 지정된 code로 레이더비컨 트랜스폰더를 작동하고, "Ident" 기능(군항공기는 I/P)을 작동시켜라.
(4) Squawk Standby: 트랜스폰더를 standby 위치로 변경하라.
(5) Squawk Normal: 트랜스폰더를 이전에 지정된 code로 정상(normal) 감도에서 작동시켜라. ("Squawk Standby" 이후에 사용하거나, 군항공기에서 지정된 트랜스폰더 시험 후 사용)
(6) Squawk Altitude: Mode C 자동고도보고기능을 작동시켜라.
(7) Stop Altitude Squawk: 고도보고 스위치는 끄고, Mode C 구성펄스(framing pulse)는 계속 송신하라. 장비가 이러한 기능을 갖고 있지 않다면 Mode C를 끈다.
(8) Stop Squawk (사용 중인 mode): 지시한 mode를 꺼라. (관제사가 군작전요구도를 알 수 없는 경우, 항공기에게 계속해서 다른 mode의 작동을 할 수 있도록 군용기에 사용)
(9) Stop Squawk: 트랜스폰더를 꺼라.
(10) Squawk Mayday: 트랜스폰더를 비상위치로 작동시켜라 (민간용 트랜스폰더는 Mode A Code 7700, 군용 트랜스폰더는 Mode 3 Code 7700과 비상기능)
(11) Squawk VFR: Mode A/3에서 Code 1200 또는 적절한 VFR code로 레이더비컨 트랜스폰더를 작동시켜라

제2절. 무선통신 용어 및 기법(Radio Communications Phraseology and Techniques)

1. 무선통신 기법(Radio Technique)

가. 송신하기 전에 청취하라(Listen). 많은 경우 조종사는 ATIS나 교신 주파수의 경청을 통하여 원하는 정보를 얻을 수 있다. 방금 주파수를 변경하였다면 잠시 교신을 멈추고 청취하여 주파수가 명료한지를 확인한다.

나. 송신키를 누르기 전에 생각하라(Think). 말하고자 하는 것을 잘 알고 있어야 하며 비행계획이나 IFR 위치보고와 같이 내용이 길다면 적어두어야 한다.

다. 마이크로폰(microphone)을 입술에 아주 가까이 대고 마이크 버튼을 누른 후, 첫 단어가 확실히 송신되도록 하기 위하여 잠시 기다릴 필요가 있다. 평상시의 대화 어조(normal conversational tone)로 말하라.

라. 버튼을 놓았을 때는 다시 호출하기 전에 수 초간 기다려라.

마. 수신기에서 나는 소리 또는 소리가 나지 않는 것(lack of sound)에 주의하라. 음량(volume)을 점검하고 주파수를 다시 확인하며, 마이크로폰이 송신위치에 고착되어 있지 않는 지 확인한다.

바. 무선설비와 지상기지국 장비의 성능범위 내에 있는지를 확인하라. 더 높은 고도가 VHF "가시선(line of sight)" 통신범위를 증가시킨다는 것을 기억하라.

2. 교신절차(Contact Procedures)

가. 최초교신(Initial Contact)
  (1) 용어 최초교신(initial contact) 또는 최초호출(initial callup)이란 정해진 시설과 이루어지는 최초의 무선호출(first radio call), 또는 시설 내의 다른 관제사나 FSS 담당자에 대한 최초의 호출을 의미한다. 다음과 같은 형식을 사용한다.
    (가) 호출할 시설의 명칭
    (나) 전체 항공기 식별부호(full aircraft identification)
    (다) 공항 지표면에서 운행 중이라면, 위치(position)를 언급한다.
    (라) 내용이 짧은 경우, 전문내용(type of message) 또는 요구사항
    (마) 필요시 "Over"라는 용어
  (2) 무선수신이 확실한 경우, 최초교신 시에 요구사항, 위치 또는 고도, 그리고 용어 "(ATIS) Information Charlie received"를 포함하는 것은 무선주파수 혼잡을 감소시키는데 도움을 준다. 지상기지국으로부터 응답을 받지 못했다면, 무선통신기를 재점검하거나 다른 송신기를 사용하되 그 다음 교신은 짧게 해야 한다.

나. 송신주파수와 수신주파수가 다를 때의 최초교신
  (1) 지상기지국과 교신하여 송신한 주파수가 아닌 다른 주파수로 수신을 받고자 한다면 응답할 수 있는 VOR 명칭이나 주파수를 통보한다.
  (2) FSS 주파수가 차트의 VORTAC 윗부분이나 FSS communication box 내에 표시되어 있다면, 현재 위치에서 가장 가까운 주파수로 송신 또는 수신한다.
  (3) 교신이 이루어지지 않아 아무 지상기지국이나 호출하고자 할 때에는 용어 "Any radio (관제탑)(지상기지국), give Cessna Three One Six Zero Foxtrot a call on (주파수) 또는 (V-O-R)"을 사용한다. 비상상황이거나 도움이 필요하면 이를 언급한다.

다. 연속적인 교신 및 지상시설의 호출에 대한 응답
  이전의 송신에서 호출과 함께 언급한 메시지(message)나 요구사항을 제외하고, 최초교신에 사용한 것과 동일한 형식을 사용한다. 메시지에 명확한 응답이 요구되고 잘못 이해할 가능성이 없다면 지상기지국 명칭과 단어 "Over"를 생략할 수 있다.

라. 주파수 변경의 인지응답(Acknowledgement of Frequency Change)
  (1) ATC로부터 주파수 변경을 지시받으면 지시에 응답하여야 한다. 조종사가 응답을 하지 않고 새로운 주파수로 변경한다면, 관제사는 조종사가 지시사항을 수신했는지 아니면 무선통신이 두절되었는지의 여부를 알 수 있는 방법이 없기 때문에 관제사의 업무량은 증가하게 된다.
  (2) 때로 관제사/담당자는 다수의 주파수가 배정된 구역에서 근무할 수도 있다. 불필요한 군말(verbiage)을 없애고 관제사/담당자가 우선순위가 높은 송신을 먼저 할 수 있도록 하기 위하여 관제사/담당자는 조종사에게 "(항공기 식별부호), change to my frequency 123.4"를 요구할 수 있다. 이 용어는 관제사/담당자를 변경하는 것이 아니라 주파수만을 변경하는 것이며, 최초호출 관제용어는 간소화될 수 있다는 것을 관제사/담당자가 조종사에게 알리는 것이다.

3. 항공기 호출부호(Aircraft Call Signs)

가. 호출부호 사용시 주의사항

(1) 부적절한 호출부호의 사용은 조종사가 다른 항공기에 대한 허가를 수행하는 결과를 초래할 수 있다. 최초로 교신할 때 또는 다른 항공기 호출부호의 숫자/발음이나 식별번호/숫자가 유사할 때는 어느 때고 결코 호출부호를 간소화해서는 안된다.

(2) 따라서 조종사는 ATC 허가에 따르기 전에 항공기 식별부호를 반드시 완전하고 명확하게 확인하여야 한다. 통신이 이루어진 후, ATC 담당자는 항공기 식별부호의 접두어와 마지막 세 자리 숫자/문자를 사용하여 그 밖의 항공기의 호출부호를 간소화 할 수 있다. 조종사는 ATC 담당자와 추후의 교신 시에 간소화된 호출부호를 사용할 수 있다. ATC 담당자는 유사하거나 동일한 호출부호가 있음을 알았을 때에는 특정 숫자/문자를 강조하거나, 전체 호출부호나 접두어를 반복하거나 또는 조종사에게 임시로 다른 호출부호를 사용할 것을 요청하는 방법으로 실수를 최소화하기 위한 조치를 취한다. 식별이 올바른지 의심스러운 경우, 조종사는 용어 "Verify clearance for (전체 호출부호)"를 사용하여야 한다.

(3) 민간항공기 조종사는 항공기 기종, 모델 또는 제작회사의 명칭 다음에 등록번호(registration number)의 문자/숫자를 사용해야 한다. 항공기 제작회사의 명칭 또는 모델이 언급되면, Aztec Two Four Six Four Alpha와 같이 접두어 "N"은 생략한다.

(4) FAA가 허가한 호출부호를 갖고 있지 않는 air taxi나 그 밖의 사업용항공기 운영자는 음성문자(phonetic word) "Tango"를 정상적인 식별부호 앞에 덧붙여야 한다.

(5) FAA가 허가한 호출부호를 갖고 있는 운송용항공기 및 commuter 항공기는 전체 호출부호(숫자의 경우 사용) 및 해당하면 "super" 또는 "heavy"를 언급하여 항공기를 식별한다.

나. 환자수송비행(Air Ambulance Flight)

ATC 시스템에서 환자수송비행에는 우선권이 부여되므로, 용어 "MEDEVAC"을 사용할 때에는 명확한 판단이 필요하다. 이것은 단지 긴급한 의료상황의 임무 및 신속한 처리가 필요한 비행구간에만 사용하기 위한 것이다.

(1) 응급의료상황으로 인한 민간환자수송비행은 필요시 ATC에 의해 신속하게 처리된다. 신속한 처리가 필요할 경우에는 비행계획서에 단어 "MEDEVAC"을 포함시킨다. 무선통신 시에는 항공기 등록 문자/숫자 앞에 호출부호 "MEDEVAC"을 사용한다. (예, MEDEVAC Two Six Four Six)

(2) 특별요청이 있을 경우에만 우선취급을 받을 수 있는 비행을 제외하고, 환자수송비행(air ambulance flights)에서 "AIR EVAC" 및 "HOSP" 사용을 위한 유사규정이 제정되어 있다.

(3) 응급의료상황과 관련된 운송용항공기와 air taxi도 필요한 경우에는 ATC에 의해 신속히 처리된다. 이러한 응급의료상황의 비행이란 일반적으로 긴급을 요하는 구급의료용품 또는 중요장기의 운송과 관련된 비행을 말한다. 신속한 처리가 필요한 경우, 조종사는 비행계획서에 단어 "MEDEVAC"을 기입하고, 모든 송신 시에는 호출부호 "MEDEVAC" 다음에 회사명과 항공편명(flight number)을 사용하여야 한다.

4. 지상기지국 호출부호(Ground Station Call Signs)

조종사는 지상기지국을 호출할 때, 호출할 기관명칭 다음에 표 4-1에 제시된 호출할 기관종류(type of the facility)를 사용하여 호출하여야 한다.

표 4-1. 지상기지국 호출(Calling a Ground Station)

기관(Facility)	호출부호(Call Sign)
공항 UNICOM(Airport UNICOM)	"Shannon UNICOM"
FAA 비행정보업무국(FAA Flight Service Station)	"Chicago Radio"
공항관제탑(Airport Traffic Control Tower)	"Augusta Tower"
허가중계소(IFR)(Clearance Delivery Position[IFR])	"Dallas Clearance Delivery"
관제탑 지상관제석(Ground Control Position in Tower)	"Miami Ground"
레이더 또는 비레이더 접근관제석(Radar or Nonradar Approach Control Position)	"Oklahoma City Approach"
레이더 출발관제석(Radar Departure Control Position)	"St. Louis Departure"
FAA 항공로교통관제센터(FAA Air Route Traffic Control Center)	"Washington Center"

5. 음성 알파벳(Phonetic Alphabet)

국제민간항공기구(ICAO)의 음성 알파벳은 통신상황이 음성 알파벳을 사용하지 않고는 쉽게 정보를 수신할 수 없는 경우에 사용된다.

또한 ATC 기관은 유사하게 발음되는 식별부호를 가진 항공기가 동일한 주파수로 통신을 수신하고 있을 때에도 조종사에게 해당하는 음성문자를 사용하도록 요청할 수 있다.

표 4-2. 음성 알파벳/모스부호(Phonetic Alphabet/Morse Code)

문자	모스부호	통신 단어(Telephony)	음성(발음)
A	●—	Alfa	(AL-FAH)
B	—●●●	Bravo	(BRAH-VOH)
C	—●—●	Charlie	(CHAR-LEE) 또는 (SHAR-LEE)
D	—●●	Delta	(DELL-TAH)
E	●	Echo	(ECK-OH)
F	●●—●	Foxtrot	(FOKS-TROT)
G	——●	Golf	(GOLF)
H	●●●●	Hotel	(HOH-TEL)
I	●●	India	(IN-DEE-AH)
J	●———	Juliett	(JEW-LEE-ETT)
K	—●—	Kilo	(KEY-LOH)
L	●—●●	Lima	(LEE-MAH)
M	——	Mike	(MIKE)
N	—●	November	(NO-VEM-BER)
O	———	Oscar	(OSS-CAH)
P	●——●	Papa	(PAH-PAH)
Q	——●—	Quebec	(KEH-BECK)
R	●—●	Romeo	(ROW-ME-OH)
S	●●●	Sierra	(SEE-AIR-RAH)
T	—	Tango	(TANG-GO)
U	●●—	Uniform	(YOU-NEE-FORM) 또는 (OO-NEE-FORM)
V	●●●—	Victor	(VIK-TAH)
W	●——	Whiskey	(WISS-KEY)
X	—●●—	Xray	(ECKS-RAY)
Y	—●——	Yankee	(YANG-KEY)
Z	——●●	Zulu	(ZOO-LOO)

문자	모스부호	통신 단어 (Telephony)	음성(발음)
1	●－－－－	One	(WUN)
2	●●－－－	Two	(TOO)
3	●●●－－	Three	(TREE)
4	●●●●－	Four	(FOW-ER)
5	●●●●●	Five	(FIFE)
6	－●●●●	Six	(SIX)
7	－－●●●	Seven	(SEV-EN)
8	－－－●●	Eight	(AIT)
9	－－－－●	Nine	(NIN-ER)
0	－－－－－	Zero	(ZEE-RO)

6. 숫자(Figures)

가. 운고(ceiling height) 및 9,900까지의 상층풍 고도(upper wind level)와 관련하여 대략 100 단위나 1,000 단위로 표시하는 숫자는 다음과 같이 읽어야 한다.

500 .... five hundred

4,500 ...... four thousand five hundred

나. 9,900 이상의 숫자는 "thousand" 단어 앞의 숫자들을 따로따로 읽어야 한다.

10,000 ..... one zero thousand

13,500 ..... one three thousand five hundred

다. 항공로 또는 제트비행로 번호는 다음과 같이 송신한다.

V12 .... Victor Twelve

J533 ...... J Five Thirty-Three

라. 이외의 모든 번호는 각 숫자를 따로따로 발음하여 송신해야 한다.

10 .... one zero

마. 소수점이 있는 무선주파수의 경우, 소수점은 "Point"로 읽는다. ICAO 절차는 소수점을 "Decimal"로 읽도록 규정하고 있다.

122.1 .... one two two point one

7. 고도와 비행고도(Altitudes and Flight Levels)

가. 18,000 ft MSL 미만은 1,000 단위로 숫자를 따로따로 읽고, 해당하면 100 단위를 붙인다.

12,000 ..... one two thousand

12,500 ..... one two thousand five hundred

나. 18,000 ft MSL 이상은 단어 "flight level" 다음에 비행고도(flight level)의 숫자를 따로따로 읽는다.

190........ Flight Level One Niner Zero

275........ Flight Level Two Seven Five

8. 방향(Directions)

방위(bearing), 진로(course), 기수방향(heading) 또는 풍향의 세 자리 숫자는 자북을 기준으로 한다. 진북을 기준으로 하였을 때에는 단어 "true"를 붙여야 한다.

(Magnetic course) 005 .... zero zero five
(True course) 050 .... zero five zero true
(Magnetic bearing) 360 .... three six zero
(Magnetic heading) 100 .... heading one zero zero
(Wind direction) 220 .... wind two two zero

9. 속도(Speeds)

속도를 나타내는 개개의 숫자 다음에 단어 "knots"를 붙여 읽는다. 단, 관제사가 속도조절절차를 사용할 때에는 단어 "knots"를 생략하여 "Reduce/increase speed to two five zero"와 같이 읽을 수 있다.

(속도) 250 .... two five zero knots
(속도) 190 .... one niner zero knots

마하수(Mach Number)를 나타내는 개개의 숫자 앞에 "Mach"를 붙여 읽는다.

(Mach Number) 1.5 .... Mach one point five
(Mach Number) 0.64 .... Mach point six four

10. 시간(Time)

FAA는 모든 운항에 국제표준시(Coordinated Universal Time; UTC)를 사용한다. 단어 "local"이나 등가시간대(time zone equivalent)는 전화나 무선교신 시 지방시(local time)가 주어질 때 지방시라는 것을 나타내기 위하여 사용해야 한다. UTC 대신에 "Zulu"라는 용어를 사용할 수도 있다.

0920 UTC ..... zero niner two zero,
zero one two zero pacific 또는 local, 또는 one twenty AM

11. 도착 항공기 송신기나 수신기 부작동 또는 모두 부작동시 관제탑과의 교신

가. 수신기 부작동(Receiver inoperative)

(1) 교통흐름과 방향이 파악될 때 까지 D등급 공항교통구역 상부나 밖에 머물면서 관제탑에 항공기 기종, 위치, 고도, 착륙의도를 통보하고 빛총신호로 관제해 줄 것을 요청한다.

(2) 공항으로부터 약 3~5 mile 지점에 있다면 관제탑에 위치를 통보하고 공항교통장주로 진입한다. 이 지점부터는 관제탑의 빛총신호를 주시한다. 그 후 장주에 완전히 진입했다면 배풍(downwind) 경로 또는 베이스(base) 경로로 선회 시에 위치를 송신한다.

나. 송신기 부작동(Transmitter inoperative)

교통흐름과 방향이 파악될 때 까지 D등급 공항교통구역 상부나 밖에 머문 다음에 공항교통장주로 진입한다. 착륙정보나 교통정보를 알기 위하여 구역차트에 표기된 1차 국지관제주파수를 경청하고, 항공기에 보내는 빛총신호를 기다린다. 주간에는 날개(wing)를 흔들어 관제탑의 송신이나 빛총신호에 응답한다.

야간에는 착륙등 또는 항행등(navigation light)을 점멸하여 빛총신호에 응답한다. 주간에는 관제탑의 송신에 응답하기 위하여, 제자리비행(hovering)하는 헬리콥터는 관제시설 방향으로 향하고 착륙등을 점멸한다. 비행 중인 헬리콥터는 반대방향으로 약간 기울어지게 하여 송신을 수신하였음을 응답한다. 야간에는 착륙등 또는 탐색등을 점멸하여 송신을 수신하였음을 표시한다.

다. 송신기와 수신기 부작동(Transmitter and receiver inoperative)

교통흐름과 방향이 파악될 때 까지 D등급 공항교통구역 상부나 밖에 머문 다음에 공항교통장주로 진입하고, 빛총신호를 받기 위하여 관제탑을 시야에 두고 있어야 한다.

제3절. 공항 운영(Airport Operations)

1. 관제탑이 운영되는 공항(Airports with an Operating Control Tower)

가. 관제탑에 의해 교통관제가 이루어지는 공항에서 운항할 때, 조종사는 B등급, C등급과 D등급 공항교통구역(surface area) 내에서 운항 중에는 관제탑이 달리 허가하지 않은 한 관제탑과 양방향무선교신을 유지하여야 한다. 최초의 무선호출(initial callup)은 공항으로부터 약 15 mile 지점에서 이루어져야 한다.

나. 필요 시 관제탑의 관제사는 B등급, C등급 및 D등급 공항교통구역에서 운항 중인 항공기에게 바람직한 비행경로(교통장주)를 그리고 지상에서 운행 중인 항공기에게는 적절한 지상활주경로를 따르게 하기 위해 전반에 걸쳐 허가 또는 그 밖의 정보를 발부한다. 관제탑에 의해 달리 허가되거나 지시를 받지 않았다면, 착륙하기 위해 접근 중인 고정익항공기의 조종사는 공항 좌측으로 선회하여야 한다. 착륙하기 위해 접근 중인 헬리콥터 조종사는 고정익항공기의 교통흐름을 방해하지 않아야 한다.

다. 교통장주의 구성요소를 나타내는 용어
  (1) 정풍경로(Upwind leg): 착륙방향으로 착륙활주로에 평행한 비행경로(flight path)
  (2) 측풍경로(Crosswind leg): 이륙활주로종단에서 떨어져 착륙활주로에 직각인 비행경로
  (3) 배풍경로(Downwind leg): 착륙 반대방향으로 착륙활주로에 평행한 비행경로
  (4) 베이스경로(Base leg): 접근활주로시단(approach end)에서 떨어져 배풍경로에서부터 연장된 활주로중심선의 교차지점까지 연장되는 착륙활주로에 직각인 비행경로
  (5) 최종접근(Final approach) 경로: 베이스경로(base leg)에서부터 활주로까지 활주로중심선의 연장선을 따라 착륙방향으로의 비행경로
  (6) 출발경로(Departure leg); 이륙 후 시작되어 활주로중심선의 연장선을 따라 일직선의 전방으로 이어지는 비행경로. 출발상승은 300 ft의 교통장주고도(traffic pattern altitude) 내에서, 이륙활주로종단을 지나 최소한 1/2 mile 지점에 도달할 때 까지 계속된다.

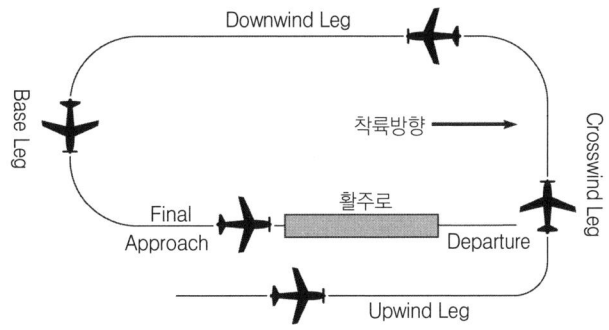

그림 4-1. 교통장주의 구성요소(Components of a Traffic Pattern)

라. 많은 관제탑이 관제탑 레이더시현장치(radar display)를 갖추고 있다. 레이더의 용도는 국지관제소, 또는 관제탑, 관제석의 효율과 능률을 향상시키기 위한 것이다. 네 가지의 기본용도는 다음과 같다.
  (1) 항공기의 정확한 위치 판단. 이것은 항공기의 squawk ident와 같은 레이더위치에 이용할 수 있는 기술로 VFR 항공기를 식별하는 레이더에 의해 이루어진다.
  (2) 레이더교통조언(radar traffic advisory) 제공. 레이더교통조언은 국지관제사가 레이더시현장치로 감시할 수 있는 범위 내에서 제공된다.
  (3) 비행방향 또는 권고 기수방향(heading) 제공
  (4) B등급, C등급 및 D등급 공항교통구역 내에서 운항하는 항공기에 대한 정보제공 및 지시발부

2. 교통장주(Traffic Patterns)

대부분의 공항과 공군기지에서 프로펠러 항공기의 교통장주고도는 일반적으로 지면 상공 600 ft부터 최고 1,500 ft까지 이어진다. 또한 군용 터보제트 항공기의 장주고도는 지면 상공 2,500 ft까지 이어진다.

3. 활주로/공시거리의 사용(Use of Runways/Declared Distances)

가. 활주로는 활주로중심선의 방위각(azimuth)을 10° 단위에 가장 가깝게 지시하는 숫자에 의해 식별된다. 예를 들어 자방위(magnetic azimuth)가 183°인 곳의 활주로 명칭(runway designation)은 18이 되고, 자방위가 87°이면 활주로의 명칭은 9가 될 것이다. 185와 같이 숫자 5로 끝나는 자방위에 대한 활주로의 명칭은 18 또는 19 중에 하나가 될 수 있다. 관제탑에 의해 발부되는 풍향도 자방위이며, 풍속의 단위는 노트(knot)이다.

나. 공시거리(Declared Distance). 활주로의 공시거리란 이착륙거리 성능요건을 충족하기 위해 이용할 수 있는 적합한 최대거리를 의미한다. 이 거리는 활주로의 포장된 물리적 길이에 개방구역(clearway)이나 정지로(stopway)를 더하고 표준활주로안전구역, 활주로무장애구역이나 활주로보호구역을 확보하기 위하여 필요한 길이의 합을 제외하여 FAA 활주로설계기준에 따라 결정된다.

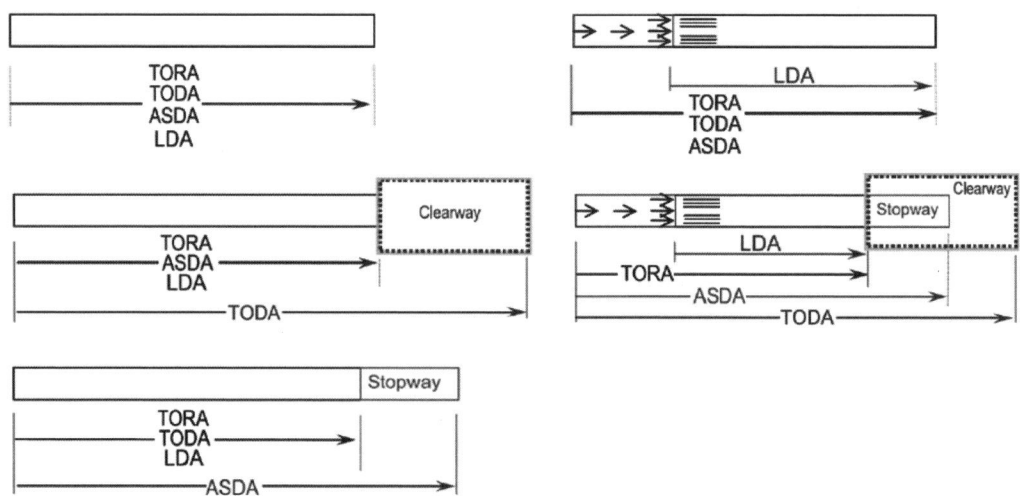

그림 4-2. 완전한 표준활주로안전구역, 활주로무장애구역 및 활주로보호구역과 공시거리

(1) 이륙활주가용거리(TORA; Takeoff Run Available) : 비행기 이륙 시 지상활주에 이용할 수 있는 적합한 활주로 공시길이

(2) 이륙가용거리(TODA; Takeoff Distance Available) : 이륙활주가용거리에 잔여활주로 또는 이용할 수 있는 이륙활주방향 끝단 이후의 개방구역(clearway)을 더한 길이

(3) 가속정지가용거리(ASDA; Accelerate-Stop Distance Available) : 활주로 길이에 이륙을 포기하는 비행기의 가속 및 감속에 이용할 수 있는 적합한 정지로(stopway) 공시길이를 더한 길이

(4) 착륙가용거리(LDA; Landing Distance Available) : 착륙하는 비행기가 이용할 수 있는 적합한 활주로 공시길이

4. 저고도 윈드시어/마이크로버스트 탐지 시스템(LLWAS, Low Level Wind Shear/Microburst Detection System)

LLWAS는 윈드시어 경보와 돌풍전선(gust front) 정보를 제공하지만 마이크로버스트(microburst) 경보를 제공하지는 않는다. LLWAS는 공항주변의 저고도 윈드시어 상태를 탐지하기 위하여 고안되었으며, 이러한 한계를 벗어난 윈드시어는 탐지하지 못한다.

5. 제동상태보고와 조언(Braking Action Reports and Advisories)

가. 가능하면 ATC는 조종사자로부터 접수한 활주로 제동상태(braking action)의 강도를 조종사에게 제공한다. 제동상태의 강도는 용어 "good", "good to medium", "medium", "medium to poor", "poor" 및 "nil"로 나타낸다.

나. FICON NOTAM은 포장된 활주로의 오염 측정값을 제공하지만, FICON NOTAM에서 제동상태는 비포장 활주로 표면, 유도로 및 계류장(apron)에만 적용된다.

다. 관제탑관제사가 medium, poor 또는 nil의 용어가 포함된 활주로 제동상태의 보고를 접수한 경우, 또는 기상상태가 악화되거나 활주로 제동상태가 빠르게 변할 경우에는 언제든지 ATIS 방송에 "Braking action advisories are in effect."라는 문구를 포함시킨다.

라. 제동상태조언이 유효한(in effect) 동안, ATC는 도착 및 출발 항공기에게 사용되는 각 활주로에 대하여 보고된 가장 최근의 제동상태를 통보한다. 조종사는 악화되는 제동상태에 대비하여야 하며, 관제사가 발부하지 않으면 최근의 활주로 상태정보를 요구하여야 한다.

6. 중간이륙(Intersection Takeoff)

가. 공항수용능력을 증가시키고 지상활주거리를 감소시키며, 출발지연의 최소화 및 항공교통의 보다 효율적인 흐름을 증진시키기 위하여 관제사는 조종사가 중간이륙을 요구할 때 이를 허가할 뿐 아니라 먼저 권고할 수도 있다. 어떠한 이유로 조종사가 다른 교차지점 또는 활주로 전체길이를 사용하기를 원하거나, 또는 교차지점과 활주로 끝 간의 거리에서 이륙하기를 원한다면 조종사는 이 같은 상황을 ATC에 통보하여야 한다.

나. 관제사는 중간이륙의 사용이 적절한 지침에 포함되어 있지 않은 한, 요구하는 조종사 및 모든 군용항공기에 해당 교차지점에서 활주로 끝까지의 측정거리를 50 ft 단위로 버림하여 50 ft 단위에 가장 가깝게 발부한다.

다. 사전에 지상관제소로부터 중간이륙을 허가받지 않는 한, 항공기는 배정된 활주로의 끝까지(활주로

상으로가 아니다) 지상활주하여야 한다.
라. 조종사는 활주로 교차지점에서 이륙하기 위하여 관제탑을 호출할 때, 공항에서의 위치를 언급하여야 한다.
마. 관제사는 선행 대형항공기가 이륙한 시간과 뒤따르는 소형항공기가 이륙활주를 시작할 시간 간에 최소한 3분 간격을 적용하여, 동일 활주로 상에서 대형 경항공기(B757 제외)와 뒤따라 중간이륙(동일 또는 반대방향)하는 소형항공기를 분리하여야 한다. 요구되는 3분 대기를 조종사에게 통보하기 위하여, 관제사는 "Hold for wake turbulence"라고 말한다.

7. LAHSO 수행시의 조종사 책임

가. LAHSO는 "Land and Hold Short Operations"의 약어이다. 이러한 운영에는 착륙 및 교차활주로, 교차유도로 또는 교차활주로나 유도로 이외의 지정된 어떤 활주로지점에서의 잠시대기(holding short)가 포함된다.

나. 조종사의 책임과 기본 절차
(1) LAHSO는 안전을 유지하며, 공항의 수용능력과 시스템의 효율증가를 위한 요구사항과 균형을 이루기 위해 조종사의 참여가 요구되는 항공교통관제 절차이다.
(2) 관제공항에서 항공교통관제사는 조종사에게 착륙 및 잠시대기(land and hold short)를 허가할 수 있다. 기장은 항공기가 착륙하여 가용착륙거리(Available Landing Distance; ALD) 내에서 안전하게 정지할 수 있다고 판단되면 이러한 허가를 받아들일 수 있다. 조종연습생이나 LAHSO에 익숙하지 않은 조종사는 이 프로그램에 참여해서는 안된다.
(3) 기장은 어떠한 착륙 및 잠시대기(land and hold short) 허가를 받아들이거나 거부할 수 있는 최종권한을 갖는다. 항공기의 안전과 운항에 대한 책임은 조종사에게 있다. 조종사는 LAHSO 허가가 안전을 저해한다고 판단되면 이를 거부하여야 한다.
(4) LAHSO를 수행하기 위하여 조종사는 목적지공항의 LAHSO와 관련된 모든 이용 가능한 정보에 익숙해져야 한다. 조종사는 착륙하고자 하는 각 공항의 모든 LAHSO 활주로 구성에 대해 발간된 가용착륙거리(ALD)와 활주로 경사정보를 바로 이용할 수 있도록 지니고 있어야 한다.
(5) LAHSO 교차지점 위치식별의 어려움, 바람 상태, 항공기 상태 등과 같은 어떤 이유가 있으면 조종사는 활주로 전체길이(full length)를 사용한 착륙, 다른 활주로에 착륙 또는 LAHSO 거부를 요구할 것인지를 결정하여 가능하면 허가가 발부되기 이전에 항공교통관제사에 신속히 통보하여야 한다. 일단 LAHSO 허가를 받았다면 수정된 허가를 받거나 비상상황이 발생하지 않는 한, 다른 ATC 허가와 마찬가지로 이를 준수하여야 한다.
(6) LAHSO 허가를 받은 조종사는 착륙하고 나서 잠시대기지점(hold short point)에 도달하기 전에 첫 번째의 편리한 유도로(다른 지시가 없는 한)에서 활주로를 벗어나야 한다. 활주로를 벗어나지 않았다면 조종사는 잠시대기지점에 정지하여 대기하여야 한다. LAHSO 허가를 받은 이후에 착륙포기가 필요하게 되었다면, 조종사는 다른 항공기 또는 차량과의 안전한 분리를 유지하고 즉시 관제사에게 통보하여야 한다.
(7) 관제사는 모든 LAHSO 허가에 대해 완전한 복창(read back)을 필요로 한다.
(8) 조종사는 최저운고가 1,000 ft 그리고 최저시정이 3 SM 일 때만 LAHSO 허가를 받을 수 있다.

8. 저고도접근(Low Approach)

가. 저고도접근[때로는 저고도통과(low pass)라고 한다]은 접근에 이은 복행조작(go-around maneuver)을 말한다. 착륙이나 접지후이륙(touch-and-go) 대신 조종사는 특정한 조작(일련의 연습계기접근이 이러한 조작의 한 예이다)을 신속히 하기 위하여 복행(저고도접근)을 할 수도 있다. ATC에 의해 달리 허가되지 않는 한, 저고도접근은 구역에 있는 다른 항공기에 대한 육안확인을 완전히 마칠 때 까지는 선회 또는 상승하지 말고 전방으로 직진해야 한다.

나. B등급, C등급과 D등급 공항교통구역 내에서 운항 중에 저고도접근을 하고자 하는 조종사는 허가를 받기 위하여 관제탑과 교신하여야 한다. 이러한 요청은 최종접근을 시작하기 전에 이루어져야 한다.

다. B등급, C등급과 D등급 공항교통구역 이외의 공항에서 운항 중에 저고도접근을 하고자 하는 조종사는 inbound 최종접근픽스(비정밀접근)를 떠나기 전에, 또는 외측마커나 inbound 외측마커 대신에 사용되는 픽스(정밀접근)를 떠나기 전에 FSS, UNICOM에 통보하거나 적절한 방법으로 의사를 표시하여야 한다.

9. 교통관제 등화신호(Traffic Control Light Signals)

가. 공항관제탑 빛총신호(Light Gun Signal)

신호의 종류와 색상	의미(Meaning)		
	이동 중인 차량, 장비 및 인원	지상에 있는 항공기	비행 중인 항공기
연속되는 녹색	통과하거나 진행할 것	이륙을 허가함	착륙을 허가함
깜박이는 녹색	미적용	지상활주(taxi)를 허가함	착륙을 준비할 것 (적정 시간 뒤에 연속되는 녹색신호가 이어진다)
연속되는 적색	정지할 것	정지할 것	다른 항공기에게 진로를 양보하고 계속 선회할 것
깜박이는 적색	활주로 또는 유도로에서 벗어날 것	사용 중인 활주로에서 벗어나 지상활주할 것	공항이 불안전하니 착륙하지 말 것
깜박이는 백색	공항의 출발지점으로 돌아갈 것	공항의 출발지점으로 돌아갈 것	미적용
교차하는 적색과 백색	극히 주의할 것	극히 주의할 것	극히 주의할 것

나. 주간에는 보조익(aileron) 또는 방향타(rudder)를 움직여 관제탑송신이나 빛총신호에 응답한다. 야간에는 착륙등 또는 항행등(navigation light)을 점멸하여 빛총신호에 응답한다. 주기장을 출발한 후에 무선통신기에 고장이 발생하였다면 관제탑의 빛총신호를 주시하거나 관제탑주파수를 경청한다.

10. 무선통신(Communications)

가. 출발 항공기의 조종사는 엔진시동시간, 지상활주 또는 허가정보를 받기 위하여 엔진을 시동하기 전에 해당 지상관제/허가중계주파수로 관제탑과 교신하여야 한다. 관제탑에서 달리 통보하지 않는 한 지상활주 및 run-up 중에 이 주파수를 유지하고, 그 다음 이륙허가를 요청할 준비가 되었을 때 국지관제주파수로 변경한다.

나. 달리 통보되지 않는 한, 관제탑관제사는 터빈동력항공기의 조종사가 활주로나 난기운전구역(warm-up block)에 도달했을 때 이륙준비가 완료된 것으로 간주한다.

다. 도착 및 출발 항공기에 깨끗한 VHF 채널을 제공하는 지상관제주파수는 관제탑(국지관제)주파수의 혼잡을 제거하기 위하여 마련되었으며 관제탑과 지상항공기 간, 그리고 관제탑과 공항의 다용도차량 간의 교신으로 한정되어 있다. 이 주파수는 지상활주 정보, 허가의 발부, 그리고 관제탑과 항공기 또는 공항에서 운용되는 그 외의 차량 간에 필요한 그 밖의 교신에 사용된다. 방금 착륙한 조종사는 관제사로부터 주파수 변경을 지시 받을 때까지 관제탑주파수에서 지상관제주파수로 변경해서는 안된다.

11. 출발지연으로 인한 게이트 대기(Gate Holding Due to Departure Delay)

출발지연이 15분을 초과하거나 15분을 초과할 것으로 예상될 때에는 언제든지 게이트 대기(gate hold) 절차가 시행될 수 있으므로 조종사는 엔진시동을 하기 전에 지상관제소 또는 허가중계소(clearance delivery)와 교신을 하여야 한다. 출발순서는 교통흐름관리제한에 따라 수정되지 않는 한 최초로 호출한(call up) 순서에 따라 정해진다. 조종사는 지연이 변경된 경우 엔진시동 조언 또는 새로운 시동예상시간을 통보하는 지상관제소 또는 비행허가중계소 주파수를 경청하여야 한다.

12. 지상활주(Taxiing)

가. 일반(general). 공항관제탑이 운영되는 동안 이동지역의 항공기 또는 차량은 이동하기 전에 허가를 받아야 한다.

(1) 지상활주지시를 받기 위해 관제탑을 호출할 때에는 항상 공항에서의 당신의 위치를 말해주어야 한다.

(2) 공항관제탑이 운영되는 동안 활주로에서 지상활주, 이륙 또는 착륙을 하기 전에 허가를 받아야 한다.

(3) 활주로를 횡단하기 전에 허가를 받아야 한다. ATC는 횡단하는 모든 활주로를 명시한 허가를 발부할 것이다.

(4) 이륙활주로를 배정할 때 ATC는 먼저 활주로를 명시하고 지상활주지시를 발부하며, 지상활주경로가 활주로를 통과하면 진입전대기(hold short) 지시 또는 활주로횡단허가를 언급한다. 이것은 항공기가 배정한 출발활주로의 어느 지점으로 "진입(enter)" 또는 "횡단(cross)"하는 것을 허가하는 것은 아니다. ATC는 항공기의 지상활주허가와 관련하여 무선교신 상의 오해를 배제하기 위하여 용어 "cleared"를 사용하지 않는다.

(5) 배정된 이륙활주로 이외의 어느 지점까지 지상활주지시를 발부할 때 ATC는 지상활주 해야 할 지점을 명시하여 지상활주지시를 발부하며, 지상활주경로가 활주로를 통과하면 진입전대기(hold short) 지시 또는 활주로횡단허가를 언급한다.

(6) 조종사가 활주로 접근("APPCH")구역이나 ILS 정지위치에서 잠시 대기해야 한다면 ATC는 대기지시를 발부한다.

(7) 관제사로부터 지상활주지시를 받았을 때, 조종사는 다음 사항을 항상 복창하여야 한다.

   (가) 활주로배정(runway assignment)

   (나) 특정 활주로진입(enter)의 허가

   (다) 특정 활주로진입전대기(hold short) 또는 이륙위치에서 대기(line up and wait)의 지시

나. 조종사가 공항에 익숙하지 않거나 또는 어떠한 이유로 정확한 지상활주경로를 혼동할 수 있다면, 단계적인 경로지시를 포함한 점진적 지상활주지시(progressive taxi instruction)를 요청할 수도 있다. 점진적인 지시는 관제사가 교통상황 또는 유도로 공사나 유도로 폐쇄와 같은 비행장 상황으로 인하여 필요하다고 생각하면 발부할 수도 있다.

13. 저시정에서의 지상활주(Taxi During Low Visibility)

가. 조종사와 항공기 운영자는 어떤 저시정상태에서는 공항의 항공기와 차량의 이동을 관제탑관제사가 볼 수 없을 수도 있다는 것을 항상 인식하고 있어야 한다.

나. 일반적으로 LVOSMGCS라고 하는 Low Visibility Operations Surface Movement Guidance and Control System은 1,200 ft 활주로가시거리(RVR) 미만의 시정상태에서 이착륙 운항을 하는 공항의 저시정 지상활주계획의 적절한 예시를 기술하고 있다. 운항승무원 및 차량운행자에게 영향을 주는 이 계획은 공항 지표면의 교통을 통제하기 위한 등화, 표지 그리고 절차와 통합 운용될 수 있다.

14. 착륙 후 활주로 개방(Exiting the Runway After Landing)

착륙하여 지상활주속도(taxi speed)에 도달한 이후에는 다음 절차에 따라야 한다.

가. 첫 번째로 이용할 수 있는 유도로 또는 ATC가 지시한 유도로에서 지체없이 활주로를 벗어난다. ATC의 허가를 받지 않는 한 조종사는 다른 활주로 상의 착륙활주로로 진입해서는 안된다. 관제탑이 운영되는 공항에서 조종사는 먼저 ATC의 허가를 받지 않고 활주로 상에 정지하거나, 진로를 반대방향으로 변경해서는 안된다.

나. ATC에 의해 달리 지시되지 않는 한 활주로를 벗어나 지상활주한다. 항공기의 모든 부분이 활주로가장자리를 지나고, 활주로정지위치표지 이후의 계속되는 이동에 대한 제한사항이 없을 때 항공기가 활주로를 개방했다고 가정한다. ATC 지시가 없을 경우, 조종사는 항공기가 다른 유도로 또는 주기장구역으로 진입하거나 횡단하는 것이 필요하다 하더라도 착륙활주로와 관련된 활주로정지위치표지 이후까지 지상활주하여 착륙활주로를 벗어나야 한다. 항공기의 모든 부분이 활주로정지위치표지를 통과하면 조종사는 ATC의 추가지시를 발부받지 않은 한 대기하여야 한다.

다. 관제탑으로부터 지시를 받은 경우 즉시 지상관제주파수로 변경하고, 지상활주허가를 받아야 한다.

15. 선택접근(Option Approach)

"선택허가(Cleared for the Option)" 절차는 교관조종사, 평가관조종사 또는 그 밖의 조종사에게 접지후이륙(touch-and-go), 저고도접근, 실패접근, 정지후이륙(stop-and-go) 또는 착륙(full stop landing) 중에서 선택할 수 있도록 허가하는 것이다. 이 절차는 조종연습생이나 평가관조종사 모두 어떤 기동을 하게 될지 모르는 훈련상황에서 대단히 유용할 수 있다. 조종사는 계기접근에서 inbound 최종접근픽스를 통과할 때, 또는 VFR 교통장주의 배풍(downwind) 경로에 진입할 때 이 절차를 요청하여야 한다. 이 절차는 관제탑이 운영되는 지역에서만 사용할 수 있으며, ATC 허가를 받아야 한다.

16. 항공기 등화의 사용(Use of Aircraft Light)

가. 일몰부터 일출 사이에 지상에서 작동 중이거나, 비행 중인 항공기는 항공기 위치등(position light)을 켜야 한다. 또한, 충돌방지등(anti-collision light) 시스템을 갖춘 항공기는 주야간 모든 형태의 운항 시에 충돌방지등을 켜야 한다. 그러나 악기상 상태에서 불빛이 안전에 위험을 유발할 수 있는 경우, 기장은 충돌방지등을 끌 수 있다.

나. FAA는 조종사에게 이륙 중, 즉 이륙허가를 받은 후 또는 이륙활주를 시작할 때에는 착륙등을 켜도록 권장하고 있다.

다. 대형항공기에 의해 발생하는 프로펠러 후류와 제트분사(jet blast)의 힘은 이들 뒤에서 지상활주하는 더 작은 항공기들을 전복시키거나 파손시킬 수 있다. 유사한 사고를 피하고 이러한 힘으로 인해 지상근무자가 넘어지거나 다치는 것을 방지하기 위하여 FAA는 운송용 및 사업용항공기 운영자에게 항공기 엔진이 작동되고 있을 때에는 언제나 회전비컨(rotating beacon)을 켤 것을 권장하고 있다. 이것은 자발적인 프로그램이기 때문에 항공기 엔진이 작동되고 있다는 표시로서 전적으로 회전비컨을 신뢰해서는 안되며, 주의를 기울여야 한다.

17. 터미널지역의 비행점검항공기(Flight Inspection/'Flight Check' Aircraft in Terminal Area)

가. Flight Check는 FAA 항공기를 NAVAID와 비행절차의 비행점검/검증에 사용할 때, 조종사와 항공교통관제사에게 경계하도록 하기 위하여 사용하는 호출부호이다. 비행점검항공기는 NAVAID 성능을 검증하기 위한 활주로 전체길이의 저고도통과를 포함하여 좌표(grid), 궤도(orbit), DME arc 및 항적(track)과 같이 사전에 미리 계획된 고/저고도 비행장주를 비행한다.

나. 조종사는 호출부호 "Flight Check"를 사용하는 항공기의 비행경로를 회피하고, 특별히 주의를 기울여야 한다. 이러한 비행은 보통 ATC로부터 특별취급을 받는다.

제4절. 항공교통관제 허가와 항공기 분리

1. 허가(Clearance)

가. ATC가 발부하는 허가(clearance)는 알려진 교통상황 및 공항의 물리적인 상황에 기초를 둔다. ATC 허가란 관제공역 내에서 식별된 항공기 간 충돌방지를 위한 목적으로 특정조건 하에 항공기를 진행할 수 있도록 하는 ATC의 승인을 의미한다. ATC 허가는 불안전하게 항공기를 운항하거나 어떠한 규칙, 규정 또는 최저고도를 위배할 수 있는 권한을 조종사에게 부여하는 것은 아니다.

나. ATC가 발부한 허가가 규칙이나 규정에 위반되거나 또는 항공기를 위험한 상황에 처하게 할 수 있다고 조종사가 판단한 경우, 수정허가를 요청하는 것은 조종사의 책임이다. 마찬가지로 조종사가 착륙 또는 접근순서가 배정되었을 때 선행항공기와 간격을 유지하기 위하여 다른 대처방안을 따르기를 원한다면, 조종사는 그에 맞게 ATC에 통보하여야 한다.

다. IFR 비행을 하는 동안 VFR 항공기가 ATC에 통보하지 않고 같은 구역에서 비행을 하고 있을 수도 있기 때문에 기상상태가 허용될 때 다른 항공기를 회피하는 것은 조종사의 직접적인 책임이다. 교통허가(traffic clearance)는 IFR 항공기 간에만 표준분리를 제공한다.

2. 허가 접두어(Clearance Prefix)

ATC 기관이 요구하여 공지통신국을 통하여 조종사에게 중계되는 허가, 관제정보 또는 정보의 요청에 대한 응답에는 서두에 "ATC clears", "ATC advises" 또는 "ATC requests"를 첨부한다.

3. 허가 사항(Clearance Items)

ATC 허가에는 보통 다음과 같은 사항이 포함된다.

가. 허가한계점(Clearance Limit)

보통 출발하기 전에 발부되는 교통허가는 착륙하고자 하는 공항까지의 비행을 허가한다. 허가한계점이 착륙하고자 하는 공항일 경우, 허가에는 공항명칭 다음에 단어 "airport"를 포함하여야 한다. 특정상황에서는 허가한계점이 NAVAID 또는 다른 fix 일 수 있다.

나. 출발절차(Departure Procedure)

터미널지역에서 다른 항공교통으로부터 출발을 분리하기 위하여 비행할 기수방향(heading)과 고도제한이 발부될 수 있다. 교통량이 많은 지역에는 계기출발절차(DP)가 수립되어 있다.

다. 비행경로(Route of Flight)

허가에는 보통 조종사가 요구한 고도 또는 비행고도(flight level)와 비행로(route)가 발부된다. 그러나 때로 ATC는 교통상황에 따라 조종사가 요구한 것과 다른 고도 또는 비행고도나 비행로를 배정하기도 한다.

라. 고도자료(Altitude Data)

(1) ATC 허가에 포함된 고도 또는 비행고도(flight level) 지시사항은 비행이 관제공역에서 이루어질 때, 보통 조종사가 고도 또는 비행고도를 유지하도록 규정하고 있다. 항공로에서의 고도 또는 비행고도의 변경요청은 변경시점 이전에 이루어져야 한다.

(2) 조종사에게 최저 IFR 고도에서부터 순항허가 시에 지정되는 고도까지의 공역구역을 배정하기 위하여 "maintain" 대신에 용어 "cruise"를 사용할 수 있다. 조종사는 이 공역구역 내의 어떤 중간고도에서나 수평비행(level off)을 할 수 있다. 이 구역 내에서의 상승/강하는 조종사의 재량에 따라 이루어진다. 그러나 일단 조종사가 강하를 시작하고 구역에서 고도를 떠난다고 구두 보고했다면 조종사는 추가적인 ATC 허가 없이 그 고도로 복귀할 수 없다.

마. 체공지시(Holding Instruction)

(1) 항공기가 목적지공항이 아닌 다른 fix까지 허가가 되고 지연이 예상될 때 완전한 체공지시(장주가 차트화되어 있지 않은 경우), EFC 시간 및 어떤 추가적인 항공로/터미널 지연의 정확한 예상정보를 발부하는 것은 ATC 관제사의 책임이다.

(2) 체공장주가 차트화되어 있고 관제사가 완전한 체공지시를 발부하지 않았다면, 조종사는 해당 차트에 표기되어 있는 대로 체공하여야 한다. 장주가 차트화되어 있을 때에, 관제사는 "hold east as published"와 같이 차트화된 체공방향과 as published 라는 용어를 제외한 모든 체공지시를 생략할 수 있다. 관제사는 조종사의 요구가 있을 때에는 언제든지 완전한 체공지시를 발부하여야 한다.

(3) 체공장주가 차트화되어 있지 않고 체공지시를 발부받지 않은 경우, 조종사는 fix에 도착하기 전에 ATC에 체공지시를 요구하여야 한다. Fix에 도착하기 전에 체공지시를 받을 수 없는 경우(주파수 혼잡, 마이크로폰 고착 등으로 인하여) 조종사는 fix에 접근하는 진로상의 표준장주에서 체공하면서 가능한 한 빨리 추후허가를 요구한다.

(4) 항공기가 허가한계점으로부터 3분 이내의 거리에 있고 fix 다음 구간에 대한 비행허가를 받지 못했을 경우, 조종사는 항공기가 처음부터 최대체공속도 이하로 fix를 통과하도록 속도를 줄이기 시작하여야 한다.

(5) 지연이 예상되지 않는 경우, 관제사는 가능한 한 빨리 그리고 가능하다면 항공기가 허가한계점에 도착하기 최소한 5분 전에 fix 이후에 대한 허가를 발부하여야 한다.

(6) 조종사는 항공기가 허가한계점에 도착한 시간과 고도/비행고도를 ATC에 보고하여야 하며, 또한 허가한계점을 떠난다는 것을 보고하여야 한다.

4. 특별시계비행 허가(Special VFR Clearance)

가. 기상이 VFR 비행요건보다 낮을 경우, B등급, C등급, D등급 또는 E등급 공항교통구역 내에서 운항하기 전에 ATC 허가를 받아야 한다. VFR 조종사는 특별 VFR 상태로 대부분의 D등급과 E등급 공항교통구역 및 일부 B등급과 C등급 공항교통구역으로 진입, 이탈 또는 운항하기 위한 허가를 요구할 수 있으며, 교통상황이 허용되고 이러한 비행이 IFR 운항을 지연시키지 않을 때 허가될 수 있다. 모든 특별 VFR 비행은 구름으로부터 벗어난 상태(clear of clouds)를 유지하여야 한다.

특별 VFR 항공기(헬리콥터 이외)를 위한 시정요건은 다음과 같다.

(1) B등급, C등급, D등급 및 E등급 공항교통구역(surface area) 내에서 운항하기 위해서는 최소한 1 SM의 비행시정

(2) 이륙 또는 착륙할 때 최소한 1 SM의 지상시정(ground visibility). 공항의 지상시정이 보고되지 않았다면 비행시정이 최소한 1 SM 이어야 한다.

(3) 위의 (1)및 (2)의 제한사항은 헬리콥터에는 적용되지 않는다. 헬리콥터는 구름으로부터 벗어난 상태(clear of clouds)를 유지하여야 하며, 시정 1 SM 미만의 B등급, C등급, D등급 및 E등급 공항교통구역에서 운항할 수 있다.

나. 특별 VFR 허가는 B등급, C등급, D등급 및 E등급 공항교통구역 내에서만 유효하다. ATC는 특별 VFR 허가 시 항공기가 B등급, C등급, D등급 또는 E등급 공항교통구역을 벗어난 이후에는 분리를 제공하지 않는다.

다. 고정익항공기의 특별 VFR 비행은 IFR 교통량으로 인하여 일부 B등급과 C등급 공항교통구역에서는 금지되어 있다.

라. ATC는 특별 VFR 항공기 간 및 특별 VFR 항공기와 다른 IFR 항공기 간의 분리를 제공한다.

마. 고정익항공기의 특별 VFR 운항은 조종사가 계기비행증명이 있고, 항공기가 IFR 비행을 위한 장비를 갖추고 있지 않는 한 일몰부터 일출까지는 금지된다.

5. 허가 발부시 조종사의 책임(Pilot Responsibility upon Clearance Issuance)

가. ATC 허가 기록(Record). IFR 운항을 할 때에는 허가의 내용을 기록한다. 항공교통허가의 일부분인 특정조건이 비행계획서에 포함된 내용과 약간 다를 수도 있다.

나. ATC 허가/지시 복창(Readback). 체공 중인 항공기의 조종사는 상호확인의 수단으로써 고도배정, 레이더유도(vector) 또는 활주로배정을 포함한 ATC 허가와 지시사항의 이러한 부분들을 복창하여야 한다.

(1) 모든 응답과 복창에 항공기 식별부호를 포함하여야 한다. 이것은 해당 항공기가 허가 또는 지시를 수신했다는 것을 관제사가 판단할 수 있도록 한다.

(2) 조종사는 허가 또는 지시를 받은 순서와 동일하게 고도, 고도제한 그리고 레이더유도(vector)를 복창한다.

(3) DP, 계기접근 등과 같이 차트화되는 절차에 포함되는 고도는 관제사가 별도로 언급하지 않는 한 복창하지 않는다.

(4) 지상활주, 출발 또는 착륙허가의 최초복창에는 해당하는 경우 좌측(left), 우측(right), 중앙(center) 등을 포함한 활주로배정을 포함하여야 한다.

다. 발부된 허가를 수용하거나 거부하는 것은 조종사의 책임이다.

6. IFR 항공기 운상시계비행 허가(IFR Clearance VFR-on-top)

가. IFR 비행계획으로 운항 중인 조종사는 VFR 기상상태에서 배정된 고도 대신에 운상시계비행(VFR-on-top)을 요청할 수 있다. 이것은 조종사로 하여금 고도 또는 비행고도를 선택(ATC의 제한을 받음)할 수 있도록 허용하는 것이다.

나. 구름, 연무(haze), 연기(smoke) 또는 그 밖의 기상현상을 통과하여 상승한 후에 IFR 비행계획을 취소하거나, 운상시계비행을 하고자 하는 조종사는 운상시계비행을 위한 상승을 요구할 수 있다. ATC 허가에는 보고된 정상(top)의 높이, 또는 보고된 정상의 높이가 없다는 것과 운상시계비행상태 도달보고의 요구를 포함하여야 한다. 부가적으로 운상시계비행이 지정된 고도에 도달하지 못하면 ATC 허가에는 허가한계점(clearance limit), 비행로 배정(routing) 및 대체허가가 포함될 수 있다.

다. VFR 상태로 운항하는 IFR 비행계획의 조종사는 VFR 상태에서 상승/강하를 요구할 수 있다.

라. VFR 상태로 운항할 때, "maintain VFR-on-top/maintain VFR conditions"의 ATC 허가를 받은 IFR 비행계획의 조종사는,
  (1) 규정된 해당 VFR 고도로 비행하여야 한다.
  (2) 규정된 VFR 시정 및 구름으로부터의 거리기준을 준수하여야 한다.
  (3) 이 비행에 적용할 수 있는 계기비행방식, 즉 최저 IFR 고도, 위치보고, 무선교신, 비행경로, ATC 허가 준수 등에 따라야 한다.

마. "Maintain VFR-on-top"의 ATC 허가는 조종사에게 차폐 기상현상(층) 위로만 운항하도록 제한하려는 것이 아니다. 그 대신 기상차폐가 없는 지역 또는 기상차폐층의 상부, 하부, 층(layer) 간에서의 운항을 허용하는 것이다. 그러나 조종사는 "VFR-on-top/VFR conditions"의 운항허가가 IFR 비행계획의 취소를 의미하는 것은 아니라는 것을 알아야 한다.

바. VFR 기상상태에서 운항중일 때, 다른 항공기를 육안으로 보고 회피할 수 있도록 경계해야 하는 것은 조종사의 책임이다.

사. ATC는 A등급 공역에서의 VFR 또는 운상시계비행(VFR-on-top)을 허가하지 않는다.

7. VFR/IFR 비행(VFR/IFR Flights)

항공로 IFR 허가를 받을 필요가 있거나 받으려는 VFR 출발조종사는 항공기 위치와 상대적인 지형/장애물의 위치를 인식하고 있어야 한다. MEA/MIA/MVA/OROCA 미만에서 IFR 허가를 받았을 때, 조종사는 MEA/MIA/MVA/OROCA에 도달할 때까지 지형 및 장애물 회피에 대한 책임이 있다. 조종사가 지형/장애물 회피를 유지할 수 없는 경우 관제사에게 통보하고, 자신의 의도를 말하여야 한다.

8. 허가 준수(Adherence to Clearance)

가. ATC가 허가나 지시를 발부할 때, 조종사는 접수하는 즉시 이 사항을 수행하여야 한다. ATC는 어떤 상황에서 임박한 상황의 긴급함과 조종사의 신속한 이행이 요구되며 안전상 필요하다는 것을 나타내기 위하여, 허가나 지시에 단어 "긴급(immediately)"을 포함시킨다.

나. ATC가 기수방향(heading)을 배정하거나 선회를 요구하는 경우 조종사는 신속히 선회를 하여야 하며, 선회를 완료한 후에는 추가적인 지시가 발부되지 않는 한 새로운 기수방향을 유지해야 한다.

다. ATC 허가의 고도정보에 포함되는 용어 "조종사의 판단에 따라(at pilot's discretion)"는 조종사가

필요할 때 상승 또는 강하할 수 있는 선택권을 ATC가 조종사에게 제공한다는 의미이다. 필요한 경우 어떠한 상승률 또는 강하율로도 상승 또는 강하할 수 있으며 어떠한 중간고도에서나 일시적으로 수평비행(level off)을 할 수 있도록 허가하는 것이다. 그러나 항공기가 고도를 떠났다면 그 고도로 다시 돌아갈 수 없다.

라. ATC가 용어 "조종사의 판단에 따라(at pilot's discretion)"를 사용하지 않고 상승이나 강하의 제한사항도 발부하지 않은 경우, 조종사는 허가에 응답한 즉시 상승 또는 강하를 시작하여야 한다.

배정고도의 1,000 ft 전까지는 항공기의 운용특성에 맞는 최적비율로 상승 또는 강하하고, 그 다음에는 배정고도에 도달할 때 까지 500~1,500 fpm의 비율로 상승하거나 강하하여야 한다. 조종사가 최소한 500 fpm의 비율로 상승 또는 강하할 수 없을 때에는 언제든지 ATC에 통보하여야 한다.

마. 비상상황에 처하여 ATC의 허가사항을 위배한 경우, 기장은 가능한 한 빨리 ATC에 통보하고 수정된 허가를 받아야 한다.

바. 최종 ATC 허가가 이전 ATC 허가보다 우선한다는 것이 기본원칙이다. 사전에 발부된 허가 중에서 비행로 또는 고도가 수정된 경우, 관제사는 적절한 고도제한사항을 다시 언급한다. 출발전이든 비행중이든 유지해야 할 고도가 변경되었거나 다시 언급되고 앞서 발부한 고도제한사항이 생략되었다면, 출발절차와 STAR 고도제한을 포함한 이들 고도제한은 취소된다.

사. ATC에 의하여 "신속한(expedite)" 상승 또는 강하허가가 발부되었고, 이어서 신속지시(expedite instruction) 없이 유지해야 할 고도가 변경되었거나 재발부 되었다면 신속지시는 취소된 것이다. 관제사는 보통 신속지시의 이유를 관제사에게 통보할 것이다.

9. IFR 분리기준(IFR Separation Standards)

가. ATC는 서로 다른 고도를 배정함으로써 수직적으로 항공기를 분리시키거나, 동일하거나 수렴(converging) 또는 교차(crossing)하는 진로의 항공기 간에는 시간이나 거리단위로 나타낸 간격을 제공하여 줌으로써 종적으로 또는 서로 다른 비행경로를 배정함으로써 횡적으로 항공기를 분리시킨다.

나. 동일한 고도에 있는 항공기의 분리에 레이더가 사용될 때 레이더 안테나 site로부터 40 mile 이내에서 운항하는 항공기 간에는 최소 3 mile의 분리가 제공되고, 안테나 site로부터 40 mile 밖에서 운항하는 항공기 간에는 최소 5 mile의 분리가 제공된다. 이러한 최저치(minima)는 일부 특정상황에서는 증감될 수 있다.

10. 속도조절(Speed Adjustments)

가. ATC는 적절한 간격을 확보하거나 유지하기 위하여 레이더관제를 받고 있는 항공기의 조종사에게 속도조절을 지시한다.

나. ATC는 FL240 이상에서의 속도를 0.01 간격의 마하수(Mach number) 단위로 나타내는 것을 제외하고, 모든 속도조절을 5 knot 또는 10 knot 간격의 지시대기속도(IAS)에 의거하여 knot 단위로 나타낸다.

다. 속도조절지시를 실행하는 조종사는 지시받은 속도의 ±10 knot, 또는 마하수 ±0.02 이내의 속도를 유지하여야 한다.

라. ATC가 속도조절을 지시할 때는 다음의 권고 최저치(recommended minima)에 의거하여야 한다.

(1) FL280~10,000 ft 사이의 고도에서 운항하는 항공기에 대해서는 최저 250 knot 또는 이와 대등한 마하수
(2) 도착하는 터보제트 항공기가 10,000 ft 미만의 고도에서 운항하는 경우
  (가) 210 knot를 최저속도로 한다.
  (나) 단, 착륙하고자 하는 공항으로부터 비행거리 20 mile 이내에서는 170 knot를 최저속도로 한다.
(3) 착륙하고자 하는 공항의 활주로시단으로부터 비행거리 20 mile 이내의 도착하는 왕복엔진 또는 터보프롭 항공기에 대해서는 150 knot를 최저속도로 한다.
(4) 출발하는 항공기의 경우
  (가) 터보제트 항공기는 230 knot를 최저속도로 한다.
  (나) 왕복엔진 항공기는 150 knot를 최저속도로 한다.

마. 최종접근진로 상의 최종접근픽스(final approach fix) 안쪽 또는 활주로로부터 5 mile 이내의 지점 중 활주로에 더 가까이 있는 항공기에게는 속도조절을 지시하여서는 안된다.

바. 어떤 특정한 운항을 위한 최저안전속도가 지시받은 속도조절보다 더 크다면 조종사는 ATC의 속도조절지시를 거부할 권한이 있다.

11. 시각경계절차의 사용(Use of Visual Clearing Procedure)

가. 이륙 전(Before Takeoff) : 이륙준비를 하기 위하여 활주로 또는 착륙구역으로 지상활주하기 전에 조종사는 만일의 착륙 항공기에 대비하여 접근구역을 탐색하고, 접근구역을 명확하게 볼 수 있도록 적절한 경계기동(clearing maneuver)을 수행하여야 한다.

나. 상승 및 강하(Climb and Descent) : 다른 항공기를 육안탐색할 수 있는 비행상태에서 상승 및 강하하는 동안, 조종사는 주변공역을 계속 육안탐색할 수 있는 빈도로 약간 좌우로 경사지게 하여야 한다.

다. 직진 및 수평(Straight and Level) : 다른 항공기의 육안탐색이 가능한 상황에서 계속 직진수평비행을 하는 동안, 효과적인 육안탐색을 위하여 적절한 경계절차가 일정한 간격으로 이루어져야 한다.

라. 교통장주(Traffic Pattern) : 상하하면서 교통장주로 진입하는 것은 특정한 충돌위험을 초래할 수 있으므로 피해야 한다.

마. VOR 지점의 교통(Traffic at VOR Sites) : VOR 주변 및 항공로교차지점에는 교통이 집중되기 때문에 모든 운용자는 지속적인 경계를 하여야 한다.

12. 공중충돌경고장치(Traffic Alert and Collision Avoidance System; TCAS Ⅰ & Ⅱ)

가. TCAS Ⅰ은 조종사가 침범항공기를 시각적으로 포착하는 것을 돕기 위한 근접경고(proximity warning)만을 제공한다. TCAS Ⅰ 경고의 직접적인 결과로서 권고되는 회피기동이 제공되거나 허가되지 않는다. TCAS Ⅰ은 승객좌석수 10~30석을 갖춘 소형 commuter 항공기나 일반항공 항공기에 사용하기 위하여 마련되었다.

나. TCAS Ⅱ는 교통조언(traffic advisory; TA) 및 회피조언(resolution advisory; RA)을 제공한다. 회피조언은 충돌위험이 있는 항공기를 회피하기 위하여 권고되는 수직방향으로의 기동(상승 또는 강하만)을 제공한다. 항공사 항공기 그리고 승객좌석수 31석 이상의 commuter 항공기 및 사업용항공기에 TCAS Ⅱ가 사용된다.

(1) TCAS II RA에 따르기 위해서 ATC 허가를 위배한 조종사는 가능한 한 빨리 그러한 사실을 ATC에 통보하고, 충돌위험이 해소되었을 경우 현재의 ATC 허가로 신속하게 복귀하여야 한다.

(2) IFR 업무를 수행하는 항공교통시설은 다음 상황 중 하나에 해당될 때 까지는 TCAS II RA 기동을 한 항공기에게 인가된 표준 IFR 분리를 제공할 책임이 없다.

(가) 항공기가 배정된 고도와 진로(course)로 다시 복귀하였다.

(나) 대체 ATC 지시가 발부되었다.

제5절. 감시 시스템(Surveillance Systems)

1. 레이더(Radar)

가. 특성(Capability)

레이더는 전파(radio wave)를 대기 중에 발사하고, 전파가 beam의 경로에 있는 물체에 반사될 때 이를 수신하는 방법이다. 거리(range)는 전파가 물체에 도달한 다음 수신 안테나까지 되돌아오는 동안 걸린 시간을 측정(광속으로)하여 결정한다.

나. 제한(Limitation)

(1) 전파(radio wave)의 특성은 다음과 같은 경우 외에는 보통 계속해서 직선으로 이동한다는 것이다.

(가) 기온역전과 같은 불규칙한 대기현상에 의한 "굴곡현상(bending)"

(나) 짙은 구름(heavy clouds), 강수(precipitation), 지면 장애물, 산 등과 같이 밀도가 높은 물체에 의한 반사 또는 감쇠

(다) 고지대의 지형으로 인한 차폐(screen)

(2) 계기비행 또는 시계비행상태로 비행하는 조종사에게 다른 항공기와의 근접을 조언할 수 있는 관제사의 능력은 미확인항공기가 레이더에 관측되지 않거나, 비행계획정보를 이용할 수 없거나 또는 교통량과 업무량이 많아서 교통정보를 발부하는데 어려움이 있다면 제한될 수 있다. 관제사업무의 첫 번째 우선순위는 ATC 관제 하에서 IFR로 비행하는 항공기 간에 수직, 횡적 또는 종적분리를 제공하는 것이다.

2. 항공교통관제 비컨시스템(Air Traffic Control Radar Beacon System; ATCRBS)

가. 때로 이차감시레이더(secondary surveillance radar)라고 하는 ATCRBS는 질문기(Interrogator), 트랜스폰더(Transponder) 및 레이더스코프(Radarscope)의 세 가지 주요부분으로 이루어진다.

나. 일차레이더에 비해서 ATCRBS의 몇 가지 이점은 다음과 같다.

(1) 레이더표적의 보강(reinforcement of radar target)

(2) 신속한 표적식별(rapid target identification)

(3) 선택된 코드의 독특한 시현(unique display of selected code)

3. 감시레이더(Surveillance Radar)

감시레이더는 공항감시레이더(ASR)와 항로감시레이더(ARSR) 두 가지의 일반적인 category로 구분할 수 있다.

가. ASR(Airport Surveillance Radar)은 공항주변에서 비교적 단거리(short-range)의 포착범위를 제

공하고, 레이더스코프 상의 정확한 항공기 위치의 감시를 통해 터미널지역 교통의 신속한 처리를 위한 수단으로 활용하기 위하여 설계되었다. ASR은 계기접근보조시설로도 활용할 수 있다.

나. ARSR(Air Route Surveillance Radar)은 주로 넓은 지역에 대한 항공기 위치의 시현을 제공하기 위하여 설계된 장거리(long-range) 레이더시스템이다.

4. 정밀접근레이더(Precision Approach Radar; PAR)

가. PAR은 항공기 이착륙순서 및 간격조정을 위한 보조시설 보다는 착륙보조시설로 사용하기 위하여 설계되었다. PAR 시설은 주요 착륙보조시설로 사용하거나, 다른 유형의 접근을 감시하기 위하여 사용할 수 있다. 이것은 거리(range), 방위(azimuth) 및 경사각(elevation) 정보를 시현하기 위하여 설계되었다.

나. 하나는 수직면을 탐지하고 다른 하나는 수평으로 탐지하기 위하여 두 개의 안테나가 PAR array에 사용된다. 거리 10 mile, 방위각 20° 그리고 경사각 7°로 제한되기 때문에 최종접근구역만을 탐지한다. 각 scope는 두 부분으로 나누어진다. 상부 절반은 고도와 거리정보를 제공하며, 하부 절반은 방위각과 거리를 제공한다.

출제예상문제

I. 조종사가 이용할 수 있는 업무

【문제】1. 항공교통관제업무의 목적은?
① 이착륙 항공기 통제
② 항공기 간 충돌방지
③ 계류장에서 항공기와 장애물 간 충돌방지
④ 시계비행규칙, 계기비행규칙 적용 통제

〈해설〉 FAA AIM 용어사전(Glossary). 항공교통관제업무(Air Traffic Control Service)란 다음과 같은 목적을 위하여 제공하는 업무를 말한다. [ICAO]
 1. 충돌방지
  가. 항공기 간
  나. 기동지역(maneuvering area)에서 항공기와 장애물 간
 2. 항공교통흐름의 촉진 및 질서유지

【문제】2. 다음 중 항공교통업무가 아닌 것은?
① 항공교통관제업무　　　　② 경보업무
③ 비행정보업무　　　　　　④ 수색구조업무

【문제】3. 수색 및 구조를 필요로 하는 항공기에 관한 사항을 관계부서에 통보하고 필요 시 관계부서를 돕는 항공교통업무는?
① 항공교통관제업무　　　　② 비행정보업무
③ 경보업무　　　　　　　　④ 조언업무

【문제】4. 항공교통업무기관이 항공기에 제공하는 비행정보업무에 해당되지 않는 것은?
① SIGMET 및 AIRMET 정보　　② 항행안전시설의 운영변경에 관한 정보
③ 이동지역 내의 상태 정보　　④ 교체공항의 관제탑 운영시간

【문제】5. 항공교통관제업무의 종류가 아닌 것은?
① 지역관제업무　② 접근관제업무　③ 항공정보업무　④ 비행장관제업무

〈해설〉 FAA AIM 용어사전(Glossary). 항공교통업무(Air Traffic Service)란 다음과 같은 업무를 의미하는 일반적인 용어이다.
 1. 비행정보업무(Flight Information Service)
  가. 중요기상정보(SIGMET) 및 저고도항공기상정보(AIRMET)
  나. 화산활동·화산폭발·화산재에 관한 정보
  다. 방사능 또는 독성화학물질의 대기 중 유포에 관한 사항
  라. 항행안전시설의 운영변경에 관한 정보

[정답] 1. ②　2. ④　3. ③　4. ④　5. ③

마. 이동지역 내의 눈·결빙·침수에 관한 정보
바. 비행장시설의 변경에 관한 정보
사. 무인자유기구에 관한 정보
아. 해당 항공로에 관한 교통정보 및 기상상태에 관한 정보
자. 출발·목적·교체비행장의 기상상태 또는 예보
차. 공역 등급 C, D, E, F 및 G등급 공역 내에서 비행하는 항공기에 대한 충돌위험
카. 수면을 항해 중인 선박의 호출부호·위치·진행방향·속도 등에 관한 정보
타. 그 밖에 항공안전에 영향을 미치는 사항
2. 경보업무(Alerting Service) : 수색·구조를 필요로 하는 항공기에 대한 관계기관에의 정보 제공 및 협조 업무
3. 항공교통조언업무(Air Traffic Advisory Service)
4. 항공교통관제업무(Air Traffic Control Service)
  가. 지역관제업무(Area Control Service)
  나. 접근관제업무(Approach Control Service)
  다. 공항관제업무(Airport Control Service)

【문제】6. 항공교통업무의 목적이 아닌 것은?
① 항공기간 충돌방지
② 항공교통흐름의 촉진 및 질서유지
③ 활주로, 유도로에서 항공기와 장애물간 충돌방지
④ 계류장에서 항공기와 장애물간 충돌방지

〈해설〉 항공교통업무기준 제7조. 항공교통업무(ATS)의 목적은 다음과 같다.
1. 항공기 간의 충돌방지
2. 기동지역(활주로 및 유도로 지역을 말함) 안에서 항공기와 장애물간의 충돌방지
3. 항공교통흐름의 질서유지 및 촉진
4. 안전하고 효율적인 운항을 위하여 필요한 조언 및 정보의 제공
5. 수색·구조를 필요로 하는 항공기에 대한 정보를 관계기관에의 제공 및 협조

【문제】7. 항공교통관제업무의 우선순위에 대한 설명 중 틀린 것은?
① 수색구조업무를 수행하는 항공기에게 우선권을 부여하여야 한다.
② 비상상황 하에 있는 항공기에게 다른 모든 항공기보다 우선권을 부여하여야 한다.
③ 민간환자 이송 항공기에게 우선권을 부여하여야 한다.
④ 계기비행(IFR) 항공기는 특별시계비행(SVFR) 항공기보다 우선권을 가진다.

〈해설〉 항공교통관제절차 2-1-4. 운영상 우선순위(Operational Priority)
다음의 경우를 제외하고 상황이 허락하는 한, "First Come, First Served" 원칙에 의거 항공교통관제업무를 제공하여야 한다.
1. 조난항공기는 다른 모든 항공기보다 통행 우선권을 갖는다.
2. 민간항공구급비행(호출부호 "MEDEVAC")에게 우선권을 부여하여야 한다.
3. 수색구조업무를 수행하는 항공기에게 최대한 편의를 제공하여야 한다.
4. 교통상황과 통신시설이 허락하는 한 관련된 통제전문에 의거 대통령 탑승기 및 경호기와 구조지원 항공기에 우선권을 부여한다.

정답 6. ④ 7. ①

5. 비행점검 항공기의 신속한 업무수행을 위하여 특별취급을 하여야 한다.
6. 미식별항공기가 식별될 때까지 실제 방공임무를 수행하는 요격기의 운항에 최대한 협조하여야 한다.
7. 계기비행(IFR) 항공기는 특별시계비행(SVFR) 항공기보다 우선권을 가진다.

【문제】8. 관제공역 내의 항공로에서 비행을 하는 동안 주로 IFR 비행계획에 의해 운항하는 항공기에게 항공교통업무를 제공하기 위하여 설치된 항공교통관제기관은?

① AOCC   ② ATCT   ③ ARTCC   ④ FSS

【문제】9. ARTCC에 대한 설명 중 틀린 것은?
① 관제공역 내에서 비행하는 항공기에게 항공교통관제업무를 제공한다.
② 주로 항공로 비행단계 중의 항공기에게 교통업무를 제공한다.
③ 기상정보 및 그 밖의 비행중 서비스를 제공한다.
④ IFR과 VFR 항공기의 관제를 위해 설치되었다.

〈해설〉FAA AIM 4-1-1. 항공로교통관제센터(Air Route Traffic Control Centers; ARTCC)
기본적으로 항공로교통관제센터(ARTCC)는 관제공역 내에서 IFR 비행계획에 의해 운항하는 항공기가 주로 항공로 비행을 하는 동안 항공교통업무를 제공하기 위하여 설립되었다.

【문제】10. Terminal radar approach service의 관제범위는?
① 25 NM, 15,000 ft   ② 50 NM, 17,000 ft
③ 100 NM, 18,000 ft   ④ 130 NM, 20,000 ft

〈해설〉FAA-H-8261-1A IPH. 터미널 레이더 접근관제소(Terminal Radar Approach Control)
레이더스코프(radarscope)를 이용한 터미널 레이더 접근관제소(TRACON) 관제사의 업무범위는 일반적으로 반경 50 mile 이내, 고도 17,000 ft까지의 공역구역이다.
이러한 공역은 주요 공항에 업무를 제공할 수 있도록 설정되지만, 레이더업무구역의 50 mile 이내에 있는 다른 공항이 포함될 수도 있다. 이 구역 내의 항공기에게는 다른 항공기로부터의 분리뿐만 아니라 공항까지의 레이더유도, 지형우회(around terrain) 및 기상이 제공된다.

【문제】11. 비행장의 중심으로부터 확장 가능한 관제권(control zone)의 최소수평범위는?
① 3 NM   ② 5 NM   ③ 10 NM   ④ 15 NM

〈해설〉항공교통업무기준 제15조. 비행정보구역, 관제구역, 관제권(FIR, Control Area, Control Zone) 설정기준
1. 관제권(control zone)의 수평범위는 최소한 계기비행 기상상태에서 비행장에 입·출항하는 IFR 항공기의 비행경로를 포함하는 공역으로서 관제구역이 아닌 공역을 말한다.
2. 관제권의 수평범위는 비행장의 중심으로부터 접근방향으로 최소한 9.3km(5 NM)까지 연장되도록 설정하여야 한다.

【문제】12. 공항주변의 안전 및 질서를 유지하고 신속한 교통흐름을 제공하는 기관은?
① Control tower   ② Flight service station
③ Approach control facility   ④ Terminal ATC facility

정답 8. ③   9. ④   10. ②   11. ②   12. ①

〈해설〉 FAA AIM 4-1-2. 관제탑(Control Tower)
관제탑은 공항 및 공항주변에서의 안전, 질서 및 신속한 교통흐름을 제공하기 위하여 설립되었다.

【문제】13. Maneuvering area란?
① 승객 대합실 또는 화물의 적하를 위한 시설물을 제외한 항공기의 이착륙을 위하여 사용되는 공항 및 착륙지점을 포함하는 지역
② 항공기의 이륙, 착륙 및 지상유도에 사용되는 비행장 내의 한 부분 (Apron 제외)
③ 활주로 이탈 시 항공기의 손상위험을 감소시키기 위하여 활주로 주변에 마련된 일정한 표면
④ 활주로 시단 또는 착륙대 끝의 앞에 있는 경사도를 갖는 표면

【문제】14. 비행장의 movement zone이 아닌 것은?
① 계류장　　　　　　　　　　　② 활주로
③ 유도로　　　　　　　　　　　④ 교통관제구역

〈해설〉 항공교통업무기준 제5조. 정의(Definitions)
1. "기동지역(maneuvering area)"이란 항공기의 이·착륙 및 지상유도(taxiing)를 위해 사용되는 비행장의 일부분으로서 계류장(apron)을 제외한 지역을 말한다.
2. "이동지역(movement area)"이란 비행장의 기동지역과 계류장을 포함하는 지역으로서 항공기의 이·착륙 및 지상이동에 사용되는 비행장의 일부분을 말한다.
3. "계류장(apron)"이란 비행장 내에서 여객의 승하기, 화물·우편물의 적재 및 적하, 급유, 주기, 제·방빙 또는 정비 등의 목적으로 항공기가 이용할 수 있도록 설정된 구역을 말한다.

【문제】15. Tower controller의 역할로 부적절한 것은?
① 항공기 착륙 우선순위 통제　　② 이착륙 항공기 통제
③ 지상 항공기 이동 통제　　　　④ 지상 차량 통제

〈해설〉 항공교통업무 운영 및 관리규정 제33조. 관제탑의 기능 등
관제탑에 근무하는 관제사는 항공기와 차량의 충돌방지 및 공항·비행장 주변의 안전하고 신속한 항공교통흐름을 유지하기 위하여 적절한 지시와 정보를 제공하여야 한다.

【문제】16. 항공기 towing 시 견인차량은 어느 기관의 지시를 받아야 하는가?
① 공항 관제탑　　　　　　　　② 공항 관리기관
③ 공항 운항실　　　　　　　　④ 공항 비행정보실

〈해설〉 항공교통업무기준 제43조. 비행장 내의 인원 및 차량 통제
비행장의 기동지역 내를 이동하는 차량은 관제탑의 다른 지시가 있는 경우에는 그 지시를 우선적으로 준수하여야 한다.

【문제】17. 조종사 브리핑, 비행계획서 처리, 항공기 무선통신, 수색 및 구조업무 그리고 실종 항공기 및 비상상황에 처한 항공기에 대한 지원을 하는 항공교통시설은?
① ARTCC　　　　② EFAS　　　　③ FSS　　　　④ Control tower

정답　13. ②　　14. ④　　15. ④　　16. ①　　17. ③

【문제】 18. FSS의 주요 임무가 아닌 것은?
① NOTAM 발송
② ATC clearance 인가
③ 조종사 브리핑 제공
④ 비행계획서 처리

〈해설〉 FAA AIM 4-1-3. 비행정보업무국(Flight Service Station)
비행정보업무국(FSS)은 조종사 브리핑, 비행계획서 처리, 항공로 비행조언, 수색 및 구조업무 그리고 실종 항공기 및 비상상황에 처한 항공기에 대한 지원업무를 제공하는 항공교통시설이다. 또한 FSS는 ATC 허가를 중계하고 항공고시보(NOTAM)를 처리하며, 항공기상 및 항공정보를 방송한다.

【문제】 19. 관제탑이 없는 공항에 도착하는 항공기는 착륙하기 몇 마일 전부터 CTAF 주파수로 교신해야 하는가?
① 10마일
② 15마일
③ 20마일
④ 25마일

【문제】 20. 관제탑이 없는 공항의 입항방법으로 잘못된 것은?
① 관제탑이 있는 인근공항에 의도를 통보한다.
② 정확한 공통주파수(CTAF)를 설정한다.
③ 착륙 10 NM 전부터 감청 및 통신을 수행한다.
④ 주변 항공기를 지속적으로 확인한다.

【문제】 21. FSS가 제공하는 지역공항 조언을 얻기 위해서는 공항으로부터 최소 몇 마일 전에서 교신을 시도해야 하는가?
① 5마일
② 10마일
③ 15마일
④ 20마일

【문제】 22. 관제탑 또는 FSS가 없는 공항에서 공항정보를 제공하는 비정부기관 공지무선시설은?
① ATIS
② TWEB
③ UNICOM
④ NOTAM

〈해설〉 FAA AIM 4-1-9. 관제탑이 운영되지 않는 공항의 교통조언 지침
1. 무선장비를 갖춘 항공기는 관제탑이 운영되지 않는 공항에 접근하거나 공항에서 출발할 때 필수적으로 공항조언 목적으로 설정된 공통주파수(common frequency)로 송수신하여야 한다.
2. 입항 항공기의 조종사는 착륙 10 mile 전부터 배정된 CTAF를 적절히 경청하고 교신하여야 한다.
3. 입항 항공기는 공항으로부터 약 10 mile 전에서 교신을 시도하여 항공기 식별부호 및 기종, 고도, 공항과 관련된 위치, 의도(착륙 또는 상공통과), 자동기상정보의 수신여부를 보고하고 공항조언업무나 공항정보업무를 요청하여야 한다.
4. UNICOM은 관제탑이나 FSS가 없는 공공용공항에서 공항정보를 제공하기 위한 비정부 공지무선통신시설이다. 조종사의 요청에 따라 UNICOM 시설은 조종사에게 기상정보, 풍향, 추천 활주로 또는 그 밖의 필요한 정보를 제공한다.

【문제】 23. 복잡한 공항에서 녹음된 비관제정보를 자동으로 방송하여 관제사의 업무 로드를 줄이고, 주파수의 혼잡을 감소시키기 위한 것은?
① TWEB
② ATIS
③ HIWAS
④ UNICOM

[정답] 18. ② 19. ① 20. ① 21. ② 22. ③ 23. ②

【문제】 24. 약어 ATIS의 의미는?
① Automatic terminal information system
② Air traffic information service
③ Automatic terminal information service
④ Airport terminal information service

【문제】 25. 공항정보자동방송업무(ATIS)의 최대수신범위는?
① 거리 50 NM, 고도 20,000 ft
② 거리 50 NM, 고도 25,000 ft
③ 거리 60 NM, 고도 20,000 ft
④ 거리 60 NM, 고도 25,000 ft

【문제】 26. ATIS에서 제공하는 활주로 방향과 풍향의 기준은?
① 활주로 방향과 풍향 모두 자북 방위이다.
② 활주로 방향과 풍향 모두 진북 방위이다.
③ 활주로 방향은 자북, 풍향은 진북 방위이다.
④ 활주로 방향은 진북, 풍향은 자북 방위이다.

【문제】 27. ATIS 방송은 언제 update 되는가?
① 기상상황에 중요한 변경사항이 발생할 경우
② 기상상황이 VFR 기상최저치 미만인 경우 30분 간격, 그 이외에는 60분 간격
③ 사용 활주로 또는 사용 중인 계기접근의 변동이 필요할 만큼 기상상황이 변경될 경우에만
④ 운고 또는 시정이 보고해야 할 수치 미만으로 감소한 경우에만

【문제】 28. 조종사가 관제사에게 ATIS 방송을 수신했다는 것을 통보할 때 사용하는 관제용어로 적합한 것은?
① "Broadcast Sierra received."
② "ATIS Sierra received."
③ "Information Sierra received."
④ "Advisory Sierra received."

【문제】 29. 조종사가 관제탑과 교신할 때 사용하는 "Have Number"의 의미는?
① ATIS 방송을 수신하였음
② 활주로 정보 및 기압 수정치 정보를 수신하였음
③ 공항의 운고 및 시정 정보를 수신하였음
④ 공항의 풍향과 풍속, 활주로 정보 및 기압 수정치 정보를 수신하였음

【문제】 30. ATIS에 하늘상태와 시정에 관한 내용이 없다면?
① 운고 최저 3,000피트, 시정 3마일 이상이다.
② 운고 최저 5,000피트, 시정 5마일 이상이다.
③ 기상이 VFR minimum 이상이다.
④ 하늘상태 SKC, 시정 7마일 이상이다.

정답 24. ③ 25. ④ 26. ① 27. ① 28. ③ 29. ④ 30. ②

【문제】31. ATIS에서 시정이 생략되는 경우는?
① 시정의 관측이 불가능할 경우   ② 시정이 3마일 이상인 경우
③ 시정이 5마일 이상인 경우   ④ 시정이 7마일 이상인 경우

【문제】32. Have number에 포함되지 않는 것은?
① Wind direction   ② Ceiling
③ Altimeter setting   ④ Braking action

【문제】33. Automatic Terminal Information Service(ATIS)에 대한 설명으로 맞는 것은?
① Have number의 사용은 ATIS 방송을 수신하였다는 의미이다.
② 운고 3,000 ft, 시정 5 mile을 초과하면 운고와 시정을 생략할 수 있다.
③ 최대거리 60 NM, 최대고도 25,000 ft AGL까지 수신이 가능하다.
④ 교통량이 많은 공항에서 녹음된 관제정보를 반복해서 방송하는 것이다.

【문제】34. ATIS에 대한 설명 중 틀린 것은?
① Automatic Terminal Information Service의 약어이다.
② 풍향과 풍속, 기압 수정치 및 사용 활주로 등의 정보를 제공한다.
③ 최대 60 NM의 거리와 25,000 ft AGL의 고도에서 수신 가능하다.
④ 운고 5,000 ft, 시정 5 km를 초과하면 생략할 수 있다.

【문제】35. ATIS에 대한 설명 중 틀린 것은?
① 중요한 사항 변경 시 즉시 갱신한다.
② ILS 음성채널을 사용한다.
③ 반복적으로 정보를 제공한다.
④ 복잡한 공항에서는 도착 및 출발정보가 따로 방송되기도 한다.

【문제】36. ATIS에 대한 설명으로 틀린 것은?
① 가능한 별도의 주파수를 사용하여야 한다.
② 하나의 공항만을 언급하여야 한다.
③ 전체 내용은 1분 이내이어야 한다.
④ 방송은 계속적으로 반복되어야 한다.

【문제】37. ATIS 방송은 가능한 몇 초를 초과하지 않아야 하는가?
① 30초   ② 40초   ③ 50초   ④ 60초

〈해설〉 FAA AIM 4-1-13. 공항정보자동방송업무(Automatic Terminal Information Service; ATIS)
1. ATIS는 빈번한 비행활동이 이루어지는 선정된 터미널지역에서 녹음된 비관제정보를 계속해서 방송하는 것이다. 이의 목적은 필수적이지만 일상적인 정보를 반복적으로 자동 송신함으로써 관제사의 업무효율을 증가시키고, 주파수의 혼잡을 줄이기 위한 것이다. 정보는 불연속 VHF 무선주파수나 국

[정답] 31. ③   32. ②   33. ③   34. ④   35. ②   36. ③   37. ①

지 NAVAID의 음성부분을 통해 연속적으로 방송된다. 도착 ATIS 송신은 일반적으로 ATIS site로부터 20 NM에서 60 NM까지 그리고 최대고도 25,000 ft AGL의 서비스보호범위를 갖는다.
2. ATIS 정보에는 최신 기상전문의 시간, 운고(ceiling), 시정, 시정장애, 기온, 이슬점(이용할 수 있는 경우), 풍향(자방위)과 풍속, 고도계수정치, 그 밖의 관련사항, 계기접근 및 사용활주로가 포함된다. 운고(ceiling)가 5,000 ft를 초과하고, 시정이 5 mile을 초과하면 운고/하늘상태, 시정 및 시정장애는 ATIS 방송에서 생략할 수 있다.
3. ATIS 방송은 정시기상 및 특별기상을 접수하면 갱신되어야 한다. 활주로의 변경, 사용 중인 계기접근 등과 같은 그 밖의 관련자료가 변경되었을 때도 새로 녹음을 한다.
4. 조종사는 최초교신 시에 방송에 첨부되는 알파벳 코드 용어(code word)를 복창하여 ATIS 방송을 수신했다는 것을 관제사에게 통보하여야 한다. (예, "Information Sierra received.")
5. ATIS가 수신되는 곳에서 일부 조종사는 관제탑과 교신시에 "have numbers"라는 용어를 사용한다. 이 용어의 사용은 조종사가 바람, 활주로 그리고 고도계 정보만을 수신했다는 것을 의미하며 관제탑은 이 정보를 반복할 필요가 없다. 이것이 ATIS 방송을 수신하였음을 의미하는 것은 아니며, 절대 이러한 목적으로 사용해서는 안된다.

〈참조〉 항공교통업무기준 제48조. 비행정보업무방송
1. 음성-공항정보방송은 가능한 별도의 초단파(VHF) 주파수를 사용하여야 한다.
2. 음성-공항정보방송은 계기착륙시설(ILS) 음성채널로 방송되어서는 안된다.
3. 음성-공항정보방송은 계속적이고 반복적으로 제공되어야 한다.
4. 음성-공항정보방송 메시지는 송신속도 또는 송신에 사용되는 항행안전시설의 식별신호에 의해 저해되지 않도록 가능한 30초를 초과하지 않아야 하며, 인적수행능력(human performance)을 고려하여야 한다.
5. 항공교통업무시설은 공항정보자동방송업무를 다음과 같이 수행하여야 한다.
    가. 방송정보는 단일 비행장에만 관련되어야 한다.
    나. 방송정보는 중요 변경 발생 시 즉시 갱신되어야 한다.

【문제】 38. 다음 중 ATIS를 수정해야 하는 경우는?
① 최신의 기상정보가 발표되고 활주로 제동상태정보가 기존상태보다 좋아질 때
② 최신의 기상정보가 발표되고 활주로 제동상태정보가 기존상태보다 나빠질 때
③ 최신의 기상정보가 발표되고 사용 활주로, 접근정보, 기압정보 등이 변경될 때
④ 수치가 변경되지 않더라도 최신의 기상정보가 발표되었을 때

〈해설〉 항공교통관제절차 2-9-2. ATIS 운용 절차(Operating Procedures)
다음과 같은 경우에는 새로 녹음을 한다.
1. 수치의 변동에 관계없이 새로운 공식 기상정보를 접수했을 때
2. 활주로 제동상태 보고가 현재 ATIS에 포함된 수치상태보다 좋지 않을 때
3. 사용 활주로, 계기접근절차, NOTAM's/PIREP's/HIWAS 사항 등의 변동이 있을 때

【문제】 39. 교통조언을 발부할 때 항적정보를 시계방향 용어로 정확히 통보해 줄 수 없을 경우에는?
① 항공기로부터의 거리를 통보한다.
② 픽스(fix)로부터의 거리 및 방향을 통보한다.
③ 8방위로 항공기 위치로부터의 방향을 통보한다.
④ 표적(target)의 진행방향을 통보한다.

정답 38. ④   39. ③

【문제】40. Radar에 식별된 항공기에 제공하는 항공정보에 포함되지 않는 것은?
① 항공기로부터의 방위(azimuth)
② 참조지점으로부터의 거리 및 방향
③ 표적(target)의 진행방향
④ 항공기의 기종 및 고도

〈해설〉 FAA AIM 4-1-15, c. 교통정보의 발부(Issuance of Traffic Information)
레이더식별된 항공기에게 다음과 같은 사항이 포함된 교통정보를 발부한다.
1. 12시간 시각의 용어로 나타내는 항공기로부터의 방위(azimuth), 또는
2. 민간 시험비행기 또는 군용기가 급격히 기동하여 위의 1.에 의하여 정확한 교통조언을 발부할 수 없을 경우, 나침반의 주요 8방위 지점(N, NE, E, SE, S, SW, W, NW) 용어로 항공기 위치로부터의 방향을 명시한다. 이 방법은 조종사의 요청이 있을 때 중단하여야 한다.
3. 해상마일(nautical mile) 단위의 항공기로부터의 거리
4. 표적(target)의 진행방향
5. 인지한 경우, 항공기의 기종 및 고도

【문제】41. VHF 주파수 범위는?
① 2,000 kHz~200 MHz
② 20,000 kHz~200 MHz
③ 3,000 kHz~300 MHz
④ 30,000 kHz~300 MHz

【문제】42. 민간항공기의 항공교통관제에 사용하는 주파수 범위는?
① 108.0~118.975 MHz
② 108.0~123.675 MHz
③ 118.0~129.675 MHz
④ 118.0~136.975 MHz

〈해설〉 FAA AIM 용어사전(Glossary). 초단파(Very High Frequency ; VHF)
VHF 주파수대(frequency band)는 30~300 MHz 이다. VHF 주파수대 중에서 108~118 MHz 대역은 특정 NAVAID에 사용되고 118~136 MHz는 민간항공용 공지음성통신에 사용되며, 이 주파수대의 그 밖의 주파수는 항공교통관제와 관련이 없는 목적으로 사용된다.

〈참조〉 항공주파수운용계획. 제8조(주파수의 분리 및 할당가능 범위) 제5항
117.975~137.000 MHz 주파수대역에서 이용할 수 있는 최저 주파수는 118.000 MHz이고 최고 주파수는 136.975 MHz이어야 한다.

【문제】43. 관제사가 "Traffic 12 o'clock, 2 miles north-bound"와 같이 제공하는 항적정보는 무엇을 기준으로 한 것인가?
① Ground track
② Compass heading
③ Magnetic heading
④ True heading

【문제】44. 무풍상태에서 북쪽으로 비행 중 레이더가 제공되는 관제기관에서 다음과 같은 항적정보를 제공받았다면, 조종사가 타 항공기를 확인할 수 있는 위치는?
"Traffic 9 o'clock, 3 miles, southbound …"
① 동쪽
② 서쪽
③ 남동쪽
④ 남서쪽

[정답] 40. ② 41. ④ 42. ④ 43. ① 44. ②

【문제】45. Heading 360°로 비행하고 있는 항공기에게 ATC에서 다음과 같이 traffic 정보를 주었다면 조종사는 어느 방향에서 traffic을 찾아볼 수 있는가?

"Traffic 3 o'clock, 5 miles, northbound …"

① East ② West ③ South ④ North

【문제】46. ATC가 090°의 기수(heading)로 비행하고 있는 항공기에게 다음과 같이 교통조언을 했다면, 조종사는 공중경계를 위하여 어느 방향을 주시하여야 하는가?

"Traffic 3 o'clock, 3 miles, westbound …"

① 동쪽 ② 남쪽 ③ 서쪽 ④ 북쪽

〈해설〉 Heading 090°의 기수(heading)로 비행하고 있는 항공기에게 교통정보가 3시로 발부되었으므로, 항공기의 조종사에게 보이는 항공기의 실제위치는 남쪽이 된다.

【문제】47. Track 270°, Heading 240°로 비행하고 있는 항공기의 조종사가 "Traffic 12 o'clock, 5 miles, southbound …"이라고 교통조언을 받았다면 어느 방향을 보아야 하는가?

① 1시 방향 ② 3시 방향 ③ 11시 방향 ④ 12시 방향

〈해설〉 레이더관제사는 레이더시현장치 상에 나타난 항공기 항적(track) 만을 관찰할 수 있으며 교통조언은 이에 따라 발부되므로, 조종사는 통보된 항공기를 찾을 때에 이러한 사실을 감안하여야 한다.

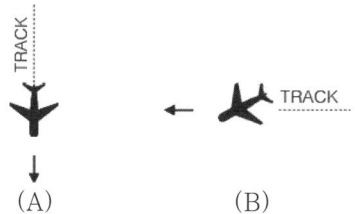

좌측 그림에서 track 270°로 비행하고 있는 (B) 항공기의 조종사에게 track을 기준으로 12시로 교통정보가 발부되었다면, heading은 240° 이므로 (B) 항공기의 조종사에게 보이는 (A) 항공기의 실제위치는 발부된 교통정보의 30° 오른쪽이 된다. 따라서 (B) 항공기의 조종사는 1시(30° 당 1시간) 방향에서 (A) 항공기를 보게 될 것이다.

【문제】48. ATC에서 레이더로 최저안전고도(MSA) 정보를 제공해주기 위하여 항공기는 어떤 트랜스폰더를 장착하고 있어야 하는가?

① Mode 3 ② Mode A ③ Mode C ④ Mode A/3

【문제】49. 약어 MSAW의 의미는?

① Minimum Sector Alert Warning
② Minimum Safe Awareness Warning
③ Minimum Sector Awareness Warning
④ Minimum Safe Altitude Warning

〈해설〉 FAA AIM 4-1-16. 안전경보(Safety Alert)

최저안전고도경고(Minimum Safe Altitude Warning; MSAW) 기능은 지형/장애물에 근접하여 잠재적으로 불안전한 항공기를 탐지하는 데 있어서 전적으로 관제사를 보조하기 위한 시설로 설계되었다. MSAW를 운용중일 때 IFR 비행계획으로 운항하는 경우, 레이더시설은 시스템에 의해 추적되는 작동 Mode C 고도 encoding 트랜스폰더를 갖춘 모든 항공기에게 MSAW 감시를 제공할 것이다.

정답 45. ① 46. ② 47. ① 48. ③ 49. ④

【문제】50. VFR 항공기에게 제공하는 기본 레이더 서비스에 대한 설명 중 틀린 것은?
① 항공기에게 계속해서 안전경보를 제공하여야 한다.
② 조종사 요구 시에만 제한적인 레이더유도를 제공한다.
③ 절차 또는 합의서에 명시된 지점에서 접근 우선순위를 배정한다.
④ 교통조언이 필요 없을 때는 감청만 해도 된다.

〈해설〉 FAA AIM 4-1-18. VFR 항공기에 대한 터미널레이더업무
　　IFR 항공기의 관제에 레이더가 이용되며, 더불어 위임된 모든 레이더시설은 VFR 항공기에게도 다음의 기본적인 레이더업무를 제공한다.
　　1. 안전경보(safety alert)
　　2. 교통조언(traffic advisory)
　　3. 제한적인 레이더유도(업무량이 허용하는 한도 내에서 제공)
　　3. 이러한 목적을 위하여 절차가 수립되어 있거나 합의서에 명시된 지역에서의 순서배정(sequencing)

【문제】51. TRSA(terminal radar service area) 업무에 대한 설명으로 맞는 것은?
① 모든 IFR 항공기에게만 간격분리를 제공한다.
② VFR 항공기에게만 간격분리를 제공한다.
③ 모든 IFR, VFR 항공기에게 제한된 radar vector를 제공한다.
④ 모든 IFR 항공기 및 참여하는 모든 VFR 항공기 간에 간격분리를 제공한다.

〈해설〉 FAA AIM 4-1-18, b. TRSA 업무(TRSA에서 VFR 항공기에 대한 레이더 순서배정 및 간격분리 업무)
　　이 업무는 특정 터미널지역에서 시행되고 있다. 이 업무의 목적은 터미널레이더업무구역(TRSA)으로 정의된 공역 내에서 운항하는 모든 IFR 항공기 및 참여하는 모든 VFR 항공기 간에 분리를 제공하는 것이다. 조종사의 참여를 권고하지만 의무사항은 아니다.

【문제】52. TEC(Tower En Route Control)에 대한 설명 중 잘못된 것은?
① 진입절차가 복잡한 곳을 입항하는 소형 항공기를 위한 절차이다.
② 10,000 ft 이하에서 운항하는 비터보제트 항공기에 적용된다.
③ 2시간 이내의 단거리 비행을 위하여 장려되는 절차이다.
④ 저고도의 수많은 교통량에 대한 ATC 업무를 증진시키기 위한 것이다.

〈해설〉 FAA AIM 4-1-19. 관제탑항공로관제(Tower En Route Control; TEC)
　　TEC는 대도시구역에 입출항하는 항공기에게 업무를 제공하기 위한 ATC 프로그램이다. 이 프로그램의 의도는 저고도시스템에서 ATC 업무를 증진시킬 수 있는 별도의 수단을 제공하기 위한 것이다. 그러나 확대된 TEC 프로그램은 일반적으로 10,000 ft 이하에서 운항하는 터보제트 이외의 항공기에 적용될 것이다. 본래 이것은 비교적 단거리 비행을 위한 것이다. 참여조종사는 2시간 이내의 비행 시 TEC를 활용할 것을 권장하고 있다.

【문제】53. Transponder mode중 민간과 군의 항공교통관제용으로 사용되는 것은?
① Mode 2　　② Mode 3/A　　③ Mode C　　④ Mode S

〈해설〉 항공교통관제절차 5-2-1. 배정기준(Assignment Criteria)
　　Mode 3/A는 항공교통관제용으로서 군·민 공동 모드로 선정되어 있다.

[정답]　50. ④　　51. ④　　52. ①　　53. ②

【문제】54. Transponder의 operation 절차에 관한 다음 설명 중 맞는 것은?
　① 이륙전 가능한 늦게 on 하고, 착륙활주를 완전히 끝낸 후 가능한 한 빨리 off 또는 stby 한다.
　② 이륙 활주로 진입전 가능한 늦게 on 하고, 활주로 개방 후 가능한 한 빨리 off 또는 stby 한다.
　③ 이륙전 before takeoff checklist 수행시 on 하고, 착륙 후 after landing checklist 전 가능한 한 빨리 off 또는 stby 한다.
　④ 이륙전 적당한 시기에 on 하고, 착륙후 편안한 시기에 off 또는 stby 한다.

【문제】55. Transponder는 언제 켜야 하는가?
　① Taxi 전　　　　　　　　　　② 이륙 대기 시
　③ 이륙 준비를 완료하고 line up 후　　④ Squawk code를 받은 직후

〈해설〉FAA AIM 4-1-20. 트랜스폰더 운용(Transponder Operation)
　민간과 군용 트랜스폰더는 이륙하기 전에 가능한 한 늦게 "on" 또는 정상 작동위치로 조정하여야 하며, 착륙활주를 종료한 후에는, ATC의 요청에 의해 사전에 "standby" 위치로 변경되어 있는 경우 이외에는 가능한 한 빨리 "off" 또는 "standby" 위치로 변경하여야 한다.
〈참조〉위의 내용은 2017년 10월 "지상활주해서 주기지점을 벗어나거나 견인차량에 의해 주기지점에서 항공기가 후진(pushback)하는 동안 트랜스폰더 모드를 선택하고, 항공기의 주기지점이나 gate에 도착하면 트랜스폰더를 STBY 또는 OFF 위치에 놓는다."로 개정되었다.

【문제】56. IFR 비행방식으로 비행하는 조종사가 목적지에 도착하기 전에 IFR 비행계획을 취소하였다면?
　① 조종사는 IFR 비행에 따르는 transponder를 그대로 유지한다.
　② 조종사는 VFR 비행에 맞도록 transponder를 맞추어야 한다.
　③ 조종사는 transponder를 "standby" 위치에 놓는다.
　④ 조종사는 transponder의 고도보고기능을 off 시킨다.

【문제】57. 트랜스폰더를 "ALT" 위치에 놓았을 때 보고되는 고도단위는?
　① 1 ft　　　② 10 ft　　　③ 100 ft　　　④ 1,000 ft

【문제】58. 항공기 고도정보를 나타내는 트랜스폰더 mode는?
　① Mode A　　② Mode C　　③ Mode S　　④ Mode 3/A

【문제】59. IFR 비행시 Mode C 트랜스폰더를 장착한 항공기는 언제 이를 작동시켜야 하는가?
　① 관제사의 요청 시에만　　　　② 관제공역에서만
　③ 10,000 ft 이상의 고도에서만　　④ ATC의 특별한 지시가 없는 한 언제든지

【문제】60. 트랜스폰더의 "IDENT" 기능은 언제 작동시켜야 하는가?
　① 관제사의 요청 시　　　　　② 관제공역 내에서 비행하는 경우
　③ 비상상황이 발생한 경우　　　④ 공중피랍 시

〔정답〕54. ①　55. ③　56. ②　57. ③　58. ②　59. ④　60. ①

〈해설〉 FAA AIM 4-1-20. 트랜스폰더 운용(Transponder Operation)
  1. 목적지에 도착하기 전에 IFR 비행계획을 취소하기로 결정한 IFR 비행 조종사는 VFR 운항에 맞도록 트랜스폰더를 조정하여야 한다.
  2. 대부분의 트랜스폰더(Mode C, S)는 자동고도보고기능을 갖추고 있다. 이 시스템은 항공기 고도를 100 ft 간격의 부호화된 디지털 정보로 전환하여 TCAS 시스템뿐만 아니라 해당 감시시설에 송신한다.
  3. ATC가 달리 지시하거나 탑재된 고도보고장비가 요구하는 시험을 거치지 않았거나 교정이 되지 않은 경우 이외에는, ATC가 배정한 Mode A/3 코드 및 활성화된 고도보고기능을 가진 Mode C로 응답할 수 있도록 트랜스폰더를 조정한다.
  4. 트랜스폰더는 ATC가 지정한 대로 운용하여야 한다. ATC 관제사의 요청이 있을 때만 "IDENT" 기능을 작동시킨다.

【문제】61. Transponder mode C에 대한 설명 중 틀린 것은?
  ① 방위, 거리 및 고도정보를 제공한다.
  ② 항공기간 항적정보를 제공한다.
  ③ 신호를 식별하기 위해서는 관제 레이더에 추가장비가 필요하다.
  ④ Class B, C 공역 및 class B 공역의 주요공항으로부터 30 NM 내에서는 항상 작동하여야 한다.

〈해설〉 FAA IFH 제2장. The Air Traffic Control System, Mode C(Altitude Reporting)
  일차 레이더 반사신호는 레이더 안테나로부터 표적까지의 거리 및 방위만을 나타낸다. 이차 레이더 반사신호는 항공기가 encoding altimeter 또는 blinder encoder를 갖추고 있다면 control scope에 Mode C 고도를 시현한다.
  트랜스폰더를 장착한 경우 관제공역에서 운항 중일 때에는 항상 "ON"에 두어야 하며, B등급과 C등급 공역 및 B등급 공역의 주요공항을 둘러싸고 있는 반경 30 mile의 원(circle) 내부에서는 고도보고기능을 갖출 것을 규정하고 있다. 고도보고기능은 항상 "ON"에 두어야 한다.

【문제】62. Transponder code 변경 시 선택되지 않도록 주의해야 할 code는?
  ① 1000, 7600, 7700, 7800   ② 1000, 7500, 7600, 7700
  ③ 1001, 7500, 7600, 7700   ④ 7500, 7600, 7700, 7777

【문제】63. Squawk 코드를 2700에서 7200으로 변경하는 방법으로 맞는 것은?
  ① 먼저 0000으로 변경한 다음에 7200으로 변경한다.
  ② 먼저 2200으로 변경한 다음에 7200으로 변경한다.
  ③ 먼저 7000으로 변경한 다음에 7200으로 변경한다.
  ④ 먼저 7700으로 변경한 다음에 7200으로 변경한다.

【문제】64. 민간항공기가 절대 set 해서는 안되는 transponder code는?
  ① 1200   ② 4000   ③ 7500   ④ 7777

【문제】65. Unlawful interference 시 squawk code는?
  ① 7500   ② 7600   ③ 7700   ④ 7777

[정답] 61. ②   62. ④   63. ②   64. ④   65. ①

【문제】66. Transponder code에 대한 설명 중 잘못된 것은?
① 7500 : Hijack
② 7600 : 통신두절
③ 7700 : 비상상황
④ 7777 : 제한구역 군용기

【문제】67. Squawk code를 4000으로 설정해야 하는 항공기는?
① 불법간섭을 받고 있는 항공기
② 요격작전을 수행하는 군 비행기
③ 제한구역이나 경고구역에서 비행하는 군 비행기
④ 무선통신이 두절된 항공기

〈해설〉 FAA AIM 4-1-20, e. 트랜스폰더 코드 변경(Transponder Code Change)
1. 일상적인 코드 변경 수행시, 조종사는 부주의로 code 7500, 7600 또는 7700을 선택하여 지상자동화시설에 순간적으로 허위정보가 발령되지 않도록 하여야 한다.
예를 들어 code 2700에서 code 7200으로 변경할 경우, 먼저 2200으로 변경한 다음에 7200으로 맞추어야 하며 7700으로 변경한 다음에 7200으로 맞추어서는 안 된다.
2. 여하한 경우에도 민간항공기의 조종사는 트랜스폰더를 code 7777로 운용해서는 안된다. 이 code는 군요격작전에 배정되어 있다.
3. 제한구역이나 경고구역 내에서 VFR 또는 IFR로 운항 중인 군조종사는 ATC가 별도의 코드를 배정하지 않는 한 트랜스폰더를 code 4000으로 맞추어야 한다.

【문제】68. VFR 항공기의 트랜스폰더 code는?
① 1000　　② 1200　　③ 2200　　④ 4000

【문제】69. IFR 비행 중 IFR을 취소하였을 경우 트랜스폰더 코드는?
① 1200　　② 2000　　③ 4200　　④ 7600

〈해설〉 FAA AIM 4-1-20, a. 시계비행방식(VFR)에서의 트랜스폰더 운용. ATC 기관에 의해 달리 지시되지 않는 한, 고도에 관계없이 Mode 3/A code 1200으로 응답할 수 있도록 트랜스폰더를 맞추어야 한다.

【문제】70. Physical emergency 시 Squawk code는?
① 1234　　② 2100　　③ 3100　　④ 4100

■ 잠깐! 알고 가세요.
[주요 Transponder Code 배정]

Code	배 정
1200	시계비행방식(VFR) 비행 (비행고도 1만 ft 이하 : 1200, 1만 ft 이상 : 1400)
3100	Physical Emergency
4000	군작전구역, 제한구역 또는 경고구역 내의 군항공기
7500	피랍(hijack) 항공기
7600	송수신기 고장(통신 두절)
7700	비상(조난, 긴급), 피요격 시
7777	군요격작전

[정답] 66. ④　67. ③　68. ②　69. ①　70. ③

【문제】71. ATC가 "Reset squawk 1200"이라고 했을 때 조종사의 응답으로 적합한 관제용어는?
  ① Squawking 1200 　　　　　② Confirm squawk 1200
  ③ Changing 1200 　　　　　 ④ Resetting 1200

【문제】72. Squawk change 요구에 대한 조종사의 응답으로 적합한 관제용어는?
  ① "Resetting three/alpha, two one zero five."
  ② "Squawking three/alpha, two one zero five."
  ③ "Confirm squawk three/alpha, two one zero five."
  ④ "Changing three/alpha, two one zero five."

  〈해설〉 ICAO Doc 4444, 12.4 ATS 감시업무 관제용어(Surveillance Service Phraseologies)
  1. Transponder의 setting을 지시할 때
    가. For departure squawk (code)
    나. Squawk (code)
  2. 배정된 mode와 code의 재선정(reselection)을 요구할 때
    가. Reset squawk (mode) (code)
    나. 조종사 응답 : Resetting (mode) (code)
  3. 항공기 transponder의 선정된 code의 확인을 요구할 때
    가. Confirm squawk (code)
    나. 조종사 응답 : Squawking (code)

【문제】73. 다음 레이더 비컨 관제용어 중 틀린 것은?
  ① Squawk Altitude 　　　　② Stop Squawk
  ③ Squawk Mayday 　　　　 ④ Squawk Low/High

【문제】74. 다음 중 Mode C를 작동하라는 ATC 지시는?
  ① Squawk Mode C 　　　　② Squawk Altitude
  ③ Squawk Ident 　　　　　 ④ Say Altitude

【문제】75. "자동고도보고장치를 작동시켜라"는 의미의 관제용어는?
  ① Squawk Ident 　　　　　② Squawk Standby
  ③ Squawk Altitude 　　　　④ Squawk Mode C

【문제】76. 비행 중 관제사가 "Stop Altitude Squawk"라고 하면 조종사는 어떻게 하여야 하는가?
  ① 트랜스폰더를 Standby 위치에 둔다.　　② 트랜스폰더를 On 위치에 둔다.
  ③ 트랜스폰더를 Alt 위치에 둔다.　　　　 ④ 트랜스폰더를 끄고, 고도를 보고한다.

【문제】77. 고도계 정보가 부정확하므로 고도보고 작동을 중지하도록 하는 용어는?
  ① Stop Altitude 　　　　　　② Stop Squawk
  ③ Stop Altitude Squawk 　　 ④ Squawk Standby

정답　71. ④　72. ①　73. ④　74. ②　75. ③　76. ②　77. ③

【문제】78. 용어 "Stop Squawk"의 의미는?
① Altitude Squawk를 off 하라.
② Normal 위치에서 Low 위치로 변경하라.
③ Mode 스위치를 off 하라.
④ Transponder를 off 하라.

【문제】79. 관제사가 "SQUAWK MAYDAY"라고 하면 set 하여야 하는 트랜스폰더 code는?
① Mode A 7500
② Mode A 7700
③ Mode C 7500
④ Mode C 7700

〈해설〉 FAA AIM 4-1-20, h. 레이더비컨 관제용어(Radar Beacon Phraseology)

관제용어	의 미
Squawk (number)	Mode A/3에 지정된 code로 레이더비컨 트랜스폰더를 작동시켜라.
Ident	트랜스폰더의 "Ident" 기능(군항공기는 I/P)을 작동시켜라.
Squawk (number) and Ident	Mode A/3에 지정된 code로 레이더비컨 트랜스폰더를 작동하고, "Ident" 기능(군항공기는 I/P)을 작동시켜라.
Squawk Standby	트랜스폰더를 standby 위치로 변경하라.
Squawk Normal	트랜스폰더를 이전에 지정된 code로 정상(normal) 감도에서 작동시켜라. ("Squawk Standby" 이후에 사용하거나, 군항공기에서 지정된 트랜스폰더 시험 후 사용)
Squawk Altitude	Mode C 자동고도보고기능을 작동시켜라.
Stop Altitude Squawk	고도보고 스위치는 끄고, Mode C 구성펄스(framing pulse)는 계속 송신하라. 장비가 이러한 기능을 갖고 있지 않다면 Mode C를 끈다.
Stop Squawk (사용 중인 mode)	지시한 mode를 꺼라. (관제사가 군작전요구도를 알 수 없는 경우, 항공기에게 계속해서 다른 mode의 작동을 할 수 있도록 군항공기에 사용)
Stop Squawk	트랜스폰더를 꺼라.
Squawk Mayday	트랜스폰더를 비상위치로 작동시켜라. (민간용 트랜스폰더는 Mode A Code 7700, 군용 트랜스폰더는 Mode 3 Code 7700과 비상기능)
Squawk VFR	Mode A/3에서 Code 1200 또는 적절한 VFR code로 레이더비컨 트랜스폰더를 작동시켜라.

【문제】80. 항공국 호출에 상대방의 응신이 없는 경우 몇 초 뒤에 다시 호출하여야 하는가?
① 5초　② 10초　③ 15초　④ 30초

〈해설〉 ICAO Annex 10, Vol 2. Chapter 5 Aeronautical Mobile Service-Voice Communications
5.1.5 권고(recommendation) - 항공국(aeronautical station)을 호출하는 경우에 첫 호출 후 두 번째 호출은 항공국이 최초 호출에 응답할 수 있도록 최소한 10초의 기간이 경과한 후에 하여야 한다.

【문제】81. IFR slot를 사용하는 이유는?
① 관제사와 출항관제소와의 IFR 운항협조를 위해
② IFR 출항절차를 간소화하기 위하여
③ IFR, VFR 항공기 간의 입출항 순위를 결정하기 위하여
④ IFR 운항 항공기의 운항시각을 조정하기 위하여

〈해설〉 항공기 운항시각(Slot) 조정업무에 관한 지침. 제2조(용어정의)
1. "항공기 운항시각(슬롯, Slot)"이란 공항 운영에 있어 항공기 운항시각 실무조정자에 의해 배분된 또는 배분 가능한 특정일 특정시간의 항공기 도착과 출발시간대를 말한다.

[정답] 78. ④　79. ②　80. ②　81. ④

2. "슬롯조정"이란 국내 각 공항에 이륙·착륙하는 항공사 또는 항공기 운용자가 신청한 슬롯을 배분하기 위하여 항공기 운항시간을 조정하는 업무를 말한다.

〈참조〉 항공교통이 아주 혼잡한 경우, ATC는 교통흐름을 원활하게 하기 위하여 IFR slot을 사용한다. 이 것은 1960년대 후반에 5개의 주요 공항이 상당한 비행지연 및 공항혼잡으로 인해 포화상태 직전일 때 시행되었다. 이러한 문제점을 해결하기 위하여 FAA는 1968년에 5개의 고밀도공항에 하루의 특정시간 동안에는 IFR 이륙 및 착륙의 횟수를 제한하고, 특정 30~60분 주기 동안에 운송회사에 각 IFR 착륙 또는 이륙에 대한 "slots"의 할당을 제공하는 특별한 항공교통규칙을 제안하였다.

Ⅱ. 무선통신 용어 및 기법

【문제】 1. 라디오 송수신시 가장 먼저 해야 할 행동은?
① 마이크를 입술 가까이 댄다.
② 송신하기 전에 미리 청취한다.
③ 말하고자 하는 것을 미리 생각하고 버튼을 누른다.
④ 음량을 점검하고 주파수를 확인한다.

【문제】 2. 무선통신요령 중 틀린 것은?
① 마이크를 입술에 아주 가까이 대고 말한다.
② 높은 톤(tone)으로 말한다.
③ 말하기 전에 미리 생각하고 말한다.
④ 마이크 버튼을 누른 후 잠시 기다린 다음에 말한다.

【문제】 3. 무선통신요령 중 틀린 것은?
① 마이크를 입술에 바짝 대고 버튼을 누른 후 즉시 말한다.
② ATIS를 듣거나 다른 무선을 청취한 후 송신한다.
③ 버튼을 놓고 난 후 몇 초 후에 재호출한다.
④ 말하고자 하는 것을 미리 생각한 후 송신기의 버튼을 누른다.

〈해설〉 FAA AIM 4-2-2. 무선통신 기법(Radio Technique)
1. 송신하기 전에 청취하라(Listen).
2. 송신키를 누르기 전에 생각하라(Think).
3. 마이크로폰(microphone)을 입술에 아주 가까이 대고 마이크 버튼을 누른 후, 첫 단어가 확실히 송신되도록 하기 위하여 잠시 기다릴 필요가 있다.
4. 평상시의 대화 어조(normal, conversational tone)로 말하라.
5. 버튼을 놓았을 때는 다시 호출하기 전에 수 초간 기다려라.
6. 수신기에서 나는 소리 또는 소리가 나지 않는 것(lack of sound)에 주의하라.
7. 무선설비와 지상기지국 장비의 성능범위 내에 있는지를 확인하라.

【문제】 4. 무선통화시 통화속도는 분당 몇 단어를 초과하지 않아야 하는가?
① 60 단어　　② 80 단어　　③ 100 단어　　④ 120 단어

정답　1. ②　2. ②　3. ①　4. ③

〈해설〉 무선통신매뉴얼, 2.2 송신기법
　　말하는 평균속도는 분당 100 단어를 초과하지 않도록 유지한다. 수신자가 전문을 받아 적어야 하는 경우에는 조금 천천히 말한다.

【문제】5. 나의 메시지를 수신하였다면 알려달라는 의미의 항공용어는?
　① Read back　　② Wilco　　③ Verify　　④ Acknowledge

【문제】6. 관제용어 "acknowledge"의 의미는?
　① Repeat all of your last transmission.
　② Let me know that you have received and understood this message.
　③ Pass me the following information.
　④ Repeat all of this message back to me exactly as received.

【문제】7. 관제용어 "Negative"의 의미로 잘못된 것은?
　① No
　② Cancel
　③ That is not correct
　④ Permission not granted

【문제】8. 아국의 송신은 끝났으며 당신의 메시지를 기다리지 않겠다는 의미의 무선통신 용어로 올바른 것은?
　① Roger　　② Over　　③ Out　　④ Wilco

【문제】9. "My transmission is ended and I expect a response from you." 라는 의미의 관제용어는?
　① Out　　② Over　　③ Roger　　④ Wilco

【문제】10. 당신의 마지막 송신을 모두 수신하였다는 의미의 관제용어는?
　① Wilco　　② Over　　③ Roger　　④ Out

【문제】11. 관제용어 "Verify"의 의미는?
　① Check and confirm with originator.
　② Repeat your last transmission.
　③ Read back VDF bearing.
　④ Consider that transmission as not sent.

【문제】12. 관제용어 "wilco"의 의미는?
　① I have received all of your last transmission.
　② Repeat all, or the following part, of your last transmission.
　③ As communication is difficult, I will call you later.
　④ I understand your message and will comply with it.

정답　5. ④　6. ②　7. ②　8. ③　9. ②　10. ③　11. ①　12. ④

【문제】13. 말하는 속도를 줄여달라는 의미의 관제용어는?
① Speak slower
② Speak slowly
③ Speaker slow
④ Speaker slowly

【문제】14. 다음 관제용어의 의미가 틀린 것은?
① Word twice - 통신내용이 어려우니 모든 낱말이나 구를 두 번 반복해 달라.
② Correction - 틀림없다.
③ Negative - 정확하지 않다.
④ Disregard - 송신을 하지 않은 것으로 간주한다.

【문제】15. 다음 관제용어와 의미가 틀린 것은?
① AFFIRMATIVE - Yes
② NEGATIVE - "No", "Permission not granted" 또는 "That is not correct."
③ CONFIRM - Have I correctly received the following …? 또는 Did you correctly receive this message?
④ ROGER - I have received your message, understand it, and will comply with it.

〈해설〉 무선통신매뉴얼, 2.6 표준 단어 및 어구

관제용어(Phrase)	의미(Meaning)
Acknowledge	Let me know that you have received and understood this message. 이 메시지를 수신하고 이해했는지를 알려 달라
Affirm (affirmative)	Yes 예
Confirm	Have I correctly received the following …? or Did you correctly receive this message? 내가 수신한 내용(…)이 정확한가? 또는, 이쪽 메시지를 정확하게 수신했는가?
Correct	That is correct. 틀림없다.
Correction	An error has been made in this transmission (or message indicated). The correct version is … 통신 내용에 잘못된 부분이 발생되었으며, 수정된 내용은 …이다.
Disregard	Consider that transmission as not sent. 송신을 하지 않은 것으로 간주한다.
Negative	No or Permission not granted or That is not correct or not capable. 아니오, 허가불허, 그것은 정확하지 않다. 또는 불가능하다.
Out	This exchange of transmissions is ended and no response is expected. 송신이 끝났고 대답은 더 이상 필요하지 않다.
Over	My transmission is ended and I expect a response from you. 내 송신은 끝났으니 그 쪽에서 대답하라
Request	I should like to know … or I wish to obtain … 나는 …을 알고 싶다. 또는, …을 얻고 싶다.
Roger	I have received all of your last transmission. 당신의 마지막 송신을 모두 받았다. 주-"Read Back"이나 긍정 및 부정으로 대답을 요구하는 질문에 대한 답으로 사용하여서는 안된다.
Speak Slower	Reduce your rate of speech. 말하는 속도를 천천히 하라

정답 13. ① 14. ② 15. ④

관제용어(Phrase)	의미(Meaning)
Verify	Check and confirm with originator. 발신자에게 확인 점검하라
Wilco	(Abbreviation for will comply.) I understand your message and will comply with it. (Will Comply의 축약형) 당신의 메시지를 알아들었으며 그대로 따르겠다.
Words Twice	1. 요청시 : 통신내용이 어려우니 모든 낱말이나 구를 두 번씩 반복해 달라 2. 정보제공시 : 통신내용이 어려우니 이 메시지의 단어나 구를 두 번씩 보낼 것이다.

【문제】16. 송신을 반복하도록 요청하는 관제용어 "say again"의 사용방법으로 맞는 것은?

① Say again all before ~ (수신 못한 부분 앞의 단어)
② Say again all after ~ (수신 못한 부분 마지막 단어)
③ Say again (수신 못한 부분 앞의 단어) ~ to ~ (수신 못한 부분 다음 단어)
④ Say again ~ (수신 못한 부분 앞의 단어)

【문제】17. 조종사가 radio call 시 고도 다음부터 듣지 못한 경우, 관제사에게 요구하는 용어로 적합한 것은?

① (Call sign) Say again all.
② (Call sign) Say again flight level 330.
③ (Call sign) Say again after flight level 330.
④ (Call sign) Say again all after flight level 330.

〈해설〉 무선통신매뉴얼, 2.8 통신(Communications)

관제용어(Phrase)	의미(Meaning)
Say again	Report entire message. (모든 메시지 전체를 반복하라)
Say again …(item)	Report specific item. (특정 사항을 반복하라)
Say again all before … (수신이 잘된 첫 번째 단어)	Report part of message. (메시지의 일부를 반복하라)
Say again all after … (수신이 잘된 마지막 단어)	Report part of message. (메시지의 일부를 반복하라)
Say again all between … and …	Report part of message. (메시지의 일부를 반복하라)

【문제】18. 항공통신 용어 중 관제사가 조종사에게 현재 사용 중인 주파수를 계속 유지할 것을 요구할 때 사용하는 용어는?

① Hold this frequency.   ② Keep this frequency.
③ Do not change this frequency.   ④ Remain this frequency.

〈해설〉 항공교통관제절차 2-1-17. 무선통신(Radio Communications)

관제사는 주파수 변경을 원하지 않고 있으나 조종사가 주파수의 변경을 기대하거나 원하고 있을 때, 다음의 관제용어를 사용한다.

• 관제용어 : REMAIN THIS FREQUENCY.

정답 16. ③ 17. ④ 18. ④

【문제】 19. 교신 중 송신은 정상이나 수신이 되지 않을 때의 교통관제용어로 알맞은 것은?
① Transmitting only due to receiver failure.
② Transmitting blind due to receiver failure.
③ Receiving unable due to receiver failure.
④ Receiving blind due to receiver failure.

【문제】 20. 수신기 고장 때문에 송신만 되고 수신이 되지 않을 때의 위치보고로 적합한 것은?
① Transmitting blind (1회), 위치보고
② Transmitting blind (2회), 위치보고
③ Transmitting blind (1회) due to receiver failure, 위치보고
④ Transmitting blind (2회) due to receiver failure, 위치보고

〈해설〉 무선통신매뉴얼, 9.5 항공기 통신두절
1. 만약 항공기국이 지정된 주파수로 항공국과 교신하는데 실패했을 경우에 항공기국은 해당 항공로에 적합한 다른 주파수를 사용하여 교신을 시도해야 한다. 만약 이러한 시도가 실패했을 경우 항공기는 다른 항공기와 교신을 시도하거나 해당 항공로에 적합한 다른 주파수를 사용하여 다른 항공국과의 교신을 시도하여야 한다.
2. 만약 1에 기술된 시도가 실패했을 경우 해당 항공기는 지정된 주파수로 용어 "Transmitting blind" 다음에 전달내용을 2회 송신하고, 필요 시 해당 메시지를 보내려고 하는 수신처를 언급한다.
3. 만약 수신기 고장 때문에 항공기가 통신을 할 수 없을 때에는 송신예정시간 및 지점에서 현재 사용 중인 주파수로 "Transmitting blind due to receiver failure"라는 메시지를 보낸 후 내용을 송신한다. 항공기는 위와 같은 방법으로 반복하여 의도한 메시지를 송신하여야 한다.

【문제】 21. 이전에 발부받은 traffic information에 대한 응답으로 조종사가 사용하는 관제용어가 아닌 것은?
① Positive in progress.   ② Traffic in sight.
③ Negative contact.   ④ Looking out.

〈해설〉 ICAO Doc 4444, 12.3 ATC 관제용어(phraseologies)
교통정보 메시지(message)는 다음과 같은 관제용어를 사용하여야 한다.
1. ATC가 교통정보를 발부할 때
  가. Traffic (information)
  나. No reported traffic.
2. 조종사가 교통정보에 인지 응답할 때
  가. Looking out.
  나. Traffic in sight.
  다. Negative contact (reasons).

【문제】 22. 항공기와 관제사의 첫 교신시 포함되는 사항이 아닌 것은?
① 필요시 "Over"라는 용어   ② 전문내용
③ 항공사 식별부호   ④ 항공기 식별부호

[정답] 19. ②   20. ③   21. ①   22. ③

〈해설〉 FAA AIM 4-2-3. a. 최초교신(initial contact)은 다음과 같은 형식을 사용한다.
1. 호출할 시설의 명칭
2. 전체 항공기 식별부호(full aircraft identification)
3. 공항 지표면에서 운행 중이라면, 위치(position)를 언급한다.
4. 내용이 짧은 경우, 전문내용(type of message) 또는 요구사항
5. 필요시 "Over"라는 용어

【문제】23. 조종사가 무선송신 시 단어 "Over"를 생략할 수 있는 경우는?
① 교신이 이루어진 경우
② 송신내용이 짧은 경우
③ 관제사의 명백한 응답이 요구되는 경우
④ 관제사가 확실하게 수신한 경우

〈해설〉 FAA AIM 4-2-3. 교신절차(Contact Procedures) c. 연속적인 교신 및 지상시설의 호출에 대한 응답 이전의 송신에서 호출과 함께 언급한 메시지(message)나 요구사항을 제외하고, 최초교신에 사용한 것과 동일한 형식을 사용한다. 메시지에 명확한 응답이 요구되고 잘못 이해할 가능성이 없다면 지상기지국 명칭과 단어 "Over"를 생략할 수 있다.

〈참조〉 항공교통관제절차 2-4-9. 송신 간소화(Abbreviated Transmissions)
다음과 같이 송신내용을 간소화 할 수 있다.
1. 통신이 이루어진 후에는 항공기 식별을 위해 호출부호의 접두어와 마지막 3자리 숫자 또는 문자를 사용하여야 한다. 비슷하게 발음되는 항공기의 호출부호나 국토교통부가 허가한 호출부호를 가진 민간 항공기 또는 항공운송사업용 항공기의 호출부호는 간소화 할 수 없다.
2. 교신이 이루어진 후에는 시설명칭을 생략한다.
3. 송신내용이 짧고 수신이 확실한 경우, 호출한 다음에(항공기의 응답을 기다리지 말고) 즉시 전문을 송신한다.
4. 전문에 명백한 응답이 요구될 경우, "Over"를 생략한다.

【문제】24. FAA의 허가된 호출부호를 갖고 있지 않은 Air taxi 또는 사업용항공기 운용자는 호출부호에다 어떤 음성단어를 붙여야 하는가?
① AIR EVAC
② TANGO
③ LIFEGUARD
④ MARSA

【문제】25. 송신 시에 call sign "MEDEVAC"를 사용할 수 있는 경우는?
① 항행안전시설 점검비행
② 화재진압 업무비행
③ 위험물질 운송비행
④ 응급의료환자 수송비행

〈해설〉 FAA AIM 4-2-4. 항공기 호출부호(Aircraft Call Signs)
1. FAA가 허가한 호출부호를 갖고 있지 않는 air taxi나 그 밖의 사업용항공기 운영자는 음성문자(phonetic word) "Tango"를 정상적인 식별부호 앞에 덧붙여야 한다.
2. 응급의료상황으로 인한 민간환자수송비행(사고현장의 첫 번째 호출, 환자수송, 장기기증자, 인체장기 또는 그 밖에 긴급한 구급의료용품)의 무선통신 시에는 항공기 등록문자/숫자 앞에 호출부호 "MEDEVAC"을 사용한다.

정답 23. ③ 24. ② 25. ④

【문제】26. "MEDEVAC" 호출부호를 사용할 수 있는 항공기는?
　　　① 수색구조 민간항공기　　　　　② 군 또는 경찰업무 항공기
　　　③ 민간환자후송 항공기　　　　　④ 의료기관의 의료활동 항공기
〈해설〉 항공교통관제절차 2-1-4. 운영상 우선순위(Operational Priority)
　　　민간항공구급비행(호출부호 "MEDEVAC")에게 우선권을 부여하여야 한다. "MEDEVAC" 호출부호 사용은 운영상 우선권을 요청하였음을 의미한다.
　　　군 항공구급비행(AIR EVAC), 민간 항공구급비행(HOSP) 및 정기 항공운송사업용/근거리 여객기는 구두로 요청하였을 경우 우선권을 부여받을 수 있다.

【문제】27. 항공무선국(aeronautical station)의 호출부호로 맞는 것은?
　　　① XX Station　　② XX Control　　③ XX Center　　④ XX Radio

【문제】28. Ground station의 call sign이 잘못된 것은?
　　　① Air Route Traffic Control Center - "Center"
　　　② Approach control - "Approach"
　　　③ Airport Traffic Control Tower - "Tower"
　　　④ Flight Information Station - "Information"

【문제】29. 다음 중 항공교통관제기관의 호출부호로 적절하지 않은 것은?
　　　① 관제탑(ATCT) - "TOWER"
　　　② 항로관제소(ARTCC) - "ARTCC"
　　　③ 접근관제소(TRACON) - "APPROACH"
　　　④ 지상관제소(GROUND CONTROL) - "GROUND"

【문제】30. 지상 무선통신시설 중 사용 활주로를 제외한 이동지역을 관장하는 시설의 호출부호는?
　　　① Tower　　② Ground　　③ Departure　　④ Approach

【문제】31. "Gimpo control"처럼 control 이라는 호출부호를 사용할 수 있는 기관은?
　　　① Tower control center　　　　　② Approach control center
　　　③ Aerodrome control center　　　④ Area control center

【문제】32. 항공교통관제기관의 명칭에 대한 설명 중 틀린 것은?
　　　① ASR 또는 PAR를 갖고 있으며, 접근관제업무를 수행하는 레이더시설은 시설명칭 다음에 "GCA"를 사용한다. 예) "Seoul GCA"
　　　② 지역관제센터는 시설명칭 다음에 "control"을 사용한다. 예) "Incheon control"
　　　③ 공항관제시설은 시설명칭 다음에 "tower"를 사용한다. 예) "Gimpo tower"
　　　④ 터미널지역에서 레이더출발관제를 하는 시설은 시설명칭 다음에 "departure"를 사용한다. 예) "Seoul departure"

정답　26. ③　27. ④　28. ④　29. ②　30. ②　31. ④　32. ①

【문제】33. 항공교통관제시설에 대한 명칭으로 맞는 것은?

① Arrival: 접근관제시설, 예) Seoul arrival

② Control: 지역 항로관제소, 예) Incheon control

③ Tower: 공항 관제탑, 예) Gimpo tower

④ Departure: 터미널지역에서 접근관제업무를 수행하지 않는 레이더시설, 예) Seoul departure

〈해설〉 무선통신매뉴얼, 2.7.1 항공국 호출부호(Call sign for aeronautical stations)

기관 또는 업무		호출부호 접미사
Area control center	지역관제센터	CONTROL
Approach control	접근관제	APPROACH
Approach control radar arrivals	접근관제레이더 도착	ARRIVAL
Approach control radar departure	접근관제레이더 출발	DEPARTURE
Aerodrome control	비행장관제	TOWER
Surface movement control	지상이동관제	GROUND
Radar(in general)	레이더	RADAR*
Precision approach radar	정밀접근레이더	PRECISION*
Direction finding station	방향탐지국	HOMER*
Flight information service	비행정보업무	INFORMATION
Clearance delivery	관제승인전달	DELIVERY
Apron/Ramp control/management service	계류장관제	APRON
Company dispatch	운항관리	DISPATCH
Aeronautical station	항공국	RADIO

*우리나라에서는 사용되지 않는 호출부호 접미사

〈해설〉 항공교통관제절차 2-4-19. 항공교통관제기관 명칭(Facility Identification)

1. 공항 관제탑 - 시설명칭 다음에 "Tower"를 사용한다.
    예 : "Gimpo tower", "Suwon tower", "Jeju tower"
2. 지역관제소 - 시설명칭 다음에 "Control"을 사용한다.
3. RAPCON을 포함한 접근관제시설 - 시설명칭 다음에 "Approach"를 사용한다.
    예 : "Seoul approach", "Gimhae approach", "Daegu approach"
4. 터미널(Terminal) 시설 내의 기능 - 시설명칭 다음에 기능명칭을 사용한다.
    예 : "Gimhae departure", "Gimpo clearance delivery", "Gimpo ground"
5. 음성통신제어시스템(VSCS : Voice Switching Control System) 장비가 없는 두 시설 간 인터폰 호출 또는 응신시, 시설명칭을 생략할 수 있다.
    예 : "Seoul, handoff"
6. ASR 또는 PAR를 갖고 있으나 접근관제업무를 수행치 않는 레이더시설 - 시설명칭 다음에 "GCA"를 사용한다.
    예 : "Suwon GCA", "Cheongju GCA", "Seoul GCA"

〈참조〉 FAA는 Air Route Traffic Control Center(ARTCC) 호출부호로 "Center"를 사용한다.

【문제】34. 비행장 tower의 명칭은 무엇에 따라 부여하는가?

① 해당 비행장의 이름
② 해당 비행장이 속한 도시의 이름
③ 해당 비행장에서 지정한 이름
④ 지리적 특징에 따라 부여한 이름

〈해설〉 항공교통업무기준 제2장 제16조. 항공교통업무시설 및 공역의 명칭부여

정답 33. ③   34. ①

134 제4장 항공교통관제(Air Traffic Control)

항공교통업무시설 및 공역의 명칭을 부여할 때에는 다음 각 항을 따라야 한다.
1. 지역관제소 또는 비행정보실의 명칭은 인근 마을, 도시의 이름 또는 지리적 특징에 따라 부여하여야 한다.
2. 관제탑 또는 접근관제소의 명칭은 소재하는 비행장의 이름에 따라 부여한다.
3. 관제권, 관제구역 또는 비행정보구역의 명칭은 동 공역에 대하여 관할권을 가지고 있는 시설의 이름에 따라 부여한다.

【문제】35. 다음 중 음성 알파벳의 발음으로 맞는 것은?
① A: Al-fa   ② T: Tang-go   ③ V: Vik-Tar   ④ X: Ecks-lay

【문제】36. 알파벳을 읽는 방법 중 틀린 것은?
① B: Brahvoh   ② T: Tanggo   ③ Y: Yankee   ④ X: Ecksray

〈해설〉 FAA AIM 4-2-7. 음성 알파벳(Phonetic Alphabet)

문자	음성(발음)	문자	음성(발음)
A	(AL-FAH)	N	(NO-VEM-BER)
B	(BRAH-VOH)	O	(OSS-CAH)
C	(CHAR-LEE) or (SHAR-LEE)	P	(PAH-PAH)
D	(DELL-TAH)	Q	(KEH-BECK)
E	(ECK-OH)	R	(ROW-ME-OH)
F	(FOKS-TROT)	S	(SEE-AIR-RAH)
G	(GOLF)	T	(TANG-GO)
H	(HOH-TEL)	U	(YOU-NEE-FORM) 또는 (OO-NEE-FORM)
I	(IN-DEE-AH)	V	(VIK-TAH)
J	(JEW-LEE-ETT)	W	(WISS-KEY)
K	(KEY-LOH)	X	(ECKS-RAY)
L	(LEE-MAH)	Y	(YANG-KEY)
M	(MIKE)	Z	(ZOO-LOO)

【문제】37. 숫자 4를 읽는 방법으로 맞는 것은?
① Four   ② Fower   ③ Fo-wer   ④ Fow-er

〈해설〉 FAA AIM 4-2-7. 음성 알파벳(Phonetic Alphabet)

문자	음성(발음)	문자	음성(발음)
1	(WUN)	6	(SIX)
2	(TOO)	7	(SEV-EN)
3	(TREE)	8	(AIT)
4	(FOW-ER)	9	(NIN-ER)
5	(FIFE)	0	(ZEE-RO)

【문제】38. 무선송신 시 숫자 "681"은 어떻게 읽어야 하는가?
① six eighty one   ② sixty eight one
③ six eight one   ④ six hundred eighty one

정답   35. ②   36. ③   37. ④   38. ③

【문제】 39. 주파수 117.1 MHz를 읽는 방법으로 맞는 것은?
　　　① one one seven decimal one　　　② one hundred seventeen decimal one
　　　③ one seventeen decimal one　　　④ one hundred seventeen one

〈해설〉 FAA AIM 4-2-8. 숫자(Figures)
　1. 9,900 이상의 숫자는 "thousand" 단어 앞의 숫자들을 따로따로 읽어야 한다.
　2. 이외의 모든 번호는 각 숫자를 따로따로 발음하여 송신해야 한다.
　3. 소수점이 있는 무선주파수의 경우, 각 숫자를 따로따로 발음하여 송신해야 하며 소수점은 "Point"로 읽는다.
　　• 주(Note) - ICAO 절차는 소수점을 "Decimal"로 읽도록 규정하고 있다.

【문제】 40. 비행고도 10,500피트를 ATC 용어로 바르게 읽은 것은?
　　　① "One zero thousand five hundred"　　　② "Ten thousand five hundred"
　　　③ "One zero five hundred"　　　④ "One zero five zero zero"

【문제】 41. 비행고도 FL180을 읽는 방법으로 맞는 것은?
　　　① Flight Level One Hundred Eight Zero
　　　② Flight Level One Eight Zero
　　　③ Flight Level One Hundred Eighty
　　　④ Flight Level One Eighty

〈해설〉 FAA AIM 4-2-9. 고도와 비행고도(Altitudes and Flight Levels)
　1. 18,000 ft MSL 미만은 1,000 단위로 숫자를 따로따로 읽고, 해당하면 100 단위를 붙인다.
　2. 18,000 ft MSL 이상은 단어 "flight level" 다음에 비행고도(flight level)의 숫자를 따로따로 읽는다.

【문제】 42. 관제사가 조종사에게 traffic information을 제공할 때 방향의 기준은?
　　　① True course　　　② True heading
　　　③ Magnetic heading　　　④ Ground track

〈해설〉 FAA AIM 4-1-15. c. 교통정보(traffic information)의 발부
　　레이더관제사는 레이더 display 상에 나타난 항공기 항적(track) 만을 관찰할 수 있으며 교통조언은 이에 따라 발부되므로, 조종사는 통보된 항공기를 찾을 때에 이러한 사실을 감안하여야 한다.

【문제】 43. 항공기 침로(heading) 355°를 관제용어로 바르게 읽은 것은?
　　　① "Heading three hundred fifty five degrees"
　　　② "Heading three five five degrees"
　　　③ "Heading three hundred fifty five"
　　　④ "Heading three five five"

〈해설〉 항공교통관제절차 2-4-17. 숫자 사용법(Numbers Usage)
　　기수방향(Heading) - "Heading" 다음에 각도를 3자리의 분리된 숫자로 읽고 "Degrees"는 생략한다. 북쪽을 표시할 때는 "Heading three six zero"로 읽어야 한다.

[정답]　39. ①　40. ①　41. ②　42. ④　43. ④

【문제】 44. 관제사가 "Maintain runway heading"이라고 지시했다면 어떻게 해야 하는가?
① 이륙활주로 연장선과 일치하는 자방위 기수를 유지한다.
② 이륙활주로 연장선과 일치하는 진방위 기수를 유지한다.
③ 이륙활주로 번호와 일치하는 진방위 기수를 유지한다.
④ 이륙활주로 번호와 일치하는 자방위 기수를 유지한다.

【문제】 45. Runway 32에서 이륙 후 관제사가 "Maintain runway heading"이라고 지시했을 때 조종사의 조치로 올바른 것은?
① 진북 320°로 비행한다.
② 자북 320°로 비행한다.
③ 이륙활주로 연장선 방향을 유지하며 비행한다.
④ 이륙활주로 연장선 방향의 자북 320° 방향으로 비행한다.

〈해설〉 FAA AIM 용어사전(Glossary). 활주로 방향(Runway heading)
연장된 활주로중심선에 해당하는 자방향(magnetic direction)으로 활주로에 도색된 활주로 번호가 아니다. "Fly or maintain runway heading"이라고 허가받은 경우, 조종사는 출발활주로의 연장된 활주로중심선에 해당하는 기수방향으로 비행하거나 기수방향을 유지하여야 한다. 편류수정은 적용되지 않는다. 예를 들어 Runway 4 활주로중심선의 실제 자방향이 044 라면, 044로 비행하여야 한다.

【문제】 46. 비행 중 조종사가 현재속도를 말할 때 "Mach point seven seven"이라고 했다면, 정확한 비행속도의 표시는?
① Mach 77
② Mach number 77
③ Mach number 0.77
④ 0.77

〈해설〉 FAA AIM 4-2-11. 속도(Speeds)
마하수(Mach Number)를 나타내는 개개의 숫자 앞에 "Mach"를 붙여 읽는다.

【문제】 47. 항공교통업무의 ICAO 기준시간은?
① Greenwich Mean Time(GMT)
② UTC(Coordinated Universal Time)
③ Local Mean Time(LMT)
④ Standard Time(ST)

【문제】 48. ICAO 기준 탑재시계의 최대허용오차는?
① 5초
② 10초
③ 20초
④ 30초

【문제】 49. ATC 기관의 시계는 UTC로부터 몇 초 이내의 정확한 시간을 유지할 수 있도록 점검하여야 하는가?
① ±15초
② ±30초
③ ±45초
④ ±60초

【문제】 50. 항공교통관제기관과 협의한 경우를 제외하고, 비행 전 시간을 어느 기관에 맞추어야 하는가?
① 기상대
② 천문대
③ 방송국
④ 항공교통센터

정답 44. ① 45. ③ 46. ③ 47. ② 48. ④ 49. ② 50. ④

〈해설〉 ICAO Annex 11, 2.25 항공교통업무 시간
1. 항공교통업무기관은 국제표준시(Coordinated Universal Time; UTC)를 사용하여야 하며, 시각은 자정을 기준으로 하여 하루 24시간을 시, 분 및 필요시 초 단위로 표시하여야 한다.
2. 항공교통업무기관의 시계 및 그 밖의 시간기록장치는 UTC ±30초(데이터링크 통신 시 1초) 이내의 정확한 시간을 유지할 수 있도록 점검하여야 한다.
3. 조종사가 다른 곳으로부터 시간을 입수하도록 되어 있지 않는 한, 공항관제탑은 항공기가 이륙을 위한 지상활주를 하기 전에 조종사에게 정확한 시간을 제공하여야 한다. 더불어 항공교통업무기관은 요청 시 정확한 시간을 항공기에 제공하여야 한다. 시간점검은 가까운 30초 단위로 하여야 한다.

【문제】51. 다음 중 항공교통관제 목적으로 사용하는 숫자를 읽는 방법으로 틀린 것은?
① V12 : victor twelve
② (Magnetic heading) 090 : heading zero niner zero
③ FL275 : flight level two seven five
④ 250 kts : two fifty knots

〈해설〉 FAA AIM 4-2-11. 속도(Speeds)
속도를 나타내는 개개의 숫자 다음에 단어 "knots"를 붙여 읽는다. 단, 관제사가 속도조절절차를 사용할 때에는 단어 "knots"를 생략하여 "Reduce/increase speed to two five zero"와 같이 읽을 수 있다.
예(Example) : (속도) 250 ················· two five zero knots

【문제】52. 항공교통관제를 목적으로 하는 숫자의 사용에 관한 설명으로 틀린 것은?
① 16,000 : One six thousand
② MDA 1,320 : Minimum descent altitude one three two zero
③ V535 : Victor five thirty five
④ 20 miles : Twenty miles

〈해설〉 항공교통관제절차 2-4-17. 숫자 사용법(Numbers Usage)
마일 표기는 거리를 나타내는 분리된 숫자 다음에 "Mile"을 붙여 읽는다.
예(Example) : 30 miles ················· three zero miles

【문제】53. 주간에 공중에서 빛총신호를 받았을 때 이해했음을 의미하는 항공기의 응답방법은?
① 날개를 흔든다.
② 날개 및 보조익을 움직인다.
③ 날개를 흔들고 착륙등을 점멸한다.
④ 착륙등 또는 항법등을 점멸한다.

【문제】54. 무선통신 두절 시 관제탑의 신호에 대한 응답방법으로 잘못된 것은?
① 주간에 비행 중인 항공기는 날개를 흔든다.
② 주간에 지상에 있는 항공기는 보조익 또는 방향타를 움직인다.
③ 야간에 비행 중인 항공기는 날개를 흔들고 항행등을 점멸한다.
④ 야간에 지상에 있는 항공기는 착륙등을 점멸한다.

〈해설〉 FAA AIM 4-2-13. 항공기 송신기나 수신기 부작동 또는 모두 부작동시 관제탑과의 교신

[정답] 51. ④   52. ④   53. ①   54. ③

1. 도착 항공기 - 주간에는 날개(wing)를 흔들어 관제탑의 송신이나 빛총신호에 응답한다. 야간에는 착륙등 또는 항행등(navigation light)을 점멸하여 빛총신호에 응답한다.
2. 출발 항공기 - 주간에는 보조익(aileron) 또는 방향타(rudder)를 움직여 관제탑의 송신이나 빛총신호에 응답한다. 야간에는 착륙등 또는 항행등(navigation light)을 점멸하여 빛총신호에 응답한다.

Ⅲ. 공항 운영(Airport Operations)

【문제】1. 관제탑이 운용되고 있는 공항에 착륙을 위해 진입 시, 최초 무선호출은 공항으로부터 몇 마일 밖에서 이루어져야 하는가?
① 10마일　　② 15마일　　③ 20마일　　④ 25마일

【문제】2. 관제탑이 운영되는 공항의 비행방법으로 맞는 것은?
① 조종사는 별도의 허가가 없는 한 Class B, C 및 D 구역 내에서 비행 중 관제탑과 상호 무선교신을 유지하여야 한다.
② 최초 무선호출은 공항으로부터 약 10마일 밖에서 이루어져야 한다.
③ 관제탑에서 별도의 허가 또는 지시가 없는 한 착륙 접근하는 고정익항공기는 공항 우측으로 선회하여야 한다.
④ 착륙하려는 헬리콥터 조종사는 고정익항공기의 경로를 따라서 비행하여야 한다.

〈해설〉 FAA AIM 4-3-2. 관제탑이 운영되는 공항(Airports with an Operating Control Tower)
1. 관제탑에 의해 교통관제가 이루어지는 공항에서 운항할 때, 조종사는 B등급, C등급과 D등급 공항 교통구역(surface area) 내에서 운항 중에는 관제탑이 달리 허가하지 않은 한 관제탑과 양방향무선교신을 유지하여야 한다. 최초의 무선호출(initial callup)은 공항으로부터 약 15 mile 지점에서 이루어져야 한다.
2. 관제탑에 의해 달리 허가되거나 지시를 받지 않았다면, 착륙하기 위해 접근 중인 고정익항공기의 조종사는 공항 좌측으로 선회하여야 한다. 착륙하기 위해 접근중인 헬리콥터 조종사는 고정익항공기의 교통흐름을 방해하지 않아야 한다.

【문제】3. 비행장주 경로 중에서 착륙 방향의 반대쪽으로 활주로 방향과 평행한 것은?
① Base Leg　　　　　　　② Upwind Leg
③ Crosswind Leg　　　　④ Downwind Leg

【문제】4. 공항 장주비행 시 출항경로에 대한 설명으로 옳은 것은?
① 공항으로부터 수평거리 1마일, 장주고도 500 ft 이하 고도에서 Crosswind turn 수행
② 공항으로부터 수평거리 1마일, 장주고도 300 ft 이하 고도에서 Crosswind turn 수행
③ 공항으로부터 수평거리 1/2마일, 장주고도 500 ft 이하 고도에서 Crosswind turn 수행
④ 공항으로부터 수평거리 1/2마일, 장주고도 300 ft 이하 고도에서 Crosswind turn 수행

〈해설〉 FAA AIM 4-3-2, c. 교통장주 구성요소 용어
1. 정풍경로(Upwind leg) : 착륙방향으로 착륙활주로에 평행한 비행경로(flight path)
2. 측풍경로(Crosswind leg) : 이륙활주로종단에서 떨어져 착륙활주로에 직각인 비행경로

[정답] 1. ②　2. ①　3. ④　4. ④

3. 배풍경로(Downwind leg) : 착륙 반대방향으로 착륙활주로에 평행한 비행경로
4. 베이스경로(Base leg) : 접근활주로시단(approach end)에서 떨어져 배풍경로에서부터 연장된 활주로중심선의 교차지점까지 연장되는 착륙활주로에 직각인 비행경로
5. 최종접근(Final approach) 경로 : 베이스경로(base leg)에서부터 활주로까지 활주로중심선의 연장선을 따라 착륙방향으로의 비행경로
6. 출발(Departure) 경로 : 이륙 후 시작되어 활주로중심선의 연장선을 따라 일직선의 전방으로 이어지는 비행경로. 출발상승은 300 ft의 교통장주고도(traffic pattern altitude) 내에서, 이륙활주로 종단을 지나 최소한 1/2 mile 지점에 도달할 때 까지 계속된다.

【문제】5. 관제탑 Radar의 주요 기능이 아닌 것은?
① 항공기의 정확한 위치 제공
② 레이더 유도(vector) 제공
③ 비행방향 또는 권고 기수방향(heading) 조언
④ A등급 공역에서 항공기 간 수직분리 제공

〈해설〉 FAA AIM 4-3-2. d. 관제탑 레이더의 4가지 기본용도
1. 항공기의 정확한 위치 판단
2. 레이더교통조언(radar traffic advisory) 제공
3. 비행방향 또는 권고 기수방향(heading) 제공
4. B등급, C등급 및 D등급 공항교통구역 내에서 운항하는 항공기에 대한 정보제공 및 지시발부

【문제】6. 관제탑에서 조종사에게 제공하는 활주로 방향과 풍향은?
① 활주로 방향과 풍향 모두 자북 방위이다.
② 활주로 방향과 풍향 모두 진북 방위이다.
③ 활주로 방향은 자북, 풍향은 진북 방위이다.
④ 활주로 방향은 진북, 풍향은 자북 방위이다.

【문제】7. 이착륙 비행 시 관제탑의 관제사가 불러주는 풍향과 풍속 정보는?
① 풍향 진북, 풍속 미터
② 풍향 자북, 풍속 마일
③ 풍향 자북, 풍속 knot
④ 풍향 진북, 풍속 knot

〈해설〉 FAA AIM 4-3-6. 활주로/공시거리의 사용(Use of Runways/Declared Distances)
활주로는 활주로중심선의 방위각(azimuth)을 10° 단위로 가장 가깝게 지시하는 숫자에 의해 식별된다. 예를 들어 자방위(magnetic azimuth)가 183°인 곳의 활주로 명칭(runway designation)은 18이 되고, 자방위가 87°이면 활주로의 명칭은 9가 될 것이다. 관제탑에 의해 발부되는 풍향도 자방위이며, 풍속의 단위는 노트(knot) 이다.

【문제】8. Clearway에 대한 설명으로 옳은 것은?
① Takeoff distance에 포함될 수 있다.
② Takeoff run distance에 포함된다.
③ 폭은 활주로의 폭과 동일하여야 한다.
④ 상향경사는 2.5%를 넘지 않아야 한다.

〈해설〉 ICAO Annex 14, Attachment A. 3. 공시거리 산출

정답 5. ④ 6. ① 7. ③ 8. ①

활주로에 개방구역(clearway)이 갖추어지면 이륙가용거리(Takeoff Distance Available; TODA)에는 개방구역의 길이가 포함된다.

【문제】9. Clearway에 대한 설명으로 틀린 것은?
① Reject take-off시 항공기의 structural damage 없이 정지할 수 있도록 설계된 area를 말한다.
② Clearway plane 위로 돌출된 장애물이 없어야 한다.
③ Runway up slope는 1.25%를 초과해서는 안된다.
④ Clearway 폭은 최소한 500 ft 이상이어야 한다.

〈해설〉FAA AC 150/5300-13A(Airport Design), Chapter 3, 311. 개방구역 표준(Clearway standards)
개방구역(clearway)은 터빈동력 항공기의 이륙운항 완료를 위해 이용할 수 있는 활주로 종단 이후의 연장구역이다.
1. 활주로중심선 상에 중심을 두는 개방구역의 폭은 최소한 500 ft(152 m) 이어야 한다. 길이는 활주로 길이의 절반을 초과해서는 안된다.
2. 개방구역 표면(clearway plane) 상향경사의 경사도는 1.25%(80:1)를 넘지 않아야 한다.
3. 26 in(66 cm) 미만의 활주로 측면에서 떨어져 있는 시단등을 제외하고, 개방구역 표면 위로 돌출된 물체나 지형이 없어야 한다.

【문제】10. 이륙 실패한 항공기가 구조적인 손상없이 정지할 수 있도록 감속에 이용할 수 있는 구역은?
① Stopway   ② Taxiway   ③ Clearway   ④ Runway strip

【문제】11. Stopway에 대한 설명으로 틀린 것은?
① 항공기가 이륙 포기 후 구조적 손상없이 안전하게 정지할 수 있는 장소이다.
② 활주로 끝에 설치되는 일정 구역이다.
③ Blast pad 라고도 한다.
④ 정상 이착륙시 사용가능한 구역이다.

〈해설〉FAA AC 150/5300-13A(Airport Design), Chapter 3, 312. 정지로 표준(Stopway standards)
연장된 활주로중심선 상에 중심을 두는 정지로(stopway)는 이륙을 포기하는 경우에 항공기의 감속에 이용하기 위하여 공항운영자가 지정한 이륙활주로 이후의 구역이다. 정지로의 폭은 최소한 활주로의 폭과 같아야 하며, 이륙포기 시 항공기의 구조적인 손상을 초래하지 않고 지지할 수 있어야 한다.
〈참조〉분사대(blast pad)는 항공기 제트분사 또는 프로펠러 후류로 인한 지반침식을 막기 위해 활주로시단 부근에 설치하는 구역을 말한다. 엄밀하게 구분하면 정지로와 분사대는 서로 다른 구역이지만, 정지로를 분사대로도 활용할 수 있기 때문에 때로는 정지로를 분사대라 부르는 경우도 있다.

【문제】12. 공항주변의 wind shear 정보를 조종사에게 제공하는 장비는?
① WAAS   ② LLWAS   ③ TWEB   ④ AWOS

〈해설〉FAA AIM 4-3-7. 저고도 윈드시어/마이크로버스트 탐지 시스템
LLWAS는 윈드시어 경보와 돌풍전선(gust front) 정보를 제공하지만 마이크로버스트(microburst) 경보를 제공하지는 않는다. LLWAS는 공항주변의 저고도 윈드시어 상태를 탐지하기 위하여 고안되었으며, 이러한 한계를 벗어난 윈드시어는 탐지하지 못한다.

정답   9. ①   10. ①   11. ④   12. ②

【문제】13. LLWAS에 의해 wind shear 발생이 인지된 경우, ATIS는 몇 분 동안 관련 정보를 방송하여야 하는가?
　　① 10분　　　② 20분　　　③ 30분　　　④ 60분

〈해설〉 항공교통관제절차 3-1-8. 저고도 windshear 조언(Low Level Windshear Advisories)
　　저고도 windshear 정보가 조종사 또는 저고도 windshear 경보장치(LLWAS)에 의하여 인지되었을 때, 관제사는 당해 정보가 ATIS로 방송되고 조종사에 의한 관련 ATIS 코드 수신여부 확인 시까지 도착 및 출발 항공기에게 관련 정보를 알려야 한다. 저고도 windshear에 관한 ATIS는 최종보고 또는 windshear 징후가 있는 시간으로부터 20분간 지속적으로 방송하여야 한다.

【문제】14. Brake action을 보고할 때 사용하지 않는 것은?
　　① Medium　　② Poor　　③ Good　　④ Normal

【문제】15. 활주로의 Braking action을 볼 수 있는 NOTAM은?
　　① NOTAM (D)　　　　② NOTAM (L)
　　③ FICON NOTAM　　　④ FDC NOTAM

【문제】16. ATIS 방송을 통해 "Braking action advisories is in effect" 라는 정보를 받은 경우, 이의 의미는?
　　① 활주로 제동상태가 "Poor" 또는 "Nil" 상태이므로 유의하라.
　　② 활주로 착륙 후 관제사에게 활주로의 제동상태를 보고하라.
　　③ 활주로 착륙 후 활주로의 최근상태에 대한 정보를 관제사에게 요청하라.
　　④ 항공기나 차량은 지정된 지점에서 대기하라.

〈해설〉 FAA AIM 4-3-8. 제동상태보고와 조언(Braking Action Reports and Advisories)
　1. 제동상태의 강도는 용어 "good", "good to medium", "medium", "medium to poor", "poor" 및 "nil"로 나타낸다.
　2. FICON NOTAM은 포장된 활주로의 오염 측정값을 제공하지만, FICON NOTAM에서 제동상태는 비포장 활주로 표면, 유도로 및 계류장(apron)에만 적용된다.
　3. 관제탑관제사가 medium, poor 또는 nil의 용어가 포함된 활주로 제동상태의 보고를 접수한 경우, 또는 기상상태가 악화되거나 활주로 제동상태가 빠르게 변할 경우에는 언제든지 ATIS 방송에 "Braking action advisories are in effect."라는 문구를 포함시킨다.

【문제】17. 활주로 표면상태를 나타내는 용어에 대한 설명으로 잘못된 것은?
　　① Slush : 많은 부분에 물이 고여 있음
　　② Water patch : 물이 고여 있는 부분이 일부분 있음
　　③ Wet : 활주로 표면이 물에 젖어 있으나, 고여 있지는 않음
　　④ Damp : 수분으로 인한 활주로 표면의 색깔 변화가 감지됨

〈해설〉 항공교통관제절차, 용어의 정의. 진창(Slush)이란 발로 밟았을 때 물이 퉁기는 상태로 변한 물에 젖은 눈으로서 비중이 0.5~0.8인 상태를 말한다.

정답　13. ②　14. ④　15. ③　16. ①　17. ①

〈참조〉 포장면상태 관리업무 매뉴얼 제3장 젖은 포장면의 마찰력 측정, 3.4 보고
활주로 상태를 비교적 정확히 보고하려면 다음과 같은 용어와 관련 설명을 이용하도록 한다.
1. 습기(Damp) : 습기에 의한 표면상태의 변화가 감지됨
2. 습윤(Wet) : 표면이 젖어 있지만 웅덩이는 감지되지 않음
3. 웅덩이(Water Patches) : 상당한 웅덩이가 여러 곳에 감지됨
4. 범람(Flooded) : 광범위한 웅덩이가 감지됨

【문제】 18. VFR 항공기의 이륙에 대한 다음 내용 중 옳지 않은 것은?
① 조종사는 ATC의 특별한 지시가 없는 한 지상활주(taxi)나 이륙전 점검을 하는 동안에 ground control 주파수를 유지하여야 하고, 이륙전 점검을 완료하고 이륙인가를 요청할 때에 관제탑 주파수로 변경하여야 한다.
② "Line up and wait"라는 용어는 즉각적인 이륙이 가능하도록 활주로 내의 이륙지점으로 이동하여 대기하라는 의미로 사용된다.
③ 이륙전 관제사가 이륙을 위한 인가를 제공할 수 없을 때에는 "Hold short"라는 용어를 사용하여 활주로 정지선 바깥에서 대기하도록 지시한다.
④ 공항의 효율성 증대, 지상 이동경로의 단축, 이륙지연 감소와 효율적인 지상이동 등을 제공할 목적으로 교차점에서의 이륙(intersection takeoff)이 허용될 수 있는데, 이것은 조종사의 요청에 의하며 관제사는 제안할 수 없다.

【문제】 19. 대형항공기의 뒤를 따라 소형항공기가 intersection takeoff 시 vortex를 회피하기 위한 최소한의 시간간격은?
① 1분   ② 2분   ③ 3분   ④ 5분

〈해설〉 FAA AIM 4-3-10. 중간이륙(Intersection Takeoff)
1. 공항수용능력을 증가시키고 지상활주거리를 감소시키며, 출발지연의 최소화 및 항공교통의 보다 효율적인 흐름을 증진시키기 위하여 관제사는 조종사가 중간이륙을 요구할 때 이를 허가할 뿐 아니라 먼저 권고할 수도 있다.
2. 관제사는 선행 대형항공기가 이륙한 시간과 뒤따르는 소형항공기가 이륙활주를 시작할 시간 간에 최소한 3분 간격을 적용하여, 동일 활주로 상에서 대형 경항공기(B757 제외)와 뒤따라 중간이륙(동일 또는 반대방향)하는 소형항공기를 분리하여야 한다.

【문제】 20. "Land And Hold Short Operation(LAHSO)"에 대한 설명 중 맞는 것은?
① 교차하는 활주로에서 활주로 교차점의 제한적인 사용을 통하여 공항의 효율적 운영을 꾀하기 위함이다.
② 관제사가 지시하면 모든 조종사는 LAHSO 운영에 반드시 따라야 한다.
③ LAHSO의 운영은 기상상태와 무관하게 적용될 수 있다.
④ LAHSO를 지시받은 조종사는 Go-around를 하여서는 안된다.

【문제】 21. 조종사가 "Land And Hold Short Operation(LAHSO)" 허가를 받기 위한 최소시정은?
① 3 NM   ② 3 SM   ③ 5 NM   ④ 5 SM

정답   18. ④   19. ③   20. ①   21. ②

〈해설〉 FAA AIM 4-3-11. LAHSO(Land and Hold Short Operations) 수행시의 조종사 책임
1. 기장은 어떠한 착륙 및 잠시대기(land and hold short) 허가를 받아들이거나 거부할 수 있는 최종 권한을 갖는다. 항공기의 안전과 운항에 대한 책임은 조종사에게 있다. 조종사는 LAHSO 허가가 안전을 저해한다고 판단되면 이를 거부하여야 한다.
2. 일단 LAHSO 허가를 받았다면 수정된 허가를 받거나 비상상황이 발생하지 않는 한, 다른 ATC 허가와 마찬가지로 이를 준수하여야 한다. LAHSO 허가가 착륙포기(rejected landing)를 하지 못하도록 하는 것은 아니다.
3. 조종사는 최저운고가 1,000 ft 그리고 최저시정이 3 SM 일 때만 LAHSO 허가를 받을 수 있다. "기본" VFR 기상상태를 취하는 목적은 조종사가 다른 항공기 및 지상차량 운행을 시야에 둘 수 있도록 하기 위한 것이다.

【문제】22. 빛총신호 중 지상에 있는 항공기에게 보내는 녹색 점멸등의 의미는?
① 이륙을 허가함
② 지상활주를 허가함
③ 활주로에서 벗어나 지상활주할 것
④ 출발지점으로 돌아갈 것

【문제】23. 비행 중인 항공기에게 보내는 점멸 녹색등의 의미는?
① 착륙을 허가함
② 착륙하지 말 것
③ 착륙을 준비할 것
④ 다른 항공기에게 진로를 양보할 것

【문제】24. 다른 항공기에게 진로를 양보하고 계속 선회하라는 의미의 빛총(light gun) 신호는?
① 연속되는 적색신호
② 깜박이는 적색신호
③ 연속되는 백색신호
④ 깜박이는 백색신호

【문제】25. 비행 중인 항공기에게 깜박이는 적색 light gun signal을 보냈다면 이는 무엇을 의미하는가?
① 다른 항공기에게 진로를 양보할 것
② 착륙을 준비할 것
③ 착륙하지 말 것
④ 계속 선회할 것

【문제】26. Radio fail시 지상을 이동하는 항공기가 flashing red light를 보았을 때 취해야 할 행동으로 옳은 것은?
① Return to starting point on airport.
② Stop.
③ Taxi clear of active runway.
④ Exercise extreme caution.

【문제】27. 지상활주 중 백색 점멸신호의 의미는?
① 통과하거나 진행할 것
② 진행할 것
③ 활주로 또는 유도로에서 벗어날 것
④ 공항의 출발지점으로 돌아갈 것

[정답] 22. ② 23. ③ 24. ① 25. ③ 26. ③ 27. ④

【문제】28. 관제탑과 항공기의 무선통신이 두절된 경우 지상에 있는 항공기에게 "정지할 것"의 의미를 가지고 있는 빛총신호(light signal)의 색깔은?
　　① 연속되는 녹색신호　　　　　　　　② 연속되는 적색신호
　　③ 깜박이는 녹색신호　　　　　　　　④ 깜박이는 백색신호

【문제】29. 통신 두절 시 비행 중인 항공기에게 보내는 light gun의 색깔에 따른 의미로 틀린 것은?
　　① 지속 녹색 - 착륙을 허가한다.
　　② 지속 빨간색 - 다른 항공기에게 착륙을 양보하고 계속 선회할 것
　　③ 점멸 녹색 - 착륙해서 유도로로 갈 것
　　④ 점멸 빨간색 - 착륙하지 말 것

〈해설〉 FAA AIM 4-3-13, d. 공항관제탑 빛총신호(Light Gun Signal)

신호의 종류와 색상	의미(Meaning)		
	이동 중인 차량, 장비 및 인원	지상에 있는 항공기	비행 중인 항공기
연속되는 녹색	통과하거나 진행할 것	이륙을 허가함	착륙을 허가함
깜박이는 녹색	미적용	지상활주(taxi)를 허가함	착륙을 준비할 것
연속되는 적색	정지할 것	정지할 것	다른 항공기에게 진로를 양보하고 계속 선회할 것
깜박이는 적색	활주로 또는 유도로에서 벗어날 것	사용 중인 활주로에서 벗어나 지상활주할 것	공항이 불안전하니 착륙하지 말 것
깜박이는 백색	공항의 출발지점으로 돌아갈 것	공항의 출발지점으로 돌아갈 것	미적용
교차하는 적색과 백색	극히 주의할 것	극히 주의할 것	극히 주의할 것

【문제】30. 주간에 비행시 관제사의 빛총신호에 대한 응답방법으로 맞는 것은?
　　① 날개를 흔든다.　　　　　　　　　　② 날개 및 보조익을 움직인다.
　　③ 날개를 흔들고 착륙등을 점멸한다.　　④ 착륙등 또는 항법등을 점멸한다.

【문제】31. 주간에 지상에서 수신만 가능할 경우, ATC 지시에 대한 응답방법은?
　　① 날개를 흔든다.　　　　　　　　　　② 보조익 또는 방향타를 흔든다.
　　③ 위치등 또는 충돌방지등을 켠다.　　④ 착륙등 또는 항법등을 점멸한다.

【문제】32. 야간에 무선통신이 두절된 경우, 조종사가 관제사로부터 빛총신호 수신시 응답방법으로 옳은 것은?
　　① 보조익 또는 방향타를 움직인다.　　② 보조익을 움직이고 착륙등을 점멸한다.
　　③ 착륙등을 2회 점멸한다.　　　　　　④ 착륙등 및 항행등을 2회 점멸한다.

〈해설〉 항공안전법 시행규칙 별표 26(신호), 제5호(무선통신 두절시의 연락방법) 나목(항공기의 응신)
　1. 비행 중인 경우
　　가. 주간 : 날개를 흔든다. 다만, 최종 선회구간(base leg) 또는 최종 접근구간(final leg)에 있는 항공기의 경우에는 그러하지 아니하다.

[정답]　28. ②　　29. ③　　30. ①　　31. ②　　32. ③

나. 야간 : 착륙등이 장착된 경우에는 착륙등을 2회 점멸하고, 착륙등이 장착되지 않은 경우에는 항행등(navigation light)을 2회 점멸한다.
2. 지상에 있는 경우
　가. 주간 : 항공기의 보조익 또는 방향타를 움직인다.
　나. 야간 : 착륙등이 장착된 경우에는 착륙등을 2회 점멸하고, 착륙등이 장착되지 않은 경우에는 항행등을 2회 점멸한다.

【문제】33. Tower가 있는 공항에 착륙 후 ground control 주파수로 변경해야 하는 시기는?
① Tower에서 주파수 변경을 지시할 때
② 사용 활주로를 벗어나기 전에
③ 사용 활주로를 벗어난 후에
④ 사용 활주로를 벗어나 주기장 지역으로 이동하면서

〈해설〉 FAA AIM 4-3-14. 무선통신(Communications)
지상관제주파수는 관제탑(국지관제)주파수의 혼잡을 제거하기 위하여 마련되었으며 관제탑과 지상 항공기 간, 그리고 관제탑과 공항의 다용도차량 간의 교신으로 한정되어 있다. 이 주파수는 지상활주 정보, 허가의 발부, 그리고 관제탑과 항공기 또는 공항에서 운용되는 그 외의 차량 간에 필요한 그 밖의 교신에 사용된다.
방금 착륙한 조종사는 관제사로부터 주파수 변경을 지시 받을 때까지 관제탑주파수에서 지상관제주파수로 변경해서는 안된다.

【문제】34. 무선통신에 관한 설명 중 틀린 것은?
① 특수 목적으로 배정된 주파수를 사용하여야 한다.
② 관제탑에 배정된 지상관제 주파수를 비행 중인 항공기와 교신용으로 사용해서는 안된다.
③ ATIS에 교신할 주파수를 명시할 수 있다.
④ 하나의 주파수를 한 가지 기능 이상의 목적으로 사용해서는 안된다.

〈해설〉 항공교통관제절차 2-4-1. 무선통신(Radio Communications)
1. 특수한 목적으로 배정된 무선주파수를 사용하여야 한다. 단일 주파수가 한 가지 기능 이상의 목적으로 사용될 수 있다.
2. 관제탑에 배당된 지상관제용 주파수의 수가 제한되어 있으므로, 지상관제 주파수를 이용하여 비행 중인 항공기와 교신할 때, 다른 관제탑과 혼선이 발생하거나 관제사가 관제하는 항공기와 다른 관제탑 간에도 혼선이 발생할 수 있다. 이러한 기능을 통합할 때, 터미널(terminal) 관제 주파수로 통합하는 것이 바람직하다. ATIS에 교신할 주파수를 명시할 수 있다.

【문제】35. Gate hold procedure에 대한 설명 중 틀린 것은?
① 15분 이상 출발이 지연되거나 예상되는 경우 gate 또는 다른 지상 위치에 항공기를 대기시키기 위한 절차이다.
② 조종사는 엔진시동을 하기 전에 지상관제소와 교신을 하여야 한다.
③ 비행계획서를 제출한 순서에 따라 출발순서가 정해진다.
④ 관제사는 출발 항공기에게 엔진시동 조언을 발부 받을 예상시간을 통보하여야 한다.

정답　33. ①　34. ④　35. ③

【문제】36. 출발지연으로 인한 관문 대기(gate hold)는 최소한 몇 분 이상 지연이 예상될 때 발행되는가?
　① 10분　　　② 15분　　　③ 20분　　　④ 25분

〈해설〉 FAA AIM 4-3-15. 출발지연으로 인한 게이트 대기(Gate Holding Due to Departure Delay) 출발지연이 15분을 초과하거나, 15분을 초과할 것으로 예상될 때에는 언제든지 게이트 대기(gate hold) 절차가 시행될 수 있으므로 조종사는 엔진시동을 하기 전에 지상관제소 또는 허가중계소(clearance delivery)와 교신을 하여야 한다. 출발순서는 교통흐름관리제한에 따라 수정되지 않는 한 최초로 호출한(call up) 순서에 따라 정해진다. 조종사는 지연이 변경된 경우 엔진시동 조언 또는 새로운 시동예상 시간을 통보하는 지상관제소 또는 비행허가중계소 주파수를 경청하여야 한다.

【문제】37. 다음 중 관제사가 항공기의 지상활주(taxi)에 대한 허가 발부 시 사용하지 않는 용어는?
　① Taxi　　② Proceed　　③ Hold　　④ Cleared

【문제】38. 다음 관제사 지시 중 잘못된 것은?
　① "Taxi to Runway Three Six via Taxiway Echo."
　② "Cleared to Taxi Runway Three Six."
　③ "Runway Three Six Left, Hold Short of Runway Two Seven Right."
　④ "Cross Runway Two Eight Left."

【문제】39. 다음 중 taxi 지시 관련용어로 잘못된 것은?
　① "Continue taxiing to the hangar."
　② "Proceed on taxiway charlie, hold short of runway two seven."
　③ "Follow boeing 757, cross runway two-seven right, at taxiway whiskey"
　④ "Hold present position, line up and wait behind landing traffic."

【문제】40. 관제사가 특별한 제한없이 "Taxi to Runway 9"이라고 지시를 발부한 경우, 올바른 조종사의 행동은?
　① 유도로와 활주로 9번을 가로 질러 즉시 이륙이 가능한 지점으로 지상활주를 한다.
　② 추후 ATC의 지시가 필요한 활주로 교차점까지 지상활주를 한다.
　③ 유도로와 활주로를 가로 질러 활주로 9번의 정지선까지 간다. 단, 활주로 9번을 통과하거나 진입할 수 없다.
　④ 활주로 9로 지상활주를 한다. 단 교차되는 활주로를 만날 때마다 ATC에 요청하여 통과하여야 한다.

【문제】41. 조종사가 경험이 없는 공항에서 taxi를 할 때 요청할 수 있는 것은?
　① Advisory taxi　　　　　② Expeditious taxi
　③ Preferential taxi　　　④ Progressive taxi

〈해설〉 FAA AIM 4-3-18. 지상활주(Taxiing)

정답　36. ②　37. ④　38. ②　39. ④　40. ③　41. ④

1. 이륙활주로를 배정할 때 ATC는 먼저 활주로를 명시하고 지상활주지시를 발부하며, 지상활주경로가 활주로를 통과하면 진입전대기(hold short) 지시 또는 활주로횡단허가를 언급한다. 이것은 항공기가 배정한 출발활주로의 어느 지점으로 "진입(enter)" 또는 "횡단(cross)"하는 것을 허가하는 것은 아니다.
2. ATC는 항공기의 지상활주허가와 관련하여 무선교신 상의 오해를 배제하기 위하여 용어 "cleared"를 사용하지 않는다.
3. 조종사가 공항에 익숙하지 않거나 또는 어떠한 이유로 정확한 지상활주경로를 혼동할 수 있다면, 단계적인 경로지시를 포함한 점진적 지상활주지시(progressive taxi instruction)를 요청할 수도 있다.

〈참조〉 항공기에게 지정된 이륙활주로까지 Taxi 허가를 할 때에 대기(hold short)지시를 포함하지 않은 경우, 용어 "Taxi to" 다음에 활주로를 명시하고, 필요시 지상활주 지시를 발부한다. 이것은 지상활주 경로를 교차하는 모든 활주로(이륙활주로는 제외)를 건너가도 좋다는 것을 허가하는 것이며, 지정된 이륙활주로의 어느 부분으로 진입(enter)하거나 통과(cross)를 허가하는 것은 아니다.

【문제】42. SMGCS(Low Visibility Operations Surface Movement Guidance and Control System)에 관한 설명 중 옳지 않은 것은?
① 시정이 1,200 m 이하일 때 가동된다.
② 저시정상태에서 runway incursion 가능성을 방지하기 위한 것이다.
③ 저시정상태에서 taxiing capability를 증대시키기 위한 것이다.
④ 항공기 조종사와 조업차량 운전자 모두에게 도움이 된다.

〈해설〉 FAA AIM 4-3-19. 저시정에서의 지상활주(Taxi During Low Visibility)
일반적으로 LVOSMGCS라고 하는 AC 120-57, Low Visibility Operations Surface Movement Guidance and Control System은 활주로가시거리(RVR) 1,200 ft 미만의 시정상태에서 이착륙 운항을 하는 공항의 저시정 지상활주계획의 적절한 예시를 기술하고 있다.

【문제】43. IFR 비행 후 착륙해서 taxiway로 진입 후 조종사의 조치로 맞는 것은?
① 관제탑에 IFR 비행계획의 종결을 요청한다.
② 지상활주를 위해 즉시 ground control과 교신을 시도한다.
③ 지시가 없는 한 계속 tower 주파수를 유지하고 차후 지시에 따른다.
④ 비상주파수를 감청하며 계속 해당 계류장으로 지상활주한다.

〈해설〉 FAA AIM 4-3-20. 착륙 후 활주로 개방(Exiting the Runway After Landing)
착륙 후 ATC 지시가 없을 경우, 조종사는 항공기가 다른 유도로 또는 주기장구역으로 진입하거나 횡단하는 것이 필요하다 하더라도 착륙활주로와 관련된 활주로정지위치표지 이후까지 지상활주하여 착륙활주로를 벗어나야 한다.
항공기의 모든 부분이 활주로정지위치표지를 통과하면 조종사는 ATC의 추가지시를 발부받지 않은 한 대기하여야 한다. 관제탑으로부터 지시를 받은 경우 즉시 지상관제주파수로 변경하고, 지상활주허가를 받아야 한다.

【문제】44. High speed taxiway에서 주행할 수 있는 최대속도는?
① 40 kts   ② 50 kts   ③ 60 kts   ④ 70 kts

[정답] 42. ①   43. ③   44. ③

【문제】 45. High speed taxiway에 대한 설명 중 맞는 것은?
① 활주로에 대한 교차각도는 30° 보다 커서는 안된다.
② 주행할 수 있는 최대속도는 30 kts 이다.
③ 활주로를 빠른 시간에 벗어날 수 있도록 설계된 유도로이다.
④ 악기상 또는 야간에는 사용에 제한이 있다.

〈해설〉 FAA AIM 용어사전(Glossary). 고속이탈유도로(고속탈출유도로, High Speed Taxiway)
고속이탈유도로는 활주로 중앙에서 유도로 중앙지점까지 항공기의 경로를 나타내기 위한 등화와 표지를 갖추고 항공기가 고속(60 knot 까지)으로 주행할 수 있도록 설계된 반경(radius)이 큰 유도로이며, 장반경 출구(long radius exit) 또는 개방 유도로(turn-off taxiway) 라고도 부른다. 고속이탈유도로는 착륙 후에 항공기가 활주로를 신속히 빠져나갈 수 있도록 설계되며, 따라서 활주로 점유시간을 단축시킬 수 있다.

〈참조〉 비행장시설 설치기준 제36조. 고속탈출유도로
고속탈출유도로의 활주로 교차각도는 25°에서 45° 사이로 하여야 하며 30°를 권장각도로 한다.

【문제】 46. 조종사가 "Cleared for the option" 이라는 관제사의 허가를 받았을 때 수행할 수 없는 절차는?
① Parallel ILS approach   ② Missed approach
③ Stop and go   ④ Full stop landing

【문제】 47. "Cleared for the option" 절차에 대한 설명 중 틀린 것은?
① 조종사는 접근방법을 임의로 선택할 수 있다.
② 관제탑이 운용되는 곳에서만 사용할 수 있으며 관제기관의 허가를 받아야 한다.
③ 계기접근에서는 inbound 최종접근픽스를 통과할 때 요청하여야 한다.
④ 조종연습생의 조종수행능력을 평가하기 위하여 훈련 시에 사용된다.

〈해설〉 FAA AIM 4-3-22. 선택접근(Option Approach)
"선택허가(Cleared for the Option)" 절차는 교관조종사, 평가관조종사 또는 그 밖의 조종사에게 접지후이륙(touch-and-go), 저고도접근, 실패접근, 정지후이륙(stop-and-go) 또는 착륙(full stop landing) 중에서 선택할 수 있도록 허가하는 것이다.

【문제】 48. International hand signals 중에서 손바닥을 항공기 쪽으로 향해서 손가락 끝이 하늘을 향하게 두 팔을 수직으로 올리는 수신호의 뜻은?
① 직진   ② 서행   ③ 정지   ④ 엔진 시동

〈해설〉 ICAO Annex 2, Appendix 1.5 유도신호
1. 직진(Straight ahead) : 손바닥을 위로 하고 두 팔을 약간 옆으로 벌려 어깨높이에서 올리고 내리는 동작을 반복한다.
2. 서행(Slow down) : 손바닥을 지면을 향하게 한채로 두 팔을 내렸다가 올리는 동작을 수차례 반복한다.
3. 정지(Stop) : 두 팔을 들어 머리 위에서 반복적으로 교차한다.
4. 엔진 시동(Start engine) : 시동할 엔진의 번호만큼 좌측 손의 손가락을 펴서 머리 위로 올린 후, 우측 손으로 머리 높이까지 원을 그린다.

[정답] 45. ③   46. ①   47. ①   48. ③

【문제】49. 게이트 접현 시 marshaller가 팔을 수평으로 들어 가슴부분에서 주먹을 꽉 쥐는 행동은 무엇을 의미하는가?
① 브레이크를 밟아라.
② 게이트에 접현되었다.
③ 엔진을 꺼라.
④ Rotating beacon을 꺼라.

【문제】50. 항공기유도사에게 조종사가 주먹을 쥐고 앞으로 내밀어서 손을 쫙 펴면 무슨 신호인가?
① 엔진 시동준비가 완료되었다.
② 유도사의 신호를 인지하였다.
③ Chock를 고일 것
④ 브레이크를 풀었다.

【문제】51. 조종사가 ground signalman에게 보내는 insert chocks 수신호로 맞는 것은?
① 손가락을 펴고 양팔과 손을 얼굴 앞에 수평으로 올린 후 주먹을 쥔다.
② 주먹을 쥐고 팔을 얼굴 앞에 수평으로 올린 후 손가락을 편다.
③ 팔을 뻗고 손바닥을 바깥쪽으로 향하게 하며, 두 손을 안쪽으로 이동시켜 얼굴 앞에서 교차되게 한다.
④ 두 손을 얼굴 앞에서 교차시키고 손바닥을 바깥쪽으로 향하게 하며, 두 팔을 바깥쪽으로 이동시킨다.

〈해설〉 항공안전법 시행규칙 별표 26(신호), 제6호(유도신호)
 1. 조종사에 대한 유도원의 신호
  가. 브레이크를 걸어라 : 손바닥을 편 상태로 어깨 높이로 들어 올린다. 운항승무원을 응시한 채 주먹을 쥔다.
  나. 브레이크를 풀어라 : 주먹을 쥐고 어깨 높이로 올린다. 운항승무원을 응시한 채 손을 편다.
 2. 유도원에 대한 조종사의 신호
  가. 브레이크
   (1) 브레이크를 걸었을 경우 : 손가락을 펴고 양팔과 손을 얼굴 앞에 수평으로 올린 후 주먹을 쥔다.
   (2) 브레이크를 풀었을 경우 : 주먹을 쥐고 팔을 얼굴 앞에 수평으로 올린 후 손가락을 편다.
  나. 고임목(Chocks)
   (1) 고임목을 끼울 것 : 팔을 뻗고 손바닥을 바깥쪽으로 향하게 하며, 두 손을 안쪽으로 이동시켜 얼굴 앞에서 교차되게 한다.
   (2) 고임목을 뺄 것 : 두 손을 얼굴 앞에서 교차시키고 손바닥을 바깥쪽으로 향하게 하며, 두 팔을 바깥쪽으로 이동시킨다.

【문제】52. 조종사는 항공기의 회전비컨(rotating beacon)을 언제 켜야 하는가?
① 이륙 직전에
② 지상활주 전에
③ 엔진을 작동시킬 때는 언제나
④ 시정이 10마일 미만일 때

〈해설〉 FAA AIM 4-3-23. 항공기 등화의 사용(Use of Aircraft Light)
대형항공기에 의해 발생되는 프로펠러 후류와 제트분사(jet blast)의 힘은 이들 뒤에서 지상활주하는 더 작은 항공기들을 전복시키거나 파손시킬 수 있다. 유사한 사고를 피하고 이러한 힘으로 인해 지상근무자가 넘어지거나 다치는 것을 방지하기 위하여 FAA는 운송용 및 사업용항공기 운영자에게 항공기 엔진이 작동되고 있을 때에는 언제나 회전비컨(rotating beacon)을 켤 것을 권장하고 있다.

[정답] 49. ① 50. ④ 51. ③ 52. ③

Ⅳ. 항공교통관제 허가와 항공기 분리

【문제】1. 항공교통관제 허가(ATC clearance)를 설명한 것이다. 옳지 않은 것은?
  ① 모든 타 항공기에 대하여 우선권을 갖는다.
  ② 관제공역 내에서 제공되는 것이다.
  ③ 항공기 간의 충돌방지를 목적으로 한다.
  ④ 특별한 조건하에서 비행하도록 지시하는 것이다.

〈해설〉 FAA AIM 4-4-1. 허가(Clearance)
   ATC 허가란 관제공역 내에서 식별된 항공기 간 충돌방지를 위한 목적으로 특정조건 하에 항공기를 진행할 수 있도록 하는 ATC의 승인을 의미한다. ATC 허가는 불안전하게 항공기를 운항하거나 어떠한 규칙, 규정 또는 최저고도를 위배할 수 있는 권한을 조종사에게 부여하는 것은 아니다.

【문제】2. ATC 기관이 아닌 곳에서 관제기관을 대신해서 관제허가를 전달할 때 사용하는 용어는?
  ① ATC advises ② ATC clears ③ ATC requests ④ ATC control

【문제】3. 항공교통관제시설이 아닌 시설을 통하여 항공기에게 중계될 비행허가, 비행정보 또는 정보의 요구 시에 사용하는 용어가 아닌 것은?
  ① ATC instructions   ② ATC advises
  ③ ATC requests   ④ ATC clears

【문제】4. 관제용어 "ATC advises"를 사용하는 경우는?
  ① 공지통신을 경유하여 ATC가 비행인가를 조종사에게 전달할 때
  ② 공지통신을 경유하여 조종사가 비행인가를 ATC에 요청할 때
  ③ 공지통신을 경유하여 ATC가 비행정보를 조종사에게 전달할 때
  ④ 공지통신을 경유하여 조종사가 비행정보를 ATC에 요청할 때

〈해설〉 FAA AIM 4-4-2. 허가 접두어(Clearance Prefix)
   ATC 기관이 요구하여 공지통신국을 통하여 조종사에게 중계되는 허가, 관제정보 또는 정보의 요청에 대한 응답에는 서두에 "ATC clears", "ATC advises" 또는 "ATC requests"를 첨부한다.

【문제】5. ATC clearance limit에 포함되지 않는 것은?
  ① Assigned time   ② Reporting point
  ③ Aerodrome   ④ FIR boundary

【문제】6. 계기비행 허가 시 허가한계점(clearance limit)이 아닌 것은?
  ① 위치보고 지점   ② 목적지 공항
  ③ 특정 고도   ④ 관제공역 경계선

〈해설〉 ICAO Doc 4444, Chapter 4, 4.5.7.1 허가한계점(clearance limit)은 해당 중요지점이나 공항, 또는 관제공역 경계선(boundary)의 명칭을 명시하여 기술하여야 한다.

[정답] 1. ① 2. ② 3. ① 4. ③ 5. ① 6. ③

【문제】 7. ATC 허가 "Cruise six thousand"의 의미는?
① 조종사는 목적지공항의 IAF에 도착할 때 까지 6,000 ft를 유지하고 발행된 접근절차에 따라 강하하여야 한다.
② 조종사는 최저 IFR 고도에서부터 6,000 ft까지의 어느 고도에서나 비행할 수 있지만 고도를 변경할 때는 ATC에 보고하여야 한다.
③ 조종사는 최저 IFR 고도에서부터 6,000 ft까지의 고도에서 조종사 임의로 상승/강하할 수 있지만 어떤 고도를 떠난다고 구두 보고했다면 그 고도로 복귀할 수 없다.
④ 조종사는 MEA로부터 6,000 ft까지의 어느 고도에서나 수평비행을 할 수 있다.

〈해설〉 FAA AIM 4-4-3. 허가 사항(Clearance Items), d. 고도 자료(Altitude Data)
조종사에게 최저 IFR 고도에서부터 순항허가 시에 지정되는 고도까지의 공역구역을 배정하기 위하여 "maintain" 대신에 용어 "cruise"를 사용할 수 있다. 조종사는 이 공역구역 내의 어떤 중간고도에서나 수평비행(level off)을 할 수 있다. 이 구역 내에서의 상승/강하는 조종사의 재량에 따라 이루어진다. 그러나 일단 조종사가 강하를 시작하고 구역에서 고도를 떠난다고 구두 보고했다면 조종사는 추가적인 ATC 허가 없이 그 고도로 복귀할 수 없다.

【문제】 8. 비행허가에 포함되지 않는 내용은?
① 전이고도   ② 허가한계점   ③ 항로   ④ 항공기 식별부호

【문제】 9. IFR clearance에 포함되지 않는 것은?
① Call sign   ② Type of aircraft
③ SID   ④ Route of flight

【문제】 10. ATC clearance에 포함되지 않는 항목은?
① 순항고도   ② 항로   ③ 목적지 공항   ④ 목적지 기상상태

【문제】 11. 최초 holding 시 EFC(expect further clearance)를 발부하는 이유는?
① 착륙의 우선순위를 결정하기 위하여
② 다음 holding 지시의 지연이 발생할 수 있기 때문에
③ Holding 항공기 간의 분리를 위하여
④ 관제의 편의를 도모하기 위하여

〈해설〉 FAA AIM 4-4-3. ATC 허가에는 보통 다음과 같은 사항이 포함된다.
1. 허가한계점(Clearance Limit)
2. 출발절차(Departure Procedure)
3. 비행경로(Route of Flight)
4. 고도자료(Altitude Data)
5. 체공지시(Holding Instruction). 항공기가 목적지공항이 아닌 다른 fix까지 허가가 되고 지연이 예상될 때, 완전한 체공지시(장주가 차트화되어 있지 않은 경우), EFC 시간 및 어떤 추가적인 항공로/터미널 지연의 정확한 예상정보를 발부하는 것은 ATC 관제사의 책임이다.

정답 7. ③   8. ①   9. ②   10. ④   11. ②

【문제】 12. 특별 VFR 비행을 실시할 수 없는 공역은?
　　① A등급 공역　　② B등급 공역　　③ C등급 공역　　④ D등급 공역

【문제】 13. VFR 비행계획을 제출한 항공기가 할 수 있는 것은?
　　① Contact approach　　　　② Visual approach
　　③ Special VFR　　　　　　 ④ VOR approach

【문제】 14. B, C, D등급 및 E등급 공역 내에서 특별 VFR 비행을 수행하기 위한 기상요건은?
　　① 구름으로부터 벗어나고 비행시정 1 SM 이상
　　② 구름으로부터 벗어나고 비행시정 2 SM 이상
　　③ 구름으로부터 수평으로 1,000 ft 이상, 비행시정 1 SM 이상
　　④ 구름으로부터 수평으로 1,000 ft 이상, 비행시정 2 SM 이상

【문제】 15. Special VFR에 대한 설명 중 틀린 것은?
　　① 구름을 피하여 비행하여야 한다.
　　② 허가받은 관제관 안에서 비행하여야 한다.
　　③ 지표 또는 수면을 계속하여 볼 수 있는 상태로 비행하여야 한다.
　　④ 비행시정이 1,000 m 이상이어야 한다.

【문제】 16. 특별시계비행에 대한 설명 중 틀린 것은?
　　① 시정은 최소 1 mile 이상이어야 한다.
　　② 이착륙 시 기상제한은 없다.
　　③ 계기비행증명이 있으면 일몰부터 일출 사이에도 비행할 수 있다.
　　④ 구름으로부터 벗어나서 비행하여야 한다.

【문제】 17. 특별시계비행에 대한 설명 중 틀린 것은?
　　① B등급 공역에서는 특별시계비행이 허용되지 않는다.
　　② 구름을 피하여 비행해야 하며, 최저비행시정은 1 SM 이다.
　　③ 계기비행자격증명이 없으면 야간비행은 허용되지 않는다.
　　④ 야간에 비행하려면 조종사는 계기비행자격증명이 있어야 하고, 항공기는 IFR 비행을 위한 장비를 구비해야 한다.

〈해설〉 FAA AIM 4-4-6. 특별시계비행 허가(Special VFR Clearance)
　　1. VFR 조종사는 특별 VFR 상태로 대부분의 D등급과 E등급 공항교통구역 및 일부 B등급과 C등급 공항교통구역으로 진입, 이탈 또는 운항하기 위한 허가를 요구할 수 있으며, 교통상황이 허용되고 이러한 비행이 IFR 운항을 지연시키지 않을 때 허가될 수 있다. 모든 특별 VFR 비행은 구름으로부터 벗어난 상태를 유지하여야 하며, 특별 VFR 항공기(헬리콥터 이외)를 위한 시정요건은 다음과 같다.
　　　가. B등급, C등급, D등급 및 E등급 공항교통구역(surface area) 내에서 운항하기 위해서는 최소한 1 SM의 비행시정

[정답]　12. ①　　13. ③　　14. ①　　15. ④　　16. ②　　17. ①

나. 이륙 또는 착륙할 때 최소한 1 SM의 지상시정. 공항의 지상시정이 보고되지 않았다면 비행시정이 최소한 1 SM 이어야 한다.
2. 고정익항공기의 특별 VFR 운항은 조종사가 계기비행증명이 있고, 항공기가 IFR 비행을 위한 장비를 갖추고 있지 않는 한 일몰부터 일출까지는 금지된다.

【문제】 18. 특별시계비행에 대한 설명 중 틀린 것은?
① 시정을 2,000 m 이상 유지해야 한다.
② 지상이나 수면을 계속 볼 수 있어야 한다.
③ 구름을 피하여 비행해야 한다.
④ 계기비행자격이 없으면 주간에만 비행할 수 있다.

【문제】 19. 시계비행 최저치 미만의 기상상황에서 특별시계비행 허가를 받고 출항하는 항공기에 대한 설명 중 틀린 것은?
① 구름을 피하여 비행해야 한다.
② 지상시정을 최소 1,500미터 이상 유지해야 한다.
③ 조종사 자격요건에 상관없이 야간에도 비행 가능하다.
④ 지표 또는 수면을 계속하여 볼 수 있는 상태로 비행해야 한다.

〈해설〉 항공안전법 시행규칙 제174조(특별시계비행)
1. 예측할 수 없는 급격한 기상의 악화 등 부득이한 사유로 관할 항공교통관제기관으로부터 특별시계비행허가를 받은 항공기의 조종사는 다음의 기준에 따라 비행하여야 한다.
  가. 허가받은 관제권 안을 비행할 것
  나. 구름을 피하여 비행할 것
  다. 비행시정을 1,500 m 이상 유지하며 비행할 것
  라. 지표 또는 수면을 계속하여 볼 수 있는 상태로 비행할 것
  마. 조종사가 계기비행을 할 수 있는 자격이 없거나, 계기비행을 위한 항공계기를 갖추지 아니한 항공기로 비행하는 경우에는 주간에만 비행할 것. 다만, 헬리콥터는 야간에도 비행할 수 있다.
2. 특별시계비행을 하는 경우에는 다음의 조건에서만 이륙하거나 착륙할 수 있다.
  가. 지상시정이 1,500 m 이상일 것
  나. 지상시정이 보고되지 아니한 경우에는 비행시정이 1,500 m 이상일 것

【문제】 20. Special VFR 비행 시 공항의 지상시정이 1마일 미만인 경우, 이에 대한 설명으로 맞는 것은?
① 항공기 비상이 아닌 한 착륙할 수 없다.
② 공항의 발간된 실패접근절차에 따라 착륙할 수 있다.
③ 조종사가 활주로를 육안으로 확인하고, 관제탑에서 허가하는 경우 착륙할 수 있다.
④ 교통상황이 허락되는 경우 관제탑은 착륙을 허가할 수 있다.

〈해설〉 항공교통관제절차 7-5-7. 지상시정 1마일 미만(Ground Visibility Below One Mile)
시정이 1마일 미만일 때 헬리콥터의 특별시계비행을 금지하지는 않는다. 공항의 지상시정이 1마일 미만으로 공식 보고되었을 때 고정익 항공기가 특별시계비행을 요구할 경우에는 다음과 같이 처리하여야 한다.

정답 18. ①   19. ③   20. ③

1. 이륙항공기에게는 지상시정이 1마일 미만이므로, 허가할 수 없다고 알려 주어야 한다.
2. B, C, D등급 또는 E등급 공항교통구역(surface area) 밖에 있는 도착 항공기에게는 지상시정이 1마일 미만이며, 항공기 비상이 아닌 한 허가할 수 없다고 알려주어야 한다.
3. B, C, D등급 또는 E등급 공항교통구역(surface area)내에 있는 시계비행/특별시계비행 도착 항공기에게 지상시정이 1마일 미만이라고 조언하고, 조종사의 의도를 요구하여야 한다.
- 주기(Note) : 관제탑을 운영하는 공항에서 조종사가 공항을 육안 확인하였다고 보고하고 교통상황이 허락되면 항공기의 착륙을 허가한다. 조종사는 공항으로 계속 비행을 하거나 공항표면구역을 벗어날 책임이 있다.

【문제】21. ATC 허가 및 지시 중 조종사가 반드시 복창해야 되는 항목은?
① 식별부호, 지정고도, 벡터
② 식별부호, 벡터, 항공기 기종
③ 지정고도, 항공기 기종, 의도
④ 식별부호, 지정고도, 상승/강하

〈해설〉 FAA AIM 4-4-7, b. ATC 허가/지시 복창(Readback)
1. ATC 허가/지시 복창(Readback). 체공 중인 항공기의 조종사는 상호확인의 수단으로써 고도배정, 레이더유도(vector) 또는 활주로배정을 포함한 ATC 허가와 지시사항의 이러한 부분들을 복창하여야 한다.
2. 모든 응답과 복창에 항공기 식별부호를 포함하여야 한다. 이것은 해당 항공기가 허가 또는 지시를 수신했다는 것을 관제사가 판단할 수 있도록 한다.

【문제】22. 다음 중 조종사가 항상 복창해야 하는 지시 및 정보는?
① Time check, runway-in-use, altimeter settings, level instructions, SSR codes
② Runway-in-use, altimeter settings, SSR codes, level instructions, heading and speed instructions
③ Runway-in-use, visibility, surface wind, heading instructions, altimeter settings
④ Surface wind, visibility, ground temperature, runway-in-use, altimeter settings, heading and speed instructions

〈해설〉 ICAO Doc 4444, 4.5.7.5 허가의 복창(readback of clearance)
조종사는 음성(voice)으로 송신된 지시와 항공교통관제(ATC) 허가 중 안전과 관련된 부분은 항공교통관제사에게 복창을 하여야 한다. 조종사가 항상 복창하여야 하는 항목은 다음과 같다.
1. 항공교통관제(ATC) 비행로 허가
2. 활주로에 진입(enter), 착륙(land on), 이륙(take off on), 활주로 가까이 대기(hold short of), 횡단활주(cross taxi) 및 역주행(backtrack) 허가 및 지시
3. 사용 활주로, 고도계 수정치, 2차 감시레이더 코드(SSR codes), 고도지시, 기수 및 속도지시, 전이고도(관제사 발부 또는 ATIS에 포함 여부에 관계없이)

【문제】23. VFR on top 비행에 관하여 맞는 것은?
① 구름과의 거리, 시정, 위치보고는 IFR을 따르고 나머지는 VFR을 따른다.
② 구름과의 거리, 시정, 위치보고는 VFR을 따르고 나머지는 IFR을 따른다.
③ 구름과의 거리, 시정은 IFR을 따르고 나머지는 VFR을 따른다.
④ 구름과의 거리, 시정은 VFR을 따르고 나머지는 IFR을 따른다.

정답 21. ① 22. ② 23. ④

【문제】24. VFR on top 지시를 받았을 경우 유지해야 하는 고도는?
① VFR 기상조건에서 MEA 이상의 적절한 VFR 고도
② VFR 기상조건에서 MEA 이상의 적절한 IFR 고도
③ VFR 기상조건에서 구름 이상의 적절한 VFR 고도
④ VFR 기상조건에서 구름 이상의 적절한 IFR 고도

【문제】25. 운상시계비행(VFR on top)에 대한 설명 중 틀린 것은?
① 다른 항공기와의 충돌을 회피할 책임은 조종사에게 있다.
② IFR 비행계획을 취소하고 시계비행규칙에 따른다.
③ 조종사가 임의로 고도를 선택할 수 있다.
④ 지정된 VFR 고도를 준수한다.

【문제】26. VFR-on-top 비행을 할 수 없는 공역은?
① Class A ② Class C ③ Class E ④ Class G

〈해설〉 FAA AIM 4-4-8. IFR 항공기 운상시계비행 허가(IFR Clearance VFR-on-top)
1. VFR 상태로 운항할 때, "maintain VFR-on-top/maintain VFR conditions"의 ATC 허가를 받은 IFR 비행계획의 조종사는,
   가. 해당 VFR 고도로 비행하여야 한다.
   나. VFR 시정 및 구름으로부터의 거리기준을 준수하여야 한다.
   다. 이 비행에 적용할 수 있는 계기비행방식, 즉 최저 IFR 고도, 위치보고, 무선교신, 비행경로, ATC 허가준수 등에 따라야 한다.
2. "Maintain VFR-on-top"의 ATC 허가는 조종사에게 차폐 기상현상(층) 위로만 운항하도록 제한하려는 것이 아니다. 그 대신 기상차폐가 없는 지역 또는 기상차폐층의 상부, 하부, 층(layer) 간에서의 운항을 허용하는 것이다. 그러나 조종사는 "VFR-on-top/VFR conditions"의 운항허가가 IFR 비행계획의 취소를 의미하는 것은 아니라는 것을 알아야 한다.
3. VFR 기상상태에서 운항중일 때, 다른 항공기를 육안으로 보고 회피할 수 있도록 경계해야 하는 것은 조종사의 책임이다.
4. ATC는 A등급 공역에서의 VFR 또는 운상시계비행(VFR-on-top)을 허가하지 않는다.

【문제】27. MEA 아래에서 VFR로 비행 중인 비행기가 관제사에게 IFR 허가를 요청하는 경우 올바르지 않은 것은?
① MEA에 도달할 때 까지 장애물 회피에 대한 책임은 조종사에게 있다.
② 비행기가 장애물 위험지역 근처에 있는 경우 시계비행을 유지하도록 한다.
③ 비행기가 장애물 위험지역 근처에 있는 경우 임의의 방향으로 유도한다.
④ IFR 허가를 주기 전에 MEA 고도까지 상승 중 장애물을 회피할 수 있는지 조종사에게 물어본다.

〈해설〉 항공교통관제절차 4-2-8. 비행방식의 변경 허가. 계기비행(IFR) 운항 최저고도 이하에서 시계비행 운항 중인 항공기가 계기비행 허가를 요구하고, 조종사가 시계비행(VFR) 상태로 계기비행최저고도까지 상승할 수 없다는 것을 관제사가 인지한 경우, 다음과 같이 조치한다.
1. 허가를 발부하기 전에 조종사가 최저계기비행고도(MIA)까지 상승 중 산악 및 장애물 회피가 가능한지를 문의하여야 한다.

[정답] 24. ① 25. ② 26. ① 27. ③

• 주(Note) - 조종사는 최저계기비행고도(MIA) 또는 최저항공로고도(MEA)에 도달할 때까지 산악 및 장애물 회피에 대한 책임이 있으므로, MIA 또는 MEA의 미만에서 운항하는 특정 진로지시를 하여서는 안된다.
2. 조종사가 산악 및 장애물 분리를 유지할 수 있는 경우, 적절한 허가를 발부한다.
3. 조종사가 산악 및 장애물 분리를 유지할 수 없는 경우, 시계비행(VFR)을 유지하도록 하고 조종사 의도를 파악한다.

【문제】28. 조종사 임의대로 상승 또는 강하할 수 있는 결정권을 ATC가 제공한다는 의미의 관제용어는?
① Proceed as requested
② Descend/climb via
③ At pilot's discretion
④ Resume own navigation

【문제】29. ATC로부터 상승지시를 받았을 경우 적합한 상승절차는?
① 지정된 고도의 500 ft 전까지 최적상승률로 상승, 500 ft 이후에는 500~1,500 fpm으로 상승한 후 level off 한다.
② 지정된 고도의 1,000 ft 전까지 최적상승률로 상승, 1,000 ft 이후에는 500~1,500 fpm으로 상승한 후 level off 한다.
③ 지정된 고도의 500 ft 전까지 최적상승률로 상승, 500 ft 이후에는 500~1,000 fpm으로 상승한 후 level off 한다.
④ 지정된 고도의 1,000 ft 전까지 최적상승률로 상승, 1,000 ft 이후에는 500~1,000 fpm으로 상승한 후 level off 한다.

【문제】30. In the event you deviate from an ATC clearance during an emergency, you must notify ATC ( ). ( )에 들어갈 말로 적합한 것은?
① as soon as possible
② immediately after landing
③ within 24 hours after landing
④ within 48 hours after landing

〈해설〉 FAA AIM 4-4-10. 허가 준수(Adherence to Clearance)
1. ATC 허가의 고도정보에 포함되는 용어 "조종사의 판단에 따라(at pilot's discretion)"는 조종사가 필요할 때 상승 또는 강하할 수 있는 선택권을 ATC가 조종사에게 제공한다는 의미이다.
2. ATC가 용어 "조종사의 판단에 따라(at pilot's discretion)"를 사용하지 않고 상승이나 강하의 제한사항도 발부하지 않은 경우, 조종사는 허가에 응답한 즉시 상승 또는 강하를 시작하여야 한다. 배정고도의 1,000 ft 전까지는 항공기의 운용특성에 맞는 최적비율로 상승 또는 강하하고, 그 다음에는 배정고도에 도달할 때 까지 500~1,500 fpm의 비율로 상승하거나 강하하여야 한다.
3. 비상상황에 처하여 ATC의 허가사항을 위배한 경우, 기장은 가능한 한 빨리 ATC에 통보하고 수정된 허가를 받아야 한다.

【문제】31. Level-off 조작의 Lead point는?
① VSI의 5%   ② VSI의 10%   ③ VSI의 15%   ④ VSI의 20%

〈해설〉 FAA IFH 제6장. 상승이나 강하시 level off를 실시할 시기를 결정하는 하나의 방법은 원하는 고도 이전에 승강계(vertical speed rate)의 10%에서 level off 하는 것이다. 예를 들어 500 ft/min으로 상승중이라면 원하는 고도의 50 ft 이전에 level off 한다.

정답 28. ③   29. ②   30. ①   31. ②

【문제】32. 다음 중 "신속히 수행하라"는 의미의 ATC 용어는?
① Immediately ② Expedite ③ Proceed ④ Attention

【문제】33. 긴급 이행(expeditious compliance) 지시에 대한 다음 설명 중 틀린 것은?
① "Immediately" 용어는 긴박한 상황의 회피가 필요하며 신속한 이행이 요구되는 경우에 사용한다.
② "Expedite" 용어는 긴박한 상황으로 진전됨을 회피하기 위하여 즉각 이행이 요구되는 경우에 사용한다.
③ ATC가 신속한 상승 또는 강하 허가를 발부하였고, 이어서 신속(expedite)이란 용어를 사용하지 않고 고도를 변경하였거나 재발부 하였다면 신속 지시는 취소된 것이다
④ "Immediately" 또는 "Expedite" 지시를 발부할 때는 항상 이유를 설명하여야 한다.

〈해설〉 항공교통관제절차 2-1-5. 긴급 이행(Expeditious Compliance)
1. "Immediately"라는 용어는 긴박한 상황의 회피가 필요하며 신속한 이행이 요구되는 경우에만 사용한다.
2. "Expedite"라는 용어는 긴박한 상황으로 진전됨을 회피하기 위하여 즉각 이행이 요구되는 경우에만 사용한다. 항공교통관제기관에 의하여 신속한 상승 또는 강하 허가가 발부되었고, 이어서 "expedite"라는 용어를 사용하지 않고 고도가 변경되었거나 재발부 되었다면 "expedite" 지시는 취소된 것이다
3. 위의 "1", "2"에 의한 지시를 발부할 때, 시간이 허용되는 범위 내에서 이유를 설명하여야 한다.

【문제】34. 항로로 레이더 유도된 이후에 출발 관제사가 조종사에게 "Resume own navigation"이라고 지시하였다면, 이 관제용어의 의미는?
① 통상 보고지점에서 보고하라.
② 자체 항법장비를 이용하여 항로를 유지하라.
③ Radar service가 종료되었다.
④ ATC는 더 이상 조언을 하지 않을 것이다.

【문제】35. Upon intercepting the assigned radial, the controller advises you that you are on the airway and to "resume own navigation". This phrase means that:
① You are still in radar contact, but must make position reports.
② Radar services are terminated and you will be responsible for position reports.
③ You are to contact the centre at the next reporting point.
④ You are to assume responsibility for your own navigation.

〈해설〉 FAA AIM 용어사전(Glossary). Resume own navigation은 ATC가 조종사에게 조종사의 책임 하에 자체항법으로 전환하라고 조언할 때 사용한다. 레이더 유도를 완료한 이후 또는 항공기를 레이더 유도하는 동안 레이더 포착을 상실한 경우에 발부한다.

【문제】36. ATC 기관에서 항공기를 분리하는 방법이 아닌 것은?
① 수직분리 ② 수평분리 ③ 복합분리 ④ 개별분리

【문제】37. 같은 고도에 있는 항공기의 분리에 레이더를 사용할 때, Radar antenna로부터 40 NM 이내

정답 32. ② 33. ④ 34. ② 35. ④ 36. ④

에 있는 항공기 간의 분리간격은?

① 최소 3 NM   ② 최소 5 NM   ③ 최소 7 NM   ④ 최소 10 NM

【문제】38. 레이더 안테나로부터 40마일 밖에 있을 때 동일 고도에 있는 항공기간 최소간격분리는 몇 마일로 하는가?

① 3마일   ② 4마일   ③ 5마일   ④ 7마일

【문제】39. 동일 고도에 있는 항공기 간의 분리에 레이더를 사용할 때 분리 최저치로 맞는 것은?

① 안테나로부터 40마일 미만 - 2마일   ② 안테나로부터 40마일 미만 - 4마일
③ 안테나로부터 40마일 이상 - 3마일   ④ 안테나로부터 40마일 이상 - 5마일

〈해설〉 FAA AIM 4-4-11. IFR 분리기준(IFR Separation Standards)
1. ATC는 서로 다른 고도를 배정함으로써 수직적으로 항공기를 분리시키거나, 동일하거나 수렴(converging) 또는 교차(crossing)하는 진로의 항공기 간에는 시간이나 거리단위로 나타낸 간격을 제공하여 줌으로써 종적으로 또는 서로 다른 비행경로를 배정함으로써 횡적으로 항공기를 분리시킨다.
2. 동일한 고도에 있는 항공기의 분리에 레이더가 사용될 때 레이더 안테나 site로부터 40 mile 이내에서 운항하는 항공기 간에는 최소 3 mile의 분리가 제공되고, 안테나 site로부터 40 mile 밖에서 운항하는 항공기 간에는 최소 5 mile의 분리가 제공된다.

【문제】40. 동일 순항고도에 있는 항공기 간의 시간에 의한 종적간격분리에 대한 설명 중 틀린 것은?

① 일반적으로 15분 간격으로 한다.
② 확실한 정보가 있을 경우에는 10분 간격으로 한다.
③ 전방 항공기가 후방 항공기보다 20 kts 이상 빠른 경우에는 5분 간격으로 한다.
④ 전방 항공기가 후방 항공기보다 30 kts 이상 빠른 경우에는 3분 간격으로 한다.

〈해설〉 ICAO Dcc 4444, Chapter 5, 5.4.2.2 시간에 의한 종적분리 최저치
동일 순항고도의 동일 진로 상의 항공기 간의 시간에 의한 종적분리 최저치는 다음과 같다.
1. 15분, 또는
2. 항행안전시설을 이용하여 위치 및 속도 판단을 하는 경우 : 10분, 또는
3. 앞서가는 항공기가 뒤따르는 항공기보다 37 km/h(20 kt) 이상 빠른 경우 : 5분
4. 앞서가는 항공기가 뒤따르는 항공기보다 74 km/h(40 kt) 이상 빠른 경우 : 3분

【문제】41. 접근 시 접근관제소로부터 "reduce speed to 100"이라고 속도조절을 지시받은 경우, 접근속도를 얼마로 감속하여야 하는가?

① 100 knots IAS   ② 100 mph IAS
③ 100 knots TAS   ④ 100 knots groundspeed

【문제】42. 속도조절을 지시받은 조종사가 유지해야 할 속도범위는?

① 지시받은 속도의 ±5노트   ② 지시받은 속도의 ±5%
③ 지시받은 속도의 ±10노트   ④ 지시받은 속도의 ±10%

【문제】43. ATC로부터 속도조절을 지시받은 경우 유지해야 하는 속도범위는?

정답   37. ①   38. ③   39. ④   40. ④   41. ①   42. ③

① 지정속도의 ±5 kts, ±0.01 Mach ② 지정속도의 ±5 kts, ±0.02 Mach
③ 지정속도의 ±10 kts, ±0.01 Mach ④ 지정속도의 ±10 kts, ±0.02 Mach

【문제】44. ATC로부터 210 kts의 속도를 유지할 것을 지시받았다면, 유지해야 할 속도의 범위는?
① 205~215 kts ② 200~220 kts
③ 195~225 kts ④ 190~230 kts

〈해설〉 FAA AIM 4-4-12. 속도조절(Speed Adjustments)
1. ATC는 FL240 이상에서의 속도를 0.01 간격의 마하수(Mach number) 단위로 나타내는 것을 제외하고, 모든 속도조절을 5 knot 또는 10 knot 간격의 지시대기속도(IAS)에 의거하여 knot 단위로 나타낸다.
2. 속도조절지시를 실행하는 조종사는 지시받은 속도의 ±10 knot, 또는 마하수 ±0.02 이내의 속도를 유지하여야 한다.

【문제】45. Terminal area의 max speed는?
① 175 kts ② 210 kts ③ 230 kts ④ 250 kts

【문제】46. FL280~10,000 ft 사이의 고도로 비행하는 항공기 간의 속도조절을 위해 ATC가 지시할 수 있는 최저속도는?
① 210 kts 또는 그와 동등한 Mach Number
② 230 kts 또는 그와 동등한 Mach Number
③ 250 kts 또는 그와 동등한 Mach Number
④ 270 kts 또는 그와 동등한 Mach Number

【문제】47. 도착하는 터보제트 항공기의 10,000피트 이하 고도에서 최소속도는?
① 190 kts ② 200 kts ③ 210 kts ④ 220 kts

【문제】48. 10,000피트 미만 20 NM 외부에서 공항으로 접근하는 터보제트 항공기의 간격분리를 위해 ATC가 감속 요청 시 지시할 수 있는 최소속도는?
① 200 kts ② 210 kts ③ 235 kts ④ 250 kts

【문제】49. 특별한 경우가 아닌 한, 10,000 ft 미만의 고도에서 ATC는 도착하는 터보프롭 항공기에 최소 몇 kts 이상의 속도를 지시하여야 하는가? (공항으로부터 20 NM 이상 떨어져 있는 경우)
① 150 kts ② 170 kts ③ 200 kts ④ 250 kts

【문제】50. 착륙하고자 하는 공항의 활주로 시단으로부터 20 NM 이내에서 10,000 ft 미만의 고도로 운항하는 터보제트 항공기의 최소속도는?
① 150 kts ② 170 kts ③ 210 kts ④ 230 kts

【문제】51. ATC는 공항을 이륙하여 출발하는 터빈동력 항공기가 최소 몇 knot 이상을 유지할 것이라고

정답 43. ④ 44. ② 45. ④ 46. ③ 47. ③ 48. ② 49. ③ 50. ②

기대하는가?

① 200 kts ② 210 kts ③ 230 kts ④ 250 kts

【문제】52. 조종사의 동의가 없는 한 ATC가 지시하는 속도조절의 최저치로 틀린 것은?
① FL280~10,000 ft 사이의 고도에서 비행하는 항공기: 250 kts 또는 이와 동등한 마하수
② 고도 10,000 ft 미만의 도착하는 터보제트 항공기: 210 kts
③ 착륙예정 공항의 활주로 threshold로부터 20마일 이내에 있는 터보제트 항공기: 170 kts
④ 출발하는 터보제트 항공기: 210 kts

【문제】53. Radar 관제 시 항공기에게 속도조절을 지시하지 못하는 경우는?
① Threshold로부터 5마일 이내에 있는 경우
② B등급 공역 내 설정된 시계비행로에 있는 경우
③ 초음속으로 비행하는 경우
④ 최종접근진로와 중간접근진로 상에 있는 경우

〈해설〉FAA AIM 4-4-12. 속도조절(Speed Adjustments)
 1. ATC가 속도조절을 지시할 때는 다음의 권고 최저치에 의거하여야 한다.
  가. FL280~10,000 ft 사이의 고도에서 운항하는 항공기에 대해서는 최저 250 knot 또는 이와 대등한 마하수
  나. 도착하는 터보제트 항공기가 10,000 ft 미만의 고도에서 운항하는 경우
   (1) 210 knot를 최저속도로 한다.
   (2) 단, 착륙하고자 하는 공항으로부터 비행거리 20 mile 이내에서는 170 knot를 최저속도로 한다.
  다. 착륙하고자 하는 공항의 활주로시단으로부터 비행거리 20 mile 이내의 도착하는 왕복엔진 또는 터보프롭 항공기에 대해서는 150 knot를 최저속도로 한다.
  라. 도착하는 왕복엔진 또는 터보프롭 항공기에 대해서는 200 knot를 최저속도로 한다. 단, 착륙하고자 하는 공항의 활주로시단으로부터 비행거리 20 mile 이내에서는 150 knot를 최저속도로 한다.
  마. 출발하는 항공기의 경우
   (1) 터보제트 항공기는 230 knot를 최저속도로 한다.
   (2) 왕복엔진 항공기는 150 knot를 최저속도로 한다.
 2. 최종접근진로 상의 최종접근픽스(final approach fix) 안쪽 또는 활주로로부터 5 mile 이내의 지점 중 활주로에 더 가까이 있는 항공기에게는 속도조절을 지시하여서는 안된다.

【문제】54. 다음 중 ATC가 항공기에 속도조절을 지시할 수 있는 경우는?
① 체공장주 내에서 holding 중인 항공기
② IAF에 접근 중인 항공기
③ 39,000피트 이상의 고도에서 비행하는 항공기로서 조종사의 동의가 없는 경우
④ 고고도 계기접근절차를 수행 중인 항공기

〈해설〉항공교통관제절차 5-7-1. 적용(Application)
 다음 항공기에게는 속도조절을 지시하여서는 안된다.
 1. FL390 이상의 고도에서 조종사 동의가 없는 경우

    2. 발간된 고고도 계기접근절차를 수행 중인 항공기
    3. 체공장주에 있는 항공기
    4. 최종접근 진로상의 최종접근픽스 또는 활주로로부터 5마일되는 지점 중 활주로로부터 가까운 지점에 있는 항공기

■ 잠깐! 알고 가세요.

구 분			최저속도
FL280~10,000 ft의 고도에서 운항하는 항공기			최저 250 kts
도착 항공기 (고도 10,000 ft 미만)	터보제트 항공기	공항으로부터 20 mile 이외	최저 210 kts
		공항으로부터 20 mile 이내	최저 170 kts
	왕복엔진 또는 터보프롭 항공기	공항으로부터 20 mile 이외	최저 200 kts
		공항으로부터 20 mile 이내	최저 150 kts
출발 항공기	터보제트 항공기		최저 230 kts
	왕복엔진 항공기		최저 150 kts
헬리콥터			최저 60 kts

【문제】55. 이륙전, 상승 및 강하, 직진 수평비행 및 비행장주 비행시 시각경계절차의 올바른 활용과 관계없는 것은?

① 이륙전 : 활주로 진입시 ATC로부터 진입허가를 받았다면 접근구역의 착륙 항공기에 대한 경계없이 활주로 상으로 진입할 수 있다.
② 상승 및 강하 : 다른 항공기를 시각적으로 탐지할 수 있는 비행조건일 때, 상승 및 강하를 하는 동안 조종사는 공역을 계속 시각 탐색할 수 있는 빈도로 좌우 완선회를 하여야 한다.
③ 직선 수평비행 : 다른 항공기를 시각적으로 탐색할 수 있는 상황에서의 계속적인 직선 수평비행을 할 때, 효과적인 경계를 하기 위해 적절한 경계절차로서 주기적 경계선회를 하여야 한다.
④ 비행장주 : 강하하면서 장주로 진입하는 것은 특히 공중충돌위험을 초래하므로 피하여야 한다.

【문제】56. 비행 시 시각경계절차에 대한 설명으로 틀린 것은?
① 유도로에서 활주로로 진입하기 전에 최종접근 중인 항공기를 경계하여야 한다.
② 이륙 및 착륙 시에는 항공기 구조물로 인한 사각지대의 주변을 계속 경계하여야 한다.
③ 교통장주에 진입할 때는 시야를 좋게 하기 위해 강하하면서 진입한다.
④ 기동 전에 clearing turn을 수행하여 다른 항공기와 장애물을 탐색하여야 한다.

〈해설〉FAA AIM 4-4-15. 시각경계절차의 사용(Use of Visual Clearing Procedure)
  1. 이륙 전(before takeoff) : 이륙준비를 하기 위하여 활주로 또는 착륙구역으로 지상활주하기 전에 조종사는 만일의 착륙 항공기에 대비하여 접근구역을 탐색하고, 접근구역을 명확하게 볼 수 있도록 적절한 경계기동(clearing maneuver)을 수행하여야 한다.
  2. 상승 및 강하(climb and descent) : 다른 항공기를 육안탐색할 수 있는 비행상태에서 상승 및 강하하는 동안, 조종사는 주변공역을 계속 육안탐색할 수 있는 빈도로 약간 좌우로 경사지게 하여야 한다.
  3. 직진 및 수평(straight and level) : 다른 항공기의 육안탐색이 가능한 상황에서 계속 직진수평비행을 하는 동안, 효과적인 육안탐색을 위하여 적절한 경계절차가 일정한 간격으로 이루어져야 한다.

정답 55. ①   56. ③

4. 교통장주(traffic pattern) : 강하하면서 교통장주로 진입하는 것은 특정한 충돌위험을 초래할 수 있으므로 피해야 한다.

【문제】57. 항공기 주변의 교통정보를 감시하고 다른 항공기가 일정한 거리나 고도로 접근 시, 공중충돌 방지를 위하여 조종사에게 이를 알려주기 위하여 사용되는 장치는?
① GPS   ② TCAS   ③ FMS   ④ AFDS

【문제】58. TCAS에 대한 설명으로 맞는 것은?
① 항공기에 탑재된 레이더를 이용하여 상대 항공기의 거리와 방위정보를 알아낸다.
② 상대 항공기의 transponder 신호를 이용하여 거리, 방위 및 고도정보를 알아낸다.
③ Ground-based 항행안전시설을 이용하여 거리, 방위 및 고도정보를 알아낸다.
④ GPS를 이용하여 상대 항공기의 거리와 방위정보를 알아낸다.

【문제】59. TCAS Ⅱ의 기능으로 맞는 것은?
① 교통조언(TA) 및 회피조언(RA)을 제공한다.
② 모든 방향으로의 회피조언을 제공한다.
③ 수평방향 회피에 대한 음성경고를 제공한다.
④ 지면 근접 시 지상접근경고를 제공한다.

〈해설〉 AIM 4-4-16. 공중충돌경고장치(Traffic Alert and Collision Avoidance System; TCAS Ⅰ & Ⅱ)
1. TCAS Ⅰ은 조종사가 침범항공기를 시각적으로 포착하는 것을 돕기 위한 근접경고(proximity warning) 만을 제공한다.
2. TCAS Ⅱ는 교통조언(traffic advisory; TA) 및 회피조언(resolution advisory; RA)을 제공한다.

〈참조〉 항공정보매뉴얼 8-6-7. 공중충돌방지장치(Airborne Collision Avoidance System : ACAS)
TCAS는 ATC 트랜스폰더가 보내는 질문신호(interrogation signal)와 다른 항공기로부터 받는 트랜스폰더 신호(transponder signal)에 의하여 작동한다. 이 장비는 신호로부터 다른 항공기의 거리, 방위 그리고 트랜스폰더 신호(transponder signal)에 포함되어 있다면 고도정보까지 감지하여 나타나도록 해 준다.

【문제】60. TCAS RA 기동을 실시하면 관제기구의 감시기능이 중단된다. 다음 중 감시기능이 다시 회복되는 경우가 아닌 것은?
① 회피한 항공기가 원래의 방위와 속도로 돌아온 경우
② 기동완료를 보고하고 관제기구가 감시기능을 회복했음을 알린 경우
③ 회피한 항공기가 원래의 고도로 돌아왔을 때
④ 회피한 항공기가 대체허가를 수행하고, 관제기구가 감시기능이 회복된 것을 확인한 경우

〈해설〉 항공교통관제절차 2-1-28. 공중충돌경고장치 회피조언(ACAS Resolution Advisories)
항공기가 ACAS RA 경고에 대한 대응절차를 시작한 경우, 관제사는 동 항공기와 다른 항공기, 공역, 지형지물 또는 장애물 간 표준분리를 취하여야 할 책임이 없다. 표준분리에 대한 책임은 다음 상황 중 하나와 일치할 때 재개된다.

[정답] 57. ②   58. ②   59. ①   60. ①

1. 회피 기동하는 항공기가 배정된 고도로 다시 복귀한 경우
2. 운항승무원이 ACAS 기동을 완료하였음을 관제사에게 통보하고 관제사가 표준분리가 다시 취해진 것을 확인한 경우
3. 회피 기동하는 항공기가 대체허가를 수행하였고 관제사가 표준분리가 다시 취해진 것을 확인한 경우

【문제】61. TAWS(Terrain Awareness and Warning System)에 대한 설명 중 틀린 것은?
① CFIT(controlled flight into terrain)를 방지하기 위하여 개발되었다.
② EGPWS는 산악지형에서도 유용하다
③ GPWS는 무선고도계, 속도, 기압고도로 지면에 대한 항공기 위치를 측정한다.
④ GPWS는 MSL을 사용한다.

〈해설〉TAWS(지형인식 및 경고시스템)는 조종 중 지면과의 충돌(controlled flight into terrain; CFIT)을 감소시키기 위해 FAA가 설정한 항공기의 지상충돌방지 시스템의 개념으로, 초기 적용기술이 GPWS(Ground Proximity Warning System) 이었다. 1970년대 초부터 항공사에서 사용되었던 GPWS는 지면에 대한 항공기의 위치를 판단하기 위하여 무선고도계, 속도, 기압고도(barometric altitude)를 사용하고 있다. GPWS는 무선고도계에 의거 측정된 지상으로부터의 높이(AGL)를 근거로 지면으로 접근시 경보를 발하는 장치이다. 그러므로 수면, 평형한 지면 또는 완만하게 경사진 지면으로 접근시에는 효과적이다. 그러나 급경사로 이루어진 산악과 같이 정면으로 닥치는 지형에 대해서는 경보를 발할 수 없다. 이와 같은 결점을 해소하기 위하여 EGPWS(Enhanced Ground Proximity Warning System)가 개발되었다.

V. 감시 시스템(Surveillance Systems)

【문제】1. Radar 전파의 특성에 대한 설명 중 맞는 것은?
① 구름에 흡수된다.
② 기온역전과 같은 기상현상의 영향을 받는다.
③ 산악 등에 의해 차단된다.
④ 물체의 크기에 따라 radar echo의 강도가 결정된다.

【문제】2. 레이더의 수신거리에 영향을 주는 것은?
① 안테나가 가려져 있음
② 층운
③ 강우
④ 지면 장애물

【문제】3. 레이더 운용지역에서 레이더 교통업무를 제공하는 관제사의 조언능력이 제한될 수 있는 경우가 아닌 것은?
① 미확인 항공기가 레이더에 관측되지 않았을 때
② 비행계획정보가 없을 때
③ 다수의 교통량과 과다한 업무로 교통정보를 발부하는 데 어려움이 있을 때
④ 다른 항공기 간에 레이더 분리를 제공하고 있을 때

〈해설〉FAA AIM 4-5-1. 레이더(Radar)

[정답] 61. ④ / 1. ② 2. ③ 3. ④

1. 전파(radio wave)의 특성은 다음과 같은 경우 외에는 보통 계속해서 직선으로 이동한다는 것이다.
   가. 기온역전과 같은 불규칙한 대기현상에 의한 "굴곡현상(bending)"
   나. 짙은 구름(heavy clouds), 강수(precipitation), 지면 장애물, 산 등과 같이 밀도가 높은 물체에 의한 반사 또는 감쇠
   다. 고지대의 지형으로 인한 차폐(screen)
2. 계기비행 또는 시계비행상태로 비행하는 조종사에게 다른 항공기와의 근접을 조언할 수 있는 관제사의 능력은 미확인항공기가 레이더에 관측되지 않거나, 비행계획정보를 이용할 수 없거나 또는 교통량과 업무량이 많아서 교통정보를 발부하는데 어려움이 있다면 제한될 수 있다.

【문제】 4. 항공관제 레이더비컨시설(ATCRBS)의 장점이 아닌 것은?
① 레이더 표적의 보강
② 신속한 표적 식별
③ 선정된 코드의 독자적 전시
④ 통달거리의 증가

〈해설〉 AIM 4-5-2. 항공교통관제 비컨시스템(Air Traffic Control Radar Beacon System; ATCRBS) 일차레이더에 비해서 ATCRBS의 몇 가지 이점은 다음과 같다.
1. 레이더 표적의 보강(reinforcement of radar target)
2. 신속한 표적식별(rapid target identification)
3. 선택된 코드의 독특한 시현(unique display of selected code)

【문제】 5. Airport Surveillance Radar(ASR)에 대한 설명으로 틀린 것은?
① Terminal area의 항공기 위치를 탐지하여 교통의 신속한 처리를 위하여 사용되는 접근관제 레이더이다.
② Range와 azimuth 정보 및 elevation data를 제공한다.
③ 계기접근보조시설로도 활용할 수 있다
④ 일반적인 통달거리는 레이더로부터 반경 60 NM 이다.

【문제】 6. Airport Surveillance Radar(ASR)의 service 범위는?
① 반경 40 NM, 고도 20,000 ft
② 반경 50 NM, 고도 25,000 ft
③ 반경 60 NM, 고도 25,000 ft
④ 반경 70 NM, 고도 20,000 ft

【문제】 7. 다음 중 관제공역에서 사용되는 long range radar 시스템은?
① Air route surveillance radar(ARSR)
② Airport surveillance radar(ASR)
③ Automated radar terminal system(ARTS)
④ Traffic collision avoidance system(TCAS)

【문제】 8. 항공로 상에 있는 항공기의 관제업무에 주로 사용되는 레이더는?
① ASR   ② PAR   ③ ARSR   ④ ASDE

〈해설〉 FAA AIM 4-5-3. 감시레이더(Surveillance Radar)

정답 4. ④   5. ②   6. ③   7. ①   8. ③

1. 공항감시레이더(Airport Surveillance Radar; ASR)
   가. ASR은 공항주변에서 비교적 단거리(short-range)의 포착범위를 제공하고, 레이더스코프 상의 정확한 항공기 위치의 감시를 통해 터미널지역 교통의 신속한 처리를 위한 수단으로 활용하기 위하여 설계되었다. ASR은 계기접근보조시설로도 활용할 수 있다.
   나. ASR은 거리(range) 및 방위(azimuth) 정보를 제공하지만 고도자료는 제공하지 않는다. ASR의 포착범위(coverage)는 60 mile까지 확장될 수 있다.
2. 항로감시레이더(Air Route Surveillance Radar; ARSR)는 주로 넓은 지역에 대한 항공기 위치의 시현을 제공하기 위하여 설계된 장거리(long-range) 레이더시스템이다.

【문제】9. 정밀접근레이더(PAR)의 운영범위는?
① 거리(range) 10 NM, 방위(azimuth) 20°, 경사각(elevation) 5°
② 거리(range) 10 NM, 방위(azimuth) 20°, 경사각(elevation) 7°
③ 거리(range) 15 NM, 방위(azimuth) 20°, 경사각(elevation) 5°
④ 거리(range) 15 NM, 방위(azimuth) 20°, 경사각(elevation) 7°

【문제】10. 정밀접근레이더(PAR)에 대한 설명 중 틀린 것은?
① 최종접근구간에 사용한다.
② 착륙항적분리에 사용한다.
③ 안전하게 이륙하도록 유도하는데 사용한다.
④ 비정밀접근을 감시하기 위해서도 사용할 수 있다.

〈해설〉 FAA AIM 4-5-4. 정밀접근레이더(Precision Approach Radar; PAR)
1. PAR은 항공기 이착륙순서 및 간격조정을 위한 보조시설보다는 착륙보조시설로 사용하기 위하여 설계되었다. PAR 시설은 주요 착륙보조시설로 사용하거나, 다른 유형의 접근을 감시하기 위하여 사용할 수 있다.
2. 하나는 수직을 탐지하고 다른 하나는 수평을 탐지하기 위하여 두 개의 안테나가 PAR array에 사용된다. 거리 10 mile, 방위각 20° 그리고 경사각 7°로 제한되기 때문에 최종접근구역만을 탐지한다.

【문제】11. RVSM에 대한 설명 중 틀린 것은?
① RVSM 시스템은 세계 거의 모든 국가에서 운영되고 있다.
② RVSM 공역의 서쪽에서 동쪽으로 향하는 항공기는 FL290부터 고도를 배정한다.
③ RVSM 공역을 운항하는 항공기의 비행승무원은 RVSM 훈련을 받아야 한다.
④ RVSM 공역은 FL270부터 FL410까지의 모든 항공로이다.

【문제】12. RVSM 공역의 고도분리간격은?
① 500 ft   ② 1,000 ft   ③ 1,500 ft   ④ 2,000 ft

〈해설〉 AIP ENR 1.9 항공교통흐름관리 및 공역관리
수직분리축소(Reduced Vertical Separation Minimum; RVSM)란 비행고도 29,000 ft~41,000 ft 사이의 고고도 공역에서 항공기간 수직 안전거리 간격을 2,000 ft에서 1,000 ft로 축소 적용하여 효율적인 공역 활용을 도모하고 공역 수용능력을 증대시키는 기법을 말한다.

정답 9. ②   10. ③   11. ④   12. ②

수직적 공간을 효율적으로 활용하여 항공교통 소통을 원활하게 하기 위한 RVSM은 국제민간항공기구(ICAO)의 권고에 따라 1997년 대서양지역을 시작으로 현재는 일부지역을 제외한 전 세계지역에서 도입하여 운영 중에 있다. 우리나라는 일본과 공동으로 2005년 9월 30일 RVSM을 시행하였다.

1. 인천 FIR 내 RVSM 공역은 비행고도 29,000피트 이상 41,000피트 이하의 모든 항공로이다.
2. RVSM 승인을 받고 도입되는 항공기는 해당 RVSM 공역에 적용되는 RVSM 정책 및 절차에 관하여 비행승무원이 교육훈련을 이수하고 책임 있는 국가로부터 운항을 위한 인증서를 발급받은 경우에 한하여 RVSM 공역을 운항할 수 있다.

〈참조〉 FAA AIM 4-6-2. 비행고도 방향체계(Flight Level Orientation Scheme)

비행방향에 대한 고도배정은 FL410 이상까지의 비행을 위한 자항로(magnetic course) 000°~179°에 대한 홀수고도 배정과 자항로 180°~359°에 대한 짝수고도 배정의 체계에 따른다.

5 항공교통절차(Air Traffic Procedures)

제1절. 비행전(Preflight)

1. 항공고시보(Notice to Air Missions; NOTAM) 시스템

가. NOTAM 시스템은 일시적인 사항이거나, 항공차트 또는 그 밖의 운용간행물로 발간되었다는 것이 사전에 충분히 알려지지 않은 시급한 항공정보를 조종사에게 제공한다.

 (1) NOTAM 정보는 비행을 하려는 조종사의 결심에 영향을 줄 수 있는 항공정보이다. 여기에는 공항 또는 비행장 주 활주로의 폐쇄, 유도로, 주기장, 장애물, 통신, 공역과 같은 정보, 항행안전시설, 레이더업무의 가용여부, 그리고 항공로, 터미널 또는 착륙운항을 결정하는 데 필수적인 그 밖의 정보가 포함된다.

 (2) NOTAM 정보는 전송시간을 줄이기 위해 ICAO 표준축약어를 사용하여 전송된다.

나. NOTAM 정보는 Domestic NOTAM(NOTAM D), Flight Data Center(FDC) NOTAM, International NOTAM 및 Military NOTAM과 같은 네 개의 category로 분류된다.

 (1) NOTAM (D). NOTAM (D) 정보는 국가공역시스템(NAS)의 일부분인 항행안전시설 및 차트 보충판(chart supplement)에 수록된 모든 공공용공항, 수상비행장과 헬기장에 전파된다. NOTAM (D) 정보는 유도로 폐쇄(taxiway closure), 활주로 근처나 활주로를 횡단하는 인원과 장비, 그리고 VGSI와 같이 계기접근기준에 영향을 미치지 않는 공항등화시설과 같은 정보를 포함한다.

 (2) FDC NOTAM. 규제적인 성격의 정보를 전파할 필요가 있는 경우에는 FDC NOTAM을 발행한다. FDC NOTAM은 발간된 IAP의 수정 및 그 밖에 현재 사용하는 항공차트의 수정과 같은 것을 포함한다. 또한 자연재해나 대규모의 공식행사와 같은 것으로 인하여 이러한 지역의 상공에 항공교통의 혼잡을 야기할 수 있는 경우에 일시적비행제한(Temporary Flight Restrictions)을 공고하기 위하여 사용된다.

 (3) International NOTAM. ICAO Annex 15에 의거하여 ICAO 형식으로 발간되고 다수의 국가에 배포된다.

 (4) Military NOTAM. NAS의 일부인 미국 공군, 육군, 해병대 및 해군 군용 또는 공용 항행안전시설/공항에 관한 NOTAM

2. 비행계획서-방어 VFR(Defense VFR; DVFR) 비행

ADIZ로의 VFR 비행(DoD 또는 법집행업무비행 제외)은 안전목적상 DVFR 비행계획서를 제출하여야 한다.

3. 비행계획서-IFR 비행(Flight Plan-IFR Flights)

가. 일반(General)

 (1) 기상상태가 VFR 최저치 미만이라면, 조종사는 관제공역에서 출발하거나 진입하기 전에 완전한 비행계획서를 제출하고 항공교통허가를 받아야 한다. FSS 또는 비행계획서 제출처에 IFR 비행계획서를 제출할 수 있다.

(2) 조종사는 ATC로부터 출발허가를 받는데 있어서 발생할 수 있는 지연을 고려하여 최소한 출발예정시간 30분 전까지 IFR 비행계획서를 제출하여야 한다.

(3) ATC는 해당되는 경우, SID 또는 STAR를 발부할 수 있다. SID 또는 STAR를 원하지 않는 조종사는 비행계획서의 비고란에 "No SID" 또는 "No STAR"라고 기입하여야 한다.

나. 비행계획서(IFR Flight Plan) 항목의 설명

(1) 1항. 비행계획의 방식(type)을 표시한다. VFR/IFR 혼합비행이면 VFR과 IFR 항목 둘 다 모두 표시한다.

(2) 2항. 해당되는 경우, 접두어 "N"을 포함한 전체 항공기 식별부호(aircraft identification)를 기재한다.

(3) 3항. 항공기지정자(aircraft designator) 다음에 사선(/)을 긋고, 트랜스폰더나 DME 장비의 부호문자를 기재한다. (예, C-182/U)

(4) 4항. 산출된 진대기속도(TAS)를 기재한다.

(5) 5항. 출발공항의 식별부호(identifier code)를 기재한다.

(6) 6항. 국제표준시(UTC) (Z)로 출발예정시간을 기재한다. 체공 중이라면 실제출발시간이나 출발예정시간 중 적절한 시간을 기입한다.

(7) 7항. 요청하는 항공로고도 또는 비행고도를 기재한다.

(8) 8항. NAVAID 식별부호(또는 부호를 모르면 명칭), 항공로, 제트비행로 및 waypoint(RNAV의 경우)를 사용하여 비행경로를 명시한다.

(9) 9항. 목적지공항의 식별부호(identifier code)를 기재한다.

(10) 10항. 최신 바람예보에 의거한 예상비행시간(estimated time enroute)을 기재한다.

(11) 11항. 그 밖의 비행계획정보의 확인에 필요한 내용만을 기재한다. 사적인 성격의 항목은 접수되지 않는다.

(12) 12항. 출발지점에서 산출된 연료탑재량을 기입한다.

(13) 13항. 필요하거나 규정되어 있다면 교체공항을 기입해야 하지만, 교체공항까지의 비행로 배정(routing)을 포함시킬 필요는 없다.

(14) 14항. 기장 또는 편대비행일 경우, 편대장의 성명, 주소 및 전화번호를 기재한다.

(15) 15항. 승무원을 포함한 총탑승인원수를 기재한다.

(16) 16항. 항공기의 주된 색상을 기재한다.

4. 국제비행계획서(FAA 양식 7233-4)-IFR 비행 (국내 또는 국제비행의 경우)

FAA 양식 7233-4 제출 항목의 설명

가. 항목 7. 항공기 식별부호. 전체 항공기 등록번호 또는 인가된 FAA/ICAO 회사나 기관지정자(organization designator) 다음에 항공편명(flight number)을 기입한다.

나. 항목 8. 비행규칙 및 비행방식

(1) 비행규칙(Flight Rule). IFR을 나타내기 위해서 문자 "I"를 기입한다.

(2) 비행방식(Type of Flight). 비행방식을 표시하기 위하여 다음 문자 중의 하나를 기입한다.

(가) 정기항공업무인 경우: S

(나) 부정기항공운송 운항인 경우: N

(다) 일반항공(general aviation)인 경우: G

(라) 군용기인 경우: M

(마) 위에 명시한 category 이외의 경우: X

다. 항목 9. 항공기 대수, 항공기 기종 및 항적난기류 Category

(1) 항공기 대수(Number of Aircraft). 1대를 초과하면 항공기 대수를 기입한다. (최대 99대)

(2) 항공기 기종(Type of Aircraft)

(3) 항적난기류(Wake Turbulence) Category. 사선 다음에 다음 문자 중에 하나를 기입하여 항공기의 항적난기류 category를 나타낸다.

(가) H - Heavy, 최대인가이륙중량 300,000 lbs(136,000 kg) 이상의 항공기 기종

(나) M - Medium, 최대인가이륙중량 300,000 lbs(136,000 kg) 미만, 15,000 lbs(7,000 kg) 초과 항공기 기종

(다) L - Light, 최대인가이륙중량 15,000 lbs(7,000 kg) 이하의 항공기 기종

라. 항목 10. 탑재장비(Equipment)

표 5-1. 항공기 COM, NAV 및 접근 탑재장비 수식어(Equipment Qualifiers)

다음과 같이 하나의 문자를 기입한다.				
· 비행할 비행로에 대한 COM/NAV/접근보조시설 탑재장비를 갖추고 있지 않거나, 또는 장비의 사용이 불가능한 경우, N				
· 비행할 비행로에 대한 표준 COM/NAV/접근보조시설 탑재장비를 갖추고 있고 사용할 수 있는 경우, S				
· COM/NAV/접근보조시설 탑재장비를 이용할 수 있고 사용이 가능하다는 것을 나타내기 위하여, 다음 문자 중의 하나 이상을 기입한다.				
A	GBAS 착륙시스템	J6	예비(Reserved)
B	LPV (SBAS를 갖춘 APV)	J7	CPDLC FANS 1/A SATCOM (Iridium)
C	LORAN C	L	ILS
D	DME	M1	ATC RTF SATCOM (INMARSAT)
E1	FMC WPR ACARS	M2	예비(Reserved)
E2	D-FIS ACARS	M3	ATC RTF (Iridium)
E3	PDC ACARS	O	VOR
F	ADF	P1-P9	RCP에 배정됨
G	GNSS	R	PBN 승인
H	HF RTF	T	TACAN
I	관성항법(Inertial navigation)	U	UHF RTF
J1	CPDLC ATN VDL Mode 2	V	VHF RTF
J2	CPDLC FANS 1/A HFDL	W	RVSM 승인
J3	CPDLC FANS 1/A VDL Mode A	X	MNPS 승인/북대서양(NAT) 고고도공역(HLA) 승인
J4	CPDLC FANS 1/A VDL Mode 2	Y	8.33 kHz 채널간격 성능의 VHF
J5	CPDLC FANS 1/A SATCOM (INMARSAT)	Z	그 밖의 탑재장비 또는 그 밖의 성능

마. 항목 13. 출발비행장/출발시간(Departure Aerodrome/Time)

바. 항목 15. 순항속도, 순항고도 및 비행경로(Cruise Speed, Level and Route)

(1) 순항속도(최대 5자리 문자). 비행의 처음이나 전체 순항구간에 대한 진대기속도를 N 다음에 4자리 숫자(예, N0485)로 나타내어 knot 단위로 기입하거나, 또는 M 다음에 3자리 숫자(예, M082)로 나타내어 Mach 단위의 100분의 1에 가장 가까운 마하수를 기입한다.

(2) 순항고도(최대 5자리 문자). 비행고도(flight level)의 용어 F 다음에 3자리 숫자(예; F180, F330)로 나타내어 비행경로의 처음이나 전체구간에 대해 계획한 순항고도를 기입하거나, 또는 A 다음에 3자리 숫자(예; A040, A170)로 나타내는 100 ft 단위의 고도를 기입한다.

(3) 비행경로. 요청하는 비행경로를 기입한다.

사. 항목 16. 목적지비행장(Destination Aerodrome), 총 EET, 교체비행장 및 제2교체비행장

5. 미국 공역 외에서의 비행(Flights Outside U.S. Territorial Airspace)

조종사는 다른 VHF 채널로 통신 중인 경우, 장비의 제한사항이나 조종실의 업무상 두 채널을 동시에 청취할 수 없는 경우를 제외하고 장거리 해상비행 중에는 VHF 비상주파수 121.5 MHz를 계속해서 청취할 필요가 있다는 것을 잊지 말아야 한다. 121.5 MHz의 청취는 비행정보구역(FIR) 경계선 근처에서 운항 시, 예를 들면 앵커리지와 도쿄 간의 비행로 R220으로 운항 시에 비행중 비상상황, 통신이나 항법상의 어려운 상황에 처한 항공기에 대해서 통신으로 도움을 주기 때문에 특히 중요하다.

6. 비행계획의 변경(Change in Flight Plan)

고도(altitude) 또는 비행고도(flight level), 목적지 또는 비행로 변경 외에 항공기 속도의 증가 또는 감소도 비행계획을 변경시키는 요소이다. 그렇기 때문에 보고지점(reporting point) 간의 순항고도에서 평균 진대기속도가 비행계획서에 기재한 진대기속도보다 ±5% 또는 ±10 knot 가운데 더 큰 수치로 변경되거나 변경이 예상될 때는 언제든지 ATC에 통보하여야 한다.

7. 출발예정시간의 변경(Change in Proposed Departure Time)

항공로환경에서의 컴퓨터 포화상태를 방지하기 위하여 발효되지 않은 출발예정비행계획을 삭제하기 위한 매개변수(parameter)가 설정되어 있다. 대부분 교통관제센터의 이러한 매개변수는 출발예정시간으로부터 최소 2시간 후에는 비행계획서를 삭제하도록 설정되어 있다. 실제출발시간이 제출한 출발시간보다 2시간 이상 지연될 것으로 예상되는 조종사는 비행계획이 계속 유효하도록 하기 위하여 ATC에 새로운 출발예정시간을 통보해야 한다.

8. VFR/DVFR 비행계획의 종료(Closing VFR/DVFR Flight Plan)

VFR 또는 DVFR 비행계획이 취소되었는가를 확인하는 것은 조종사의 책임이다. 조종사는 가장 인접한 FSS에 비행계획의 종료를 통보하여야 하며, 만약 통보할 수 없는 상황이라면 비행계획의 종료를 FSS에 중계해 줄 것을 ATC 기관에 요청할 수 있다. 관제탑은 어느 VFR 항공기가 비행계획서에 의하여 비행하고 있는지를 모르기 때문에 VFR 또는 DVFR 비행계획을 자동으로 종료시키지는 않는다. 조종사가 도착예정시간(ETA) 이후 30분 이내에 비행계획을 보고하지 않았거나 종료하지 않았다면 수색 및 구조절차가 시작된다.

9. IFR 비행계획의 취소(Canceling IFR Flight Plan)

가. 기장(pilot-in-command)은 비행계획이 실행된 후 비행계획서 상의 비행이 취소되거나 종료되었을 때는 비행정보업무국(FSS) 또는 ATC 기관에 통보하여야 한다.

나. VFR 기상상태에서 A등급 공역 외부에서 운항 중인 비행의 경우에는 언제든지 조종사가 교신 중인

관제사 또는 공지기지국에 "Cancel my IFR flight plan"이라고 말함으로써 IFR 비행계획을 취소할 수 있다.

다. IFR 비행계획을 취소하면, 레이더업무(해당되는 경우)를 포함하여 ATC 분리업무 및 정보업무는 종료될 것이다. 따라서 IFR 비행계획을 취소한 항공기가 VFR 레이더조언업무를 원한다면 조종사는 별도로 요청하여야 한다.

라. DVFR 비행계획의 요건이 된다면 조종사는 취소한 IFR 비행계획을 대신할 DVFR 비행계획서를 제출할 책임이 있다. 추후 IFR 운항이 필요하면 새로운 IFR 비행계획서를 제출하고 IFR 상태로 운항하기 전에 ATC 허가를 받아야 한다.

마. 관제탑이 운영되는 공항으로의 IFR 비행계획에 의한 운항이라면 비행계획은 착륙과 동시에 자동으로 종료된다.

바. 관제탑이 운영되지 않는 공항으로의 IFR 비행계획에 의한 운항이라면 조종사가 IFR 비행계획을 종료시켜야 한다. 운영 중인 FSS가 있거나 ATC와 직접교신할 다른 방법이 있다면 착륙 후에 종료시킬 수 있다. FSS가 없거나 어떤 고도 이하에서 ATC와 공지통신이 불가능한 경우, 조종사는 기상상태가 허용되면 체공중에 ATC와 무선교신이 가능한 동안에 IFR 비행계획을 종료시켜야 한다.

제2절. 출발절차(Departure Procedures)

1. 지상활주전 허가절차(Pre-taxi Clearance Procedure)

어떤 공항에는 계기비행방식(IFR)으로 출발하는 항공기의 조종사가 이륙을 위한 지상활주 전에 IFR 허가를 받을 수 있는 지상활주전 허가 프로그램(pre-taxi clearance program)이 설정되어 있다. 이러한 절차에 포함된 규정은 다음과 같다.

가. 조종사의 참여는 의무사항이 아니다.

나. 참여하는 조종사는 지상활주 예정시간 이전 10분 이내에 허가중계소(clearance delivery) 또는 지상관제소를 호출한다.

다. 최초교신 시 IFR 허가(허가할 수 없는 경우에는 지연정보)가 발부된다.

라. 허가중계주파수로 IFR 허가를 받았다면, 조종사는 지상활주를 위한 준비가 완료되었을 때 지상관제소를 호출한다.

마. 일반적으로 조종사는 허가중계주파수로 IFR 허가를 받았다는 것을 지상관제소에 통보할 필요는 없다. 그러나 어떤 지역에서는 비행구간에 대한 허가 또는 그 구간에 대한 IFR 허가를 받았다는 것을 지상관제소에 통보할 것을 조종사에게 요구하기도 한다.

바. 조종사가 허가중계주파수로 교신할 수 없거나, 지상활주를 하기 전에 IFR 허가를 받지 못했다면 조종사는 지상관제소와 교신하여 이러한 사실을 관제사에게 통보한다.

2. 이륙위치에서의 대기(Line Up and Wait; LUAW)

가. 이륙위치에서의 대기(LUAW)는 지체없이 출발하도록 하기 위하여 활주로 상에 항공기를 위치시키기 위한 항공교통관제(ATC) 절차이다. ATC 지시 "Line Up and Wait"는 조종사에게 출발활주로 상의 이륙위치에서의 대기위치로 지상활주하도록 지시하기 위하여 사용된다.

나. 이러한 ATC 지시가 이륙을 허가하는 것은 아니다. 조종사가 이륙위치에서 대기지시를 받고 이유/상황(항적난기류, 교차활주로 상의 항공기 등)을 통보받았거나, 이유/상황(동일 활주로에 착륙하거나 이륙하는 다른 항공기)을 시각적으로 확인하고 이유/상황이 납득된 경우 조종사는 지연을 통보받지 않는 한 곧 이륙허가가 있을 것이라는 것을 예상하여야 한다. ATC 지시나 허가사항이 불명확하면 즉시 ATC에 연락하여야 한다.

다. 이륙위치에서 대기허가 이후 합당한 시간 내에 이륙허가를 받지 못했다면 ATC에 연락하여야 한다.

3. IFR 출발허가 절차의 간소화(Abbreviated IFR Departure Clearance Procedures)

가. ATC 기관은 제출된 비행로를 약간의 수정이나 또는 전혀 수정 없이 허가할 수 있다면 IFR 비행계획서에 제출된 비행경로에 의거하여 간소화된 IFR 출발허가를 발부한다. 이러한 간소화된 허가절차는 다음과 같은 조건을 기반으로 한다.

(1) 항공기가 지상에 있거나, 또는 시계비행방식(VFR)으로 이륙하여 공중에서 조종사가 IFR 허가를 요청한 경우

(2) ATC에 제출한 비행계획서의 비행로 또는 목적지가 출발 전에 조종사나 항공사 또는 운항관리사에 의해 변경된 경우, 조종사는 간소화된 허가를 수용하지 않을 수 있다.

(3) 제출된 비행계획서를 항공사 또는 운항관리사가 변경한 경우, 이를 조종사에게 통보하는 것은 항공사 또는 운항관리사의 책임이다.

(4) 제출한 비행계획서가 다음과 같은 경우, 최초교신 시(허가를 받기 위하여) 이를 ATC에 통보하는 것은 조종사의 책임이다.

　(가) 수정되었을 때, 또는

　(나) 취소되어 새로 제출한 비행계획서로 대체되었을 때

나. 관제사는 최초 제출된 비행계획서가 변경되었다는 것을 알고 있거나, 또는 조종사가 전체 비행로(full route) 허가를 요청할 때는 상세한 허가를 발부한다.

4. 허가취소시간, 출발유보 및 출발유보 해제시간

가. 허가취소시간(Clearance Void Time)

조종사는 관제탑이 운영되지 않는 공항에서 출발할 때 일정 시간까지 이륙하지 않으면 그 허가는 무효라는 단서가 포함된 허가를 받을 수 있다. 허가취소시간 전에 출발하지 않은 조종사는 가능한 한 빨리 자신의 의도를 ATC에 통보하여야 한다. 보통 ATC는 항공기가 허가취소시간 전에 출발하지 않았다는 것을 ATC에 통보해야 하는 시간을 지정하여 조종사에게 통보한다. 이 시간은 30분을 초과하지 않아야 한다.

나. 출발유보(Hold for Release)

ATC는 교통 관리상의 이유(예를 들면, 기상, 교통량 등)로 항공기의 출발을 지연시키기 위하여 허가에 "출발유보(hold for release)" 지시를 발부할 수 있다. ATC가 허가에 "hold for release"를 언급하면 조종사는 ATC가 출발유보 해제시간이나 추가지시를 발부할 때까지 IFR 허가로 출발해서는 안된다. ATC 지시 "hold for release"는 IFR 허가에만 적용되며, 조종사가 VFR로 출발하지 못하도록 하는 것은 아니다. 그러나 조종사는 이륙하기 전에 IFR 비행계획을 취소하고 적절한 VFR code로 트랜스폰더를 운용하여야 한다. IFR 허가는 출발 후에는 유효하지 않다.

다. 출발유보 해제시간(Release Time)

"출발유보 해제시간(release time)"은 항공기가 출발할 수 있는 가장 빠른 시간을 명시할 필요가 있는 경우, ATC가 조종사에게 발부하는 출발제한이다. ATC는 출발 항공기를 다른 항공기와 분리하거나, 교통관리절차와 관련하여 "출발유보 해제시간"을 사용한다.

5. 출발관제(Departure Control)

가. 출발관제는 출발 항공기 간의 분리를 확보할 책임이 있는 접근관제소의 기능이다. 출발 항공기를 신속히 처리하기 위하여 출발관제사는 VFR 항공기 처리 시에 일반적으로 사용된 것과는 다른 이륙방향을 제안할 수 있다.

나. 관제사는 이륙 이전에 출발관제주파수 및 해당하면 트랜스폰더 code를 조종사에게 통보한다. 조종사는 가능한 한 빨리 트랜스폰더를 "on" 또는 일반적인 운용위치로 조절한 다음, ATC가 "standby"로 변경하도록 달리 요청하지 않은 한 모든 운항동안 이를 유지하여야 한다. 조종사는 지시를 받을 때까지 출발관제주파수로 변경해서는 안된다. DP가 배정되었거나 배정될 예정이고 출발관제주파수가 DP에 명시되어 있다면 관제사는 출발관제주파수를 생략할 수 있다.

6. 계기출발절차(DP)-장애물출발절차(ODP)와 표준계기출발절차(SID)

계기출발절차는 사전에 설정된 계기비행방식(IFR) 절차이며 터미널지역으로부터 해당하는 항공로구조까지의 장애물 회피를 제공한다. DP에는 문자 또는 그림 형식으로 제작되는 장애물출발절차(ODP)와 항상 그림 형식으로 제작되는 표준계기출발절차(SID)의 두 가지 유형이 있다. ODP는 번거로움이 가장 적은 비행로에 의하여 터미널지역으로부터 해당하는 항공로구조까지 장애물 회피를 제공한다. 장애물 회피를 위해 ODP를 권고하며, ATC에 의해 특별히 대체출발절차(SID 또는 레이더유도)가 지정되지 않는 한 ATC의 허가없이 비행할 수 있다.

표준계기출발절차는 조종사/관제사에 의해 사용되며, 터미널지역으로부터 해당하는 항공로구조까지의 장애물 회피와 전환을 제공하기 위하여 발간되는 그림 형식의 항공교통관제(ATC) 절차이다. SID는 우선적으로 시스템능력을 증진시키고, 조종사/관제사의 업무부담을 줄이기 위하여 설계된다. SID로 비행하기 이전에 ATC 허가를 받아야 한다.

가. DP가 필요한 첫 번째 이유는 조종사에게 장애물 회피 보호정보를 제공하기 위한 것이다. 두 번째 이유는 SID의 사용을 통해 복잡한 공항에서의 효율성을 향상시키고, 무선교신을 줄이며 출발지연을 감소시키기 위한 것이다.

나. 출발 중 장애물 회피 제공기준

(1) 달리 지정되지 않은 한 임의출발(diverse departure)을 포함한 모든 출발 시에 필요한 장애물 회피는 조종사가 이륙활주로종단을 최소한 이륙활주로종단 표고보다 35 ft 이상의 높이로 통과하고, 최초로 선회하기 전에 이륙활주로종단 표고보다 400 ft 이상의 높이까지 상승하며, 통과제한에 의해 고도이탈(level off)이 필요하지 않는 경우 최저 IFR 고도까지 NM 당 최소 200 ft의 상승률(FPNM)을 유지하는 것을 기반으로 한다.

장애물 회피나 ATC 통과제한을 이행하기 위하여 DP에 더 높은 상승률이 지정될 수도 있다. DP에 최초의 선회가 이륙활주로종단 표고 상공 400 ft 보다 더 높게 지정되어 있다면 더 높은 고도에서 선회를 시작하여야 한다.

(2) ODP 및 SID는 항공기 성능이 정상이고 모든 엔진은 작동 중이라고 가정한다.
(3) 40:1 장애물식별표면(OIS)은 이륙활주로종단(DER)에서 시작되며, 최저 IFR 고도에 도달하거나 항공로구조로 진입하기 전까지 상방 152 FPNM의 경사도로 경사져 있다. 이 평가지역은 비산악지역에서는 공항으로부터 25 NM까지, 그리고 지정된 산악지역에서는 46 NM까지로 제한된다.
(4) 절차설계의 제약, 장애물 회피 또는 공역제한을 지원하기 위하여 필요한 경우 200 FPNM을 초과하는 상승률이 지정된다.

다. 장애물 회피에 대한 책임

DP는 조종사가 절차를 준수하면 장애물 보호가 확보될 수 있도록 설계된다. 그러나 조종사가 DP로 비행하는 대신 시계비행상태로 상승하거나, 규정된 상승률로 비행하는 대신 증가된 이륙최저치로 출발하는 경우 장애물 회피에 대한 책임은 조종사에게 있다. 두 개 이하의 엔진을 장착한 항공기의 표준이륙최저치는 1 SM이고, 두 개를 초과하는 엔진을 장착한 항공기의 경우에는 1/2 SM이다.

제3절. 항공로 절차(En Route Procedure)

1. ARTCC 통신(ARTCC Communications)

가. 관제사와 조종사 간의 직접교신(Direct Communications)

ARTCC는 특정 주파수로 IFR 항공기와 직접교신을 할 수 있다. 관제사-조종사간 데이터링크통신(Controller Pilot Data Link Communication; CPDLC)은 공지음성통신을 보충하는 시스템이다. 따라서 CPDLC는 양방향 항공교통관제 공지통신능력을 확장시킨다. 그 결과 항공교통시스템의 운용능력은 증가되고, 관련된 항공교통지연은 감소된다. 안전과 관련된 이점으로는 조종사/관제사의 read-back 및 hear-back 실수가 눈에 띄게 감소될 것이라는 것이다.

나. ATC 주파수 변경 절차
(1) 관제사는 주파수 변경을 지시하기 위하여 다음과 같은 관제용어를 사용한다.
예문(Example)
(항공기 식별부호) contact (시설명칭 또는 지역명칭과 터미널 기능) (주파수) at (시간, fix 또는 고도).
(2) 조종사는 지정된 시설과 교신하기 위해 다음의 관제용어를 사용하여야 한다.
(가) 레이더 관제상황에서 운항 중일 때, 조종사는 최초교신 시 적절한 용어 "level", "climbing to" 또는 "descending to" 다음에 배정받은 고도를, 그리고 해당하는 경우 현재 항공기가 떠나는 고도를 관제사에게 통보하여야 한다.
예문(Example)
(명칭) center, (항공기 식별부호), level (고도 또는 비행고도).
(명칭) center, (항공기 식별부호), leaving (정확한 고도 또는 비행고도), climbing to 또는 descending to (고도 또는 비행고도).
(나) 비레이더 관제상황에서 운항 중일 때,
① 최초교신 시 조종사는 관제사에게 항공기의 현재 위치, 고도 및 다음 보고지점의 도착예정시간을 통보하여야 한다.
예문(Example)
(명칭) center, (항공기 식별부호), (위치), (고도), estimating (보고지점) at (시간).

② 최초교신 후에 위치보고를 할 때 조종사는 관제사에게 완전한 위치보고를 하여야 한다.
예문(Example)

(명칭) center, (항공기 식별부호), (위치), (시간), (고도), (비행계획의 방식), (다음 보고 지점의 ETA 및 명칭), (이어지는 다음 보고지점의 명칭), and (비고).

(3) 때때로 관제사는 조종사에게 항공기가 특정고도에 있는지 확인을 요구한다. 관제용어는 "Verify at (고도)"를 사용한다. 상승이나 강하하는 상황에서 관제사는 조종사에게 "Verify assigned altitude as (고도)"라고 요구할 수도 있다. 조종사는 관제사가 언급한 고도에 항공기가 있는지, 또는 배정고도가 관제사가 언급한 고도와 일치하는 지를 확인하여야 한다. 언급한 고도와 다르다면 조종사는 항공기가 실제 유지하고 있는 고도 또는 상이한 배정고도를 관제사에게 통보하여야 한다.

2. 위치보고(Position Reporting)

가. 위치식별(Position Identification)

(1) VOR 무선시설을 통과할 때의 위치보고 시간은 "to/from" 지시계가 처음으로 완전히 바뀌었을 때의 시간이어야 한다.

(2) 항공기 탑재 ADF를 갖추고 시설을 통과할 때의 위치보고 시간은 indicator가 완전히 거꾸로 되었을 때의 시간이어야 한다.

(3) Fan marker, Z marker, 불청범위(cone of silence) 또는 진로통달범위(range)의 교차지점과 같은 보고지점을 통과하는 시간을 측정하기 위하여 가청음(aural) 또는 light panel indication을 사용할 경우에는 신호를 처음 수신했을 때와 그 신호가 멈추었을 때의 시간을 기록해 둔다. 이 두 시간의 평균을 fix 상공의 실제시간으로 한다.

나. 위치보고지점(Position Reporting Point)

보고지점은 항공로차트에 부호로 표기된다. 지정된 필수보고지점의 부호는 속이 찬 삼각형 ▲ 이고, "요청에 의한(on request)" 보고지점의 부호는 속이 빈 삼각형 △ 이다. "요청에 의한" 보고지점을 통과할 때의 보고는 ATC가 요청할 때만 필요하다.

다. 위치보고요건(Position Reporting Requirement)

(1) 항공로 또는 비행로의 비행. ATC 허가에 의한 "VFR-on-top" 운항을 포함하여 모든 비행에서 고도에 관계없이 비행하고 있는 비행로의 지정된 각 필수보고지점 상공에서 위치보고를 하여야 한다.

(2) 직선비행로(direct route)의 비행. 조종사는 ATC 허가에 의한 "VFR-on-top" 운항을 포함하여 비행하고 있는 고도 또는 비행고도에 관계없이 비행경로를 명시하기 위하여 비행계획에 사용된 각 보고지점 상공에서 위치보고를 하여야 한다.

(3) 레이더 관제상황에서의 비행. 조종사는 ATC로부터 항공기가 "Radar contact" 되었다는 통보를 받은 경우에는 지정된 보고지점 상공에서 위치보고를 하지 않아도 된다. ATC가 "Radar contact lost" 또는 "Radar service terminated"라고 통보한 경우에는 다시 정상적인 위치보고를 하여야 한다.

라. ATC는 다음과 같은 경우에 "레이더포착(radar contact)" 사실을 조종사에게 통보한다.

(1) ATC 시스템에 처음으로 항공기가 식별되었을 때, 그리고

(2) 레이더업무가 종료되었거나 레이더포착이 상실된 이후에 레이더식별이 다시 이루어졌을 때. 관제사가 레이더포착이 이루어졌다고 통보한 후에 다른 관제사에게 이양되었을 때 조종사에게 레이더포착 사실을 다시 통보하지는 않는다.

마. 위치보고 항목(Position Report Item)
  (1) 항공기의 식별부호(identification)
  (2) 위치(position)
  (3) 시간(time)
  (4) 고도 또는 비행고도(VFR-on-top 허가를 받고 운항중이라면, 실제고도 또는 비행고도 포함)
  (5) 비행계획의 방식(ARTCC 또는 접근관제소에 직접 위치보고를 하는 경우에는 필요 없다)
  (6) 다음 보고지점의 ETA 및 명칭(ETA and name of next reporting point)
  (7) 비행경로에서 이어지는 다음 보고지점의 명칭
  (8) 관련사항

3. 추가 보고(Additional Report)
  가. ATC의 특별한 요청이 없어도 ATC 또는 FSS 시설에 다음과 같이 보고하여야 한다.
    (1) 항상 보고해야 하는 경우
      (가) 새로 배정받은 고도 또는 비행고도로 비행하기 위하여 이전에 배정된 고도 또는 비행고도를 떠 날 때
      (나) VFR-on-top 허가를 받고 운항중이라면, 고도변경을 할 때
      (다) 최소한 분당 500 ft의 비율로 상승/강하할 수 없을 때
      (라) 접근에 실패하였을 때(특정한 조치, 즉, 교체공항으로 비행하거나 다른 접근의 수행 등을 위한 허가를 요청한다)
      (마) 비행계획서에 제출한 진대기속도보다 순항고도에서의 평균 진대기속도가 5% 또는 10 knot의 변화(어느 것이든 큰 것)가 있을 때
      (바) 허가받은 체공 fix 또는 체공지점에 도착한 경우, 시간 및 고도 또는 비행고도
      (사) 지정받은 체공 fix 또는 체공지점을 떠날 때
      (아) 관제공역에서의 VOR, TACAN, ADF, 저주파수 항법수신기의 기능상실, 장착된 IFR-인가 GPS/GNSS 수신기를 사용하는 동안 GPS의 이상현상(anomaly), ILS 수신기 전체 또는 부분적인 기능상실이나 공지통신 기능의 장애.
          보고에는 항공기 식별부호, 영향을 받는 장비, ATC 시스템이 손상되었을 때 IFR로 운항할 수 있는 성능의 정도, 그리고 ATC로부터 원하는 지원의 종류와 범위를 포함하여야 한다.
      (자) 비행안전과 관련된 모든 정보
    (2) 레이더에 포착되지 않았을 때, 보고해야 하는 경우
      (가) 최종접근진로 상의 inbound 최종접근픽스(비정밀접근)를 떠날 때, 또는 최종접근진로 상에서 외측마커나 inbound 외측마커 대신 사용되는 픽스(정밀접근)를 떠날 때
      (나) 이전에 통보한 예정시간과 2분 이상 차이가 날 것이 확실할 때는 언제라도 수정된 예정시간을 통보하여야 한다.
  나. 예보되지 않은 기상상태나 예보된 위험한 기상상태와 조우한 조종사는 ATC에 이러한 기상상태를 통보하여야 한다.

4. 항공로 및 비행로시스템(Airways and Route System)
  가. VOR 및 L/MF(무지향표지시설) 항공로시스템은 지표면 상공 1,200 ft(또는, 어떤 경우에는 더 높

다)부터 18,000 ft MSL 미만까지의 지정된 항공로로 구성된다. 이 항공로는 IFR 저고도항공로차트에 표기된다.

　(1) 알래스카를 제외하고 VOR 항공로는 전적으로 VOR 또는 VORTAC 항행안전시설을 기반으로 하며, 항공차트에는 흑색으로 표시되고 "V"(Victor) 다음의 항공로 번호에 의해 식별된다. (예, V12)

　(2) L/MF 항공로(채색항공로)는 전적으로 L/MF 항행안전시설을 기반으로 하며, 항공차트에는 갈색으로 표시되고 색상명과 번호로 식별된다. (예, Amber one)

나. 제트비행로시스템(jet route system)은 18,000 ft MSL부터 FL450까지의 고도에 설정된 제트비행로로 구성된다.

5. 주파수 변경지점(Changeover Point; COP)

가. COP는 MEA가 지정된 연방항공로, 제트비행로, 지역항법비행로 또는 그 밖의 직선비행로에 설정된다. COP는 비행로 또는 항공로 구간에서 두 개의 인접한 항행시설 간에 항행유도의 변경이 일어나는 지점이다. 조종사는 이 지점에서 항공기 후방의 기지국(station)으로부터 전방의 기지국으로 항법수신기의 주파수를 변경하여야 한다.

나. COP는 직선비행로구간의 경우에는 보통 항행시설 사이의 중간지점에 위치하며, dogleg 비행로구간의 경우에는 dogleg를 형성하는 radial 또는 진로(course)의 교차지점에 위치한다. COP가 중간지점에 위치하지 않는 경우에는 항공차트에 COP 위치가 표기되고 무선시설까지의 거리가 주어진다.

다. COP는 항행유도의 상실을 방지하고 다른 시설과의 주파수간섭을 방지하며, 동일한 공역에서 서로 다른 항공기가 서로 상이한 시설을 이용하는 것을 방지하기 위하여 설정된다.

6. 최저선회고도(Minimum Turning Altitude; MTA)

10,000 ft MSL 이상에서 증가된 대기속도로 인하여 fix, NAVAID 또는 waypoint 상공에서 선회가 필요할 때 발간된 최저항공로고도(MEA)로는 장애물 회피가 충분하지 않을 수 있다. 이런 경우에 발간된 MEA가 장애물 회피에 충분한지의 여부를 판단하기 위하여 선회지점(turn point) 주변의 확장된 지역을 살펴보아야 한다. 일부 지역(일반적으로 산악지역)에서는 확장된 탐색지역의 지형/장애물로 인하여 선회기동을 하는 동안 더 높은 최저고도를 필요로 할 수 있다.

더 높은 최저선회고도(MTA)를 필요로 하는 선회 fix는 차트에 최저통과고도(MCA) icon("x" 깃발부호) 및 MTA 제한을 기술한 첨부 주석(note)으로 표시된다.

7. 체공(Holding)

가. 항공기가 목적지공항이 아닌 다른 fix까지 허가가 되고 지연이 예상될 때, 완전한 체공지시(장주가 차트화되어 있지 않은 경우), EFC 시간 및 어떤 추가적인 항공로/터미널 지연의 정확한 예상정보를 발부하는 것은 ATC 관제사의 책임이다.

나. 체공장주가 차트화되어 있고 관제사가 완전한 체공지시를 발부하지 않았다면, 조종사는 해당 차트에 표기되어 있는 대로 체공하여야 한다. 장주가 지정된 절차 또는 비행할 비행로에 차트화되어 있을 때에 관제사는 "hold east as published"와 같이 차트화된 체공방향과 as published 라는 용어를 제외한 모든 체공지시를 생략할 수 있다. 관제사는 조종사의 요구가 있을 때에는 언제든지 완전한 체공지시를 발부하여야 한다.

다. 체공장주가 차트화되어 있지 않고 체공지시를 발부받지 않은 경우, 조종사는 fix에 도착하기 전에 ATC에 체공지시를 요구하여야 한다. 이러한 조치는 ATC가 바라는 것과는 다른 체공장주로 항공기가 진입할 가능성을 제거할 수 있다. Fix에 도착하기 전에 체공지시를 받을 수 없는 경우, 조종사는 fix에 접근하는 진로상의 표준장주에서 체공하면서 가능한 한 빨리 추후허가를 요구한다.

라. 항공기가 허가한계점으로부터 3분 이내의 거리에 있고 fix 다음 구간에 대한 비행허가를 받지 못했을 경우, 조종사는 항공기가 처음부터 최대체공속도 이하로 fix를 통과하도록 속도를 줄이기 시작하여야 한다.

마. 지연이 예상되지 않는 경우, 관제사는 가능한 한 빨리 그리고 가능하다면 항공기가 허가한계점에 도착하기 최소한 5분 전에 fix 이후에 대한 허가를 발부하여야 한다.

바. 조종사는 항공기가 허가한계점에 도착한 시간과 고도/비행고도를 ATC에 보고하여야 하며, 또한 허가한계점을 떠난다는 것을 보고하여야 한다.

사. VOR 기지국에서 체공할 때, 조종사는 to/from 지시계가 처음으로 완전히 바뀌었을 때에 outbound leg로 선회를 하여야 한다.

아. 가장 일반적으로 사용되는 체공 fix의 장주는 저고도/고고도항공로차트, 지역차트와 STAR 차트에 표기(차트화)된다. 조종사는 ATC에 의해 별도로 달리 지시되지 않는 한, 표기된 장주에서 체공하여야 한다.

자. 장주가 차트화되어 있지 않은 fix에 체공을 요구한 항공기의 ATC 허가에는 다음 정보가 포함된다.
(1) 나침반의 주요 8방위 지점의 용어로 나타낸 fix로부터의 체공방향 (예; N, NE, E, SE 등)
(2) 체공 fix (최초교신시 허가한계점에 포함되어 있었다면 fix는 생략할 수 있다)
(3) 항공기가 체공할 radial, 진로(course), 방위(bearing), 항공로 또는 비행로
(4) DME 또는 지역항법(RNAV)이 이용되는 경우, mile 단위의 장주길이(leg length) (조종사 요구 또는 관제사가 필요하다고 판단하면 장주길이를 분 단위로 명시한다)
(5) 좌선회(left turn)를 하여야 하거나, 조종사 요구 또는 관제사가 필요하다고 판단할 때 선회방향
(6) 허가예상시간 및 관련 추가지연정보

차. 체공장주공역보호(holding pattern airspace protection)은 다음과 같은 절차를 기반으로 한다.
(1) 서술 용어
   (가) 표준장주(Standard Pattern): 우선회 (그림 5-1 참조)
   (나) 비표준장주(Nonstandard Pattern): 좌선회

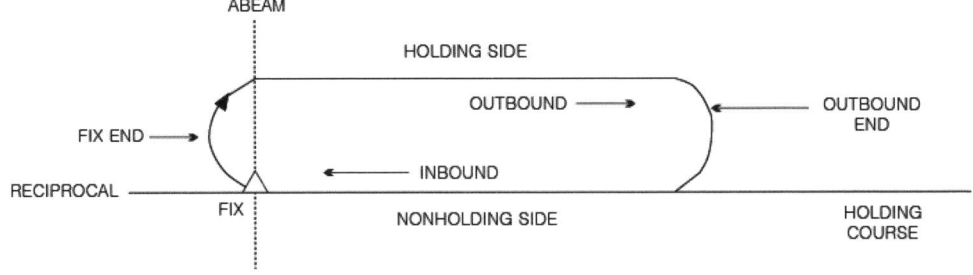

그림 5-1. 체공장주 서술 용어(Holding Pattern Descriptive Terms)

(2) 대기속도(airspeed)
   (가) 모든 항공기는 다음과 같은 고도 및 최대체공속도로 체공하여야 한다.

표 5-2. 최대체공속도

고도(MSL)	대기속도(KIAS)
MHA~6,000 ft	200
6,001 ft~14,000 ft	230
14,001 ft 이상	265

   (나) 다음은 최대체공속도에 대한 예외사항이다.
      ① 6,001 ft~14,000 ft 체공장주에서의 최대속도는 210 KIAS로 제한될 수 있다. 이러한 비표준 장주는 icon으로 표기된다.
      ② 체공장주는 최대속도에 의해 제한될 수 있다. 속도제한은 차트 상의 체공장주 내부에 괄호로 표기된다. 항공기는 보호공역을 벗어나는 것을 피하기 위하여 처음으로 체공 fix를 통과하기 전에 최대속도 이하이어야 한다. 최대제한속도에 따를 수 없는 조종사는 ATC에 통보하여야 한다.
(3) 진입절차(Entry Procedure) (그림 5-2 참조)

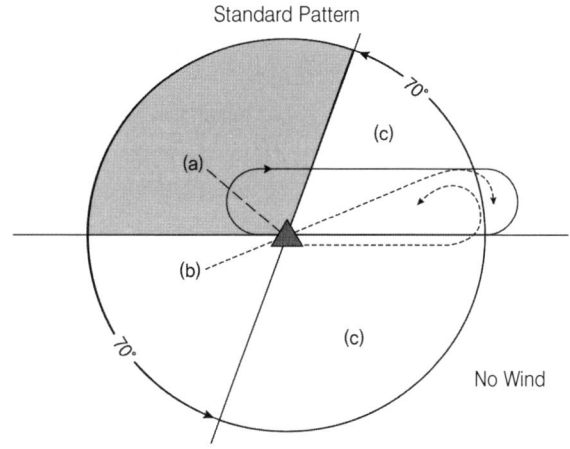

그림 5-2. 체공장주 진입절차(Holding Pattern Entry Procedure)

   (가) 평행절차(Parallel Procedure). 평행진입절차는 구역 (a)의 어느 곳에서 체공 fix로 접근할 때, 기수방향을 비체공면(nonholding side)의 outbound 체공진로와 평행하게 하여 1분 동안 비행한 후 180° 이상 체공장주 방향으로 선회한 다음 체공 fix로 되돌아가거나 inbound 체공진로로 진입하는 것이다.
   (나) Teardrop 절차(Teardrop Procedure). Teardrop 진입절차는 구역 (b)의 어느 곳에서 체공 fix로 접근할 때, 체공 fix로 비행한 후 30° teardrop 진입을 하기 위하여 장주(체공면 부분) 내에서 기수방향을 outbound 체공진로로 하여 1분 동안 비행한 다음 체공장주 방향으로 선회하여 inbound 체공진로로 진입하는 것이다.
   (다) 직진입절차(Direct Entry Procedure). 직진입절차는 구역 (c)의 어느 곳에서 체공 fix로 접근할 때, 체공 fix로 직진하여 선회한 다음 체공장주에 따라 비행하는 것이다.
   (라) 다른 진입절차로 항공기를 체공장주로 진입하게 하여 보호공역 내에 머무르게 할 수 있지만 권

장하는 진입체공절차는 평행, teardrop 그리고 직진입절차이다.
  (4) 시간조절(Timing)
   (가) Inbound Leg
    ① 14,000 ft MSL 이하: 1분
    ② 14,000 ft MSL 초과: 1분 30초
   (나) Outbound leg 시간측정은 fix 상공 또는 abeam 위치 가운데 나중에 나타나는 곳에서부터 시작한다. Abeam 위치를 판단할 수 없다면 outbound로 선회를 완료했을 때부터 시간을 측정한다.
  (5) 조종사 조치(Pilot Action)
   (가) 체공 fix로부터 3분 이내의 거리에 있을 때 감속하기 시작한다. 처음부터 최대체공속도 이하로 체공 fix를 통과한다.
   (나) 진입 및 체공하는 동안 다음 각도로 선회한다. 세 가지 가운데 가장 적은 경사각(bank angle)이 요구되는 것을 사용한다.
    ① 초당 3°, 또는
    ② 30°의 경사각(bank angle), 또는
    ③ 비행지시장치(flight director system)를 이용할 경우, 25°의 경사각

제4절. 도착절차(Arrival Procedures)

1. 표준터미널도착절차〔Standard Terminal Arrival(STAR) Procedure〕

 가. STAR는 어떤 공항에 도착하는 IFR 항공기에 적용하기 위하여 ATC가 설정한 문자 및 그림 형식의 IFR 도착비행로(coded IFR arrival route)이다. STAR는 허가중계절차(clearance delivery procedure)를 간단히 하며, 또한 항공로와 계기접근절차 간의 전환을 용이하게 한다.
  (1) STAR 절차에는 필수속도 또는 통과고도가 명시되어 있을 수 있다. 다른 STAR에는 어떠한 허가 또는 제한이 "예상(expect)"된다는 것을 조종사에게 통보하기 위하여 표기된 계획정보가 있을 수 있다. "예상(expect)" 고도/속도는 ATC가 구두로 발부하기 전까지는 STAR 절차 통과제한사항으로 간주해서는 안된다.
  (2) STAR 절차로 운항 중인 조종사는 발간되거나 발부된 모든 제한사항을 준수하여 강하허가를 받기 전까지는 최종적으로 배정받은 고도를 유지하여야 한다. 이러한 허가에는 관제용어 "descend via"가 포함될 것이다.
   (가) "Descend via" 허가는 조종사에게 다음을 허가한다.
    ① 발간된 제한사항과 STAR에 의한 횡적항행을 이행하기 위한 조종사 임의의 강하
    ② STAR에 표기된 waypoint까지 허가되었을 경우, 조종사 임의의 이전에 배정된 고도로부터 그 waypoint에 표기된 고도까지의 강하
    ③ 표기된 도착비행로에 진입한 후 강하 및 발간되거나 배정된 모든 고도와 속도제한을 이행하기 위한 항행
   예문(Example)
   1. 횡적/비행로설정(Lateral/routing) 만을 허가
    "Cleared Tyler One arrival."

2. 고도배정을 포함한 비행로설정(Routing with assigned altitude) 허가

"Cleared Tyler One arrival, descend and maintain flight level two four zero."

"Cleared Tyler One arrival, descend at pilot's discretion, maintain flight level two four zero."

3. 횡적/비행로설정 및 수직항행(Lateral/routing and vertical navigation) 허가

"Descend via the Eagul Five arrival."

"Descend via the Eagul Five arrival, except, cross Vnnom at or above one two thousand."

4. 배정고도가 절차에 게재되지 않은 경우, 횡적/비행로설정 및 수직항행 허가

"Descend via the Eagul Five arrival, except after Geeno, maintain one zero thousand."

"Descend via the Eagul Five arrival, except cross Geeno at one one thousand then maintain seven thousand."

5. STAR 진입을 위한 직선비행로설정(Direct routing) 및 수직항행 허가

"Proceed direct Leoni, descend via the Leoni One arrival."

"Proceed direct Denis, cross Denis at or above flight level two zero zero, then descend via the Mmell One arrival."

(나) 관제용어 "descend via"를 사용하여 수직항행(vertical navigation)을 허가받은 조종사는 새로운 주파수로 최초교신 시 "descending via (절차명)"와 같이 고도이탈, 지시받은 경우 활주로 전환이나 착륙방향, 그리고 절차에 발간되지 않은 지시받은 제한사항을 ATC에 통보하여야 한다.

나. STAR가 발간된 지역까지 비행하려는 IFR 항공기의 조종사는 ATC가 적합하다고 판단하면 언제든지 STAR가 포함된 허가를 받을 수 있다.

다. 조종사가 STAR를 이용하기 위해서는 최소한 인가된 차트를 소지하여야 한다. ATC 허가 또는 허가의 일부분과 마찬가지로 발부된 STAR를 수용하거나 거부하는 것은 각 조종사의 책임이다. 조종사는 STAR의 사용을 원하지 않으면 비행계획서의 비고란에 "NO STAR"라고 기입하거나, 바람직한 방법은 아니지만 ATC에 구두로 이를 통보하여야 한다.

2. 접근관제(Approach Control)

가. 접근관제소는 책임구역 내에서 운항하는 모든 계기비행 항공기를 관제할 책임이 있다. 접근관제소는 하나 이상의 비행장에 업무를 지원할 수도 있으며, 관제는 주로 조종사와 관제사 간의 직접교신에 의하여 이루어진다.

나. 레이더접근관제(Radar Approach Control)

(1) 도착 항공기에게는 수직분리와 함께 비행 중인 비행로에 가장 적합한 외측 fix까지 허가되고 필요시 체공정보가 제공되며, 또는 ARTCC와 접근관제시설 간이나 두 접근관제시설 간에 레이더관제 이양(radar handoff)이 이루어졌을 경우 항공기는 그 공항이나 항공기가 fix에 도달하기 전에 이양을 완료할 수 있는 지점에 위치한 fix까지 허가된다.

(2) 접근관제소로 이양된 후에 항공기는 최종접근진로(ILS, RNAV, GLS, VOR, ADF 등)로 레이더유도된다. 항공기의 간격유지 및 간격분리가 필요한 경우, 레이더유도 및 고도나 비행고도가 발부된다. 따라서 조종사는 접근관제소가 발부한 기수방향(heading)을 위배해서는 안된다. 간격분리 또

는 다른 이유로 최종접근진로를 교차하도록 레이더유도를 하여야 하는 경우 일반적으로 항공기에 이를 통보한다. 조종사가 접근진로 교차가 임박했는데도 항공기가 최종접근진로를 교차하도록 레이더유도 될 것이라는 통보를 받지 못하였다면, 조종사는 관제사에게 확인하여야 한다.

(3) 조종사는 접근허가를 발부받지 않은 한 최종접근진로의 inbound로 선회해서는 안된다. 보통 이러한 허가는 최종접근진로의 진입을 위한 최종 레이더유도와 함께 발부되며, 항공기가 최종접근픽스에 도달하기 전에 최종접근진로로 진입할 수 있도록 조종사에게 레이더유도를 제공한다.

(4) 항공기가 이미 최종접근진로로 진입한 경우, 항공기가 최종접근픽스에 도달하기 전에 접근허가가 발부될 것이다. 최종접근진로에 진입하였을 때 레이더분리는 유지되며, 조종사는 허가에 주요 항법수단으로 지정된 접근보조시설(ILS, RNAV, GLS, VOR, radio beacon 등)을 이용하여 접근을 완료하여야 한다. 따라서 조종사는 일단 최종접근진로로 진입했다면 ATC로부터 달리 허가를 받지 않는 한 이를 벗어나서는 안된다.

(5) 최종접근진로의 최종접근픽스를 통과한 후, 항공기는 최종접근진로로 계속 진입하여 접근을 완료하거나 그 공항의 발간된 실패접근절차에 따라야 한다.

3. 계기접근절차차트(Instrument Approach Procedure Chart)

가. 민간공항의 계기접근에서는 FAA 기관(ATC 포함)에 의해 달리 허가되지 않는 한, 공항에 대하여 지정된 SIAP를 사용할 것을 규정하고 있다.

계기접근절차에 따라 비행하기 위하여 필요한 항법장비는 차트의 절차 표제(title) 및 주석(note)에 표시된다.

(1) 직진입 IAP는 최종접근유도를 제공하는 항법시스템 및 접근이 정렬되는 활주로에 의해 식별된다 (예, VOR RWY 13). 선회접근은 최종접근유도를 제공하는 항법시스템과 문자(letter)에 의해 식별된다 (예, VOR A). 사선에 의하여 구분된 둘 이상의 항법시스템은 최종접근을 하기 위하여 두 종류 이상의 장비를 사용해야 한다는 것을 나타낸다 (예, VOR/DME RWY 31). 단어 "or"에 의해 구분된 둘 이상의 항법시스템은 최종접근을 하기 위하여 이 장비 중 어느 종류의 장비나 사용할 수 있다는 것을 나타낸다 (예, VOR or GPS RWY 15).

(2) 어떤 경우에는 다른 접근부분을 수행하거나 IAF까지 항행하기 위하여 레이더를 포함한 다른 종류의 항법시스템이 필요할 수도 있다. 항공로환경에서 절차에 진입하기 위하여 레이더 또는 그 밖의 장비가 필요할 경우, 접근절차차트의 평면도에 주석(note)이 표기된다.

나. 규정된 고도는 최저, 최대, 의무 및 권고고도의 네 가지 다른 형태로 표기될 수 있다.

(1) 최저고도(minimum altitude)는 고도치(altitude value)에 밑줄을 그어 표기한다. 항공기는 표기된 값 이상의 고도를 유지하여야 한다. 예, 3000

(2) 최대고도(maximum altitude)는 고도치에 윗줄을 그어 표기한다. 항공기는 표기된 값 이하의 고도를 유지하여야 한다. 예, 4000

(3) 의무고도(mandatory altitude)는 고도치에 밑줄 및 윗줄 모두를 그어 표기한다. 항공기는 표기된 값의 고도를 유지하여야 한다. 예, 5000

(4) 권고고도(recommended altitude)는 밑줄이나 윗줄이 없는 채로 표기한다. 이 고도는 강하 계획 수립에 사용하기 위해 표기된다. 예, 6000

다. 최저안전고도(Minimum Safe/Sector Altitudes; MSA)는 긴급한 경우에 사용하기 위하여 IAP 또는 출발절차(DP) 그래픽 차트에 게재된다. MSA는 모든 장애물로부터 상공 1,000 ft의 회피를 제공하지만 허용 항법신호통달범위를 반드시 보장하지는 않는다. 기존 항법시스템에서 MSA는 일반적으로 IAP 또는 DP 그래픽 차트에 입각한 일차전방향성시설(primary omnidirectional facility)을 기반으로 하지만, 이용할 수 있는 적합한 시설이 없다면 공항표점을 기반으로 할 수 있다. RNAV 접근 또는 DP 그래픽 차트에서 MSA는 RNAV waypoint를 기반으로 한다. MSA는 보통 반경 25 NM이지만 기존 항법시스템의 경우, 공항의 착륙구역을 포함하기 위하여 필요하면 30 NM까지 반경을 확장할 수 있다. 일반적으로 하나의 안전고도가 설정되지만, MSA가 시설을 기반으로 하고 장애물 회피를 위하여 필요한 경우 4개 구역까지 MSA를 설정할 수 있다.

라. 최저레이더유도고도(Minimum Vectoring Altitudes; MVA)는 레이더항공교통관제가 행해질 때 ATC가 사용할 수 있도록 설정된다. MVA 차트는 다수의 서로 다른 최저 IFR 고도가 있는 지역을 대상으로 항공교통시설에 의해 작성된다. 각 MVA 차트는 구역(sector) 내에서 MVA로 항공기를 레이더 유도 할 수 있는 충분한 크기의 구역으로 구성된다. 각 구역의 경계선은 MVA를 결정하는 장애물로부터 최소한 3 mile의 거리에 있다. 따로 떨어진 돌출 장애물로 인하여 지나치게 높은 MVA를 가진 대형 구역이 되지 않도록 장애물은 경계선이 장애물로부터 최소 3 mile 인 완충구역(buffer area)으로 둘러 싸여있다.

(1) 각 구역의 최저레이더유도고도는 비산악지역에서는 가장 높은 장애물로부터 상공 1,000 ft로 되어 있으며, 지정된 산악지역에서는 가장 높은 장애물로부터 상공 2,000 ft로 되어 있다.

(2) MVA를 고려해야 할 대상구역의 다양성, 이러한 구역에 적용되는 서로 다른 최저고도, 그리고 특정 장애물을 격리할 수 있는 기능으로 인하여 일부 MVA는 비레이더 최저항공로고도(MEA), 최저 장애물회피고도(Minimum Obstruction Clearance Altitudes; MOCA) 또는 주어진 장소의 차트에 표기된 다른 최저고도보다 낮을 수도 있다.

마. 시각강하지점(Visual Descent Point; VDP)은 비정밀접근절차에 포함되어 있다. VDP는 직진입 비정밀접근절차의 최종접근진로 상에 정해진 지점으로, 이 지점에서 시각참조물을 확인하였다면 MDA로부터 활주로 접지지점까지 정상적인 강하를 시작할 수 있다. VDP는 일반적으로 VOR과 LOC 절차에서는 DME, 그리고 RNAV 절차의 경우 다음 waypoint까지의 along-track distance에 의해 식별된다. VDP는 접근차트의 측면도에 부호(symbol) V로 식별된다.

(1) VDP는 이것이 적용되는 곳에 부가적인 유도를 제공하기 위한 것이다. 조종사는 VDP에 도달하여 필요한 시각참조물(visual reference)을 육안으로 확인하기 전에 MDA 아래로 강하해서는 안된다.

(2) VDP를 수신할 수 있는 장비를 갖추지 않은 조종사는 VDP가 제공되지 않는 접근절차와 동일하게 접근하여야 한다.

4. 계기접근절차(Instrument Approach Procedures)

가. 항공기 접근범주(approach category)란 V_{REF} 속도가 명시되어 있는 경우 V_{REF} 속도를 기준으로, V_{REF}가 명시되어 있지 않는 경우 최대인가착륙중량에서 V_{SO}의 1.3배 속도를 기준으로 항공기를 분류한 것을 의미한다. 조종사는 인가시에 결정된 범주에 해당하는 최저치나 그보다 높은 최저치를 사용하여야 한다. 헬리콥터는 범주 A 최저치를 사용할 수 있다. 항공기 범주의 속도범위 상한선을 초과한 속도로 운항할 필요가 있을 경우에는 상위범주의 최저치를 사용하여야 한다. 범주의 범위(category limit)는 다음과 같다.

(1) 범주 A(category A) : 91 knot 미만의 속도
(2) 범주 B(category B) : 91 knot 이상, 121 knot 미만의 속도
(3) 범주 C(category C) : 121 knot 이상, 141 knot 미만의 속도
(4) 범주 D(category D) : 141 knot 이상, 166 knot 미만의 속도
(5) 범주 E(category E) : 166 knot 이상의 속도

나. 미발간된 비행로를 운항하거나 레이더유도되는 동안 접근허가를 받았을 경우 조종사는 IFR 운항 시의 최저고도를 준수하고, ATC가 다른 고도를 배정하지 않는 한 또는 항공기가 발간된 비행로 또는 IAP 구간에 진입할 때 까지는 최종적으로 배정받은 고도를 유지하여야 한다. 항공기가 진입한 후 ATC에 의해 다른 고도가 배정되지 않는 한 각각의 이어지는 비행로 또는 접근구역 내에서의 강하에는 발간된 고도를 적용한다.

5. 절차선회 및 Hold-in-lieu of Procedure Turn

가. 절차선회는 항공기가 중간 또는 최종접근진로의 inbound로 진입하기 위하여 방향을 역으로 해야 할 필요가 있을 경우 규정된 기동이다. 절차선회 또는 hold-in-lieu-of-PT가 접근차트에 표기되어 있는 경우, ATC에 의해 직진입접근이 허가되지 않는 한 기동이 필요하다. 추가하여 사용할 최초구역에 "NO PT" 부호가 표기되어 있는 경우, 최종접근진로까지 레이더유도가 제공되거나 또는 체공픽스(holding fix)로부터 시차접근을 수행할 경우에는 절차선회 또는 hold-in-lieu-of-PT가 허용되지 않는다. 항공기가 inbound 진로로 진입할 때 까지 절차선회에 적용되는 고도는 최저고도이다.

(1) 미국정부차트에서 미늘 화살표(barbed arrow)는 절차선회가 이루어지는 outbound 진로의 기동면(maneuvering side)을 나타낸다. 45° 유형의 절차선회를 사용하는 course reversal의 경우 기수방향(heading)이 주어진다. 그러나 선회시작지점, 선회유형 및 선회율은 조종사의 재량에 의한다(선회를 완료해야 할 거리범위는 차트에 제한된다). 선택할 수 있는 일부 유형에는 45° 절차선회, racetrack 장주, teardrop 절차선회 또는 80° ↔ 260° course reversal이 있다.

(2) 접근절차에 절차선회가 포함될 때, 절차선회 기동 시에 장애물 회피구역 내에 있도록 하기 위하여 첫 번째 course reversal IAF 상공에서부터 200 knot(IAS) 미만의 최대속도를 준수하여야 한다. 조종사는 절차선회 fix를 통과한 후에 바로 outbound 선회를 시작하여야 한다. 절차선회 기동은 측면도에 명시된 거리 내에서 이루어져야 한다. 보통 절차선회의 거리는 10 mile 이다. 이 거리는 category A 또는 헬리콥터만을 운영하는 곳에서 최소 5 mile까지 감소되거나, 고성능 항공기를 위해서는 15 mile 까지 증가될 수 있다.

나. 절차선회 제한사항(Limitations on Procedure Turn)

(1) 최종접근픽스나 최종접근지점까지 레이더유도를 받거나 체공 fix로부터 시차접근 일 경우 또는 절차에 NoPT라고 명시되어 있는 경우, 조종사는 최종접근허가를 받을 때 ATC에 통보하고 절차선회를 해도 좋다는 허가를 발부받지 않는 한 절차선회를 해서는 안된다.

(2) Teardrop 절차선회가 표기되어 있고 course reversal이 필요한 경우에는 teardrop 절차선회를 하여야 한다.

(3) 레이더유도가 제공되거나 접근진로에 NoPT라고 명시되어 있는 경우를 제외하고, 체공장주가 절차선회를 대신하는 경우 체공장주에 따라야 한다. 권고하는 진입절차는 항공기가 체공장주의 보호공역 내에 머무를 수 있도록 한다. 절차선회와 마찬가지로 항공기가 inbound 진로에 진입하기 전까

제4절 도착절차(Arrival Procedures)

지는 최저체공장주고도에서 최종접근픽스고도로 강하(더 낮을 때)해서는 안된다.
(4) 평면도에 절차선회 화살표가 없다는 것은 이 절차에 절차선회가 허가되지 않았다는 것을 나타낸다.

6. 체공픽스(Holding Fix)로부터 시차접근(Timed Approaches)

시차접근(timed approach)은 다음과 같은 조건이 충족되었을 때 수행할 수 있다.

가. 접근이 이루어지는 공항에 관제탑이 운영되고 있다.
나. 조종사가 관제탑과 교신하도록 지시를 받을 때 까지 조종사와 관제센터 또는 접근관제소와 직접교신이 유지된다.
다. 둘 이상의 실패접근절차를 이용할 수 있는 경우, 어느 절차도 진로(course)를 역으로 전환할 필요가 없다.
라. 하나의 실패접근절차만을 이용할 수 있다면, 다음과 같은 조건을 충족하여야 한다.
(1) 진로(course)를 역으로 전환할 필요가 없어야 하며,
(2) 보고된 운고(ceiling) 및 시정이 IAP에 명시된 가장 큰 선회최저치(circling minimum)와 같거나 더 커야 한다.
마. 접근이 허가된 경우, 조종사는 절차선회(procedure turn)를 해서는 안된다.

7. 레이더접근(Radar Approaches)

레이더접근에는 정밀(PAR) 및 감시(ASR)의 두 가지 종류가 있다.

가. 정밀접근(Precision Approach; PAR)은 관제사가 방위 및 고도에 대해 매우 정확한 항행유도를 조종사에게 제공하는 것이다. 항공기가 착륙활주로중심선의 연장선과 정대되어 연장선을 향하여 비행할 수 있도록 조종사에게 기수방향(heading)이 주어진다. 활공로(glidepath)에 진입하여 강하하기 약 10~30초 전에 활공로 진입이 예상된다는 것을 조종사에게 통보한다.

발간된 결심고도(decision height)는 조종사가 요청할 경우에만 제공된다. 항공기가 활공로 위나 아래로 벗어나는 것이 관측되면 관제사는 상대적인 이탈의 정도를 통보한다. 또한 항공기 고도에 관한 경향정보를 발부한다. 접지지점으로부터의 거리를 매 마일 당 최소한 한번 항공기에 통보한다.

항공기가 명시된 방위나 고도의 안전구역한계선(safety zone limit) 밖으로 계속해서 벗어나거나 이러한 규정 한계선 외부에서 운항하는 것을 관제사가 관측한 경우, 조종사가 활주로환경(활주로, 진입등 등)을 육안으로 확인하지 않는 한 실패접근을 하거나 지정된 진로로 비행할 것을 조종사에게 지시하여야 한다. 항공기가 발간된 결심고도(DH)에 도달할 때 까지 조종사에게 방위 및 고도에 관한 항행유도가 제공된다. 활주로중심선으로부터의 이탈을 조종사에게 통보하는 지점인 착륙활주로시단 상공을 항공기가 통과할 때 까지 관제사는 진로 및 활공로 조언정보를 제공한다. 접근이 완료된 경우 레이더업무는 자동으로 종료된다.

나. 감시접근(Surveillance Approach; ASR)은 관제사가 방위에 관한 항행유도만을 제공하는 것이다. 착륙활주로중심선의 연장선과 정대되어 비행할 수 있도록 조종사에게 기수방향(heading)이 주어진다. 감시접근에 사용되는 레이더정보는 정밀접근에 사용되는 정보보다 상당히 정밀하지 않기 때문에 접근의 정확성은 그리 높지 않으며, 따라서 더 높은 최저치가 적용된다.

고도유도는 제공되지 않지만 최저강하고도(MDA)로 강하해야 할 시기, 또는 해당되는 경우 중간 단계강하 fix 최저통과고도 및 이어서 설정된 MDA로 강하해야 할 시기를 조종사에게 통보한다. 추가하

여 조종사는 절차에 규정된 실패접근지점(MAP)의 위치 및 해당 활주로, 공항이나 헬기장 또는 MAP 로부터의 항공기 위치를 최종접근진로의 매 마일마다 통보받을 것이다. 조종사가 권고고도를 요청하면 절차에 설정된 강하율에 의거하여 MDA 이상의 권고고도가 마지막 마일까지 매 마일마다 발부된다. 일반적으로 항공기가 MAP에 도달할 때 까지 항행유도가 제공된다.

조종사가 MAP에서 활주로, 공항 또는 헬기장을 육안확인하지 못하거나, 헬리콥터 공간점(point-in-space) 접근의 경우 지표면의 명시된 시각참조물을 확인할 수 없다면 관제사는 유도를 종료하고 조종사에게 실패접근을 하도록 지시한다. 또한 접근하는 동안 언제라도 관제사가 잔여접근에 대해 안전한 유도를 제공할 수 없다고 판단하면, 관제사는 유도를 종료하고 조종사에게 실패접근을 하도록 지시할 것이다. 마찬가지로 조종사 요구 시 유도는 종료되고 실패접근을 하게 되며, 민간항공기에 한해 조종사가 활주로, 공항/헬기장 또는 visual surface route(공간점 접근)를 육안 확인하였다고 보고하거나 계속적인 유도가 필요 없다는 것을 다른 방법으로 표시하는 경우 관제사는 유도를 종료할 수 있다. 레이더접근을 완료한 경우 레이더업무는 자동으로 종료된다.

다. 자이로 고장시의 접근(No-Gyro Approach)은 레이더관제 하에서 방향자이로(directional gyro) 또는 그 밖의 안정화된 나침반(stabilized compass)이 작동하지 않거나 부정확한 상황에 처한 조종사에게 제공된다. 이러한 상황이 발생한 경우, 조종사는 ATC에 이를 통보하고 자이로 고장시(No-Gyro)의 레이더유도 또는 접근을 요청하여야 한다. 조종사는 모든 선회를 표준율(standard rate)로 하여야 하고, 지시를 받자마자 즉시 선회를 하여야 한다. 감시접근 또는 정밀접근을 하는 경우, 조종사는 항공기가 최종접근진로 상으로 선회를 완료한 후 반표준율(half standard rate)로 선회할 것을 지시받을 것이다.

8. 평행활주로 동시접근(Simultaneous Approaches to Parallel Runways)

평행활주로 ILS/RNAV/GLS 접근은 동시종속접근, 동시독립접근 및 동시근접평행 PRM 접근의 세 가지 등급으로 분류된다. 평행활주로 접근절차는 인접한 활주로중심선 간격, ATC 절차, 그리고 공항 ATC 레이더감시(radar monitoring)와 통신성능에 의하여 분류된다. 평행접근운항은 조종사의 더 높은 상황 인식을 요구한다. 조종사는 동시접근이 실시되고 있다는 것을 ATC로부터나 ATIS를 통해 통보받는다.

동시평행독립접근과 특히 동시근접평행 PRM 접근을 수행하는 인접 항공기 간의 근접은 조종사가 모든 ATC 허가를 엄격히 준수하는 것을 필요로 한다. 적절한 시기에 ATC가 배정한 대기속도, 고도 및 기수방향(heading)에 따라야 한다. 동시독립접근과 동시근접평행 PRM 접근은 최종감시관제사(final monitor controller)의 개입 및 원치 않는 진입금지구역(No Transgression Zone; NTZ)의 침범을 최소화하기 위하여 정밀한 접근진로 추적(tracking)을 필요로 한다.

가. 동시종속접근(Simultaneous Dependent Approaches)
   (1) 동시종속접근은 활주로중심선 간의 간격이 최소 2,500 ft에서 9,000 ft까지 분리된 평행활주로를 가진 공항에 대해 접근을 허가하는 ATC 절차이다.
   (2) 동시종속접근은 평행활주로중심선 간의 최소거리가 감소될 수 있고, 레이더감시나 조언이 필요하지 않으며 인접 로컬라이저/방위각 진로(localizer/aximuth course) 상의 항공기와 엇갈린 분리(staggered separation)가 필요하다는 점이 동시독립접근과 다르다.
   (3) 활주로중심선 간의 간격이 최소 2,500 ft 이상 3,600 ft 미만일 경우, 인접 최종접근진로로 접근하는 항공기 간에는 대각선으로 최소 1.0 NM의 레이더분리가 필요하다. 활주로중심선 간의 간격이

3,600 ft 이상 8,300 ft 미만일 경우, 인접 최종접근진로로 접근하는 항공기 간에는 대각선으로 최소 1.5 NM의 레이더분리가 필요하다. 활주로중심선 간의 간격이 8,300 ft 이상 9,000 ft 미만일 경우, 대각선으로 최소 2 NM의 레이더분리가 제공된다. 활주로종단(runway end) 10 mile 이내의 동일한 최종접근진로 상의 항공기 간에는 최소 3 NM의 레이더분리, 경우에 따라서는 2.5 NM까지 감소된 레이더분리가 제공된다.

(4) 평행접근이 진행되고 있을 경우, 조종사는 ATIS 또는 ATC로부터 양 활주로로 접근이 실시되고 있다는 것을 통보받게 된다.

(5) 어떤 공항에서는 활주로 간의 간격이 2,500 ft 미만인 활주로에 동시종속접근이 허용된다. 이런 경우 ATC는 항상 동일 활주로에 도착하는 선행항공기와 최소한 허용되는 대각선 분리 최저치를 제공한다. 뒤따르는 항공기에게는 일반적으로 활주로 간의 간격이 2,500 ft 미만인 활주로에서 활용되는 단일 활주로 분리 대신에 축소된 대각선 분리가 허용된다.

나. 동시독립 ILS/RNAV/GLS 접근〔Simultaneous Independent ILS/ RNAV/GLS Approaches〕

(1) 이 시스템은 중심선 간의 간격이 최소 4,300 ft인 평행활주로에 동시접근을 허가하는 시스템이다. 4,300~9,000 ft(5,000 ft 초과 공항의 경우 9,200 ft) 간의 분리는 NTZ 최종감시관제사를 활용한다. 동시독립접근에서는 인접한 평행접근진로에 있는 항공기 간의 확실한 분리를 위해 NTZ 레이더감시를 필요로 한다. 최종감시관제사는 항공기 위치를 추적하며, 지정된 최종접근진로에서 벗어나는 것이 관측된 항공기에게 지시를 발부한다. 엇갈린 레이더분리(staggered radar separation) 절차는 사용되지 않는다.

(2) 레이더업무(radar service)는 각각의 동시종속접근에 제공된다. 평행최종접근진로로 선회 중인 항공기에게는 3 mile의 레이더분리 또는 최소 1,000 ft의 수직분리가 제공된다.

다. 동시근접평행 PRM 접근 및 동시 오프셋(Offset) 계기접근(SOIA)

(1) PRM은 동시근접평행접근 수행에 사용되는 특정 평행활주로 분리를 위하여 진입금지구역 감시에 필요한 Precision Runway Monitor 감시 시스템의 약어이다.

(2) 동시근접평행 PRM 접근은 독립되어 있기 때문에 최종접근진로 간의 NTZ와 정상운항구역(NOZ; normal operating zone) 공역은 각 접근진로 당 1명씩 2명의 감시관제사에 의해 감시가 이루어진다.

9. 동시수렴계기접근(Simultaneous Converging Instrument Approaches)

ATC는 수렴활주로(converging runway), 즉 15°에서 100°의 사잇각(included angle)을 갖는 활주로에 대하여 동시에 계기접근을 할 수 있는 프로그램이 특별히 인가된 공항에서는 동시계기접근을 허가할 수 있다.

10. 측면이동접근(Side-step Maneuver)

가. ATC는 간격이 1,200 ft 이하인 평행활주로 중 하나의 활주로에 접근한 다음 인접활주로에 직진입착륙(straight-in landing)을 하는 표준계기접근절차를 허가할 수 있다.

나. 측면이동접근을 할 항공기는 지정된 접근절차와 인접 평행활주로에 착륙을 허가받게 된다. 조종사는 활주로 또는 활주로환경을 육안으로 확인한 후 가능한 한 빨리 측면이동접근을 시작하여야 한다. 측면이동을 시작한 후에도 단계강하(stepdown) fix와 관련된 최저고도를 준수하여야 한다.

다. 인접활주로에 대한 착륙최저치는 비정밀접근의 기준을 기반으로 하며, 따라서 주 활주로의 정밀최저치보다 높지만 발간된 선회최저치(circling minimum)보다는 보통 낮다.

11. 접근과 착륙최저치(Approach and Landing Minimums)

가. 착륙최저치(Landing Minimum)

RVR을 지상시정 또는 비행시정으로 환산하기 위하여 표 5-3을 사용할 수 있다. 표에 없는 수치의 RVR 값을 환산할 때에는 그 다음 높은 RVR 값을 사용해야 하며 중간의 값을 사용해서는 안된다. 예를 들어 1800 RVR을 환산할 경우에는 2400 RVR을 사용하며, 이에 따라 시정은 1/2 mile이 된다.

표 5-3. RVR 값 환산(RVR Value Conversion)

RVR	시정(statute miles)	RVR	시정(statute miles)
1600	1/4	4500	7/8
2400	1/2	5000	1
3200	5/8	6000	1 1/4
4000	3/4		

나. 최종접근 장애물 회피는 최종구역의 시작지점부터 활주로 또는 실패접근지점 중 나중에 도달되는 곳까지 제공된다.

다. 정밀접근 활주로무장애구역(Precision Obstacle Free Zone; POFZ). 활주로시단의 시단표고에서 시작되며, 활주로중심선의 연장선에 중심을 두는 구역 상부공역의 범위. POFZ의 길이는 200 ft(60 m), 폭은 800 ft(240 m)이다.

라. 직진입최저치는 최종접근진로가 30° 이내(GPS IAP의 경우 15°)에서 활주로와 정렬되고, IAP에 표기된 IFR 고도에서부터 활주로 표면까지 정상강하를 할 수 있을 때 IAP 상에 표시된다. 정상 강하율이나 30°의 활주로 정렬요소가 초과되면 직진입최저치는 발간되지 않고 선회최저치가 적용된다.

12. 실패접근(Missed Approach)

가. 착륙하지 못한 경우, 조종사는 접근절차차트에 명시된 실패접근지점에 도달하면 ATC에 통보하고 사용하고 있는 접근절차의 실패접근지시나 ATC가 지시하는 대체실패접근절차에 따라야 한다.

나. 실패접근 시의 장애물 보호는 실패접근이 결심고도/높이(DA/H) 또는 실패접근지점, 그리고 최저강하고도(MDA)보다는 낮지 않은 고도에서 시작된다는 가정을 기반으로 한다. 접근절차차트의 주석부분(note section)에 더 높은 상승률이 공고되지 않는 한, NM 당 최소 200 ft의 상승률(헬리콥터 접근의 경우, NM 당 최소 400 ft의 상승이 필요한 지역 제외)이 필요하다. 표준상승률보다 더 높게 지정되어 있을 경우, 비표준상승의 종료지점(end point)은 고도 또는 fix로 명시된다.

조종사는 실패접근의 경우에 항공기가 절차에서 요구하는 상승률(NM 당 ft의 단위로 나타냄)을 충족할 수 있도록 사전에 계획하여야 한다. 정상적인 기동의 경우에는 적절한 완충구역이 주어진다. 그러나 비정상적인 조기선회에 대해서는 고려되지 않는다. 따라서 조기실패접근을 할 경우, 조종사는 ATC에 의해 달리 허가되지 않은 한 선회조작을 하기 전에 MAP 또는 DH 이상의 고도를 유지하여 실패접근지점까지 접근 plate의 지정된 계기접근절차(IAP)에 따라 비행하여야 한다.

다. 계기접근을 하여 선회착륙(circling-to-land)을 하는 동안 시각참조물을 잃어 버렸다면, 해당 특정절차에 지정된 실패접근절차에 따라야 한다(ATC에 의해 대체실패접근절차가 지정되지 않은 한). 설정된 실패접근진로(missed approach course)로 진입하기 위하여 조종사는 착륙활주로 쪽으로 먼저 상승선회를 한 다음, 실패접근진로로 진입할 때 까지 계속 선회하여야 한다.

라. 일부 지역에는 실패접근절차에 사용되는 주 NAVAID를 이용할 수 없는 경우에 사용하기 위한 대체실패접근절차가 사전에 설정되어 있다. 혼동을 피하기 위하여 대체실패접근절차 지시는 차트로 발간되지는 않는다. 그러나 조종사의 상황인식 및 상세한 체공지시를 발부할 필요가 없도록 함으로써 ATC를 돕기 위하여 대체실패접근 체공장주는 계기접근차트에 표기된다.

마. 접근에 실패하였을 경우에는 교체공항으로의 비행, 다른 접근의 실시 등과 같은 특정조치의 허가를 요청하여야 한다.

바. ATC에 의하여 달리 지시되지 않는 한, 계기접근절차의 허가에는 발간된 실패접근절차에 대한 비행허가가 포함된다. 발간된 실패접근절차는 실패접근지점 상공의 실패접근구간에서 실패접근을 하고 발간된 200 ft/NM 이상의 상승률을 준수할 때만 장애물 회피를 제공한다.

13. 시각접근(Visual Approach)

가. 시각접근은 IFR 비행계획에 의해 수행되며, 조종사가 구름으로부터 벗어난 상태에서 공항까지 육안으로 비행하는 것을 허가한다. 조종사는 공항 또는 식별된 선행항공기를 시야에 두어야 한다. 이 접근은 적절한 항공교통관제기관에 의해 허가되고 관제가 이루어져야 한다. 공항의 보고된 기상은 1,000 ft 이상의 운고(ceiling) 및 3 mile 이상의 시정을 가져야 한다. ATC는 운영상 이득이 있을 때 이러한 종류의 접근을 허가한다. 시각접근은 시계비행기상상태에서 IFR에 의하여 수행되는 IFR 절차이다. 운영기준에 달리 규정되어 있지 않는 한, 구름회피기준은 적용되지 않는다.

나. 분리책임(Separation Responsibility)
조종사가 공항은 육안으로 확인하였으나 선행항공기를 육안으로 확인할 수 없는 경우에도 ATC는 항공기에게 시각접근을 허가할 수 있지만, 항공기 간의 분리 및 항적난기류(wake vortex) 분리에 대한 책임은 ATC에 있다. 시각접근 허가를 받고 선행항공기를 육안으로 보면서 뒤따를 경우, 안전한 접근간격 및 적절한 항적난기류 분리를 유지하여야 할 책임은 조종사에게 있다.

다. 시각접근은 계기접근절차(IAP)가 아니며, 따라서 실패접근구간이 없다. 관제공항에서 운항하는 항공기가 어떠한 이유로 인해 복행(go around)이 필요하면 관제탑은 착륙을 위해 교통장주에 진입하거나 달리 지시한 대로 진행하라는 적절한 허가나 지시를 발부한다. 비관제공항에서 항공기는 구름으로부터 벗어난 상태를 유지하고 가능한 한 빨리 착륙하여야 한다. 착륙할 수 없다면, 항공기는 구름으로부터 벗어난 상태를 유지하고 추후허가를 받기 위하여 가능한 한 빨리 ATC와 교신하여야 한다.

라. 시각접근은 조종사/관제사의 업무량을 줄이고, 공항까지의 비행경로를 단축시킴으로써 신속하게 교통을 처리할 수 있도록 한다. 시각접근을 원하지 않는 경우 가능한 한 빨리 ATC에 통보하는 것은 조종사의 책임이다.

마. 시각접근 허가는 IFR 허가이며, IFR 비행계획 취소 책임이 변경되는 것은 아니다.

14. 발간된 시계비행 절차(Charted Visual Flight Procedure; CVFP)

가. CVFP는 환경과 소음을 고려하고, 안전하고 효율적인 항공교통 운항을 위하여 필요한 경우 설정하는 발간된 시각접근절차이다. 접근차트에는 눈에 잘 띄는 랜드마크, 진로(course), 특정 활주로의 권고고도 등이 표기된다. CVFP는 원래 터보제트 항공기에 사용하기 위하여 설계되었다.

나. 이 절차는 관제탑이 운영되는 공항에서만 사용된다.
다. B등급 공역 하한고도(floor)를 나타내는 경우 외에, 표기된 모든 고도는 소음감소 목적이며 단지 권고고도이다. 운항요건으로 지시되는 경우, 조종사가 권고고도 이외의 고도에서 비행하는 것이 금지되지는 않는다.
라. CVFP는 일반적으로 공항으로부터 20 mile 이내에서 시작된다.
마. CVFP는 계기접근이 아니며 실패접근구간이 없다.
바. ATC는 기상이 공고된 최저치 미만일 때는 CVFP 허가를 발부하지 않는다.
사. ATC는 조종사가 차트화된 랜드마크나 선행항공기를 보았다고 보고한 이후에 항공기에 CVFP를 허가한다. 선행항공기를 뒤따를 것을 지시 받았다면, 조종사는 안전한 접근간격 및 항적난기류 분리를 유지할 책임이 있다.
아. 조종사는 어떤 지점에서 접근을 계속할 수 없거나, 선행항공기를 시야에서 놓친 경우 ATC에 통보하여야 한다. 실패접근은 복행(go-around)으로 취급된다.

15. Contact 접근(Contact Approach)

가. IFR 비행계획에 의하여 운항을 하는 조종사는 구름으로부터 벗어나서 비행시정 최소 1 mile의 기상상태에서 목적지공항까지 계속 비행할 수 있을 것이라고 합리적으로 예상할 수 있는 경우, contact 접근을 위한 ATC 허가를 요구할 수 있다.

나. 관제사는 다음과 같은 경우 contact 접근을 허가할 수 있다.
(1) Contact 접근이 분명히 조종사에 의해 요구되었다. ATC는 이 접근을 제안할 수 없다.
(2) 목적지공항의 보고된 지상시정이 최소 1 SM이다.
(3) Contact 접근은 표준계기접근절차 또는 특별계기접근절차가 수립되어 있는 공항에서 이루어질 수 있다.
(4) 허가를 받은 항공기 간에, 그리고 이들 항공기와 다른 IFR 항공기 또는 특별 VFR 항공기 간에 인가된 분리가 적용된다.

다. Contact 접근은 조종사가 공항까지 표준 또는 특별 IAP로 비행하는 대신에 사용(ATC의 사전허가를 받아)할 수 있는 접근절차이다. 이것은 IFR 비행허가를 받은 조종사가 발간되어 운영되는 IAP가 없는 공항으로의 운항에 사용하기 위한 것은 아니다. 또한 항공기가 어떤 공항으로 계기접근을 하다가 "위험한 상황에서 벗어난(in the clear)" 경우, 그 접근을 중단하고 다른 공항으로 비행하기 위한 것도 아니다. Contact 접근을 할 때 장애물 회피에 대한 책임은 조종사에게 있다.

16. 원형접근(Overhead Approach Maneuver)

시계비행기상상태(VMC)에서 IFR 비행계획에 의하여 운항하는 조종사는 ATC에 원형접근(overhead maneuver) 허가를 요청할 수 있다. 원형접근은 계기접근절차는 아니다. 원형접근장주는 항공기가 운영상 이러한 접근을 수행할 필요성이 있는 공항에 수립된다.

원형접근을 수행하는 항공기는 VFR로 간주되며, 항공기가 접근 시 최초접근부분의 시작지점에 도달했을 때 IFR 비행계획은 취소된다. 관제탑이 운영되지 않는 공항으로 운항하는 항공기는 원형접근을 시작하기 전에 IFR 비행계획의 취소를 시도하여야 한다. 최초접근부분의 착륙활주로시단을 지난 후, 또는 착륙 후에는 IFR 비행계획의 취소가 이루어져야 한다.

제5절. 조종사/관제사의 역할과 책임

1. 항공교통허가(Air Traffic Clearance)

가. 조종사(Pilot)
  (1) ATC 허가를 받았고, 이해하였다는 응답(acknowledge)을 한다.
  (2) ATC가 발부하는 활주로진입전대기(hold short of runway) 지시에 복창(read back)한다.
  (3) 허가가 완전히 이해되지 않았거나, 비행안전의 관점에서 수용할 수 없는 경우에는 적절한 설명을 요청하거나 수정허가를 요청한다.
  (4) 비상상황에 대처하기 위하여 필요한 경우를 제외하고 항공교통허가를 받은 경우 이를 즉시 이행한다. 허가의 위배가 필요한 경우, 가능한 한 빨리 ATC에 통보하고 수정허가를 받는다.

나. 관제사(Controller)
  (1) 설정된 기준에 의거하여 수행되거나 수행할 예정인 운항에 대하여 적절한 허가를 발부한다.
  (2) 관제공역에서 IFR 허가 시에는 최저 IFR 고도 이상의 고도를 배정한다.
  (3) 발부한 정보, 허가 또는 지시에 대한 조종사의 인지응답(acknowledgement)을 확인한다.
  (4) 고도, 기수방향(heading) 또는 그 밖의 항목에 대한 조종사의 복창이 정확한지 확인한다. 만약 부정확하거나, 왜곡되었거나 또는 불완전하면 적절하게 수정해 준다.

2. Contact 접근(Contact Approach)

가. 조종사(Pilot)
  (1) Contact 접근을 요구하여 표준 또는 특별계기접근 대신에 사용한다.
  (2) Contact 접근요구는 비행이 구름으로부터 벗어나서 운항 중이고, 최소한 1 mile의 비행시정을 가지며, 그리고 이러한 상태에서 목적지공항까지 계속 비행할 수 있을 것이라고 합리적으로 예상된다는 것을 나타낸다.
  (3) Contact 접근을 할 때 장애물 회피에 대한 책임을 져야 한다.
  (4) Contact 접근을 계속할 수 없거나, 1 mile 이하의 비행시정과 조우한 경우 즉시 ATC에 통보한다.

나. 관제사(Controller)
  (1) 조종사의 요구가 있을 때에만 contact 접근허가를 발부한다. 이 절차의 사용을 권고해서는 안된다.
  (2) 허가를 발부하기 전에 목적지공항의 지상시정이 최소한 1 mile 이상인가를 확인한다.
  (3) Contact 접근을 허가한 항공기와 다른 IFR 항공기 또는 특별 VFR 항공기 간에 인가된 분리를 제공한다.

3. 레이더유도(Radar Vectors)

가. 조종사(Pilot)
  (1) 관제사가 배정한 기수방향(heading) 및 고도로 신속히 변경한다.
  (2) 부정확하다고 생각되는 배정 기수방향 또는 고도를 문의한다.

나. 관제사(Controller)
  (1) A등급, B등급, C등급, D등급 및 E등급 공역에서 다음의 경우에 항공기를 레이더유도한다.

(가) 항공기 간의 분리를 위하여
(나) 소음감소를 위하여
(다) 조종사 또는 관제사에 대한 운영상 이득을 얻기 위하여
(2) 조종사 요구가 있을 때 A등급, B등급, C등급, D등급, E등급 및 G등급 공역의 항공기를 레이더 유도한다.
(3) 레이더접근이나 레이더출발, 특별 VFR이 허가되거나 최저고도 미만에서 레이더유도 절차에 의거하여 운항이 허가된 경우를 제외하고 최저레이더유도고도 이상에서 IFR 항공기를 레이더유도한다.
(4) ATC가 고도배정을 하지 않은 VFR 항공기는 어떤 고도에서든지 레이더유도할 수 있다. 이 경우 지형회피는 조종사의 책임이다.

4. 육안회피(See and Avoid)

가. 조종사(Pilot)

조종사는 비행계획의 방식이나 레이더시설의 관제 하에 있는지의 여부에 관계없이 기상상태가 허용되면 다른 항공기, 지형 또는 장애물을 육안으로 보고 회피(see and avoid)해야 할 책임이 있다.

나. 관제사(Controller)

(1) 업무량이 허용하는 한도 내에서, 적극관제공역(positive control airspace)의 외부에서 운항하는 레이더식별 항공기에게 레이더교통정보를 제공한다.
(2) 항공기가 지형, 장애물 또는 다른 항공기에 불안전하게 근접한 위치에 있다고 여길만한 고도에 있다고 인식되면 관제 하의 항공기에게 안전경보를 발부한다.

5. 속도조절(Speed Adjustments)

가. 조종사(Pilot)

(1) 비행계획서에 기재한 순항속도보다 ±5% 또는 10 knot 가운데 더 큰 수치로 변경되면 언제라도 ATC에 통보한다.
(2) 속도조절지시에 따를 때에는 지시받은 속도에서 ±10 knot 또는 마하수(Mach number) ±0.02 이내의 지시대기속도를 유지한다.

나. 관제사(Controller)

(1) 필요한 경우에만 항공기에게 속도조절을 지시하여야 하며, 효과적인 레이더유도 기법의 대용으로 속도조절을 사용해서는 안된다.
(2) 감속과 증속이 번갈아 필요한 속도조절지시는 피한다.
(3) 특정 IAS(knot)/마하수(Mach number) 또는 5 knot나 이의 배수간격으로 증속하거나 감속하도록 속도조절을 지시한다.
(4) 강하하는 동안 감속할 수 있도록 항공기 성능에 대하여 충분히 고려한다.
(5) 조종사의 동의없이 FL390 이상의 고도에 있는 항공기에게 속도조절을 지시하여서는 안된다.

6. 교통조언(교통정보)[Traffic Advisories(Traffic Information)]

가. 조종사(Pilot)

(1) 교통조언을 수신하였다는 응답(acknowledge)을 한다.

(2) 항공기를 육안 확인하였다면 관제사에게 통보한다.
(3) 항공기를 회피하기 위하여 레이더유도가 필요한 경우 ATC에 통보한다.
(4) 조언업무가 필요하지 않으면 관제사에게 통보한다.

나. 관제사(Controller)
(1) A등급 공역을 제외하고, 높은 우선순위의 업무에 부합하는 최대범위까지 레이더교통조언을 발부한다.
(2) 조종사 요구 시, 관측된 교통으로부터 항공기 회피를 돕기 위하여 레이더유도를 제공한다.
(3) 순서배정(sequencing)의 목적을 위해 B등급, C등급 및 D등급 공항교통구역의 항공기에게 교통정보를 발부한다.
(4) 관제사는 비행경로가 통과할 것으로 예상되는 교차 또는 비교차 수렴활주로에서 운행하는 각 항공기에게 교통조언을 발부할 필요가 있다.

7. 최소연료 통보(Minimum Fuel Advisory)

가. 조종사(Pilot)
(1) 목적지에 도착할 때의 연료공급량이 어떤 과도한 지연도 받아들일 수 없는 상태에 도달한 경우, 최소연료(minimum fuel) 상태를 ATC에 통보한다.
(2) 이것은 비상상황은 아니며, 단지 어떤 과도한 지연이 발생하면 비상상황이 될 수 있다는 것을 나타내는 조언이라는 점을 인식하여야 한다.
(3) 최초교신 시 호출부호(call sign)를 말한 이후에 "minimum fuel"이라는 용어를 사용해야 한다.
(4) 최소연료 통보가 교통상의 우선권을 요구한다는 의미는 아니라는 것을 인식하여야 한다.
(5) 사용할 수 있는 잔여 연료공급량으로 안전하게 착륙하기 위하여 교통상의 우선권이 필요하다고 판단한 경우, 조종사는 저연료로 인한 비상을 선언하고 분단위로 잔여 연료량을 보고하여야 한다.

나. 관제사(Controller)
(1) 항공기가 최소연료상태를 선언한 경우, 관제권을 이양받을 시설에 이러한 정보를 중계하여야 한다.
(2) 항공기를 지연시킬 수 있는 모든 요인에 주의를 기울여야 한다.

제6절. 국가안보 및 요격절차(National Security and Interception Procedures)

1. ADIZ 요건(ADIZ Requirement)

가. 미국공역 경계 근처에서 모든 항공기의 조기식별을 용이하게 하기 위하여 방공식별구역(Air Defence Identification Zone; ADIZ)이 설정되었다. ADIZ로 비행하거나 진입하여 내에서 비행하거나, 또는 통과운항을 하는 모든 항공기는 조기식별을 용이하게 하기 위하여 특정요건을 준수하여야 한다.

나. ADIZ와 관련된 항공기 운항을 위한 운항요건은 다음과 같다.
(1) 트랜스폰더(Transponder) 요건. ATC에 의해 달리 허가되지 않는 한, 미국본토의 ADIZ로 비행하거나 진입하여 내에서 비행하거나, 또는 통과하는 각 항공기는 사용가능한 레이더비컨 트랜스폰더를 갖추어야 한다. 트랜스폰더를 작동시키고, ATC가 배정하거나 FSS가 발부한 discret 비컨코드를 송신하여 항공기 고도를 시현하여야 한다. 비컨코드 1200의 사용은 허가되지 않는다. Universal Access Transceiver(UAT) 익명모드(anonymity mode)의 사용은 허가되지 않는다.

(2) 송수신무선통신기(Two-way Radio). ADIZ에서 운항하는 조종사는 해당 항공시설과 양방향무선교신을 유지하여야 한다.

(3) 비행계획서(Flight Plan). 항공시설에 비행계획서를 제출하고 발효되고 종료하지 않는 한 또는 항공교통관제기관에 의하여 다음과 같이 달리 허가를 받지 않는 한, 조종사는 ADIZ로 비행하거나 진입하여 내에서 비행하거나 또는 ADIZ 내의 출발지점으로부터 운항할 수 없다.

   (가) 조종사는 계기비행방식(IFR) 비행계획서를 제출하거나, ADIZ 진입시간 및 진입지점을 포함한 방어시계비행방식(DVFR) 비행계획서를 제출하여야 한다.

   (나) 조종사는 DVFR 비행계획서를 발효시키고, ADIZ에 진입하기 전에 항공기 트랜스폰더에 배정된 discrete beacon code를 설정한다.

   (다) IFR 또는 DVFR 항공기는 아래의 (라)의 경우를 제외하고, 비행계획서에 포함된 출발예정시간 5분 이내에 출발하여야 한다.

   (라) 비행계획서를 제출한 시설이 없는 알래스카 ADIZ 내의 공항에서 출발하는 경우, 이륙 후 또는 적절한 항공시설의 통달범위 이내일 경우 즉시 비행계획서를 제출하여야 한다.

   (마) ADIZ를 통과하여 운항하고자 하는 국가항공기(미국 또는 외국)는 항공기를 국가항공기(state aircraft)로 식별하는 것을 돕기 위해 비행계획서의 항목 8에 ICAO Code M을 기입하여야 한다.

(4) ADIZ 진입 전 위치보고(Position Reporting)

   (가) 관제공역에서 IFR 비행. 조종사는 항공기가 레이더관제 하에 있는 동안을 제외하고 ATC가 보고가 필요하다고 특별히 요청한 보고지점을 통과한 경우에만 각 지정된 보고지점 또는 ATC가 명시하거나 요청한 보고지점을 통과한 시간 및 고도를 보고하여야 한다.

   (나) 비관제공역의 DVFR 비행 및 IFR 비행

   ① 진입하기 전에 해당 항공시설에 최종보고지점을 통과하는 시간, 항공기의 위치와 고도 및 비행경로의 다음 해당 보고지점의 도착예정시간

   ② 비행경로에 해당 보고지점이 없다면, 조종사는 최소한 진입 15분 전에 조종사가 진입할 예정시간, 위치 및 고도를 통보한다. 또는

   ③ 출발공항이 ADIZ 내에 있거나 ADIZ 경계선에 너무 근접하여 조종사가 위의 ①이나 ②를 준수할 수 없다면, 조종사는 출발 직후 출발시간, 고도 및 비행경로의 최초보고지점 도착예정시간을 통보한다.

   (다) 외국 민간항공기(Foreign civil aircraft).

   ADIZ을 통과하여 미국에 진입하려는 외국 민간항공기의 조종사가 위의 보고요건을 준수할 수 없다면, 해당하는 경우 조종사는 미국으로부터 평균 직선순항거리 1시간 이상 2시간 미만인 적절한 항공시설에 항공기의 위치를 보고하여야 한다.

2. 요격절차(Interception Procedure)

가. 일반(General)

   (1) FAA와 함께 방공구역(Air Defense Sector) 통제소는 항공교통을 감시하며, 국가안보 및 국가방위를 위해 요격을 지시할 수 있다.

      (가) 항공기 식별(identify an aircraft)

      (나) 항공기 추적(track an aircraft)

(다) 항공기 확인(inspect an aircraft)
   (라) 항공기 회항(divert an aircraft)
   (마) 항공기와 교신시도(establish communications with an aircraft)
  (2) 군용기의 요격을 받는 경우, 그들의 책무를 이해하고 요격하는 항공기에서 전달되는 ICAO 표준 신호에 따르는 것은 민간항공기 조종사의 의무이다. 특히, 항공기조종사는 local 운용주파수 또는 VHF/UHF guard 주파수로 지체없이(가능한 경우) 항공교통관제기관과 교신하여야 한다.
 나. 전투기 요격단계(Fighter intercept phase)
  (1) 접근단계(Approach Phase)
      표준절차에서 요격기는 피요격기의 후미로 접근한다. 통상적으로 요격기는 두 대가 투입되지만 한 대의 항공기가 요격임무를 수행하는 것이 드문 일은 아니다. 요격기와 피요격기 간의 안전한 분리는 요격하는 항공기의 책임이며, 항상 안전한 분리가 유지되어야 한다.
  (2) 식별단계(Identification Phase)
      요격기는 피요격기에 서서히 접근을 시도하여, 명확하게 식별하고 필요한 정보를 얻기 위하여 필요하다고 판단한 것보다 더 근접하지 않은 거리에 체공한다.
  (3) 요격후단계(Post Intercept Phase)
      요격기는 표준 ICAO 신호로 교신을 시도할 수 있다. 요격기가 피요격기의 즉각적인 응답을 바라는 시급한 상황이거나, 피요격기가 지시에 계속하여 응하지 않는 경우 요격기조종사는 급방향전환기동(divert maneuver)을 할 수 있다. 이러한 기동에서 요격기는 피요격기가 선회할 것으로 예상되는 일반적인 방향으로 피요격기의 비행경로를 가로질러(최소 500 ft의 분리를 유지하고 피요격기보다 약간 낮은 고도에서 시작한다) 비행한다. 요격기는 피요격기의 비행경로를 지나는 동안 날개를 흔들거나(주간), 외부등을 점멸/afterburner를 선택(야간) 한다. 요격기는 피요격기가 따르는 지를 확인하기 위하여 되돌아가기 전에 피요격기가 선회할 것이 예상되는 방향으로 항공기를 기울인다.
      피요격기는 즉시 요격하는 항공기의 방향으로 선회하여야 한다. 피요격기가 이에 따르지 않으면 요격기는 지시하는 방향으로 선회하여 구역이탈에 즉시 따르도록 피요격기에게 경고신호로서 조명탄을 사용하면서, 피요격기의 비행경로를 가로질러 두 번째로 상승선회를 한다.
 다. 피요격기 조치사항의 요약. 피요격기는 지체없이 다음과 같이 조치하여야 한다.
  (1) 시각신호장비, 시각신호 및 무선통신을 사용하여 요격기로부터 전달되는 지시사항을 준수한다.
  (2) 요격기 또는 해당 항공교통관제기관과 guard 주파수(121.5 또는 243.0 MHz)로 일반적인 호출을 하여 무선교신을 시도하고 식별부호, 위치 및 비행방식을 통보한다.
  (3) 트랜스폰더를 갖추고 있으면 항공교통관제기관에 의해 달리 지시되지 않는 한 Mode 3/A Code 7700으로 맞춘다.
  (4) 피요격기의 승무원은 요격이 확실히 종료될 때 까지는 계속해서 요격기의 신호와 지시사항에 따라야 한다.

3. 요격신호(Interception Signals)
   요격기의 신호 및 피요격기의 응신방법 및 의미는 다음과 같다.

표 5-4. 요격신호(Intercepting Signal)

요격신호(INTERCEPTING SIGNAL) 요격기의 신호 및 피요격기의 응신					
순번	요격기 신호	의미	피요격기 응신	의미
1	주간 - 피요격기의 약간 위쪽 전방 좌측에서 날개를 흔들고 나서(rocking wing) 응답을 확인 후, 통상 좌측으로 완만한 선회를 하여 원하는 방향으로 향한다. 야간 - 주간의 신호방법에 추가하여, 항행등을 불규칙적으로 점멸시킨다.	당신은 요격을 당하고 있으니 나를 따라 오라.	비행기: 주간 - 날개를 흔들고 난 후 뒤를 따라간다. 야간 - 주간의 응신방법에 추가하여, 항행등을 불규칙적으로 점멸시킨다. 헬리콥터: 주간 또는 야간 - 항공기 동체를 흔들고 항행등을 불규칙적으로 점멸시킨 후 뒤를 따라간다.	알았다. 지시를 따르겠다.
2	주간 또는 야간 - 피요격기의 진로를 가로지르지 않고 90° 이상의 상승선회를 하며 피요격기로부터 급속히 이탈한다.	그냥 가도 좋다.	비행기: 주간 또는 야간 - 날개를 흔든다. 헬리콥터: 주간 또는 야간 - 항공기 동체를 흔든다.	알았다. 지시를 따르겠다.
3	주간 - 착륙장치를 내리고 착륙방향으로 활주로상공(피요격기가 헬리콥터일 경우 헬리콥터 착륙구역 상공)을 통과하여 비행장을 선회한다. 야간 - 주간의 신호방법에 추가하여 착륙등을 켠다.	이 비행장에 착륙하라.	비행기: 주간 - 착륙장치를 내리고 요격기를 따라서 활주로상공을 통과한 후 안전하게 착륙할 수 있다고 판단되면 착륙한다. 야간 - 주간의 응신방법에 추가하여 착륙등(장착했을 경우에 한함)을 켠다. 헬리콥터: 주간 또는 야간 - 착륙등(장착했을 경우에 한함)을 켜고 요격기를 따라서 착륙한다.	알았다. 지시를 따르겠다.

순번	요격기 응신	의미	피요격기 신호	의미
4	주간 또는 야간 - 비행장상공 300 m (1,000 ft) 이상 600 m(2,000 ft) 이하의 고도로 착륙활주로나 헬리콥터 착륙구역 상공을 통과하면서 착륙장치를 올리고(설비되어 있는 경우) 섬광착륙등을 점멸하면서 착륙활주로나 헬리콥터 착륙구역을 계속 선회한다. 착륙등을 점멸할 수 없는 경우에는 사용가능한 다른 등화를 점멸한다.	지정한 비행장이 적절하지 못하다.	주간 또는 야간 - 요격기가 피요격기를 교체비행장으로 유도하려는 경우, 착륙장치를 올린 후(설비되어 있는 경우) 번호 1의 요격기 신호방법을 사용한다. 피요격기를 방면하고자 할 경우 요격기는 번호 2의 요격기 신호방법을 사용한다.	알았다. 나를 따라오라. 알았다. 그냥가도 좋다.
5	주간 또는 야간 - 점멸하는 등화와는 명확히 구분할 수 있는 방법으로 사용가능한 모든 등화의 스위치를 규칙적으로 on, off 한다.	지시를 따를 수 없다.	주간 또는 야간 - 번호 2의 요격기 신호방법을 사용한다.	알았다.
6	주간 또는 야간 - 사용가능한 모든 등화를 불규칙적으로 점멸한다.	조난상태에 있다.	주간 또는 야간 - 번호 2의 요격기 신호방법을 사용한다.	알았다.

출제예상문제

Ⅰ. 비행전(Preflight)

【문제】1. 국제선이 운항하는 공항에서 항공정보업무가 24시간 제공되지 않을 경우, 운항시간 전후 최소한 몇 시간까지 항공정보를 제공하여야 하는가?
① 1시간   ② 2시간   ③ 2.5시간   ④ 3시간

〈해설〉 항공정보 및 항공지도 등에 관한 업무기준, 제14조(항공정보업무기관 등의 기관의 책임 및 기능)
항공정보업무기관은 국제선이 운항하는 공항에서 24시간 항공정보업무를 제공하지 않는 경우에는 최소한 관할구역 내 항공기 운항시간 시작 2시간 전부터 운항시간 종료 2시간 후까지 항공정보업무를 제공하여야 하며, 관할구역 내 항공기 운항시간대 이외에도 관련기관의 요구가 있으면 항공정보업무를 제공하여야 한다.

【문제】2. AIP GEN에 포함되어 있는 내용이 아닌 것은?
① 국가규정 및 기준
② 도표 및 부호
③ 업무
④ 일반규칙 및 절차

【문제】3. AIP 중 고도계 setting에 관한 내용은 어디에 수록되어 있는가?
① GEN   ② AD   ③ RAC   ④ ENR

【문제】4. AIP에서 계기접근절차가 수록되어 있는 Part는?
① GEN   ② ENR   ③ ATS   ④ AD

〈해설〉 항공정보 및 항공지도 등에 관한 업무기준, 제29조(항공정보간행물)
항공정보간행물의 수록기준은 다음과 같다.
1. 제1부(Part 1) - 일반사항(GEN)
   GEN 0. 머리말
   GEN 1. 국내규정 및 기준(National regulations and requirements)
   GEN 2. 도표 및 부호(Table and codes)
   GEN 3. 업무(Services)
   GEN 4. 비행장, 헬기장 및 항공항행업무 사용료
2. 제2부(Part 2) - 항공로(ENR)
   7개의 절(section)로 구성되며 일반규칙 및 절차, 항공교통업무공역, ATS 항공로, 무선항행안전시설/시스템, 항행경고, 항공로 지도에 관한 정보를 포함한다.
3. 제3부(Part 3) - 비행장(AD)
   3개의 절(section)로 구성되며, 비행장·헬기장 및 비행장·헬기장의 사용에 관한 정보를 포함한다.

【문제】5. 일시적인 정보 또는 항공차트나 간행물에 미리 알려지지 않은 즉시 전파되어져야 하는 중요한 항공정보의 경우 무엇을 통하여 배포하는가?
① AIP   ② AIRAC   ③ AIC   ④ NOTAM

[정답] 1. ② 2. ④ 3. ④ 4. ② 5. ④

【문제】6. 비행에 관련이 있는 일시적인 정보, 사전통고를 요하는 정보 또는 시급히 전달을 요하는 정보 등을 전달하는 항공정보는?
① 항공정보간행물(AIP)　　　　　② 항공정보회람(AIC)
③ 항공고시보(NOTAM)　　　　　④ 항공정보관리절차(AIRAC)

【문제】7. 항공기 항행에 필요한 정보 중 영속적인 성격의 항공정보를 수록한 간행물은?
① AIRAC　　② AIC　　③ AIP　　④ ATP

【문제】8. 운영방식에 대한 중요한 변경을 필요로 하는 상황을 발효일 사전에 통보하기 위해 수립된 체제는?
① AIP　　② NOTAM　　③ AIC　　④ AIRAC

【문제】9. AIP 또는 NOTAM에 수록되어 있지 않는 정보를 찾아볼 수 있는 간행물은?
① AIC　　② AIRAC　　③ AIS　　④ AIP Supplement

【문제】10. 항공고시보를 발행하거나 또는 항공정보간행물에 수록할 정도의 정보는 아니지만 비행안전, 항공항행, 기술, 행정사항 또는 규정개정 등에 관한 정보의 공고를 위하여 발행하는 것은?
① AIRAC　　② AIC　　③ AIP　　④ AIP Supplement

〈해설〉 항공정보 및 항공지도 등에 관한 업무기준, 제2조(용어의 정의, Definitions)

유형(Type)	설명(Definition)
항공정보간행물(AIP)	・항공항행에 필수적이고 영구적인 성격의 항공정보를 수록한 간행물을 말한다.
항공고시보(NOTAM)	・항공관련시설, 업무, 절차 또는 장애요소, 항공기 운항관련자가 필수적으로 적시에 알아야 할 지식 등의 신설, 상태 또는 변경과 관련된 정보를 포함하는 통신수단을 통해 배포되는 공고문을 말한다. ・항공정보의 발효기간이 일시적이며 단기간이거나 운영상 중요한 사항의 영구적인 변경 또는 장기간의 일시적인 변경사항이 짧은 시간 내에 고시가 이루어 질 때에는 신속히 항공고시보를 작성·발행하여야 한다.
항공정보관리절차(AIRAC)	・운영방식에 대한 중요한 변경을 필요로 하는 상황을 국제적으로 합의된 공통의 발효일자를 기준으로 하여 사전에 통보하기 위해 수립된 체제를 말한다.
항공정보회람(AIC)	・비행안전·항행·기술·행정·규정개정 등에 관한 내용으로서 항공고시보 또는 항공정보간행물에 의한 전파의 대상이 되지 않는 정보를 수록한 공고문을 말한다. ・항공정보간행물(AIP) 또는 항공고시보(NOTAM) 발간대상이 아닌 항공정보의 공고를 위하여 필요한 경우에는 항공정보회람(AIC)을 발행하여야 한다.

【문제】11. 통제구역, 제한구역 또는 위험구역을 새롭게 설정할 때 어떤 방식으로 전파하는가?
① 항공고시보(NOTAM) 또는 항공정보간행물(AIP)로 배포한다.
② 항공정보관리절차(AIRAC)로 배포한다.
③ 항공정보회람(AIC)으로 배포한다.
④ 운항정보매뉴얼(AIM)로 배포한다.

〈해설〉 항공안전법 시행규칙 제221조(공역의 구분·관리 등) 제3항. 공역 지정 내용의 공고는 항공정보간행물(AIP) 또는 항공고시보(NOTAM)에 따른다.

[정답]　6. ③　7. ③　8. ④　9. ①　10. ②　11. ①

【문제】12. 새롭게 설정한 위험구역, 제한구역 또는 금지구역을 NOTAM으로 전파할 때 긴급한 경우를 제외하고 운영 또는 제한하고자 하는 날로부터 최소한 며칠 전에 공고하여야 하는가?
① 5일 전　　　② 7일 전　　　③ 10일 전　　　④ 13일 전

〈해설〉 항공정보 및 항공지도 등에 관한 업무기준, 제45조(항공고시보, NOTAM)
이미 설정된 위험구역, 비행제한구역 또는 비행금지구역의 운영에 관한 사항과 일시적인 공역제한에 관한 사항은 긴급한 경우를 제외하고는 당해 공역 또는 공역을 운영 또는 제한하고자 하는 날로부터 최소한 7일 이전에 공고하여야 한다. 다만, 대규모 군사훈련 외의 훈련을 위하여 일시적으로 공역을 제한하는 경우에는 최소한 3일(72시간) 전까지 공고하여야 한다.

【문제】13. 항공정보간행물(AIP) 정기수정판의 발간주기는?
① 14일　　　② 20일　　　③ 28일　　　④ 30일

〈해설〉 AIP GEN 0.1 Preface 4.2 정기 항공정보간행물 수정판 발간주기
항공정보간행물 정기수정판은 28일 주기로 발간된다.

【문제】14. AIRAC의 발행주기는?
① 15일　　　② 28일　　　③ 48일　　　④ 56일

〈해설〉 항공정보 및 항공지도 등에 관한 업무기준, 제43조(항공정보관리절차-AIRAC, Aeronautical information regulation and control)
1. AIRAC 절차에 따라 공고된 정보는 발효일자로부터 최소 28일 동안은 변경되어서는 아니 된다.
2. AIRAC 발효일자에 발효될 정보가 없는 경우 관련 AIRAC 발효일자로부터 최소한 28일 이전에 NIL(통보사항 없음) 공고를 항공고시보 또는 기타 적절한 수단을 사용하여 발행·배포하여야 한다.

【문제】15. NOTAM에 포함되는 사항이 아닌 것은?
① 비행장 폐쇄　　　② 항행안전시설 신설 및 변경
③ 항공기 고장　　　④ 항공교통업무 중단

【문제】16. 공항 폐쇄에 관한 사항은 어느 NOTAM을 보아야 하는가?
① FDC NOTAM　　② NOTAM (L)　　③ NOTAM (M)　　④ NOTAM (D)

【문제】17. 유도로 폐쇄에 관한 정보가 포함되어 있는 NOTAM은?
① NOTAM (D)　　　② FDC NOTAM
③ Pointer NOTAM　　④ SAA NOTAM

【문제】18. FDC NOTAM의 내용으로 적당한 것은?
① 발효기간이 일시적이며 단기간이거나 운영상 중요한 사항의 영구적인 변경
② 항공차트의 수정이나 계기접근절차의 변경, 일시적인 비행제한 등에 관한 정보
③ 비행장 또는 활주로의 설치, 폐쇄 또는 운용상 중요한 변경
④ 항행안전시설의 설치, 제거 또는 변경 등 항행에 영향을 미치는 사항

[정답] 12. ②　13. ③　14. ②　15. ③　16. ④　17. ①　18. ②

【문제】 19. 계기접근절차(IAP) 및 항공차트의 수정 등이 포함되어 있는 NOTAM은?
① NOTAM D ② NOTAM L
③ FDC NOTAM ④ Pointer NOTAM

〈해설〉 FAA AIM 5-1-3. 항공고시보(Notice to Air Missions; NOTAM) 시스템
1. NOTAM 시스템은 일시적인 사항이거나, 항공차트 또는 그 밖의 운용간행물로 발간되었다는 것이 사전에 충분히 알려지지 않은 시급한 항공정보를 조종사에게 제공한다.
2. NOTAM 정보는 다음과 같은 네 개의 category로 분류된다.
   가. NOTAM (D) : 유도로 폐쇄(taxiway closure), 활주로 근처나 활주로를 횡단하는 인원과 장비, 그리고 VGSI와 같이 계기접근기준에 영향을 미치지 않는 공항등화시설과 같은 정보를 포함한다.
   나. FDC NOTAM : 규제적인 성격의 정보를 전파할 필요가 있는 경우에는 FDC NOTAM을 발행한다. FDC NOTAM은 발간된 IAP의 수정 및 그 밖에 현재 사용하는 항공차트의 수정과 같은 것을 포함한다. 또한 일시적비행제한(Temporary Flight Restrictions)을 공고하기 위하여 사용된다.
   다. International NOTAM : Annex 15에 의거하여 ICAO 형식으로 발간되고 다수의 국가에 배포된다.
   라. Military NOTAM : NAS의 일부인 미국 공군, 육군, 해병대 및 해군 군용 또는 공용 항행안전시설/공항에 관한 NOTAM

【문제】 20. 항행안전시설의 출력이 몇 % 이상 변경 시에 NOTAM을 발행하여야 하는가?
① 10% ② 20% ③ 30% ④ 50%

〈해설〉 ICAO Annex 15, Chapter 5 NOTAM
항행안전시설 및 비행장 시설의 설치 또는 철거 시에는 항공고시보(NOTAM)를 발행하여야 한다. 이에는 항행안전무선시설 및 공지통신업무의 운용중지 또는 복구, 주파수 변경, 운용시간변경, 식별부호 변경, 방위변경(방향성시설인 경우), 위치변경, 50% 이상의 출력증감, 방송스케줄 또는 내용에 대한 변경, 운용의 불규칙성 또는 불확실성 등이 포함된다.

【문제】 21. ILS Glide slope out 시 발행되는 NOTAM 전문은?
① QIGDA ② QICAL ③ QIGCA ④ QIGAS

〈해설〉 모든 항공고시보 부호(NOTAM Code) 집합은 총 5문자로 구성되고 첫 번째 문자는 항상 문자 "Q"이다. 두 번째 및 세 번째 문자는 주어부이며, 네 번째 및 다섯 번째 문자는 서술부로서 주어부의 상태를 의미한다.

[NOTAM Code 예시] : QIGAS

부호(Code)	구 분	의미(Signification)
Q	-	NOTAM code group
IG	주어부	Glide path (ILS) (활주로 명시)
AS	서술부	업무 중단(Unserviceable)

【문제】 22. NOTAM 항목 B)에서 숫자 "1507301030"이 의미하는 것은?
① 2015년 7월 30일 10시 30분에 발부 ② 2015년 7월 30일 10시 30분에 시작
③ 2015년 7월 30일 10시 30분에 종료 ④ 2015년 7월 30일 10시 30분에 취소

[정답] 19. ③ 20. ④ 21. ④ 22. ②

〈해설〉 항공고시보의 유효기간(period of validity)은 다음과 같이 표기한다.
1. 항목 B) : 발효일시(start date and time)
   이 항목은 NOTAM의 효력이 발생하는 일시(date-time)를 나타낸다. 일시는 연, 월, 일, 시간과 분을 10자리의 UTC로 표시하며, 하루가 시작되는 시간은 "0000"으로 작성한다.
   〔예문〕 2104030730
   〔해석〕 2021년 4월 3일 0730(UTC)에 효력이 발생한다.
2. 항목 C) : 만료일시(finish date and time)
   효력이 만료되는 일시(date-time)를 나타낸다. 일시는 연, 월, 일, 시간과 분을 10자리의 UTC로 표시하며, 하루가 종료되는 시간은 예를 들어 "2359"와 같이 작성한다. (예, "2400" 사용 금지)
   〔예문〕 2104281500
   〔해석〕 2021년 4월 28일 1500(UTC)에 효력이 만료된다.

【문제】23. NOTAM에서 사용하는 축약어로 맞는 것은?
① ABV: Abeam VOR
② APL: Airport Light
③ DCT: Direct
④ ENT: Entire

〈해설〉 FAA AIM 5-1-3. 표 5-1-2 (NOTAM에서 주로 볼 수 있는 축약어) 참조
Above : ABV, Airport Lighting : AP LGT, Direct : DCT, Entire : ENTR

【문제】24. 설빙고시보(SNOWTAM)의 최대 유효기간은?
① 6시간 ② 8시간 ③ 10시간 ④ 12시간

〈해설〉 항공정보 및 항공지도 등에 관한 업무기준, 별표4(설빙고시보 작성 요령)
1. "설빙고시보(Snow NOTAM; SNOWTAM)"라 함은 이동지역 내 지표면상에 눈, 얼음, 진창눈, 서리 또는 고여있는 물(서로 혼합된 상태를 포함한다)로 인한 위험상태의 발생 또는 해소에 관한 사항을 알려주는 항공고시보를 말한다.
2. 설빙고시보의 최대 유효기간은 8시간이다. 신규 설빙고시보는 새로운 활주로 상태보고가 접수된 경우 발행해야 한다.

【문제】25. SNOWTAM에 관련된 전문의 우선순위는?
① SS ② DD ③ FF ④ GG

【문제】26. 다음 중 가장 먼저 전송해야 하는 전문의 약어는?
① AA ② DD ③ FF ④ SS

〈해설〉 항공통신업무운영규정, 2.3 항공고정통신망(AFTN)
1. 항공고정통신망에서 취급하는 전문의 종류는 다음과 같다.
   가. 조난전문(우선순위 SS) : 이동통신국이 중대하고 급박한 위험에 처해있는 상황을 보고하는 이동통신국에 의해 송신되는 전문과 조난 중에 있는 이동통신국에서 필요로 하는 긴급한 지원에 관련된 기타 모든 전문
   나. 긴급전문(우선순위 DD) : 선박, 항공기 또는 기타 이동체, 선상 또는 시계 안에 있는 인명의 안전에 관련된 전문
   다. 비행안전전문(우선순위 FF)

정답 23. ③ 24. ② 25. ④ 26. ④

라. 기상전문(우선순위 GG)
마. 비행규칙전문(우선순위 GG)
바. 항공정보업무(AIS)전문(우선순위 GG)
　(1) NOTAM에 관련된 전문
　(2) SNOWTAM에 관련된 전문
사. 항공행정전문(우선순위 KK)
아. 서비스전문(적절한 우선순위)
2. 우선순위의 순서
가. 항공고정통신망에서 전문을 전송할 때 우선순위의 순서는 다음과 같다.

전송순위	우선순위
1	SS
2	DD FF
3	GG KK

나. 동일한 우선순위의 전문은 수신된 순서대로 전송하여야 한다.

【문제】 27. 비행계획서에 연료탑재량은 어떻게 표기하는가?
① 시간으로 환산하여 표기한다.　② 파운드로 환산하여 표기한다.
③ 킬로그램으로 환산하여 표기한다.　④ 리터로 환산하여 표기한다.

【문제】 28. 비행계획서에 기재하여야 할 사항이 아닌 것은?
① 탑승객 이름　② 식별부호　③ 장착장비　④ 연료 탑재량

〈해설〉 Flight Plan FAA Form 7233-1의 기재방법은 다음과 같다.
1. 1항 - 비행계획의 방식(type)을 표시한다.
2. 2항 - 해당되는 경우, 접두어 "N"을 포함한 전체 항공기 식별부호를 기재한다.
3. 3항 - 항공기지정자(aircraft designator) 다음에 사선을 긋고, 장착장비의 부호문자를 기재한다.
4. 4항 - 진대기속도(TAS)를 기재한다.
5. 5항 - 출발공항의 식별부호(identifier code)를 기재하거나, 이를 모르면 공항명칭을 기재한다.
6. 6항 - 국제표준시(UTC) (Z)로 출발예정시간을 기재한다.
7. 7항 - 해당하는 VFR 고도를 기재한다.
8. 8항 - NAVAID 식별부호(identifier code) 및 항공로를 사용하여 비행경로를 명시한다.
9. 9항 - 목적지공항의 식별부호(identifier code)를 기재하거나, 이를 모르면 공항명칭을 기재한다.
10. 10항 - 예상비행시간(estimated time enroute)을 시와 분 단위로 기재한다.
11. 11항 - 항공로 중간기착이나 조종연습생 cross country와 같이 VFR 수색 및 구조에 도움을 줄 수 있는 내용을 기재한다.
12. 12항 - 연료 탑재량을 시와 분 단위로 기입한다.
13. 13항 - 필요시 교체공항을 기입한다.
14. 14항 - 성명, 주소 및 전화번호를 기재한다. 모기지(home base), 공항 또는 운영자를 식별하기 위한 충분한 정보를 기재한다.
15. 15항 - 승무원을 포함한 총탑승인원수를 기재한다.
16. 16항 - 항공기의 주된 색상을 기재한다.
17. 17항 - 비행계획을 종료시킬 FSS 명칭을 기록한다. 상이한 FSS 또는 시설에 비행계획이 종료될 경우 정상적으로 비행계획을 종료시킬 FSS 명칭을 언급한다.

정답　27. ①　28. ①

【문제】29. 연안이나 ADIZ 내에서 비행하는 VFR 항공기가 제출해야 하는 Flight plan은?
① DVFR ② CVFR ③ NVFR ④ SVFR

〈해설〉 FAA AIM 5-1-8. 비행계획서-방어 VFR(Defense VFR; DVFR) 비행
ADIZ로의 VFR 비행(DoD 또는 법집행업무비행 제외)은 안전목적상 DVFR 비행계획서를 제출하여야 한다.

【문제】30. 혼합비행계획서(composite flight plan)를 작성해야 될 때는?
① 하나 이상의 외국을 횡단하려는 비행을 할 때
② ADIZ에서 비행하고자 할 때
③ 비행계획서가 파기되어 다시 제출할 때
④ 한 구간에서는 VFR, 그리고 다른 구간에서는 IFR 비행이 요구될 때

〈해설〉 항공교통관제절차, 용어의 정의
혼합비행계획서(composite flight plan)란 비행의 한 부분에 대해서는 VFR 운항을 지정하고 다른 부분에 대해서는 IFR 운항을 지정한 비행계획을 말한다.

【문제】31. 비행방식의 변경 허가에 대한 다음 설명 중 틀린 것은?
① 비행의 첫 부분이 IFR이고 다음 부분이 VFR인 경우, 목적공항까지 허가를 준다.
② 비행의 첫 부분이 VFR이고 다음 부분이 IFR인 항공기는 VFR 출발로 간주한다.
③ "Cleared to (destination) airport as filed"와 같이 간소화된 용어를 사용하여 이륙허가를 할 수 있다.
④ VFR에서 IFR로 변경 시, 관제사는 MSAW 경보를 따를 수 있는 Mode C 장착 항공기에게 beacon code를 할당한다.

〈해설〉 항공교통관제절차 4-2-8. 비행방식의 변경 허가(IFR-VFR And VFR-IFR Flights)
1. 비행의 첫 부분은 계기비행(IFR)이고 다음 부분이 시계비행(VFR)인 경우, 계기비행(IFR)이 끝나는 픽스까지만 허가한다.
2. 비행의 첫 부분이 시계비행(VFR)이고 다음 부분이 계기비행(IFR)인 항공기는 시계비행(VFR) 출발로 취급한다. 계기비행(IFR)을 시작하려는 픽스로 접근하여 계기비행(IFR) 허가를 요구할 때, 항공기에게 계기비행(IFR) 허가를 발부한다. "Cleared (목적지) airport as filed"란 간소화된 이륙허가 절차의 용어를 사용할 수 있다.
3. 항공기가 시계비행(VFR)에서 계기비행(IFR)으로 변경 시, 관제사는 MSAW 경보를 따를 수 있는 Mode C가 장착된 항공기에게 비컨코드를 배정한다.

【문제】32. 비행계획서는 출발예정시간 몇 분 전까지 제출하여야 하는가? (ICAO 기준)
① 10분 전 ② 20분 전 ③ 30분 전 ④ 60분 전

【문제】33. VFR 비행계획서는 최소한 언제까지 제출하여야 하는가?
① 출발 30분 전까지 ② 출발 1시간 전까지
③ 출발 2시간 전까지 ④ 출발 3시간 전까지

[정답] 29. ① 30. ④ 31. ① 32. ④ 33. ②

【문제】34. VFR로 비행중 IFR 항로에 들어서기 위해 공중에서 비행계획서를 제출할 경우, 진입 몇 분 전까지 제출하여야 하는가?
　　① 3분　　　　② 10분　　　　③ 30분　　　　④ 1시간

〈해설〉 ICAO Annex 2, 3.3 비행계획서(Flight plans)
　　해당 ATC 기관에 의하여 달리 규정되지 않는 한, 항공교통업무 또는 항공교통조언업무를 제공받기 위하여 비행계획서는 최소한 출발 60분 전에 제출하여야 한다. 비행 중에 제출할 경우 항공기가 관제구역 또는 조언구역 진입예상지점에 도착하기 10분 전까지 비행계획서를 제출하여야 한다.

〈참조〉 AIP ENR 1.10 비행계획(Flight Planning)
　　인천 FIR 내에서 출발하는 항공기는 출발예정시간으로부터 최소 1시간 전에 비행계획을 인근 공항 항공정보실 또는 군 기지운항실에 제출하여야 한다.

【문제】35. 미국에서 IFR 비행 시 비행계획서는 출발 몇 분 전까지 제출하여야 하는가?
　　① 20분　　　　② 30분　　　　③ 60분　　　　④ 120분

〈해설〉 FAA AIM 5-1-6. 비행계획서-IFR 비행
　　조종사는 ATC로부터 출발허가를 받는데 있어서 발생할 수 있는 지연을 고려하여 최소한 출발예정시간 30분 전에 IFR 비행계획서를 제출하여야 한다.

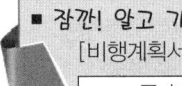

■ 잠깐! 알고 가세요.
[비행계획서 제출시기]

구 분	비행방식	제출시기
ICAO, Annex 2	구분 없음	출발 60분 전
FAA, AIM	IFR	출발예정시간 30분 전
	VFR	요구하지 않음
우리나라, AIP	VFR/IFR	출발예정시간으로부터 최소 1시간 전

【문제】36. 인천 FIR로 진입하려는 VFR 비행기는 경계선 통과 몇 분 전까지 ATC에 통과예정시간을 통보하여야 하는가?
　　① 10분　　　　② 15분　　　　③ 20분　　　　④ 30분

〈해설〉 AIP ENR 1.10 비행계획(Flight Planning)
　　1. 인천 FIR 내로 비행하고자 하는 항공기는 FIR 경계선 통과 최소 1시간 전에 항공교통본부(대구 또는 인천비행정보실)에 비행계획을 제출하여야 한다.
　　2. 인천 FIR 내로 입항하는 시계비행 항공기는 경계선 통과 예정 20분 전까지 통과예정시간을 보고해야 한다.

【문제】37. 조종사가 SID의 적용을 원하지 않을 경우, 어떻게 하여야 하는가?
　　① 첫 교신 시 출발관제소에 통보한다.
　　② 출발하기 전에 허가중계소 또는 지상관제소에 통보한다.
　　③ IFR 비행계획서의 비고란에 "NO SID"라고 기재한다.
　　④ ATC는 조종사가 달리 요청하지 않는 한 SID를 배정하지 않기 때문에 특별한 조치가 필요하지 않다.

정답　34. ②　　35. ②　　36. ③　　37. ③

〈참조〉 항공교통관제절차 4-3-3. 이륙허가 간소화(Abbreviated Departure Clearance)
조종사는 관제사가 발부한 SID 허가를 따르고 싶지 않은 경우, 관제사에게 통보하거나 비행계획서 비고(Remarks)란에 "No SID"라고 기입한다.

【문제】38. VFR로 출발한 후 비행 중 어느 지점에서 IFR로 변경하고자 하는 경우, flight plan의 flight rule에 기입하여야 할 문자는?
① I ② V ③ Z ④ Y

【문제】39. 비행계획서에서 비행방식(type of flight) 부호 "S"의 의미는?
① 정기항공 ② 부정기항공 ③ 일반항공 ④ 군항공

【문제】40. 일반항공일 때 flight plan의 type of flight에 기입하여야 할 부호는?
① N ② M ③ S ④ G

〈해설〉 ICAO Doc 4444, Appendix 2. 비행계획서(Flight Plan)
항목 8(비행규칙 및 비행방식)에 다음과 같이 기입한다.
1. 비행규칙(Flight Rule). IFR을 나타내기 위해서 문자 "I", VFR을 나타내기 위해서 문자 "V", 비행의 첫 부분이 IFR인 경우 문자 "Y", 비행의 첫 부분이 VFR인 경우 문자 "Z"를 기입한다.
2. 비행방식(Type of Flight). 비행방식을 표시하기 위하여 다음 문자 중의 하나를 기입한다.
  가. 정기항공 업무(scheduled air service)인 경우 : S
  나. 부정기항공운송(non-scheduled air transport) 운항인 경우 : N
  다. 일반항공(general aviation)인 경우 : G
  라. 군용기(military)인 경우 : M
  마. 위에 명시한 category 이외의 경우 : X

【문제】41. B747-400 항공기가 인천공항에서 나리타공항으로 비행하는데 인천에서 이륙 시 기상상태가 착륙기상 최저치 미만이고 나리타는 CAVOK일 경우, 비행계획서에 포함해야 하는 교체공항은?
① 1개의 엔진이 작동하지 않을 때의 순항속도로 출발공항으로부터 1시간 비행거리 이내의 이륙교체공항 선정
② 1개의 엔진이 작동하지 않을 때의 순항속도로 출발공항으로부터 1시간 비행거리 이내의 목적지교체공항 선정
③ 모든 엔진이 작동할 때의 순항속도로 출발공항으로부터 2시간 비행거리 이내의 이륙교체공항 선정
④ 모든 엔진이 작동할 때의 순항속도로 출발공항으로부터 2시간 비행거리 이내의 목적지교체공항 선정

〈해설〉 항공운송사업에 사용되는 비행기를 운항 시 출발비행장의 기상상태가 비행장 운영 최저치 이하이거나 그 밖의 다른 이유로 출발비행장으로 되돌아 올 수 없는 경우에는 다음과 같은 요건을 갖춘 이륙교체비행장(take-off alternate aerodrome)을 지정하여야 한다.
1. 2개의 발동기를 가진 비행기의 경우 : 1개의 발동기가 작동하지 아니할 때의 순항속도로 출발비행장으로부터 1시간의 비행거리 이내인 지역에 있을 것

[정답] 38. ③ 39. ① 40. ④ 41. ③

2. 3개 이상의 발동기를 가진 비행기의 경우 : 모든 발동기가 작동할 때의 순항속도로 출발비행장으로부터 2시간의 비행거리 이내인 지역에 있을 것 (참고; B747-400 항공기의 발동기는 4개이다)

【문제】42. 도착예정시간(ETA)에 목적지공항의 기상최저치가 얼마인 경우, 표준계기접근절차(SIAP)에 공시된 공항을 IFR 비행계획서에 대체공항으로 지정하여야 하는가?
① ETA 전후 2시간 이내의 예보가 실링 2,000 ft 미만, 시정 2 1/2 마일 미만인 경우
② ETA 전후 2시간 이내의 예보가 실링 3,000 ft 미만, 시정 3마일 미만인 경우
③ ETA 전후 1시간 이내의 예보가 실링 2,000 ft 미만, 시정 3마일 미만인 경우
④ ETA 전후 1시간 이내의 예보가 실링 3,000 ft 미만, 시정 2마일 미만인 경우

〈해설〉 FAA IPH 제1장. 출발절차(Departure Procedures)
헬리콥터 이외 항공기의 경우, 도착예정시간(ETA) 1시간 전부터 1시간 후까지의 시간대에 목적지공항의 기상상태가 운고 2,000 ft 미만이고 시정 3 SM 미만으로 예보되어 있다면 IFR 비행계획서에 교체공항(alternate airport)을 기재하여야 한다.

【문제】43. Wake turbulence category 중 category heavy인 항공기의 최대이륙중량은?
① 98,200 kg 이상   ② 136,000 kg 이상   ③ 255,000 kg 이상   ④ 300,000 kg 이상

【문제】44. 최대이륙중량이 15,001 lb인 항공기의 wake turbulence category는?
① Category J   ② Category H   ③ Category M   ④ Category L

【문제】45. Wake turbulence category에 대한 설명 중 틀린 것은?
① H: 최대이륙중량이 136,000 kg 이상인 항공기
② L: 최대이륙중량이 7,000 kg 이하인 항공기
③ M: 최대이륙중량이 7,000 kg 초과, 136,000 kg 미만인 항공기
④ U: 최대이륙중량이 Unknown인 항공기

〈해설〉 ICAO Doc 4444, Appendix 2. 비행계획서(Flight Plan)
항목 9의 사선 다음에 다음 문자 중에 하나를 기입하여 항공기의 항적난기류 category를 나타낸다.
1. J - Super(초대형); FAA Order JO 7360.1, 항공기 기종 지정자에 명시된 유형의 항공기
2. H - Heavy, 최대인가이륙중량 136,000 kg(300,000 lbs) 이상의 항공기 기종
3. M - Medium, 최대인가이륙중량 136,000 kg(300,000 lbs) 미만, 7,000 kg(15,000 lbs) 초과 항공기 기종
4. L - Light, 최대인가이륙중량 7,000 kg(15,000 lbs) 이하의 항공기 기종

【문제】46. Flight plan의 Item 10에 기입하는 다음 탑재장비 code 중 맞는 것은?
① ADF: D   ② VOR: V   ③ DME: M   ④ ILS: L

【문제】47. 비행계획서상의 탑재장비 기호 중 "O"가 의미하는 것은?
① LORAN C   ② VOR   ③ SATCOM   ④ DME

정답   42. ③   43. ②   44. ③   45. ④   46. ④   47. ②

【문제】48. 비행계획서상의 탑재장비 기호 중 "U"가 뜻하는 것은 무엇인가?
① UHF RTF   ② HF RTF   ③ LORAN C   ④ VOR

【문제】49. 항공기에 Automatic direction finder(ADF)를 탑재한 경우, 비행계획서상의 탑재장비 항목에 기재하여야 할 부호는?
① A   ② D   ③ F   ④ U

〈해설〉 ICAO Doc 4444, Appendix 2. 비행계획서(Flight Plan)
   항목 10에 탑재장비 및 성능을 나타내는 문자를 기입한다. COM/NAV/및 접근보조장비 및 성능을 나타내는 부호 중 일부를 예로 들면 다음과 같다.

부호	탑재장비(Equipment)	부호	탑재장비(Equipment)
A	GBAS 착륙시스템	I	관성항법(Inertial navigation)
B	LPV (SBAS를 갖춘 APV)	K	MLS
C	LORAN C	L	ILS
D	DME	O	VOR
F	ADF	T	TACAN
G	GNSS	U	UHF RTF
H	HF RTF	V	VHF RTF

【문제】50. Flight plan의 Item 15에 기입하는 순항속도의 기준은?
① CAS   ② TAS   ③ IAS   ④ GS

【문제】51. 마하수(Mach number)로 비행 시 비행계획서에 기입하는 순항속도는?
① 0.01 단위의 마하수   ② 0.1 단위의 마하수
③ 10 kt 단위의 TAS   ④ 5 kt 단위의 TAS

【문제】52. Flight plan 작성 시 순항고도 및 순항속도의 기입방법으로 잘못된 것은?
① 순항속도를 km/h의 단위로 나타낼 때는 K 뒤에 5자리의 숫자로 속도를 기입한다.
② 순항속도를 knot 단위로 나타낼 때는 N 뒤에 4자리의 숫자로 속도를 기입한다.
③ 순항고도를 10 m 단위로 나타낼 때는 M 뒤에 4자리의 숫자로 고도를 기입한다.
④ 순항고도를 100 ft 단위로 나타낼 때는 A 뒤에 3자리의 숫자로 속도를 기입한다.

【문제】53. 순항속도 820 km/h는 flight plan 상에 어떻게 표시하는가?
① K0820   ② M0820   ③ N0820   ④ T0820

【문제】54. 순항속도 75 kts는 비행계획서에 어떻게 표기하는가?
① K0075   ② D0075   ③ N0075   ④ M0075

【문제】55. 비행계획서에 비행고도를 표기하는 방법으로 맞는 것은?
① F300   ② FL300   ③ 300F   ④ 300FL

정답 48. ① 49. ③ 50. ② 51. ① 52. ① 53. ① 54. ③ 55. ①

〈해설〉 ICAO Doc 4444. Air Traffic Management, Appendix 2. Flight Plans
항목 15의 순항속도 및 순항고도는 다음과 같이 기입한다.
1. 순항속도(최대 5자리 문자) : 비행의 처음이나 전체 순항구간에 대한 진대기속도(true airspeed)를 다음과 같이 기입한다.
  가. km/h 단위의 경우, K 다음에 4자리 숫자로 나타낸다. (예; K0830)
  나. knot 단위의 경우, N 다음에 4자리 숫자로 나타낸다. (예; N0485)
  다. True Mach number 단위의 경우, 100분의 1 단위에 가장 가까운 마하수를 M 다음에 3자리 숫자로 나타낸다. (예; M082)
2. 순항고도(최대 5자리 문자) : 비행경로의 처음이나 전체 구간에 대한 순항고도를 다음과 같이 기입한다.
  가. 비행고도(flight level)의 경우, F 다음에 3자리의 숫자로 나타낸다. (예; F085, F330)
  나. 100 ft 단위 고도(altitude)의 경우, A 다음에 3자리 숫자로 나타낸다. (예; A045, A100)
  다. 10 m 단위 고도(altitude)의 경우, M 다음에 4자리 숫자로 나타낸다. (예; M0840)

【문제】56. 관제탑에서 발부하는 속도의 기준은?
① IAS   ② TAS   ③ CAS   ④ EAS

〈해설〉 FAA AIM 용어사전(Glossary). 대기속도(Airspeed)
특정하지 않은 용어 "airspeed"는 다음 중의 하나를 의미한다.
1. 지시대기속도(Indicated Airspeed) : 항공기 대기속도계에 나타난 속도. 조종사/관제사 송수신 시 일반적인 용어 "속도"로 사용되는 속도이다.
2. 진대기속도(True Airspeed) : 안정된 공기에 대한 상대적인 항공기의 속도. 비행계획 및 항공로 비행단계에서 주로 이용된다. 조종사/관제사 교신 시 "true airspeed"라고 언급하여야 하며, "air speed"로 축약해서는 안된다.

【문제】57. 비행 중 121.5 MHz를 계속 모니터하지 않아도 되는 경우는?
① 다른 VHF channel로 통신 중일 때
② 항공기의 요격 가능성이 있는 지역에서
③ 적절한 당국에 의해 요구조건이 수립되었을 때
④ 위험한 상황이 존재하는 항로상에서

〈해설〉 FAA AIM 5-1-11. 미국 공역 외에서의 비행
조종사는 다른 VHF 채널로 통신 중인 경우, 장비의 제한사항이나 조종실의 업무상 두 채널을 동시에 청취할 수 없는 경우를 제외하고 장거리 해상비행 중에는 VHF 비상주파수 121.5 MHz를 계속해서 청취할 필요가 있다는 것을 잊지 말아야 한다.

【문제】58. 비행계획서상의 이륙시간보다 얼마 이상 지연이 예상되는 경우, 비행계획서가 계속 유효하도록 ATC에 이륙예정시간을 재통보해야 하는가?
① 15분   ② 30분   ③ 60분   ④ 120분

〈해설〉 FAA AIM 5-1-13. 출발예정시간의 변경(Change in Proposed Departure Time)
실제출발시간이 제출한 출발시간보다 2시간 이상 지연될 것으로 예상되는 조종사는 비행계획이 계속 유효하도록 하기 위하여 ATC에 새로운 출발예정시간을 통보해야 한다.

정답   56. ①   57. ①   58. ④

【문제】 59. ICAO 기준에 의하면 controlled flight의 경우, 이륙예정시간으로부터 얼마 이상 지연되면 새로운 비행계획서를 제출해야 하는가?
① 15분　　　　② 30분　　　　③ 1시간　　　　④ 2시간

【문제】 60. Uncontrolled flight의 경우, 비행계획서에 정한 출발시간보다 얼마 이상 지연될 때에는 새로운 비행계획서를 제출해야 하는가?
① 15분　　　　② 30분　　　　③ 45분　　　　④ 60분

【문제】 61. 비행계획서를 수정하거나 취소해야 하는 시간은? (ICAO 기준)
① 관제공항에서 출발이 30분 지연될 때
② 관제공항에서 출발이 60분 지연될 때
③ 비관제공항에서 출발이 20분 지연될 때
④ 비관제공항에서 출발이 45분 지연될 때

〈해설〉 ICAO Doc 4444, Chapter 4, 4.4.2 비행계획서의 제출(Submission of a flight plan)
비행계획서를 제출한 관제항공기의 이동예정시간(estimated off-block time)이 30분을 초과하여 지연되거나, 또는 비관제항공기의 경우 1시간을 초과하여 지연될 때에는 비행계획서를 수정하거나 새로운 비행계획서를 제출하고 기 제출된 비행계획서를 취소하여야 한다.

【문제】 62. 대한민국에서 제출된 VFR 비행계획이 변경된 경우, 예정시간보다 몇 분 이상 지연될 때에는 비행계획을 수정하거나 새로운 비행계획을 제출하여야 하는가?
① 15분　　　　② 30분　　　　③ 60분　　　　④ 90분

【문제】 63. Flight Plan 상 이륙시간과 얼마 이상 차이가 날 때 ATC에 보고해야 하는가?
① IFR 30분, VFR 30분　　　　② IFR 30분, VFR 1시간
③ IFR 1시간, VFR 30분　　　　④ IFR 1시간, VFR 1시간

〈해설〉 AIP ENR 1.10(Flight Planning), 3. 비행계획의 변경
제출된 비행계획이 IFR 비행인 경우 이동 개시 예정시간을 30분을 초과하여 지연되거나, 또는 VFR 비행인 경우 1시간 이상 지연될 때에는 비행계획을 수정하거나, 새로운 비행계획을 제출하고 기 제출된 비행계획은 취소하여야 한다.

■ 잠깐! 알고 가세요.
[출발예정시간의 변경 보고]

구 분	비행방식	보고시기
ICAO, DOC 4444	구분 없음	관제항공기의 이동개시예정시간이 30분을 초과하여 지연되거나, 또는 비관제항공기의 경우 1시간을 초과하여 지연될 경우
FAA, AIM	구분 없음	이륙예정시간으로부터 2시간 이상 지연될 것으로 예상되는 경우
우리나라, AIP	IFR	이동개시예정시간을 30분을 초과하여 지연되는 경우
	VFR	1시간 이상 지연되는 경우

정답　59. ②　60. ④　61. ①　62. ③　63. ②

【문제】64. VFR 항공기가 비행장에 착륙한 후 비행계획의 종료는?
① 조종사가 직접 종료시켜야 한다.　② 착륙 후 자동으로 종료된다.
③ 운항실에서 종료시킨다.　④ 관제탑에서 종료시킨다.

【문제】65. Flight plan에 명시된 도착예정시간으로부터 몇 분 이내에 비행계획을 종료하지 않았다면 수색 및 구조절차가 개시되는가?
① 10분　② 20분　③ 30분　④ 60분

〈해설〉 FAA AIM 5-1-14. VFR/DVFR 비행계획의 종료(Closing VFR/DVFR Flight Plan)
　　VFR 또는 DVFR 비행계획이 취소되었는가를 확인하는 것은 조종사의 책임이다. 조종사는 가장 인접한 FSS에 비행계획의 종료를 통보하여야 하며, 만약 통보할 수 없는 상황이라면 비행계획의 종료를 FSS에 중계해 줄 것을 ATC 기관에 요청할 수 있다. 조종사가 도착예정시간(ETA) 이후 30분 이내에 비행계획을 보고하지 않았거나 종료하지 않았다면 수색 및 구조절차가 시작된다.

【문제】66. IFR 비행 중 IFR 비행계획을 취소할 수 있는 경우는?
① Positive controlled airspace 외부에서 VFR 기상상태일 때
② 비상상황이 발생한 경우
③ ATC의 허가를 받은 경우
④ 아무 때나 가능하다.

【문제】67. 관제탑이 운영 중인 공항으로 IFR 비행 시 비행계획의 종료는?
① 착륙과 동시에 자동으로 종료된다.
② 공항에 착륙 후 가능한 한 빨리 유무선을 통해 ATC에 통보한다.
③ 공항에 착륙 후 30분 이내에 관제탑, 접근관제소 또는 ARTCC에 유무선을 통해 통보한다.
④ 체공 중 무선으로 ATC에 통보한다.

【문제】68. IFR 비행 중 관제탑이 없는 공항에 착륙 시 비행계획의 종료방법으로 적합한 것은?
① 체공 중 활주로를 육안 확인하였을 때 무선을 통해 ATC에 통보한다.
② 비행장에 착륙하면 자동으로 종료된다.
③ 비행장에 착륙 후 운항실에 찾아가 종료시킨다.
④ 비행장에 착륙 후 가능한 한 빨리 유무선을 통해 ATC에 통보한다.

〈해설〉 FAA AIM 5-1-15. IFR 비행계획의 취소(Canceling IFR Flight Plan)
　1. VFR 기상상태에서 A등급 공역 외부에서 운항 중인 비행의 경우에는 언제든지 조종사가 교신 중인 관제사 또는 공지기지국에 "cancel my IFR flight plan"이라고 말함으로써 IFR 비행계획을 취소할 수 있다.
　2. 관제탑이 운영되는 공항으로의 IFR 비행계획에 의한 운항이라면 비행계획은 착륙과 동시에 자동으로 종료된다.
　3. 관제탑이 운영되지 않는 공항으로의 IFR 비행계획에 의한 운항이라면 조종사가 IFR 비행계획을 종료시켜야 한다. 운영 중인 FSS가 있거나 ATC와 직접교신할 다른 방법이 있다면 착륙 후에 종료시킬 수 있다.

[정답]　64. ①　65. ③　66. ①　67. ①　68. ④

Ⅱ. 출발절차(Departure Procedures)

【문제】1. Pre-taxi IFR clearance procedure에 대한 다음 설명 중 맞는 것은?
① 조종사는 의무적으로 pre-taxi clearance procedure에 참여하여야 한다.
② 최소한 taxiing 예상시간 10분 이전에 clearance를 요청하여야 한다.
③ Taxiing 준비 완료 후 10분 뒤에 clearance delivery에 clearance를 요청하여야 한다.
④ Clearance delivery에 taxiing을 요청하고 인가를 받아 taxiing하는 중에 clearance를 요청하여야 한다.

【문제】2. Pre-taxi clearance procedure에 대한 설명 중 맞는 것은?
① 최소한 예상 taxi time 15분 이전에 ATC clearance를 요청하여야 한다.
② Clearance delivery로부터 ATC clearance를 받은 조종사는 이 사실을 반드시 ground control에 통보하여야 한다.
③ Clearance delivery로부터 ATC clearance를 받은 조종사는 ground control에 engine starting 허가를 요청하여야 한다.
④ Clearance delivery로부터 IFR clearance를 받은 조종사는 taxiing 준비가 되었을 때 ground control을 호출하여 taxi instruction을 받아야 한다.

〈해설〉 FAA AIM 5-2-1. 지상활주전 허가절차(Pre-taxi Clearance Procedure)
1. 조종사의 참여는 의무사항이 아니다.
2. 참여하는 조종사는 지상활주 예정시간 이전 10분 이내에 허가중계소(clearance delivery) 또는 지상관제소를 호출한다.
3. 최초교신 시 IFR 허가(허가할 수 없는 경우에는 지연정보)가 발부된다.
4. 허가중계주파수로 IFR 허가를 받았다면, 조종사는 지상활주를 위한 준비가 완료되었을 때 지상관제소를 호출한다.
5. 일반적으로 조종사는 허가중계주파수로 IFR 허가를 받았다는 것을 지상관제소에 통보할 필요는 없다.

【문제】3. Aircraft communications addressing and reporting system(ACARS)의 기능을 올바르게 설명한 것은?
① 항공기와 항공사를 연결하여 음성 대신 문자로 data를 전송해 준다.
② 항공기와 항공교통관제기관을 연결하여 음성 대신 문자로 data를 전송해 준다.
③ 항공기와 항공사를 연결하여 문자 대신 음성으로 data를 전송해 준다.
④ 항공기와 항공교통관제기관을 연결하여 문자 대신 음성으로 data를 전송해 준다.

〈해설〉 Aircraft Communication Addressing and Reporting System(ACARS)
ACARS는 satellite와 radio를 이용 항공기와 지상국 간의 message 전송을 가능하게 하는 digital 시스템이다. ACARS 전문은 VHF 통신 송/수신기와 지상 통신망을 통해 항공기에서 항공사 지상운영부서로 보내지며, 지상에서 항공기로 message를 전송 시에도 동일하다. B777 항공기는 종래의 항공기처럼 출발전 비행계획을 뽑아서 조종사가 일일이 FMS(flight management computer)에 입력하는 것이 아니라, 항공사 운항관리실에 message를 보내서 비행계획을 바로 FMS로 다운받는다.

[정답] 1. ② 2. ④ 3. ①

【문제】 4. Abbreviated IFR departure clearance에 관한 설명 중 맞는 것은?
① 시계비행방식(VFR)으로 이륙하여 공중에서 IFR 허가를 받는 것이다.
② 비행계획서가 항공사 또는 운항관리사에 의하여 변경된 경우, 조종사는 관제사에게 알릴 책임이 있다.
③ 비행계획서가 항공사 또는 운항관리사에 의하여 변경된 경우, 관제사는 조종사에게 알릴 책임이 있다.
④ 제출한 비행계획서가 수정된 경우, 최초교신 시 관제사는 조종사에게 알릴 책임이 있다.

〈해설〉 AIM 5-2-6. IFR 출발허가 절차의 간소화(Abbreviated IFR Departure Clearance Procedures)
ATC 기관은 제출된 비행로를 약간의 수정이나 또는 전혀 수정 없이 허가할 수 있다면 IFR 비행계획서에 제출된 비행경로에 의거하여 간소화된 IFR 출발허가를 발부한다. 이러한 간소화된 허가절차는 다음과 같은 조건을 기반으로 한다.
1. 항공기가 지상에 있거나, 또는 시계비행방식(VFR)으로 이륙하여 공중에서 조종사가 IFR 허가를 요청한 경우
2. ATC에 제출한 비행계획서의 비행로 또는 목적지가 출발 전에 조종사나 항공사 또는 운항관리사에 의해 변경된 경우, 조종사는 간소화된 허가를 수용하지 않을 수 있다.
3. 제출된 비행계획서를 항공사 또는 운항관리사가 변경한 경우, 이를 조종사에게 통보하는 것은 항공사 또는 운항관리사의 책임이다.
4. 제출한 비행계획서가 다음과 같은 경우, 최초교신 시(허가를 받기 위하여) 이를 ATC에 통보하는 것은 조종사의 책임이다.
    가. 수정되었을 때, 또는
    나. 취소되어 새로 제출한 비행계획서로 대체되었을 때

【문제】 5. 관제탑이 운영되지 않는 공항에서 비행인가 무효시간(clearance void time)에 이륙하지 않은 경우, 몇 분 이내에 조종사의 의도를 ATC에 통보하도록 지시를 발부하여야 하는가?
① 15분   ② 20분   ③ 30분   ④ 60분

【문제】 6. 관제탑이 운용되지 않는 공항에서 출발하고자 할 때 무효시간(clearance void time)이 포함되어 있는 인가를 받았다. 이는 무엇을 의미하는가?
① 무효시간 전에 ATC와 무선통신이 되지 않았다면, ATC는 조종사가 출발하지 않을 것으로 인식하게 된다.
② 무효시간까지 출발하지 않았다면 조종사는 가능한 한 빨리(최소한 30분 이내) ATC에 통보하여야 한다.
③ ATC는 무효시간 동안에만 공역을 보호한다.
④ 제공된 무효시간은 단지 권장된 절차에 불과하기 때문에 지키지 않아도 된다.

【문제】 7. 기상 또는 교통량으로 인한 교통관리 목적으로 항공기의 출발을 지연시키기 위한 인가에 사용하는 용어는?
① At pilot's discretion   ② Clearance void time
③ Released for departure at   ④ Hold for release

정답 4. ① 5. ③ 6. ② 7. ④

【문제】 8. 허가에 어떤 시간의 명시가 필요한 경우, ATC는 조종사에게 출발유보 해제시간(release time)을 발부하는가?
　　① 출발 가능한 가장 빠른 시간　　② 출발 가능한 가장 늦은 시간
　　③ 출발 가능한 가장 빠른 시간과 늦은 시간　　④ 출발 허가 예정시간

〈해설〉 FAA AIM 5-2-7. 출발제한, 허가취소시간, 출발유보 및 출발유보 해제시간
　1. 허가취소시간(Clearance Void Time)
　　조종사는 관제탑이 운영되지 않는 공항에서 출발할 때 일정 시간까지 이륙하지 않으면 그 허가는 무효라는 단서가 포함된 허가를 받을 수 있다. 보통 ATC는 항공기가 허가취소시간 전에 출발하지 않았다는 것을 ATC에 통보해야 하는 시간을 지정하여 조종사에게 통보한다. 이 시간은 30분을 초과하지 않아야 한다.
　2. 출발유보(Hold for Release)
　　ATC는 교통관리 상의 이유(예를 들면, 기상, 교통량 등)로 항공기의 출발을 지연시키기 위하여 허가에 "출발유보" 지시를 발부할 수 있다. ATC가 허가에 "hold for release"를 언급하면 조종사는 ATC가 출발유보 해제시간이나 추가지시를 발부할 때 까지 IFR 허가로 출발해서는 안된다.
　3. 출발유보 해제시간(Release Time)
　　"출발유보 해제시간(release time)"은 항공기가 출발할 수 있는 가장 빠른 시간을 명시할 필요가 있는 경우, ATC가 조종사에게 발부하는 출발제한이다.

【문제】 9. IFR 이륙 시 departure control과 언제 contact 하여야 하는가?
　　① 활주로종단으로부터 약 1/2마일을 지났을 때
　　② 이륙 후 처음으로 선회를 완료하였을 때
　　③ 이륙 후 tower의 지시가 있을 때
　　④ 공항을 벗어나서 ATC 허가 시에 발부받은 heading으로 변경하였을 때

〈해설〉 FAA AIM 5-2-8. 출발관제(Departure Control)
　　관제사는 이륙 이전에 출발관제주파수 및 해당하면 트랜스폰더 code를 조종사에게 통보한다. 조종사는 가능한 한 빨리 트랜스폰더를 "on" 또는 일반적인 운용위치로 조절한 다음, ATC가 "standby"로 변경하도록 달리 요청하지 않은 한 모든 운항동안 이를 유지하여야 한다. 조종사는 지시를 받을 때까지 출발관제주파수로 변경해서는 안된다.

【문제】 10. Standard Instrument Departure(SID)에 관한 설명 중 틀린 것은?
　　① ATC와 조종사간에 통신 간소화 및 비행인가의 지연을 최소화하기 위한 것이다.
　　② 터미널에서 항로구조까지 전이를 제공한다.
　　③ 모든 공항에 설정되어야 한다.
　　④ SID로 비행하기 전에 ATC의 허가를 받아야 한다.

【문제】 11. SID와 STAR의 주 목적은?
　　① 항공교통흐름의 조절 및 촉진
　　② 관제절차의 간소화 및 입출항 지연 감소
　　③ VFR, IFR 항공기 간의 입출항 순위 결정
　　④ 항공기 간의 충돌방지 및 항공교통의 질서 유지

정답　8. ①　9. ③　10. ③　11. ②

【문제】 12. SID와 STAR의 목적이 아닌 것은?
① ATC와 조종사간 통신 간소화
② 입출항 절차 단순화
③ 복잡한 허가 간소화
④ 입출항 순위 결정

【문제】 13. SID에 대한 설명 중 틀린 것은?
① 출발 중 obstruction clearance를 보장한다.
② 복잡한 허가 절차를 간소화하기 위한 것이다.
③ 조종사는 SID가 필요 없어도 보고할 의무는 없다.
④ 표준 상승률은 200 fpnm 이다.

〈해설〉 FAA AIM 5-2-9. 계기출발절차(DP)-장애물출발절차(ODP)와 표준계기출발절차(SID)
　　DP가 필요한 첫 번째 이유는 조종사에게 장애물 회피 보호정보를 제공하기 위한 것이다. 두 번째 이유는 SID의 사용을 통해 복잡한 공항에서의 효율성을 향상시키고, 무선교신을 줄이며 출발지연을 감소시키기 위한 것이다. SID는 항공교통관제 목적을 위하여 필요하면 발간할 수 있다.

〈참조〉 항공교통관제절차 4-3-2. 출발 허가(Departure Clearances)
　　조종사는 항공교통관제 허가에 포함된 표준계기출발절차 또는 해당 지역의 다른 표준계기출발절차의 사용을 원하지 않는 경우, 항공교통관제기관에 통보하여야 한다.

【문제】 14. Standard Instrument Departure(SID) 절차로 비행하기 위한 요건으로 틀린 것은?
① SID 차트를 소지하고 있을 필요는 없다.
② SID를 원하지 않을 경우에는 비행계획서의 비고란에 "No SID"라고 명시하거나, ATC에 통보하여야 한다.
③ 비행인가 내용상의 SID를 수락했다면 그 절차를 따라야 한다.
④ SID로 비행하기 전에 ATC의 허가를 받아야 한다.

〈해설〉 표준계기출발절차(SID)는 조종사/관제사에 의해 사용되며, 터미널지역으로부터 해당하는 항공로구조까지의 장애물 회피와 전환을 제공하기 위하여 발간되는 그림 형식의 항공교통관제(ATC) 절차이다. SID는 우선적으로 시스템 능력을 증진시키고, 조종사/관제사의 업무부담을 줄이기 위하여 설계된다. SID로 비행하기 이전에 ATC 허가를 받아야 하며, SID 절차로 비행하기 위한 요건은 다음과 같다.
　1. SID를 사용할 수 있는 공항에서 계기비행을 수행 중인 조종사는 DP가 포함된 ATC 허가를 예상하여야 한다. 이때 조종사는 최소한 이용하려는 인가된 SID 차트를 소지하고 있어야 한다.
　2. SID 차트를 소지하지 못했거나 어떠한 이유로 인하여 SID를 이용한 출항을 원하지 않을 경우에는 비행계획서 상의 remarks 란에 "NO SID"라고 표기하거나, ATC에 통보하여야 한다.
　3. 비행허가 내용상의 SID를 수락했다면 조종사는 그 절차를 따라야 한다.

【문제】 15. SID/DP 출발 시 고려해야 할 사항이 아닌 것은?
① Minimum Enroute Altitude(MEA)
② ATC equipment(Radar)
③ Minimum climb requirements
④ Aircraft equipment(VOR, DME, ADF 등)

〈해설〉 FAA IPH 제1장. 출발절차(Departure Procedures)

정답　12. ④　13. ③　14. ①　15. ①

비행계획 시에 하여야 할 또 다른 중요한 고려사항은 차트의 출발절차에 따라 비행할 수 있는지의 여부이다. 절차상의 요건을 제시하는 note는 출발절차의 그래픽 부분(graphic portion)에 수록되며, 사실상 의무적이다. 의무적인 procedural note에 포함되는 사항은 다음과 같다.
1. Aircraft equipment 요건 (DME, ADF, etc.)
2. 운용 중인 ATC equipment (radar)
3. Minimum climb 요건
4. 특정 항공기 기종에 대한 제한사항 (turbojet only)
5. 측정 목적지까지 사용 제한

【문제】 16. 안전을 고려하여 활주로 끝단 표고보다 몇 ft 이상 상승 후 선회하여야 하는가?
① 300 ft ② 400 ft ③ 500 ft ④ 600 ft

【문제】 17. 이륙하는 항공기는 이륙 후 선회를 시작하기 전에 공항표고로부터 최소한 (   ) 높은 고도까지 직상승하여야 한다. 15도 이상 선회가 요구되는 경우, 공항표고보다 최소한 (   ) 높은 고도에 도달할 때까지는 직상승하여야 한다. (   )에 맞는 것은?
① 200 ft, 200 ft ② 200 ft, 400 ft
③ 400 ft, 200 ft ④ 400 ft, 400 ft

〈해설〉 항공교통관제절차 5-8-3. 연속 또는 동시 출발(Successive or Simultaneous Departures)
계기비행 선회출발절차로 이륙하는 항공기는 이륙 후 선회를 시작하기 전에 공항표고로부터 최소한 400 ft 높은 고도까지 직상승하여야 한다. 15° 이상 선회가 요구되는 경우, 공항표고보다 최소한 400 ft 높은 고도에 도달할 때까지는 직상승하여야 한다.

【문제】 18. 비행장 표고(aerodrome elevation)의 기준이 되는 것은?
① 착륙지역 중 가장 높은 지점의 높이 ② 활주로중심선 중 가장 높은 지점의 높이
③ 공항 지표면의 평균 높이 ④ 착륙대 중심의 높이

〈해설〉 FAA AIM 용어사전(Glossary). 비행장 표고(Aerodrome Elevation) 〔ICAO〕
비행장 표고란 착륙지역(landing area)의 가장 높은 지점의 표고(elevation)를 말한다.

【문제】 19. 계기비행 이륙 시 활주로 끝단에서 최소한 몇 ft 이상의 안전고도를 유지하여야 하는가?
① 35 ft ② 45 ft ③ 50 ft ④ 70 ft

【문제】 20. Takeoff distance(TOD)의 기준고도는?
① 20 ft ② 35 ft ③ 60 ft ④ 75 ft

【문제】 21. 계기비행출발절차의 출항경로에서 장애물로 식별되는 경우는?
① 활주로 끝 상단 25 ft에서 152 FPNM의 경사면을 침범하는 장애물
② 활주로 끝 상단 25 ft에서 182 FPNM의 경사면을 침범하는 장애물
③ 활주로 끝 상단 35 ft에서 152 FPNM의 경사면을 침범하는 장애물
④ 활주로 끝 상단 35 ft에서 182 FPNM의 경사면을 침범하는 장애물

정답 16. ② 17. ④ 18. ① 19. ① 20. ② 21. ③

【문제】22. SID에 특별한 언급이 없는 경우, 이륙 시 장애물 회피를 위한 minimum climb gradient는?
① 200 ft/NM   ② 300 ft/NM   ③ 400 ft/NM   ④ 500 ft/NM

【문제】23. Single engine을 장착한 항공기의 standard takeoff minimum 시정은?
① 0.5 SM   ② 1 SM   ③ 1.5 SM   ④ 2 SM

〈해설〉 FAA AIM 5-2-9. 계기출발절차(DP)-장애물출발절차(ODP)와 표준계기출발절차(SID)
1. 달리 지정되지 않은 한 모든 출발 시에 필요한 장애물 회피는 조종사가 이륙활주로종단을 최소한 이륙활주로종단 표고보다 35 ft 이상의 높이로 통과하고, 최초로 선회하기 전에 이륙활주로종단 표고보다 400 ft 이상의 높이까지 상승하며, 통과제한에 의해 고도이탈(level off)이 필요하지 않는 경우 최저 IFR 고도까지 NM 당 최소 200 ft의 상승률(FPNM)을 유지하는 것을 기반으로 한다.
2. 두 개 이하의 엔진을 장착한 항공기의 표준이륙최저치(standard takeoff minima) 시정은 1 SM 이고, 두 개를 초과하는 엔진을 장착한 항공기의 경우에는 1/2 SM이다.

【문제】24. SID 차트에서 부호 ▼의 의미는?
① 표준 IFR 이륙최저치가 적용된다.   ② 비표준 IFR 이륙최저치가 적용된다.
③ 표준 IFR 대체최저치가 적용된다.   ④ 비표준 IFR 대체최저치가 적용된다.

〈해설〉 FAA IFH 제1장. The National Airspace System, Instrument Approach Procedure Charts
"T"를 포함하고 있는 삼각형(▼)이 note section에 제시되는 경우, 이는 비표준 IFR 이륙최저치가 적용되는 공항이라는 것을 나타낸다. 조종사는 이륙최저치를 판단하기 위하여 TPP의 DP 절을 참조하여야 한다.

Ⅲ. 항공로 절차(En Route Procedure)

【문제】1. CPDLC(Controller-Pilot Data Link Communications)에 대한 설명으로 맞는 것은?
① 관제사와 조종사간에 음성 대신 문자로 정보를 교환하는 것이다.
② 관제사와 조종사간에 문자 대신 음성으로 정보를 교환하는 것이다.
③ 항공사와 조종사간에 음성 대신 문자로 정보를 교환하는 것이다.
④ 항공사와 조종사간에 문자 대신 음성으로 정보를 교환하는 것이다.

〈해설〉 FAA AIM 용어사전(Glossary). 관제사-조종사간 데이터링크통신(CPDLC; Controller Pilot Data Link Communications)
문자 형식의 항공교통관제 message를 지상이나 위성 기반의 무선중계국(radio relay stations)을 이용하여 관제사와 조종사 간에 전달하는 양방향 디지털 통신시스템

【문제】2. 레이더 관제 하에 항로에서 새로운 주파수로 전환한 후 최초교신 시 관제용어로 적합한 것은?
① ATC 시설 명칭, Call sign, 고도
② ATC 시설 명칭, Call sign, 위치
③ ATC 시설 명칭, Call sign, 고도, 위치
④ ATC 시설 명칭, Call sign, 다음 보고지점 ETA

[정답] 22. ①   23. ②   24. ②   /   1. ①   2. ①

【문제】3. 레이더 관제 하에 운항 중일 때 새로운 주파수로 전환한 후 최초교신 시 보고해야 하는 것은?
① 식별부호, 현재 고도, 기수 방향
② 식별부호, 현재 위치, 고도
③ 식별부호, 현재 고도, 배정 고도
④ 식별부호, 현재 위치, 속도

【문제】4. 관제사가 조종사에게 고도의 확인을 요구할 때 사용하는 관제용어는?
① Check at (altitude)
② Confirm at (altitude)
③ Identify at (altitude)
④ Verify at (altitude)

〈해설〉 FAA AIM 5-3-1, b. ATC 주파수 변경 절차(ATC Frequency Change Procedure)
1. 조종사는 지정된 시설과 교신하기 위해 다음의 관제용어를 사용하여야 한다.
   가. 레이더 관제상황에서 운항 중일 때, 조종사는 최초교신 시 적절한 용어 "level", "climbing to" 또는 "descending to" 다음에 배정받은 고도를, 그리고 해당하는 경우 현재 항공기가 떠나는 고도를 관제사에게 통보하여야 한다.
   나. 비레이더 관제상황에서 운항 중일 때, 최초교신 시 조종사는 관제사에게 항공기의 현재 위치, 고도 및 다음 보고지점의 도착예정시간을 통보하여야 한다.
2. 때때로 관제사는 조종사에게 항공기가 특정고도에 있는지 확인을 요구한다. 관제용어는 "Verify at (고도)"를 사용한다.

【문제】5. 접근 항공기가 최종접근진로로 유도되는 동안 radio fail 시 조치사항으로 틀린 것은?
① 예비 주파수나 관제탑 주파수로 교신을 시도한다.
② D등급 공역 내에서 교통정보(traffic)를 확인한다.
③ 허가되어 있는 비레이더 접근절차를 따라 비행한다.
④ 가능하면 시계비행(VFR) 규칙에 따라 비행한다.

【문제】6. 최종접근진로로 레이더 유도 시 얼마동안 통신이 이루어지지 않으면 lost communications procedure를 수행하여야 하는가?
① 10초
② 20초
③ 30초
④ 60초

〈해설〉 항공교통관제절차 5-10-4. 통신두절(Lost Communication)
장주(pattern) 및 최종접근진로상에서 통신두절절차가 동일한 경우, 장주/유도관제사는 장주 및 최종접근진로상에서의 통신두절지시를 모두 발부하여야 한다. 접근 항공기가 최종접근진로로 유도되는 동안 특정시간(1분을 초과하지 못함)동안 통신두절 시 또는 감시최종접근 시 15초, 정밀최종접근 시 5초 동안 통신두절 될 때, 다음과 같이 조치할 것을 조언하여야 한다.
1. 예비 주파수나 관제탑 주파수로 교신을 시도할 것
2. 가능하면 시계비행(VFR) 규칙에 따라 비행할 것
3. 허가되어 있는 비레이더 접근절차를 따라 비행하거나, 이용하고 있는 레이더 접근절차상에 설정되어 있는 통신두절 시의 절차에 따라 비행할 것

【문제】7. VOR station 직상공 통과 인지방법은?
① TO-FROM indicator가 FROM 지시
② DME "0" 지시
③ VOR bearing pointer 6시 방향 지시
④ VOR bearing pointer wing tip 지시

정답 3. ③   4. ④   5. ②   6. ④   7. ①

제5장 항공교통절차(Air Traffic Procedures)

【문제】8. VOR station 상공 통과 시 위치보고 시점은?
　① VOR bearing pointer가 90° 부근에 위치하고 TO-FROM 지시기가 TO를 지시할 때
　② TO-FROM 지시기가 TO를 지시할 때
　③ TO-FROM 지시기의 TO/FROM이 완전히 바뀌었을 때
　④ VOR bearing pointer가 180° 부근에 위치할 때

【문제】9. ADF station 상공을 처음 통과한 시점은 언제인가?
　① 바늘이 움직이기 시작할 때　② 바늘이 90° 회전할 때
　③ 바늘이 180° 회전할 때　④ TO/FROM이 바뀔 때

【문제】10. Station 통과 시 위치보고 시점으로 잘못된 것은?
　① VOR : TO/FROM 지시가 완전히 바뀔 때
　② ADF : 지시침이 90°를 지시할 때
　③ Fan Marker : 신호를 처음 수신한 시간과 마지막 수신한 시간의 평균시간
　④ DME : 거리가 줄었다가 다시 늘어날 때

【문제】11. NDB station 상공 통과 시 위치보고 시기는?
　① Needle이 움직이기 시작할 때　② Needle이 45° 움직일 때
　③ Needle이 90° 움직일 때　④ Needle이 180° 움직일 때

【문제】12. Chart에서 필수보고지점(compulsory reporting point)을 나타내는 symbol은?
　① △　② ▲　③ □　④ ■

〈해설〉 FAA AIM 5-3-2. 위치보고(Position Reporting)
　1. 위치식별(Position Identification)
　　가. VOR 무선시설을 통과할 때의 위치보고 시간은 "to/from" 지시계가 처음으로 완전히 바뀌었을 때의 시간이어야 한다.
　　나. 항공기 탑재 ADF를 갖추고 시설을 통과할 때의 위치보고 시간은 indicator가 완전히 거꾸로 되었을 때의 시간이어야 한다.
　　다. Fan marker, Z marker, 불청범위(cone of silence) 또는 진로통달범위(range)의 교차지점과 같은 보고지점을 통과하는 시간을 측정하기 위하여 가청음(aural) 또는 light panel indication을 사용할 경우에는 신호를 처음 수신했을 때와 그 신호가 멈추었을 때의 시간을 기록해 둔다. 이 두 시간의 평균을 fix 상공의 실제시간으로 한다.
　2. 위치보고지점(Position Reporting Point)
　　보고지점은 항공로차트에 부호로 표기된다. 지정된 필수보고지점(compulsory reporting point)의 부호는 속이 찬 삼각형 ▲이고, "요청에 의한(on request)" 보고지점의 부호는 속이 빈 삼각형 △이다.

【문제】13. Radar service가 제공된다는 의미의 ATC 용어는?
　① Radar service　② Radar contact
　③ Radar control　④ Radar identified

[정답] 8. ③　9. ③　10. ②　11. ④　12. ②　13. ②

■ 잠깐! 알고 가세요.
[항행안전시설별 위치보고 시점]

시 설	위치보고 시점	내 용
VOR	"to/from" 지시계가 처음으로 완전히 바뀌었을 때	항공기가 송신소 상공을 통과할 때 TO-FROM 지시기는 잠시 요동을 하다가 FROM으로 바뀐다. 이때가 송신소를 통과하는 시간이라고 할 수 있다. 송신소 상공을 통과할 때 편차 바늘이 요동하고, 경고 표지가 순간적으로 나타난다. 뿐만 아니라 RMI의 방위 지시침이 항로의 역방향으로 바뀌는 것을 보고도 알 수 있다.
ADF	indicator가 완전히 거꾸로 되었을 때	항로를 지시하던 방위 지시침이 어떤 다른 방향으로 돌아가는 것을 보고 송신소 통과를 알 수 있다. 어떤 다른 방향이라는 것은 항로와 역 방향을 말한다. 항공기가 송신소 직상공을 통과한다면 방위 지시침은 빠르게 역방향으로 바뀔 것이다. 그러나 항공기가 송신소의 어느 한 쪽으로 통과한다면 방위 지시침은 송신소 방향을 지시하면서 천천히 돌게 된다.
Fan marker, Z marker	—	신호를 처음 수신했을 때와 그 신호가 멈추었을 때의 시간을 기록해 둔다. 이 두 시간의 평균을 fix 상공의 실제시간으로 한다.

【문제】14. 의무보고지점(compulsory reporting point)에서 위치보고를 하지 않아도 되는 경우는?
① ATC와 교신중이고 radar vector 중일 때
② VFR로 비행중일 때
③ VFR on top 비행중일 때
④ 특별 VFR 비행중일 때

【문제】15. ATC로부터 "Radar Service Terminated"를 통보받았다. 이는 무엇을 뜻하는가?
① 조종사는 지정된 보고지점 상공에서 위치보고를 하지 않아도 된다.
② 조종사는 현재 위치를 통보하라.
③ 당신의 항공기가 식별되었다.
④ 조종사는 이후에 정상적인 위치보고를 재개하라.

【문제】16. 비행 중 조종사가 ATC에 레이더 서비스를 요청하였을 때, "Radar Contact"이라는 통보를 받았다. 이는 무슨 의미인가?
① ATC 레이더에 항적이 식별되었고, 식별이 종료될 때 까지 서비스가 제공될 것이다.
② 레이더스코프 상에 2대 이상의 항공기가 동시에 근접하고 있다.
③ ATC 레이더에 식별되었으니 IFR 비행을 시작하여도 좋다.
④ ATC 레이더에 항공기가 식별되었으니 안심하고 비행하라. 충돌회피에 대한 것은 ATC가 책임진다.

〈해설〉 FAA AIM 5-3-2, c. 위치보고 요건(Position Reporting Requirement)
1. 조종사는 ATC로부터 항공기가 "Radar contact" 되었다는 통보를 받은 경우에는 지정된 보고지점 상공에서 위치보고를 하지 않아도 된다. ATC가 "Radar contact lost" 또는 "Radar service terminated"라고 통보한 경우에는 다시 정상적인 위치보고를 하여야 한다.

정답 14. ①   15. ④   16. ①

2. ATC는 다음과 같은 경우에 "레이더포착(radar contact)" 사실을 조종사에게 통보한다.
　가. ATC 시스템에 처음으로 항공기가 식별되었을 때
　나. 레이더업무가 종료되거나 레이더포착이 상실된 이후에 레이더식별이 다시 이루어졌을 때

【문제】 17. 위치보고 시 보고에 포함하여야 할 항목이 아닌 것은?
　① 항공기 식별부호　　　　　　② 목적지 도착예정시간
　③ 통과시간과 고도　　　　　　④ 다음 보고지점의 명칭

【문제】 18. 비행 중 position report 시 생략 가능한 항목은?
　① 호출부호　　② 고도　　③ 시간　　④ 기상상태

【문제】 19. 위치보고 항목에 포함되지 않는 것은?
　① Position　　　　　　　② Time
　③ Squawk code　　　　　④ Altitude

〈해설〉 FAA AIM 5-3-2. d. 위치보고 항목(Position Report Item)
　1. 항공기의 식별부호(identification)
　2. 위치(position)
　3. 시간(time)
　4. 고도 또는 비행고도 (VFR-on-top 허가를 받고 운항중이라면, 실제고도 또는 비행고도 포함)
　5. 비행계획의 방식 (ARTCC 또는 접근관제소에 직접 위치보고를 하는 경우에는 필요 없다)
　6. 다음 보고지점의 ETA 및 명칭
　7. 비행경로에서 이어지는 다음 보고지점의 명칭
　8. 관련사항

【문제】 20. Radar 관제제공 유무에 관계없이 항상 보고해야 할 사항이 아닌 것은?
　① VFR-on-top 비행 중 고도변경을 할 때
　② 최종접근로 상의 최종접근픽스(FAF) 또는 outer marker를 떠날 때
　③ Missed approach를 할 때
　④ 지정받은 holding fix를 떠날 때

【문제】 21. 레이더 관제 시 의무보고사항 중 틀린 것은?
　① 새로 배정된 고도로 비행하기 위하여 이전에 배정받은 고도를 떠날 때
　② 분당 500 ft의 비율로 상승할 수 없을 때
　③ 이전 통보한 예상시간보다 3분 이상 늦을 것이 예상될 때
　④ 진대기속도가 비행계획서에 제출한 진대기속도보다 5% 또는 10 knot의 변화가 있을 때

【문제】 22. Radar에 contact 되지 않았을 때, ATC에 보고하여야 할 사항 중 틀린 것은?
　① 이전에 배정받은 고도를 떠날 때　　② VFR on top 시 고도변경을 할 때
　③ 상승률이 300 fpm이 되지 않을 때　　④ Missed approach를 수행할 때

정답　17. ②　18. ④　19. ③　20. ②　21. ③　22. ③

【문제】23. 레이더 관제 시 의무보고사항이 아닌 것은?
 ① 새로 배정된 고도로 비행하기 위하여 이전에 배정받은 고도를 떠날 때
 ② 최소한 분당 500 ft의 비율로 상승할 수 없을 때
 ③ 순항고도에서 진대기속도의 5% 또는 10 kts 변화 중 적은 것
 ④ 지정받은 체공 fix를 떠날 때

【문제】24. 최소한 얼마의 상승률로 상승할 수 없을 경우 ATC에 보고해야 하는가?
 ① 300 fpm　② 500 fpm　③ 700 fpm　④ 1,000 fpm

【문제】25. 다음 중 ATC에 보고하지 않아도 되는 사항은?
 ① Assigned altitude 또는 flight level을 떠날 때
 ② Control airspace에서 NAVAID 고장
 ③ Missed approach 시
 ④ 최소 분당 1,000 ft의 비율로 상승 강하할 수 없을 때

【문제】26. 비행계획서에 제출한 진대기속도보다 순항고도에서 평균 진대기속도의 변화가 있는 경우 ATC에 보고해야 하는 것은?
 ① 항공기 속도(TAS)의 5% 또는 ±10 KT 변화 중 적은 것
 ② 항공기 속도(TAS)의 5% 또는 ±10 KT 변화 중 많은 것
 ③ 항공기 속도(TAS)의 10% 또는 ±5 KT 변화 중 적은 것
 ④ 항공기 속도(TAS)의 10% 또는 ±5 KT 변화 중 많은 것

【문제】27. 관제구역 내에서 IFR 비행 중 두 개의 VHF radio 가운데 한 개가 고장 난 경우, 조종사는 어떠한 조치를 취하여야 하는가?
 ① 트랜스폰더 code를 7600으로 set하고 비행한다.
 ② 착륙 후 ATC에 보고한다.
 ③ ATC에 즉시 보고한다.
 ④ VOR 수신기를 monitor 하면서 목적지공항까지 계속 비행한다.

【문제】28. 필수보고지점 외에서 관제사에게 보고해야 하는 사항 중 틀린 것은?
 ① 비행계획서의 진대기속도와 10 kts 또는 10%의 차이가 있을 때
 ② 배정받은 고도를 떠날 때
 ③ 이전에 통보한 ETA와 2분 이상 차이가 날 때
 ④ VFR-on-top 운항 중 고도변경을 할 때

【문제】29. 비레이더 상황 시 보고해야 하는 경우가 아닌 것은?
 ① Leaving FAF　② Leaving FAF ALT
 ③ Leaving OM　④ Leaving ALT

정답 23. ③ 24. ② 25. ④ 26. ② 27. ③ 28. ① 29. ②

【문제】 30. 레이더유도를 받고 있지 않는 상황에서 ATC의 특별한 요청이 없어도 반드시 보고해야 하는 시기는 언제인가?
   ① 최종접근항로로 접근 중 최종접근픽스(FAF)를 통과할 때
   ② 계기비행기상조건(IMC)으로 진입할 때
   ③ 예상 ETA가 2분을 초과하는 오차를 수정하고자 할 때
   ④ 항로 교차점에 도착했을 때

【문제】 31. ATC의 요청이 없어도 항상 보고하여야 할 사항이 아닌 것은?
   ① 지정받은 체공 fix를 떠날 때
   ② 최소한 분당 500 ft의 비율로 상승할 수 없을 때
   ③ 접근에 실패하였을 때
   ④ 배정된 고도에 도달했을 때

〈해설〉 FAA AIM 5-3-3. 추가 보고(Additional Report)
   ATC의 특별한 요청이 없어도 ATC 또는 FSS 시설에 다음과 같이 보고하여야 한다.
   1. 항상 보고해야 하는 경우
      가. 새로 배정받은 고도 또는 비행고도로 비행하기 위하여 이전에 배정된 고도 또는 비행고도를 떠날 때
      나. VFR-on-top 허가를 받고 운항중이라면, 고도변경을 할 때
      다. 최소한 분당 500 ft의 비율로 상승/강하할 수 없을 때
      라. 접근에 실패하였을 때
      마. 비행계획서에 제출한 진대기속도보다 순항고도에서의 평균 진대기속도가 5% 또는 10 knot의 변화(어느 것이든 큰 것)가 있을 때
      바. 허가받은 체공 fix 또는 체공지점에 도착한 경우, 시간 및 고도 또는 비행고도
      사. 지정받은 체공 fix 또는 체공지점을 떠날 때
      아. 관제공역에서 VOR, TACAN, ADF, 저주파수 항법수신기의 기능상실, 장착된 IFR-인가 GPS/GNSS 수신기를 사용하는 동안 GPS의 이상현상(anomaly), ILS 수신기 전체 또는 부분적인 기능상실이나 공지통신 기능의 장애
      자. 비행안전과 관련된 모든 정보
   2. 레이더에 포착되지 않았을 때, 보고해야 하는 경우
      가. 최종접근진로 상의 inbound 최종접근픽스(비정밀접근)를 떠날 때, 또는 최종접근진로 상에서 외측마커나 inbound 외측마커 대신 사용되는 픽스(정밀접근)를 떠날 때
      나. 이전에 통보한 예정시간과 2분 이상 차이가 날 것이 확실할 때는 언제라도 수정된 예정시간을 통보하여야 한다.

【문제】 32. 관제권 이양조건 중 틀린 것은?
   ① 지정된 위치 또는 시간
   ② 분리책임이 있는 다른 항공기와 충돌요인 제거 후
   ③ 레이더 이양 및 주파수 변경이 완료된 시간
   ④ 항공기가 관할구역으로 진입하기 전

정답   30. ①   31. ④   32. ④

【문제】33. 관제권 이양시기로 적합한 것은?
　　① 관제사가 적절하다고 판단한 시점　　② 접근관제구역(TMA)을 지났을 때
　　③ 운영내규로 정한 시점　　　　　　　④ 허가한계점에 도착하였을 때

〈해설〉 항공교통관제절차 2-1-15. 관제이양(Control Transfer)
　　다음의 조건에 따라 관제를 이양한다.
　　1. 지정된 또는 합의된 위치, 시간, 픽스, 고도
　　2. 인수관제사에 대한 레이더 이양 및 주파수 변경이 완료된 시간 또는 이양되는 관제의 형태 및 범위에 관하여 별도 합의서 또는 운영내규에 정한 시간
　　3. 분리책임이 있는 다른 항공기와 충돌요인 제거 후
　　4. 별도의 협의 또는 합의서·운영내규에 명시하지 않은 한, 항공기의 무선통신 인수와 함께 관제책임도 인수하여야 한다.
　　5. 인수관제기관의 동의없이 항공기의 관제책임을 다른 항공교통관제기관으로 이양하여서는 안된다.

【문제】34. Victor airway는 어떤 항행안전시설을 기반으로 하는 항로인가?
　　① VHF RTF　　② VOR　　③ TACAN　　④ VORTAC

【문제】35. 고고도 enroute chart에 표기되는 jet route의 고도는?
　　① FL160~FL450　　　　　　② FL160~FL600
　　③ FL180~FL450　　　　　　④ FL180~FL600

〈해설〉 FAA AIM 5-3-4. 항공로 및 비행로시스템(Airways and Route System)
　　1. 알래스카를 제외하고 VOR 항공로는 전적으로 VOR 또는 VORTAC 항행안전시설을 기반으로 하며, 항공차트에는 흑색으로 표시되고 "V" (Victor) 다음의 항공로 번호에 의해 식별된다. (예, V12)
　　2. 제트비행로시스템(jet route system)은 18,000 ft MSL부터 FL450까지의 고도에 설정된 제트비행로로 구성된다.

【문제】36. 항로명 OTR-13에서 "OTR"의 의미는?
　　① Oceanic Transition Route　　② Oceanic Transfer Route
　　③ Occasional Transition Route　④ Occasional Transfer Route

〈해설〉 FAA AIM 용어사전(Glossary). Oceanic Transition Route는 설정된 항적 시스템(Organized Track System)으로/에서 항공기를 전환시키기 위하여 설정된 ATS 비행로이다.

【문제】37. 저고도에서 운용되는 헬리콥터의 비행로를 표시하는 기호는?
　　① K　　② S　　③ T　　④ U

【문제】38. 항로에 조언업무만 제공되고 있음을 나타내는 접미문자는?
　　① G　　② F　　③ Y　　④ Z

〈해설〉 항공교통업무기준, 별표 1. 항공로(ATS route) 및 항행요건의 명칭
　　1. 항공로(ATS route) 명칭은 기본명칭에 필요한 경우 보충문자로 구성된다.
　　2. 기본명칭은 1개의 알파벳 문자에 1부터 999까지의 숫자를 덧붙여 구성한다.

정답　33. ③　34. ②　35. ③　36. ①　37. ①　38. ②

3. 필요한 경우, 다음과 같이 1개의 보충문자를 기본명칭에 대한 접두문자로 추가한다.
   가. K : 헬리콥터용으로 설정된 저고도 비행로를 표시
   나. U : 고고도공역에 설정된 비행로 또는 비행로의 일부를 표시
   다. S : 초음속 항공기가 가속, 감속 및 초음속 비행 중 독점적으로 이용하도록 하기 위하여 설정한 비행로를 표시
4. 관할 ATS 당국에 의하여 규정되거나 지역항행협정에 따라 다음과 같이 제공되는 업무의 종류를 나타내기 위하여 해당 ATS 항로의 명칭 다음에 보충문자가 추가될 수 있다.
   가. 문자 F : 항공로 또는 항공로의 일부에는 조언업무만 제공되고 있음을 표시
   나. 문자 G : 동 항공로에는 비행정보업무만 제공되고 있음을 표시.

【문제】39. 항행유도의 손실을 방지하기 위하여 직선 항공로의 경우 VOR 시설간 중간지점, 또는 시설간 방향이 변경되는 항공로의 경우 radial 교차지점에 설정되는 것은?
① DCP   ② MAP   ③ VDP   ④ COP

【문제】40. COP(Changeover point)의 설정목적이 아닌 것은?
① 항법신호 수신 보장
② 다른 항공시설국 간 주파수 간섭 방지
③ 장애물 회피 보장
④ 동일 지역에서 비행하는 모든 항공기 동일 항법시설 사용

【문제】41. COP에서 주파수를 변경하지 않을 경우 나타날 수 있는 현상은?
① 항법신호가 수신되지 않는다.
② Two-way communication이 이루어지지 않는다.
③ 장애물 회피가 보장되지 않는다.
④ 교통조언이 제공되지 않는다.

【문제】42. Changeover point(COP)에 관한 설명 중 틀린 것은?
① COP를 지키지 않을 경우 two-way communication이 보장되지 않는다.
② COP의 설정목적은 다른 항공시설국으로부터 간섭을 방지하기 위한 것이다.
③ COP가 없으면 항법시설 간의 중간지점에서 주파수를 변경해야 한다.
④ COP는 길이가 60 NM 이상인 항공로에 설정하여야 한다.

〈해설〉 FAA AIM 5-3-6. 주파수 변경지점(Changeover Point ; COP)
  1. COP는 비행로 또는 항공로 구간에서 두 개의 인접한 항행시설 간에 항행유도의 변경이 일어나는 지점이다. 조종사는 이 지점에서 항공기 후방의 기지국(station)으로부터 전방의 기지국으로 항법수신기의 주파수를 변경하여야 한다.
  2. COP는 항행유도의 상실을 방지하고 다른 시설과의 주파수간섭을 방지하며, 동일한 공역에서 서로 다른 항공기가 서로 상이한 시설을 이용하는 것을 방지하기 위하여 설정된다.

【문제】43. ATS Route의 길이가 몇 NM 이상일 때 COP가 설정되는가?
① 30 NM   ② 60 NM   ③ 90 NM   ④ 120 NM

정답   39. ④   40. ③   41. ①   42. ①   43. ②

【문제】44. COP가 설정되지 않은 VOR airway를 따라 비행하는 경우 언제 frequency를 변경하여야 하는가?
① VOR station 상공에서
② VOR station 간의 중간지점에서
③ 전방 VOR station을 지난 후 즉시
④ 후방 VOR station에 도달하기 직전에

〈해설〉 ICAO Annex 11, 2.14 주파수 변경지점의 설정(Establishment of change-over points)
1. 권고 - 주파수 변경지점은 길이가 110 km(60 NM) 이상인 항공로에 설정하여야 한다. 단, ATS route가 복잡하게 설정되어 있거나, 항행안전시설이 밀집해 있거나 다른 기술적 또는 운용상의 이유에 의해 더 짧은 항공로 구간에 주파수 변경지점을 설정하여야 하는 경우는 제외한다.
2. 권고 - 항행안전시설의 성능 또는 주파수 보호기준에 따라 달리 설정하지 않는 한, 주파수 변경지점은 직선항공로의 경우 시설간 중간지점에 설정하여야 하며, 시설 간에 방향이 변경되는 항공로의 경우 radial의 교차지점에 설정하여야 한다.

【문제】45. 체공지시 시 EFC(expect further clearance)를 발부하는 주 목적은?
① 착륙 우선순위를 결정하기 위하여
② 체공공간의 분리를 위하여
③ Radio failure에 대비할 수 있도록
④ 관제의 편의를 도모하기 위하여

【문제】46. 접근 fix와 동일하지 않은 fix에서 체공장주에 진입했고 1530의 EFC 시간을 받았다. 1520에 양방향 무선교신이 두절되었다면 착륙접근을 실시하기 위해서 어떤 절차를 따라야 하는가?
① 가능한 한 EFC 가까운 시간대에 접근 fix에 도달하기 위해서 체공 fix를 출발하여 접근을 종료한다.
② 계속 체공을 하면서 EFC 시간에 체공 fix를 출발하여 접근을 종료한다.
③ EFC 시간, 또는 계획된 ETA가 EFC 전이라면 조기에 체공 fix를 출발한다.
④ 즉시 체공 fix를 출발하여 정상적으로 접근을 종료한다.

【문제】47. 1600의 EFC를 받고 holding 중 1530에 radio가 failure 되었다면, 조종사는 어떠한 조치를 취하여야 하는가?
① 1530에 holding fix를 출발하여 접근을 시작한다.
② 가능한 한 1600까지 approach fix에 도달하기 위해 holding fix를 출발한다.
③ 1600까지 holding 하다가 holding fix를 출발하여 접근을 시작한다.
④ 즉시 approach fix로 접근하여 1600까지 holding 한다.

〈해설〉 FAA IPH 제2장. 항공로 운항(En Route Operations), ATC Holding Instructions
모든 체공지시에는 EFC 시간이 포함되어 있다는 것에 주목하라. 조종사가 양방향 무선통신이 두절된 경우, EFC는 지정된 시간에 체공픽스(holding fix)를 출발할 수 있도록 한다.

【문제】48. ATC로부터 fix 이후에 대한 허가를 받지 못한 경우, fix 도착 몇 분 전까지 체공속도로 감속하여야 하는가?
① 3분 ② 5분 ③ 7분 ④ 10분

정답 44. ② 45. ③ 46. ② 47. ③ 48. ①

【문제】 49. 지연이 예상될 때 항공기가 허가한계점에 도착하기 최소한 몇 분 전에 체공지시를 발부하여야 하는가?
① 3분　　② 5분　　③ 7분　　④ 10분

【문제】 50. 지연이 예상되지 않는 경우, 관제사는 항공기가 허가한계점에 도착하기 최소한 몇 분 전에 체공 fix 이후에 대한 비행인가를 발부하여야 하는가?
① 2분　　② 3분　　③ 5분　　④ 10분

【문제】 51. Holding instruction을 받기 위해 fix 도착 몇 분 전에 체공속도로 감속해야 하는가?
① 2분　　② 3분　　③ 5분　　④ 6분

【문제】 52. 항공기가 holding fix 진입 시, 최소한 허가한계점 도착 몇 분 전에 비행인가를 통보해야 하는가?
① 2분　　② 3분　　③ 5분　　④ 7분

【문제】 53. Holding 시 허가한계점에서 보고하여야 할 사항이 아닌 것은?
① 조종사 및 승무원 인원　　② 도착 시간
③ 고도　　④ 허가한계점을 떠날 때

〈해설〉 FAA AIM 5-3-8. 체공(Holding)
 1. 항공기가 허가한계점으로부터 3분 이내의 거리에 있고 fix 다음 구간에 대한 비행허가를 받지 못했을 경우, 조종사는 항공기가 처음부터 최대체공속도 이하로 fix를 통과하도록 속도를 줄이기 시작하여야 한다.
 2. 지연이 예상되지 않는 경우, 관제사는 가능한 한 빨리 그리고 가능하다면 항공기가 허가한계점에 도착하기 최소한 5분 전에 fix 이후에 대한 허가를 발부하여야 한다.
 3. 조종사는 항공기가 허가한계점에 도착한 시간과 고도/비행고도를 ATC에 보고하여야 하며, 또한 허가한계점을 떠난다는 것을 보고하여야 한다.
〈참조〉 항공교통관제절차 4-6-1. 체공픽스까지의 허가(Clearance To Holding Fix)
 지연이 예상될 때, 항공기가 허가한계점에 도착하기 적어도 5분 전에 체공지시를 발부하여야 한다.

【문제】 54. Holding instruction 시 제공되지 않는 것은?
① Fix로부터의 holding 방향　　② Fix의 명칭, 입항경로, Leg 길이
③ 선회방향, EFC　　④ 변경된 도착예정시간

〈해설〉 FAA AIM 5-3-8. 체공(Holding)
장주가 차트화되어 있지 않은 fix에 체공을 요구한 항공기의 ATC 허가에는 다음 정보가 포함된다.
 1. 나침반의 주요 8방위 지점의 용어로 나타낸 fix로부터의 체공방향
 2. 체공 fix (최초교신시 허가한계점에 포함되어 있었다면 fix는 생략할 수 있다)
 3. 항공기가 체공할 radial, 진로(course), 방위(bearing), 항공로 또는 비행로
 4. DME 또는 지역항법(RNAV)이 이용되는 경우, mile 단위의 장주길이(leg length)
 5. 좌선회(left turn)를 하여야 하거나, 조종사 요구 또는 관제사가 필요하다고 판단할 때 선회방향
 6. 허가예상시간(EFC) 및 관련 추가지연정보

[정답] 49. ②　 50. ③　 51. ②　 52. ③　 53. ①　 54. ④

【문제】 55. Nonstandard holding 지시 시 제공하는 정보가 아닌 것은?
① Direction of turn　　　　　② Holding bearing
③ Estimated time of arrival(ETA)　　④ Altitude

〈해설〉 FAA IPH 제2장. 항공로 운항(En Route Operations), ATC Holding Instructions
체공지시에 새로운 고도가 달리 포함되어 있지 않는 한, 조종사는 최종적으로 배정받은 고도를 유지하여야 한다.

【문제】 56. 표준체공장주(standard holding pattern) 선회방향은?
① 풍향에 따라 달라진다.　　　② 진입방향에 따라 달라진다.
③ 우선회　　　　　　　　　　④ 좌선회

【문제】 57. ATC의 holding 지시를 받지 않고 fix에 도착했을 때 조종사가 수행해야 할 절차로 틀린 것은?
① Published holding pattern이 없다면 좌선회 holding을 한다.
② Published holding pattern이 없다면 표준장주에 holding 하면서 가능한 한 빨리 추후허가를 요구한다.
③ Holding fix로부터 3분 이내의 거리에 있을 때부터 감속한다.
④ Published holding pattern이 있다면 발간되어 있는 대로 holding 한다.

【문제】 58. 비행 중 fix에 도착했는데 체공지시를 발부받지 못한 경우, published holding pattern이 있다면 조종사의 행동절차로 올바른 것은?
① 좌선회 holding을 한다.
② 우선회 holding을 한다.
③ 표준장주에 holding 하면서 추후허가를 요구한다.
④ Published holding pattern에 따라 holding을 한다.

〈해설〉 FAA AIM 5-3-8. 체공(Holding)
1. 체공장주공역보호(holding pattern airspace protection)은 다음과 같은 절차를 기반으로 한다.
　가. 표준장주(Standard Pattern) : 우선회
　나. 비표준장주(Nonstandard Pattern) : 좌선회
2. 체공장주가 차트화되어 있고 관제사가 완전한 체공지시를 발부하지 않았다면, 조종사는 해당 차트에 표기되어 있는 대로 체공하여야 한다. 장주가 차트화되어 있을 때에 관제사는 "hold east as published"와 같이 차트화된 체공방향과 as published 라는 용어를 제외한 모든 체공지시를 생략할 수 있다.
3. 체공장주가 차트화되어 있지 않고 체공지시를 발부받지 않은 경우, 조종사는 fix에 도착하기 전에 ATC에 체공지시를 요구하여야 한다. Fix에 도착하기 전에 체공지시를 받을 수 없는 경우, 조종사는 fix에 접근하는 진로상의 표준장주에서 체공하면서 가능한 한 빨리 추후허가를 요구한다.

【문제】 59. 6,000 ft MSL 이하에서 holding 시 최대 holding speed는?
① 170 kts　　② 200 kts　　③ 220 kts　　④ 240 kts

정답　55. ③　56. ③　57. ①　58. ④　59. ②

【문제】60. 14,000 ft 이하의 고도에서 Maximum holding speed는?
① 200 kts   ② 210 kts   ③ 230 kts   ④ 240 kts

【문제】61. ICAO 기준으로 14,000~20,000 ft 고도에서 holding 시 유지해야 할 속도는?
① 210 kts   ② 230 kts   ③ 240 kts   ④ 265 kts

〈해설〉 FAA AIM 5-3-8. 체공(Holding)/ICAO Doc 8168 Vol 1, 제2장 체공(Holding)
모든 항공기는 다음과 같은 고도 및 최대체공속도(maximum holding airspeed)로 체공하여야 한다.

FAA (AIM)		ICAO (Doc 8168)	
고도(MSL)	대기속도(KIAS)	고도	대기속도(KIAS)
14,001 ft 이상	265	34,000 ft 초과	Mach 0.83
		20,000 ft~34,000 ft	265
		14,000 ft~20,000 ft	240
6,001 ft~14,000 ft	230	14,000 ft 이하	230
MHA~6,000 ft	200		170*

*CAT A와 B 항공기로 제한되는 체공의 경우

【문제】62. 체공대기장주 진입절차가 아닌 것은?
① Parallel procedure   ② Overhead procedure
③ Teardrop procedure   ④ Direct entry procedure

【문제】63. Holding 진입절차 중 inbound course와 동일한 course로 진입하는 방법은?
① Direct entry procedure   ② Parallel procedure
③ Teardrop procedure   ④ Parallel 및 Teardrop procedure

〈해설〉 FAA AIM 5-3-8. 체공(Holding), 진입절차(Entry Procedure)
  1. 평행절차(Parallel Procedure) : 평행진입절차는 기수방향을 비체공면(nonholding side)의 outbound 체공진로와 평행하게 하여 1분 동안 비행한 후 180° 이상 체공장주 방향으로 선회한 다음 체공 fix로 되돌아가거나 inbound 체공진로로 진입하는 것이다.
  2. Teardrop 절차(Teardrop Procedure) : Teardrop 진입절차는 체공 fix로 비행한 후 30° teardrop 진입을 하기 위하여 장주(체공면 부분) 내에서 기수방향을 outbound 체공진로로 하여 1분 동안 비행한 다음 체공장주 방향으로 선회하여 inbound 체공진로로 진입하는 것이다.
  3. 직진입절차(Direct Entry Procedure) : 직진입절차는 체공 fix로 직진하여 선회한 다음 체공장주에 따라 비행하는 것이다.

【문제】64. Holding pattern entry procedure를 정할 때 기준이 되는 것은?
① True course   ② Magnetic course
③ True heading   ④ Magnetic heading

〈해설〉 FAA AIM 4-2-10. 방향(Directions)
방위(bearing), 진로(course), 기수방향(heading) 또는 풍향의 세 자리 숫자는 자침방향(magnetic)을 기준으로 한다.

정답 60. ③   61. ③   62. ②   63. ①   64. ④

【문제】65. "…Hold Southwest from SEL NDB Bearing 230°…"로 holding 지시를 받은 경우, 항공기 heading 060°로 Fix 통과 시에 Holding pattern entry 방법은?
① Direct entry procedure　　② Parallel procedure
③ Teardrop procedure　　④ Parallel 또는 Teardrop procedure

〈해설〉 표준 우선회 시 heading 60°인 경우 entry pattern은 다음과 같다.

Airplane Heading to Fix	Entry Pattern
130° ~ 310°	Direct Entry
310° ~ 60°	Parallel Entry
60° ~ 130°	Teardrop Entry

■ 잠깐! 알고 가세요.
[진입절차(Holding Procedure) 결정방법]

진입절차(entry procedure)를 결정하는 일반적인 방법은 다음과 같다.
1. Heading이 station을 향하게 하여, heading indicator의 상부에 오도록 한다.
2. Heading indicator의 중앙을 지나가도록 수평선을 그린다. 표준 right turn인 경우, 수평선을 반시계 방향(left turn인 경우 시계 방향)으로 20° 기울인다.
3. Heading indicator의 중앙에서 상부로 직선을 그린다.
4. Heading indicator에서 체공해야 할 radial을 확인하여, 진입방법을 결정한다.
  가. 체공진로가 상부 우측구간에 속하면 teardrop entry를 하여야 한다.
  나. 체공진로가 상부 좌측구간에 속하면 parallel entry를 하여야 한다.
  다. 그리고 체공진로가 넓은 하부구간에 속하면 direct entry를 하여야 한다.

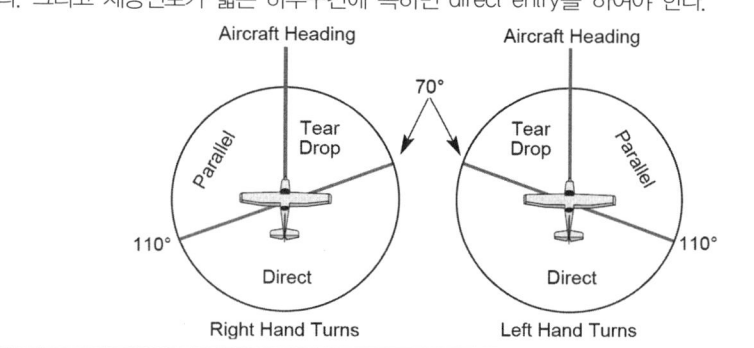

【문제】66. 자침로 220°로 KPO VORTAC Holding pattern 진입 시 다음의 지시를 받았을 때, Holding pattern 진입방법으로 맞는 것은?
"Hold East of the KPO VORTAC on the 090 Radial, Left Turns"
① Parallel entry procedure　　② Teardrop entry procedure
③ Direct entry procedure　　④ Direct 또는 Parallel entry procedure

〈해설〉 비표준 좌선회 시 자침로(magnetic heading) 220°인 경우 entry pattern은 다음과 같다.

Airplane Heading to Fix	Entry Pattern
330° ~ 150°	Direct Entry
220° ~ 330°	Parallel Entry
150° ~ 220°	Teardrop Entry

정답　65. ①　66. ③

【문제】67. "Hold Southwest from SEL NDB Bearing 180°" Holding 지시를 받은 경우, 항공기 Heading 160°로 Fix 통과 시 Holding pattern entry 방법은?
   ① Direct entry procedure
   ② Parallel entry procedure
   ③ Teardrop entry procedure
   ④ Direct 또는 Parallel entry procedure

〈해설〉 표준 우선회 시 heading 160°인 경우 entry pattern은 다음과 같다.

Airplane Heading to Fix	Entry Pattern
230° ~ 50°	Direct Entry
50° ~ 160°	Parallel Entry
160° ~ 230°	Teardrop Entry

【문제】68. Heading 360°로 비행 중 다음과 같은 체공지시를 받은 경우 진입방법은?
   "…Hold Northwest of the HW NDB on the 315 Radial…"
   ① Direct entry procedure
   ② Parallel entry procedure
   ③ Teardrop entry procedure
   ④ Direct 또는 Parallel entry procedure

〈해설〉 표준 우선회 시 heading 360°인 경우 entry pattern은 다음과 같다.

Airplane Heading to Fix	Entry Pattern
70° ~ 250°	Direct Entry
250° ~ 360°	Parallel Entry
0° ~ 70°	Teardrop Entry

【문제】69. 침로 55°인 상태로 SEL VOR의 240 Radial로 inbound 하고 있을 경우, SEL VOR 기준 090 Radial Left Turn 10 NM Leg인 Holding pattern에 진입할 때 사용되는 진입방법은?
   ① Direct entry procedure
   ② Teardrop entry procedure
   ③ Parallel entry procedure
   ④ Teardrop 또는 Parallel entry procedure

〈해설〉 비표준 좌선회 시 침로(heading) 55°인 경우 entry pattern은 다음과 같다.

Airplane Heading to Fix	Entry Pattern
165° ~ 84°	Direct Entry
55° ~ 165°	Parallel Entry
345° ~ 55°	Teardrop Entry

【문제】70. Heading 240°로 Inbound 중 "Hold East of the ABC VORTAC on the Zero Niner Zero Radial, Left Turns"라는 ATC 지시를 받았다. Holding pattern에 진입하기 위한 권장절차는?
   ① Teardrop entry procedure
   ② Direct entry procedure
   ③ Parallel entry procedure
   ④ Teardrop 또는 Parallel entry procedure

〈해설〉 비표준 좌선회 시 heading 240°인 경우 entry pattern은 다음과 같다.

Airplane Heading to Fix	Entry Pattern
350° ~ 170°	Direct Entry
240° ~ 350°	Parallel Entry
170° ~ 240°	Teardrop Entry

[정답] 67. ③   68. ②   69. ③   70. ②

【문제】 71. Still air 상태에서 고도 14,000 ft 이하 체공장주의 inbound time은?
① 2분　　　　② 1.5분　　　　③ 1분　　　　④ 30초

【문제】 72. 14,000 ft 초과 고도의 holding leg time은?
① 1분　　　　② 1.5분　　　　③ 2분　　　　④ 2.5분

【문제】 73. Holding 시 outbound leg timing을 시작하는 시기는?
① Fix 상공 통과 시
② Fix에 abeam 되었을 때
③ Fix 상공 또는 fix abeam 위치 중 먼저 도달하는 곳에서
④ Fix 상공 또는 fix abeam 위치 중 늦게 도달하는 곳에서

【문제】 74. Holding시 outbound leg timing의 시작지점은?
① Fix 90° 지점
② 항공기가 선회를 완료하고 자세가 수평이 되는 지점
③ Fix 90° 지점 또는 항공기가 선회를 완료하고 자세가 수평이 되는 지점 중 빠른 것
④ Fix 90° 지점 또는 항공기가 선회를 완료하고 자세가 수평이 되는 지점 중 늦은 것

【문제】 75. Holding 시 두 번째 outbound leg에 진입시점은?
① Fix 상공을 통과할 때
② Fix와 abeam 되거나 선회가 끝나는 시점 중 빠른 것
③ Fix와 abeam 되었을 때
④ Fix 상공 또는 fix와 abeam 되는 시점 중 빠른 것

【문제】 76. "Abeam" 이란?
① Fix가 항공기 track 기준 전방에 위치한 상태
② Fix가 항공기 track 기준 후방에 위치한 상태
③ Fix가 항공기 track 기준 45° 좌우에 위치한 상태
④ Fix가 항공기 track 기준 90° 좌우에 위치한 상태

〈해설〉 FAA AIM 용어사전(Glossary). Abeam
　　Fix, 지점(point) 또는 목표물(object)이 항공기 항적(track)의 대략 좌측 또는 우측 90° 정도에 위치할 때 항공기는 fix, 지점(point) 또는 목표물과 "abeam" 위치가 된다. Abeam은 정확한 지점이라기보다는 대략적인 위치를 나타낸다.

【문제】 77. Holding 시 적합한 선회각도는?
① 초당 1.5°, 또는 25° 경사각 중 작은 것　　② 초당 1.5°, 또는 30° 경사각 중 큰 것
③ 초당 3°, 또는 25° 경사각 중 작은 것　　　④ 초당 3°, 또는 30° 경사각 중 작은 것

정답　71. ③　72. ②　73. ④　74. ①　75. ③　76. ④　77. ④

【문제】 78. Holding에 관한 다음 설명 중 맞는 것은?
　① Outbound leg 시간측정은 fix 상공 또는 abeam 위치 가운데 먼저 나타나는 곳에서부터 시작한다.
　② Abeam 위치를 판단할 수 없다면 outbound로 선회를 완료했을 때부터 outbound leg 시간을 측정한다.
　③ 14,000 ft 이하의 고도에서 outbound leg time은 1분 30초이다.
　④ 14,000 ft를 초과한 고도에서 outbound leg time은 1분이다.

【문제】 79. Holding 시 최대 inbound leg time이 1분 30초인 고도는?
　① 12,000 ft 이하 고도　　　　② 12,000 ft 초과 고도
　③ 14,000 ft 이하 고도　　　　④ 14,000 ft 초과 고도

【문제】 80. Holding fix 진입 전 속도조절에 대한 설명 중 맞는 것은?
　① ATC 지시 없이는 ETA 3분 이전에 속도를 줄여서는 안된다.
　② Holding fix 도착 3분 전까지 감속을 완료한다.
　③ Holding fix로부터 5분 이내의 거리에 있을 때부터 감속하기 시작한다.
　④ 최저체공속도로 holding fix를 통과할 수 있도록 속도를 조절한다.

【문제】 81. Holding instruction을 받아야 한다면 holding fix 도착 몇 분 전에 체공속도로 감속하여야 하는가?
　① 2분　　　　② 3분　　　　③ 5분　　　　④ 7분

【문제】 82. 체공장주에서 사용할 수 있는 최대경사각은?
　① 20°　　　　② 25°　　　　③ 30°　　　　④ 35°

【문제】 83. Flight director 장착 항공기의 holding 시 선회각도는?
　① 3°/sec, 또는 25° bank angle 중 작은 것
　② 3°/sec, 또는 25° bank angle 중 큰 것
　③ 3°/sec, 또는 30° bank angle 중 작은 것
　④ 3°/sec, 또는 30° bank angle 중 큰 것

【문제】 84. Holding에 대한 설명 중 맞는 것은?
　① 14,000 ft 이하의 고도에서 최대 holding leg time은 1분 30초이다.
　② 14,000 ft 이하의 고도에서 터빈항공기의 최대체공속도는 260 knots 이다.
　③ Fix 도착 최소 5분 전에 속도를 감속하기 시작하여야 한다.
　④ 최대 30°, 또는 flight director 사용 시에는 최대 25°의 bank angle로 선회한다.

〈해설〉 FAA AIM 5-3-8. 체공(Holding)

[정답]　78. ②　79. ④　80. ①　81. ②　82. ③　83. ①　84. ④

1. 시간조절(Timing)
   가. Inbound Leg
      (1) 14,000 ft MSL 이하 : 1분
      (2) 14,000 ft MSL 초과 : 1분 30초
   나. Outbound leg 시간측정은 fix 상공 또는 abeam 위치 가운데 나중에 나타나는 곳에서부터 시작한다. Abeam 위치를 판단할 수 없다면 outbound로 선회를 완료했을 때부터 시간을 측정한다.
2. 조종사 조치(Pilot Action)
   가. 체공 fix로부터 3분 이내의 거리에 있을 때 감속하기 시작한다. 처음부터 최대체공속도 이하로 체공 fix를 통과한다.
   나. 진입 및 체공하는 동안 다음 각도로 선회한다.
      (1) 초당 3°, 또는
      (2) 30°의 경사각(bank angle), 또는
      (3) 비행지시장치(flight director system)를 이용할 경우, 25°의 경사각
      • 주(Note) - 세 가지 가운데 가장 적은 경사각(bank angle)이 요구되는 것을 사용한다.

【문제】85. 표준율(standard rate) 선회 시 선회율은?
① 1°/sec   ② 1.5°/sec   ③ 2°/sec   ④ 3°/sec

〈해설〉FAA IFH 제4장. 공기역학적 요소(Aerodynamic Factor), 선회율(Rate of Turn)
초당 3°의 표준율 선회(standard rate of turn)가 경사각(bank angle)의 주된 기준으로 사용된다.

Ⅳ. 도착절차(Arrival Procedures) 1

【문제】1. 다음 중 arrival procedure를 나타내는 것은?
① SID   ② STAR   ③ ATIS   ④ SPAR

〈해설〉FAA AIM 5-4-1. 표준터미널도착절차[Standard Terminal Arrival (STAR) Procedure]
STAR는 어떤 공항에 도착하는 IFR 항공기에 적용하기 위하여 ATC가 설정한 문자 및 그림 형식의 IFR 도착비행로(coded IFR arrival route)이다.

【문제】2. STAR 절차에 관한 설명 중 틀린 것은?
① VFR/IFR 항공기의 접근절차를 간소화한다.
② 항공로와 계기접근절차 간의 전환을 용이하게 한다.
③ 비행인가 전달절차를 간소화한다.
④ ATC와 조종사 간의 통신을 간소화한다.

【문제】3. 다음 중 조종사에게 lateral 및 vertical navigation을 허가하는 관제용어는?
① "Cleared Bulls One arrival."
② "Cleared Bulls One arrival, descend and maintain FL150."
③ "Cleared Bulls One arrival, descend at pilot's discretion, maintain FL150."
④ "Descend via the Bulls One arrival."

[정답] 85. ④ / 1. ② 2. ① 3. ④

【문제】4. STAR 절차로 운항 중인 조종사에게 발부된 "Descent via the ×× one arrival"의 의미는?
① 조종사 임의의 강하를 허가한다.
② 조종사 임의의 비행로설정을 허가한다.
③ 조종사 임의의 횡적항행을 허가한다.
④ 도착절차에 따라 진입하는 것을 허가한다.

〈해설〉 FAA AIM 5-4-1. 표준터미널도착절차〔Standard Terminal Arrival (STAR) Procedure〕
"Descend via" 허가는 조종사에게 다음을 허가한다.
1. 발간된 제한사항과 STAR에 의한 횡적항행을 이행하기 위한 조종사 임의의 강하
2. STAR에 표기된 waypoint까지 허가되었을 경우, 조종사 임의의 이전에 배정된 고도로부터 그 waypoint에 표기된 고도까지의 강하
3. 표기된 도착비행로에 진입한 후 강하 및 발간되거나 배정된 모든 고도와 속도제한을 이행하기 위한 항행

【문제】5. ATC는 어떤 조건 하에서 STAR를 발부하는가?
① STAR가 가능한 곳의 모든 조종사에게 발부한다.
② 비행계획서의 비고란에 STAR를 요청한 조종사에게만 발부한다.
③ 조종사가 "NO STAR"를 요청하지 않는 한 ATC가 적절하다고 고려할 때 발부한다.
④ 조종사가 STAR 차트를 가지고 있지 않을 때 발부한다.

〈해설〉 FAA AIM 5-4-1. 표준터미널도착절차〔Standard Terminal Arrival (STAR) Procedure〕
1. STAR가 발간된 지역까지 비행하려는 IFR 항공기의 조종사는 ATC가 적합하다고 판단하면 언제든지 STAR가 포함된 허가를 받을 수 있다.
2. 조종사는 STAR의 사용을 원하지 않으면 비행계획서의 비고란에 "NO STAR"라고 기입하거나, 바람직한 방법은 아니지만 ATC에 구두로 이를 통보하여야 한다.

【문제】6. STAR 절차 시 10,000 ft 미만의 고도에서 최대 강하율은?
① 200 ft/NM   ② 300 ft/NM   ③ 330 ft/NM   ④ 500 ft/NM

〈해설〉 FAA IPH〔2014년 발행판〕 제3장. 도착(Arrival)
일반적으로 STAR 절차에서 허용되는 최대 강하율은 10,000 ft MSL 미만의 고도에서는 330 ft/NM (약 3.1°), 10,000 ft MSL 이상의 고도에서는 318 ft/NM(약 3.0°) 이다.

【문제】7. Approach gate에 대한 설명 중 틀린 것은?
① ATC가 항공기를 최종접근코스로 vectoring 시킬 때 사용하는 지점이다.
② 항공기가 착륙을 위한 강하를 시작하는 지점이다.
③ Final approach fix로부터 1 NM 바깥지점에 위치하여야 한다.
④ Landing threshold로부터 5 NM을 초과하여야 한다.

〈해설〉 FAA AIM 용어사전(Glossary). Approach Gate
Approach gate는 최종접근진로로 항공기를 레이더유도(vector)하기 위해 ATC에 의해 사용되는 가상의 지점이다. Approach gate는 공항에서 멀리 떨어진 최종접근 fix(FAF)로부터 최종접근진로 상의 1 NM에 설정되며, 착륙 시단으로부터 5 NM보다 더 근접하게 위치하지는 않는다.

정답 4. ①   5. ③   6. ③   7. ②

【문제】8. ILS 접근 시 Final approach segment가 시작되는 지점은?
  ① Missed approach point　　② Glide slope capture point
  ③ Final approach fix　　④ Final approach point

〈해설〉 FAA IPH 제4장. 접근(Approaches), 최종접근구역(Final Approach Segment)
  1. 정밀접근에 대한 최종접근구역은 접근챠트에 명시된 최저활공로 교차고도(minimum glide slope intercept altitude)와 glide slope가 교차하는 지점(glide slope intercept point/capture point)에서 시작된다.
  2. 비정밀접근의 경우 최종접근구역은 지정된 최종접근픽스(FAF)에서 시작되거나, 항공기가 최종접근진로와 정렬되는 지점에서 시작된다.

【문제】9. Radar vector에 의해 ILS 접근 중 접근허가를 받지 않은 상태에서 최종접근경로 상에 진입한 경우, 조종사는 어떻게 하여야 하는가?
  ① Outbound로 선회하여 procedure turn을 수행한다.
  ② 주어진 고도를 그대로 유지하고 localizer를 따라 비행한다.
  ③ Localizer를 따라 접근을 시작하고 ATC에 보고한다.
  ④ 주어진 heading과 고도를 유지하고 ATC에 문의한다.

〈해설〉 FAA AIM 5-4-3 접근관제(Approach Control). b. 레이더접근관제(Radar Approach Control)
  접근관제소로 이양된 후에 항공기는 최종접근진로(ILS, RNAV, GLS, VOR, ADF 등)로 레이더 유도 된다. 항공기의 간격유지 및 간격분리가 필요한 경우 레이더유도 및 고도나 비행고도가 발부된다. 따라서 조종사는 접근관제소가 발부한 기수방향(heading)을 위배해서는 안된다. 조종사가 접근진로 교차가 임박했는데도 항공기가 최종접근진로를 교차하도록 레이더유도 될 것이라는 통보를 받지 못하였다면, 조종사는 관제사에게 확인하여야 한다.

【문제】10. 계기접근 chart에서 확인할 수 없는 사항은?
  ① 접근 종류　　② 유효 NOTAM
  ③ 접근 장비　　④ 사용 활주로

〈해설〉 FAA IPH 제3장. 도착(Arrivals), Instrument Approach Charts
  각각의 FAA 차트는 페이지 상부 및 하부에 있는 절차 명칭(최종접근에 필요한 NAVAID에 의한), 사용 활주로 및 공항 위치 둘 다에 의해 식별된다.

【문제】11. Chart에 인가된 고도와 같거나 높은 고도를 유지해야 하는 고도는?
  ① Minimum altitude　　② Maximum altitude
  ③ Mandatory altitude　　④ Recommended altitude

【문제】12. MEA 또는 그 이하의 고도로 비행 시 적용해야 하는 고도는?
  ① Maximum altitude　　② Minimum altitude
  ③ Recommended altitude　　④ Mandatory altitude

정답　8. ②　9. ④　10. ②　11. ①　12. ①

【문제】13. Mandatory altitude는 계기접근차트 상에 어떻게 표시되는가?
① 3000　　② 2500 (밑줄)　　③ $\overline{2500}$　　④ $\overline{\underline{2500}}$

【문제】14. 아래, 위 아무 표시없이 차트에 나타내는 고도는?
① Maximum altitude　　② Minimum altitude
③ Recommended altitude　　④ Mandatory altitude

〈해설〉FAA AIM 5-4-5. 계기접근절차차트(Instrument Approach Procedure Chart)
　규정된 고도는 최저, 최대, 의무 및 권고고도의 네 가지 다른 형태로 표기될 수 있다.
　1. 최저고도(minimum altitude) : 고도치(altitude value)에 밑줄을 그어 표기한다. 항공기는 표기된 값 이상의 고도를 유지하여야 한다. 〔예; 3000〕
　2. 최대고도(maximum altitude) : 고도치에 윗줄을 그어 표기한다. 항공기는 표기된 값 이하의 고도를 유지하여야 한다. 〔예; $\overline{4000}$〕
　3. 의무고도(mandatory altitude) : 고도치에 밑줄 및 윗줄 모두를 그어 표기한다. 항공기는 표기된 값의 고도를 유지하여야 한다. 〔예; $\overline{\underline{5000}}$〕
　4. 권고고도(recommended altitude) : 밑줄이나 윗줄이 없는 채로 표기한다. 〔예; 6000〕

【문제】15. Minimum safe altitude(MSA)에 대한 설명으로 옳은 것은?
① 1,000 ft 장애물 회피 제공, 항법신호 수신 보장
② 1,000 ft 장애물 회피 제공, 항법신호 수신 보장하지 않음
③ 2,000 ft 장애물 회피 제공, 항법신호 수신 보장
④ 2,000 ft 장애물 회피 제공, 항법신호 수신 보장하지 않음

【문제】16. 최저안전고도(MSA)에 대한 설명 중 맞는 것은?
① VOR, NDB 시설을 사용해서 공항 25 NM, 최대 30 NM 이내에 설정된다.
② 가장 높은 장애물로부터 최소 1,500 ft의 장애물 회피를 제공한다.
③ 5개 이상의 구역으로 설정된다.
④ 항법신호의 수신을 보장한다.

【문제】17. 접근차트의 MSA에 대한 설명 중 맞는 것은?
① 필요할 경우 범위는 반경 40 NM까지 늘어날 수 있다.
② VOR과 같은 시설이 없어도 설정할 수 있다.
③ 4~5개의 구역(sector)으로 분할할 수 있다.
④ 가장 높은 장애물로부터 1,500 ft의 통과고도를 제공한다.

【문제】18. Minimum safe altitude(MSA)에 대한 설명으로 틀린 것은?
① MSA는 NAVAID와는 관계가 없다.
② 비상시에만 사용한다.
③ 항법시설을 중심으로 보통 25 NM, 최대 30 NM 반경 내에서 장애물 회피를 제공한다.
④ 항법신호의 수신을 보장하지는 않는다.

[정답] 13. ④　14. ③　15. ②　16. ①　17. ②　18. ①

【문제】 19. MSA에 대한 설명 중 틀린 것은?
① 항법시설을 중심으로 25 NM 반경 내에서 장애물 회피를 제공한다.
② 비상상황 시에만 사용한다.
③ 최대 5개의 구역(sector)으로 되어 있다.
④ 구역 내에 있는 가장 높은 장애물로부터 최소 1,000 ft의 간격을 둔 안전고도이다.

【문제】 20. 최저안전고도(MSA)에 대한 설명 중 틀린 것은?
① 보통 반경 25 NM이지만 필요하면 30 NM까지 확장될 수 있다.
② 공항 20 NM 내에 NDB 또는 VOR 시설이 없을 때는 MSA가 없을 것이다.
③ 비상시에만 사용한다.
④ 구역(sector)은 4개 이하로 도시되어 있다.

〈해설〉 FAA AIM 5-4-5. 계기접근절차차트(Instrument Approach Procedure Chart)
1. 최저안전고도(MSA; Minimum Safe/Sector Altitudes)는 긴급한 경우에 사용하기 위하여 IAP 또는 출발절차 그래픽 차트에 게재된다. MSA는 모든 장애물로부터 상공 1,000 ft의 회피를 제공하지만 허용 항법신호통달범위를 반드시 보장하지는 않는다.
2. 기존 항법시스템에서 MSA는 일반적으로 IAP에 입각한 일차전방향성시설을 기반으로 하지만, 이용할 수 있는 적합한 시설이 없다면 공항표점을 기반으로 할 수 있다. RNAV 접근에서 MSA는 RNAV waypoint를 기반으로 한다.
3. MSA는 보통 반경 25 NM이지만 기존 항법시스템의 경우, 공항의 착륙구역을 포함하기 위하여 필요하면 30 NM까지 반경을 확장할 수 있다. 일반적으로 하나의 안전고도가 설정되지만, MSA가 시설을 기반으로 하고 장애물 회피를 위하여 필요한 경우 4개 구역까지 MSA를 설정할 수 있다.

【문제】 21. 다음 중 장애물 회피를 보장하는 최저고도는?
① MEA ② MOCA ③ MVA ④ MAA

【문제】 22. MVA는 비산악지형에서 몇 ft의 장애물 clearance를 보장하는가?
① 800 ft ② 1,000 ft ③ 1,500 ft ④ 2,000 ft

【문제】 23. MVA에 대한 설명 중 틀린 것은?
① 산악지역에서는 장애물로부터 2,000 ft 이상의 높이이다.
② Radar 항공교통관제 하에서 운영된다.
③ Minimum Enroute Altitude(MEA)보다 낮을 수 있다.
④ Radar vector 중이면 지정된 IFR altitude보다 높아야 한다.

【문제】 24. MVA에 대한 설명 중 틀린 것은?
① 산악지역, 비산악지역 관계없이 2,000 ft의 장애물 clearance를 제공한다.
② 관제사가 radar로 관제할 수 있는 최저고도이다.
③ 비레이더 MEA, MOCA 또는 주어진 장소의 차트에 표기된 다른 최저고도보다 낮을 수 있다.
④ IFR 항공기를 위한 것이다.

정답 19. ③ 20. ② 21. ③ 22. ② 23. ④ 24. ①

【문제】 25. 최저레이더유도고도(MVA)에 대한 설명으로 틀린 것은?
① 높이는 장애물로부터 평지에서 1,000 ft, 산악지역에서 2,000 ft 이상이다.
② 표면으로부터 300 m 이상의 공역에 대한 레이더유도를 제공한다.
③ MVA는 MOCA 또는 MEA보다 낮을 수 있다.
④ 레이더 항공교통관제 하에서 운영된다.

【문제】 26. 최저레이더유도고도(MVA)에 대한 설명으로 틀린 것은?
① 각 섹터는 장애물로부터 최소 3 NM 이상 떨어져 있다.
② 섹터 내에서 장애물로부터 산악지역에서는 2,000 ft, 비산악지역에서는 1,000 ft의 고도분리를 제공한다.
③ 관제공역의 하단에서부터 적어도 300 ft 이상의 간격을 제공한다.
④ MEA, MOCA 또는 다른 최저안전고도보다 높아야 한다.

〈해설〉 FAA AIM 5-4-5. 계기접근절차차트(Instrument Approach Procedure Chart)
최저레이더유도고도(Minimum Vectoring Altitudes; MVA)는 레이더항공교통관제가 행해질 때 ATC가 사용할 수 있도록 설정된다. MVA 차트는 다수의 서로 다른 최저 IFR 고도가 있는 지역을 대상으로 항공교통시설에 의해 작성된다. 각 구역의 경계선은 MVA를 결정하는 장애물로부터 최소한 3 mile의 거리에 있다. 이것은 장애물 주변의 레이더유도를 촉진하기 위하여 만들어진 것이다.
1. 각 구역의 최저레이더유도고도는 비산악지역에서는 가장 높은 장애물로부터 상공 1,000 ft로 되어 있으며, 지정된 산악지역에서는 가장 높은 장애물로부터 상공 2,000 ft로 되어 있다. 최저레이더유도고도는 관제공역의 하한고도(floor)로부터 최소한 상공 300 ft로 되어 있다.
2. MVA를 고려해야 할 대상구역의 다양성, 이러한 구역에 적용되는 서로 다른 최저고도, 그리고 특정 장애물을 격리할 수 있는 기능으로 인하여 일부 MVA는 비레이더 최저항로고도(MEA), 최저장애물회피고도(MOCA) 또는 주어진 장소의 차트에 표기된 다른 최저고도보다 낮을 수도 있다.

【문제】 27. 다음 중 Minimum Holding Altitude(MHA)가 보장하는 것이 아닌 것은?
① VOR signal coverage　　　　② Two-way communication
③ Obstacle clearance　　　　　④ Profile descent

〈해설〉 FAA AIM 용어사전(Glossary). 최저체공고도(Minimum Holding Altitude; MHA)
항행안전시설 신호통달범위와 통신을 보장하고 장애물 회피요건을 충족하는 체공장주에 설정된 최저고도

【문제】 28. MOCA에서 VOR 신호를 수신할 수 있는 유효거리는?
① 항법시설로부터 18 NM　　　② 항법시설로부터 20 NM
③ 항법시설로부터 22 NM　　　④ 항법시설로부터 25 NM

【문제】 29. VOR 항로 상에서 장애물 회피를 위한 최저고도로 VOR의 25 SM 이내에서만 항법신호의 수신을 보장하는 고도는?
① MEA　　　② MOCA　　　③ MRA　　　④ MAA

〈해설〉 FAA AIM 용어사전. 최저장애물회피고도(Minimum Obstruction Clearance Altitude; MOCA)

정답   25. ②   26. ④   27. ④   28. ③   29. ②

전체 비행로구간에 대하여 장애물 회피요건을 충족하고, VOR의 25 SM(22 NM) 이내에서만 항행안전시설 신호를 수신할 수 있는 VOR 항공로, 항공로이탈 비행로(off-airway route) 또는 비행로구간의 무선 fix 간에 적용되는 발간된 최저고도

【문제】30. 항로에서 항행시설 신호의 수신과 장애물 회피를 보장하는 최저고도는?
① MEA ② MOCA ③ MRA ④ MCA

【문제】31. MEA에 대한 설명 중 맞는 것은?
① 장에물 회피, 양방향 통신, 항법신호 수신 보장
② 장애물 회피, 양방향 통신 보장
③ 장애물 회피, 항법신호 수신 보장
④ 장애물 회피 보장

〈해설〉 FAA AIM 용어사전(Glossary). 최저항공로고도(Minimum En Route IFR Altitude; MEA)
무선 fix 간 항행안전시설 신호를 수신할 수 있고, 이들 fix 간 장애물 회피요건을 충족하는 발간된 최저고도. 연방항공로나 그 한 구간, 저/고고도 지역항법 항공로, 또는 그 밖의 직선비행로에 대하여 지정된 최저항공로고도(MEA)는 항공로, 구간이나 비행로를 지정하는 무선 fix 간의 항공로, 구간이나 비행로의 전체 폭에 적용된다.

【문제】32. Grid MORA에 대한 설명으로 맞는 것은?
① 항로 중심선으로부터 10 NM 이내에서 장애물로부터 1,000 ft의 장애물 회피를 제공한다.
② 장애물 회피, 양방향 통신 및 항법신호의 수신을 보장한다.
③ 가장 높은 고도가 5,000 ft 이하인 지역에서는 자연장애물로터 2,000 ft, 그리고 고도가 5,001 ft 이상인 지역에서는 1,000 ft의 장애물 회피를 제공한다.
④ 가장 높은 고도가 5,000 ft 이하인 지역에서는 지형 및 인공장애물로부터 1,000 ft, 5,001 ft 이상인 지역에서는 2,000 ft의 장애물 회피를 제공한다.

【문제】33. Emergency 상황에서 강하 시 route에서 8 NM 벗어난 상태이다. 장애물 회피를 위해 차트에서 보아야 할 고도는?
① MOCA ② MORA ③ MEA ④ MVA

〈해설〉 Jeppesen, Flight planning and monitoring. 제11장 항공로(Airways)
1. Minimum Off-Route Altitude(MORA)는 Jeppesen에 의해 시작된 고도이다. MORA는 비행로 중심선 10 NM 이내에서 알려진 장애물 회피(obstacle clearance)를 제공한다. MORA는 항법신호 수신 또는 양방향 통신을 보장하지 않는다.
2. Grid Minimum Off-route Altitude(Grid MORA)는 가장 높은 표고가 5,000 ft 이하인 지역에서 모든 지형 및 인공구조물로부터 1,000 ft의 장애물 회피를 제공한다. 가장 높은 표고가 5,001 ft 이상인 지역에서는 모든 지형 및 인공구조물로부터 2,000 ft의 장애물 회피를 제공한다.

【문제】34. En-route chart에서 고도 표시 "6000a"가 의미하는 것은?
① MAA ② MEA ③ MOCA ④ MORA

정답 30. ① 31. ③ 32. ④ 33. ② 34. ④

〈해설〉 Route MORA는 chart에 "4000a"와 같이 표기된다.

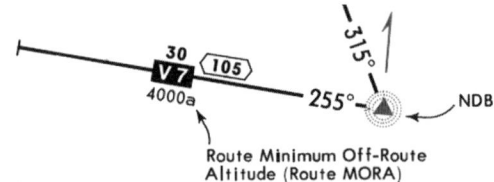

【문제】35. 공역구조나 경로구간에서 최대 활용가능한 고도 또는 비행고도를 나타내기 위해 발간된 고도는?
① MAA   ② MEA   ③ MRA   ④ MSA

【문제】36. 두 송신소 사이의 거리에서 2개의 신호가 동시에 수신되어 항법신호를 신뢰할 수 없을 때 설정하는 것은?
① MEA   ② MRA   ③ MAA   ④ MOCA

【문제】37. 최저고도를 나타내는 용어가 아닌 것은?
① MEA   ② MOCA   ③ MAA   ④ MRA

〈해설〉 FAA AIM 용어사전(Glossary). 최대인가고도(Maximum Authorized Altitude; MAA) 공역 구조 또는 비행로 구간에서 사용가능한 최대고도 또는 비행고도를 나타내기 위해 발간된 고도이다. 항행안전시설 신호의 적절한 수신이 보장되는 MEA가 지정된 연방항공로, 제트비행로, 저/고고도 지역항법 비행로 또는 그 밖의 직선비행로 상의 최대고도이다. 일반적으로 MAA는 동일한 주파수를 가진 두 개의 VOR이 상호 통달범위 내에 있을 경우에 설정된다.

【문제】38. Visual Descent Point(VDP)에 대한 설명 중 틀린 것은?
① 접근차트의 측면도에 "V"로 표기된다.
② VOR 및 LOC 절차에서 VDP 위치는 보통 DME로부터의 거리로 식별한다.
③ 비정밀 직진입접근의 최종경로 상에 지정된 하나의 지점이다.
④ LNAV 및 VNAV 최저치를 활용하는 접근에도 적용할 수 있다.

【문제】39. VDP에 대한 설명으로 옳지 않은 것은?
① 비정밀접근절차에 반드시 설정되어야 한다.
② VDP에 도달하기 이전에 MDA 아래로 강하해서는 안된다.
③ 보통 DME로부터의 거리로 위치를 식별한다.
④ LNAV/VNAV 및 LPV 접근절차에는 적용되지 않는다.

【문제】40. Visual Descent Point(VDP)에 대한 설명으로 맞는 것은?
① 정밀접근절차에 사용된다.
② VOR, LOC 접근 시 DME 정보로 표시되며, 차트에 "V"로 식별된다.
③ NDB, VOR 접근에 사용된다.
④ 활주로에서 확인하였다면 이 지점에 도착하기 전에 강하할 수 있다.

[정답] 35. ①   36. ③   37. ③   38. ④   39. ①   40. ②

【문제】 41. Visual Descent Point(VDP)는 언제 적용하는가?
　　① Circling approach
　　② Precision approach
　　③ Non-precision approaches when you are making a straight in approach
　　④ Both precision approach and non-precision approach
〈해설〉 FAA AIM 5-4-5. 계기접근절차차트(Instrument Approach Procedure Chart)
　　부호 "V"로 식별되는 시각강하지점(Visual Descent Point; VDP)은 MDA로부터 활주로 접지지점까지 안정된 시각강하를 시작할 수 있는 비정밀접근절차의 최종접근진로 상에 정해진 지점이다. 조종사는 VDP에 도달하기 전에 MDA 아래로 강하해서는 안된다. VDP는 MAP까지 DME 또는 RNAV along-track distance에 의해 식별된다.

【문제】 42. 레이더 유도되는 동안 approach clearance를 받았을 때 최종적으로 지시받은 고도를 언제까지 유지하여야 하는가?
　　① Reaching the FAF
　　② Reaching the OM
　　③ Advised to descent
　　④ Established on segment of a published route or IAP
〈해설〉 FAA AIM 5-4-7. 계기접근절차(Instrument Approach Procedures)
　　미발간된 비행로를 운항하거나 레이더 유도되는 동안 접근허가를 받았을 경우 조종사는 IFR 운항 시의 최저고도를 준수하고, ATC가 다른 고도를 배정하지 않는 한 또는 항공기가 발간된 비행로 또는 IAP 구간에 진입할 때 까지는 최종적으로 배정받은 고도를 유지하여야 한다.

【문제】 43. 항공기 접근범주(approach category)의 기준이 되는 것은?
　　① 최대중량 시 실속속도의 1.3배
　　② 최대중량 시 인가된 접근속도
　　③ 최대착륙중량 시 착륙형태에서 실속속도의 1.3배
　　④ 최대이륙중량 시 실속속도의 1.3배

【문제】 44. Vso의 1.3배 속도가 151 kts인 항공기의 approach category는?
　　① Category B　　② Category C　　③ Category D　　④ Category E

【문제】 45. Maximum landing weight에서 실속속도가 125 kts인 항공기의 approach category는?
　　① Category A　　② Category B　　③ Category C　　④ Category D

【문제】 46. Approach category B 항공기가 circle to land 시 지정속도를 5 kts 초과하여 비행할 필요가 있을 경우 적용해야 할 category는?
　　① Category A 값을 적용한다.　　② Category B 값을 적용한다.
　　③ Category B 값의 최대치를 적용한다.　　④ Category C 값을 적용한다.

정답　41. ③　42. ④　43. ③　44. ③　45. ④　46. ④

【문제】47. Approach speed에 따른 approach category의 구분으로 잘못된 것은?
① Category A: 90 kts 이하
② Category B: 91~110 kts
③ Category D: 141~165 kts
④ Category E: 166 kts 이상

【문제】48. 접근속도(approach speed) Vat란?
① Vef×1.3
② Vso×1.3
③ Vno×1.3
④ Vne×1.3

〈해설〉 FAA AIM 5-4-7. 계기접근절차(Instrument Approach Procedures)
    항공기 접근범주(approach category)란 V_{REF} 속도가 명시되어 있는 경우 최대인가착륙중량에서 V_{REF} 속도를 기준으로, V_{REF}가 명시되어 있지 않는 경우 최대인가착륙중량에서 V_{SO}의 1.3배 속도를 기준으로 항공기를 분류한 것을 의미한다. 조종사는 인가시에 결정된 범주에 해당하는 최저치나 그보다 높은 최저치를 사용하여야 한다. 항공기 범주의 속도범위 상한선을 초과한 속도로 운항할 필요가 있을 경우에는 상위 범주의 최저치를 사용하여야 한다.
    예를 들어, 범주 B에 속하는 비행기라도 착륙하기 위하여 145 knot의 속도로 선회 시에는 접근범주 D 최저치를 사용하여야 한다. 범주의 범위(category limit)는 다음과 같다.
1. 범주 A(category A) : 91 kts 미만의 속도
2. 범주 B(category B) : 91 kts 이상, 121 kts 미만의 속도
3. 범주 C(category C) : 121 kts 이상, 141 kts 미만의 속도
4. 범주 D(category D) : 141 kts 이상, 166 kts 미만의 속도
5. 범주 E(category E) : 166 kts 이상의 속도

【문제】49. Procedure turn을 실시해야 하는 경우는?
① 지정된 경로에서 멀어지도록 선회를 한 후 다시 반대편으로 선회하여 진입해야 할 경우
② 최초접근픽스(IAF)로부터 timed approach를 수행할 경우
③ Radio failure 일 때
④ 요구되는 시각참조물이 보이지 않을 때

【문제】50. 다음 중 procedure turn이 가능한 경우는?
① 정밀접근시
② "No PT"가 명시되었을 때
③ Radar vector가 제공될 때
④ Timed approach를 수행할 때

【문제】51. Procedure turn 중 inbound course로 진입할 때 까지 준수해야 할 고도는?
① Maximum altitude
② Minimum altitude
③ Mandatory altitude
④ Recommended altitude

【문제】52. Procedure turn의 종류가 아닌 것은?
① Base track pattern
② Teardrop procedure turn
③ 80°/260° course reversal
④ 45° procedure turn

【문제】53. 계기접근절차에 절차선회(procedure turn)가 포함되어 있을 때, 유지해야 할 최대속도는?
① 180 KTS
② 200 KTS
③ 230 KTS
④ 240 KTS

[정답] 47. ② 48. ② 49. ① 50. ① 51. ② 52. ① 53. ②

【문제】 54. Procedure turn에 대한 설명 중 틀린 것은?
① 필요한 course reversal을 위해 설정된다.
② 장애물 회피구역 내에 있도록 하기 위해 200 KIAS 미만의 속도를 유지하여야 한다.
③ 일반적으로 10 NM 이내에서 선회가 이루어지도록 설계된다.
④ 거리범위는 속도가 빠른 비행기를 위해 12 NM까지 확장될 수 있다.

【문제】 55. 절차선회(procedure turn)에 대한 다음 설명 중 옳지 않은 것은?
① 중간 또는 최종접근방위로 진입하기 위해 역으로 방향전환을 해야 할 필요가 있을 경우 설정된다.
② 최대속도는 210 kts 이다.
③ 선회는 측면도에 명시된 거리범위 내에서 이루어져야 한다.
④ 고성능 항공기의 거리범위는 15 NM까지 증가될 수 있다.

〈해설〉 FAA AIM 5-4-9. 절차선회(Prodedure turn) 및 Hold-in-lieu of Procedure Turn
1. 절차선회(procedure turn)는 항공기가 중간 또는 최종접근진로의 inbound로 진입하기 위하여 방향을 역으로 해야 할 필요가 있을 경우 규정된 기동이다. 사용할 최초구역(initial segment)에 "NO PT" 부호가 표기되어 있는 경우, 최종접근진로까지 레이더유도가 제공되거나 또는 체공픽스(holding fix)로부터 시차접근을 수행할 경우에는 절차선회 또는 hold-in-lieu-of-PT가 허용되지 않는다.
2. 항공기가 inbound 진로로 진입할 때 까지 절차선회에 적용되는 고도는 최저고도이다.
3. 선택할 수 있는 절차선회의 유형에는 45° 절차선회, racetrack 장주, teardrop 절차선회 또는 80° ↔ 260° course reversal이 있다.
4. 접근절차에 절차선회가 포함될 때, 절차선회 기동 시에 장애물 회피구역 내에 있도록 하기 위하여 첫 번째 course reversal IAF 상공에서부터 200 knot(IAS) 미만의 최대속도를 준수하여야 한다. 보통 절차선회의 거리는 10 mile 이다. 이 거리는 category A 또는 헬리콥터 만을 운영하는 곳에서 최소 5 mile까지 감소되거나, 고성능 항공기를 위해서는 15 mile까지 증가될 수 있다.

【문제】 56. 절차선회(procedure turn) 시 항공기가 강하할 수 있는 시기는?
① NDB의 경우, 필요한 bearing의 ±5° 이내일 때
② ILS의 경우, full scale deflection 이내일 때
③ ILS의 경우, one scale deflection 이내일 때
④ ILS의 경우, quarter scale deflection 이내일 때

【문제】 57. ILS, VOR 또는 NDB final course의 진입이 유효한 상태는?
① ILS와 VOR의 경우 1/2 scale 이내, NDB의 경우 bearing의 ±2° 이내
② ILS와 VOR의 경우 1/2 scale 이내, NDB의 경우 bearing의 ±5° 이내
③ ILS와 VOR의 경우 1/4 scale 이내, NDB의 경우 bearing의 ±2° 이내
④ ILS와 VOR의 경우 1/4 scale 이내, NDB의 경우 bearing의 ±5° 이내

〈해설〉 ICAO Doc 8168 Vol 1, 제3장 최초섭근(Initial Approaches)
ILS와 VOR 절차의 경우 항공기가 1/2 scale 편향(deflection) 이내에 있을 때, 그리고 NDB의 경우 항공기가 필요한 방위(bearing)의 ±5° 이내에 있을 때를 established된 상태라고 가정한다.

[정답] 54. ④   55. ②   56. ①   57. ②

〈참조〉 절차선회(procedure turn) 시 항공기가 in-bound course에 정대되기 전까지는 최소 대기장주고도에서 FAF 고도로 강하해서는 안된다. Inbound course에 정대된 상태란 inbound track에 established 된 상태를 말한다.

【문제】 58. Timed approach에 대한 설명 중 잘못된 것은?
① 관제탑이 운영되어야 한다.
② 관제탑에 이양될 때까지 조종사와 접근관제사 또는 센터와 직접교신이 유지되고 있어야 한다.
③ 보고된 실링(ceiling)과 시정은 IAP에 대한 선회 최저값보다 높아야 한다.
④ 하나 이상의 실패접근절차를 이용할 수 있다면 course reversal을 할 수 있다.

【문제】 59. Timed approach 시행조건으로 맞는 것은?
① 1개 이상의 실패접근절차가 있다면 1개의 전환절차가 필요하다.
② Tower와 접근관제소 사이에 직접교신이 되어야 한다.
③ 계기접근이 시행되는 공항에 tower가 운영되어야 한다.
④ 보고된 운고 및 시정이 IAP에 명시된 직진접근 최고치와 같거나 커야 한다.

【문제】 60. Timed approach의 시행조건이 아닌 것은?
① 계기접근이 시행되는 공항에 관제탑이 운영될 때
② 조종사가 관제탑과 교신하도록 지시받을 때까지 관제센터 또는 접근관제소 관제사와 직접교신이 유지될 때
③ 2개 이상의 실패접근절차가 있다면 방위를 역으로 전환할 필요가 없다.
④ 계기접근이 인가된 후 조종사는 반드시 절차선회를 실시해야 한다.

〈해설〉 FAA AIM 5-4-10. 체공픽스(holding fix)로부터 시차접근(timed approaches)
시차접근은 다음과 같은 조건이 충족되었을 때 수행할 수 있다.
1. 접근이 이루어지는 공항에 관제탑이 운영되고 있다.
2. 조종사가 관제탑과 교신하도록 지시를 받을 때 까지 조종사와 관제센터 또는 접근관제소와 직접교신이 유지된다.
3. 둘 이상의 실패접근절차를 이용할 수 있는 경우, 어느 절차도 진로를 역으로 전환할 필요가 없다.
4. 하나의 실패접근절차만을 이용할 수 있다면, 다음과 같은 조건을 충족하여야 한다.
  가. 진로(course)를 역으로 전환할 필요가 없어야 하며,
  나. 보고된 운고(ceiling) 및 시정이 IAP에 명시된 가장 큰 선회최저치와 같거나 더 커야 한다.
5. 접근이 허가된 경우, 조종사는 절차선회(procedure turn)를 해서는 안된다.

【문제】 61. Holding pattern 고도가 보장하는 장애물로부터 최소한의 고도는?
① 200 ft ② 500 ft ③ 1,000 ft ④ 2,200 ft

〈해설〉 FAA IPH 제2장. 항공로 운항(En Route Operations), En Route Holding Procedrues
수평 체공장주의 경우 기본구역(primary area) 전체에서 최소 1,000 ft의 장애물 회피가 제공된다. 이차구역(secondary area)에서는 내부 가장자리(inner edge)에서 500 ft의 장애물 회피가 제공되며, 외부 가장자리(outer edge)로 갈수록 0 ft로 점점 감소한다.

정답 58. ④ 59. ③ 60. ④ 61. ③

【문제】 62. ASR 관제시 관제사가 조종사에게 제공하는 것이 아닌 것은?
① 최저강하고도까지 강하를 시작할 시기 또는 중간강하단계 지점에서의 최저통과고도
② 실패접근절차를 따르기 위한 실패접근지점의 위치 및 최종접근경로 상에서 활주로, 공항과 MAP 등으로부터의 항공기 위치
③ 최종강하를 시작하여야 할 지점에 도착 시, 강하시작의 지시
④ 조종사의 요청이 있을 경우, MDA 1마일 전까지 매 마일마다의 권고고도

〈해설〉 FAA AIM 5-4-11. 레이더접근(Radar Approaches), 감시접근(Surveillance Approach)
1. 감시접근(ASR)은 관제사가 방위에 관한 항행유도만을 제공하는 것이다. 착륙활주로중심선의 연장선과 정대되어 비행할 수 있도록 조종사에게 기수방향(heading)이 주어진다.
2. 고도유도는 제공되지 않지만 최저강하고도(MDA)로 강하해야 할 시기, 또는 해당되는 경우 중간단계강하 fix 최저통과고도 및 이어서 설정된 MDA로 강하해야 할 시기를 조종사에게 통보한다. 추가하여 조종사는 절차에 규정된 실패접근지점(MAP)의 위치 및 해당 활주로, 공항이나 헬기장 또는 MAP로부터의 항공기 위치를 최종접근진로의 매 마일마다 통보받을 것이다. 조종사가 권고고도를 요청하면 절차에 설정된 강하율에 의거하여 MDA 이상의 권고고도가 마지막 마일까지 매 마일마다 발부된다. 일반적으로 항공기가 MAP에 도달할 때 까지 항행유도가 제공된다.

【문제】 63. No-gyro approach 시 final controller와 교신 전까지 유지해야 할 선회율은?
① 표준율 선회
② 반표준율 선회
③ 최대 15° bank를 초과하지 않는 표준율 선회
④ 최대 30° bank를 초과하지 않는 반표준율 선회

〈해설〉 FAA AIM 5-4-11. 레이더접근(Radar Approaches), 자이로 고장시의 접근(No-Gyro Approach)
자이로 고장시의 접근(No-gyro approach)은 레이더관제 하에서 방향자이로(directional gyro) 또는 그 밖의 안정화된 나침반(stabilized compass)이 작동하지 않거나 부정확한 상황에 처한 조종사에게 제공된다. 이러한 상황이 발생한 경우, 조종사는 ATC에 이를 통보하고 자이로 고장시(No-gyro)의 레이더유도 또는 접근을 요청하여야 한다. 조종사는 모든 선회를 표준율(standard rate)로 하여야 하고, 지시를 받자마자 즉시 선회를 하여야 한다.

【문제】 64. ASR 접근 중 실패접근을 할 수 있는 경우는?
① 조종사 판단에 의해서 언제든지
② MAP에서만
③ 관제사 지시에 의해서만
④ 활주로의 시각참조물을 잃었을 때만

〈해설〉 FAA AIM 5-4-11. 레이더접근(Radar Approaches), 감시접근(Surveillance Approach)
1. 조종사가 MAP에서 활주로, 공항 또는 헬기장을 육안확인하지 못하거나, 헬리콥터 공간점(point-in-space) 접근의 경우 지표면의 명시된 시각참조물을 확인할 수 없다면 관제사는 유도를 종료하고 조종사에게 실패접근을 하도록 지시한다. 또한 접근하는 동안 언제라도 관제사가 잔여접근에 대해 안전한 유도를 제공할 수 없다고 판단하면, 관제사는 유도를 종료하고 조종사에게 실패접근을 하도록 지시할 것이다.
2. 마찬가지로 조종사 요구 시 유도는 종료되고 실패접근을 하게 되며, 민간항공기에 한해 조종사가 활주로, 공항/헬기장 또는 visual surface route(공간점 접근)를 육안 확인하였다고 보고하거나 계속적인 유도가 필요 없다는 것을 다른 방법으로 표시하는 경우 관제사는 유도를 종료할 수 있다.

정답 62. ③   63. ①   64. ①

【문제】65. No-gyro approach의 경우, FAF를 지나 선회 시 유지해야 할 선회율은?
① 25°　　　　　　　　　　　② 30°
③ Standard Turn　　　　　　④ Half Standard Turn

〈해설〉 항공교통관제절차 5-10-3. 자이로 고장시의 접근(No-Gyro Approach)
　　　항공기가 최종접근 진로 상으로 선회를 완료한 후 및 Approach gate 도착 전에 반표준선회(half standard rate turns)를 지시하여야 한다.

Ⅳ. 도착절차(Arrival Procedures) 2

【문제】1. Parallel runway에 simultaneous approach 시 최적 course로 진입하기 위하여 필요한 정보가 아닌 것은?
① 고도　　　② 속도　　　③ Heading　　　④ VOR로부터의 거리

〈해설〉 FAA AIM 5-4-13. 평행활주로 동시접근(Simultaneous Approaches to Parallel Runways)
　　　동시평행독립접근과 특히 동시근접평행 PRM 접근을 수행하는 인접 항공기 간의 근접은 조종사가 모든 ATC 허가를 엄격히 준수하는 것을 필요로 한다. ATC가 배정한 대기속도, 고도 및 기수방향(heading)을 적시에 준수해야 한다.

【문제】2. Simultaneous parallel dependent approach를 위한 활주로 이격거리는?
① 1,200~3,600 ft　　　　　　② 3,400~5,600 ft
③ 2,500~9,000 ft　　　　　　④ 4,300~9,000 ft

【문제】3. Radar monitor가 반드시 필요하지 않는 접근은?
① Dependent parallel ILS approach
② Independent parallel ILS approach
③ Independent simultaneous parallel ILS approach
④ Independent simultaneous close parallel ILS approach

【문제】4. 평행활주로 중앙선 간 간격이 3,600 ft 이상 8,300 ft 미만인 활주로에 평행 dependent ILS 접근 시, 인접 최종접근진로로 접근하는 항공기와 대각선으로 레이더 분리간격은?
① 1마일　　　② 1.5마일　　　③ 2마일　　　④ 2.5마일

【문제】5. 평행 활주로에 ILS 접근을 할 때 final monitor controller가 필요 없는 접근방식은?
① Independent parallel approach
② Independent simultaneous parallel approach
③ Independent simultaneous close parallel approach
④ Dependent parallel approach

〈해설〉 FAA AIM 5-4-14. 동시종속접근(Simultaneous Dependent Approach)

정답　65. ④　/　1. ④　2. ③　3. ①　4. ②　5. ④

1. 동시종속접근은 활주로중심선 간의 간격이 최소 2,500 ft에서 9,000 ft까지 분리된 평행활주로를 가진 공항에 대해 접근을 허가하는 ATC 절차이다.
2. 동시종속접근은 평행활주로중심선 간의 최소거리가 감소되었고, 레이더감시(radar monitoring)나 조언이 필요하지 않으며 인접 로컬라이저/방위각(localizer/azimuth course) 진로 상의 항공기와 엇갈린 분리(staggered separation)가 필요하다는 점이 동시독립접근과 다르다.
3. 활주로중심선 간의 간격에 따라 인접 최종접근진로로 접근하는 항공기 간의 분리 최저치는 다음과 같다.
    가. 최소 2,500 ft 이상 3,600 ft 미만일 경우 : 대각선으로 최소 1.0 NM의 레이더분리 필요
    나. 3,600 ft 이상 8,300 ft 미만일 경우 : 대각선으로 최소 1.5 NM의 레이더분리 필요
    다. 8,300 ft 이상 9,000 ft 미만일 경우 : 대각선으로 최소 2 NM의 레이더분리 필요

■ 잠깐! 알고 가세요.
[평행활주로 접근유형별 요건]

접근유형	활주로중심선 간격	최종감시관제사/진입금지구역
Simultaneous Dependent Approach (동시종속접근)	2,500~9,000 ft	필요 없음
Simultaneous Independent Approach (동시독립접근)	최소 4,300 ft	필요 (9,000 ft까지)
Simultaneous Close Parallel PRM Approach (동시근접평행 PRM 접근)	2,500~4,300 ft	필요

【문제】 6. 동시접근 시 활주로가 교차하는 경우, 동시수렴계기접근에 필요한 최저 기상요구치는?
① 운고 700 ft, 시정 2 SM
② 운고 800 ft, 시정 1 SM
③ 운고 800 ft, 시정 1/2 SM
④ 운고 1000 ft, 시정 2 SM

〈해설〉 FAA AIM 5-4-17. 동시수렴계기접근(Simultaneous Converging Instrument Approaches)
ATC는 수렴활주로(converging runway), 즉 15°에서 100°의 사이각(included angle)을 갖는 활주로에 대하여 동시에 계기접근을 할 수 있는 프로그램이 특별히 인가된 공항에서 동시수렴계기접근을 허가할 수 있다.
이를 위해서 각 수렴활주로에 대하여 전용의 분리된 표준계기접근절차의 개발을 필요로 하며, 교차활주로는 최소한 운고 700 ft와 시정 2 mile의 최저치를 가져야 한다.

【문제】 7. 평행한 활주로에 동시접근이 가능하도록 보다 정밀한 관제를 위해 사용하는 장비는?
① PRM   ② ARSR   ③ ASR   ④ PAR

〈해설〉 FAA AIM 용어사전(Glossary). 정밀활주로감시(Precision Runway Monitor; PRM) 시스템
PRM은 동시근접평행 PRM 접근 동안 NTZ를 감시하는 항공교통관제사에게 높은 자료갱신율(high update rate)의 정밀한 이차감시자료를 제공한다. PRM 시스템의 높은 자료갱신율의 감시감지기 구성요소는 특정 활주로 또는 접근진로 간격에서만 필요하다.

【문제】 8. Parallel 활주로에서 side step maneuver가 가능한 활주로 간의 분리거리는?
① 800 ft 이하   ② 1,000 ft 이하   ③ 1,200 ft 이하   ④ 1,600 ft 이하

정답 6. ①   7. ①   8. ③

【문제】 9. Side step maneuver가 가능한 활주로 간격은?
　　① 활주로중심선 간의 간격이 1,200 ft 이하인 활주로
　　② 활주로 간의 간격이 1,200 ft 이하인 활주로
　　③ 활주로중심선 간의 간격이 1,800 ft 이하인 활주로
　　④ 활주로 간의 간격이 1,800 ft 이하인 활주로

【문제】 10. Side-step 접근을 허가받고 평행활주로에 착륙하는 조종사는 언제 side-step maneuver를 하여야 하는가?
　　① 활주로 또는 활주로 주변시설을 확인한 후 가능한 한 빨리
　　② Minimum descent altitude/Decision height에 도달한 후
　　③ Missed approach point에 도달한 후
　　④ Final approach fix를 지난 후

〈해설〉 FAA AIM 5-4-19. 측면이동접근(Side-step Maneuver)
　 1. ATC는 간격이 1,200 ft 이하인 평행활주로 중 하나의 활주로에 접근한 다음 인접활주로에 직진입 착륙(straight-in landing)을 하는 표준계기접근절차를 허가할 수 있다.
　 2. 조종사는 활주로 또는 활주로 환경(runway environment)을 육안으로 확인한 후 가능한 한 빨리 측면이동접근을 시작하여야 한다. 측면이동을 시작한 후에도 단계강하(stepdown) fix와 관련된 최저고도를 준수하여야 한다.

【문제】 11. 착륙하고자 하는 활주로의 RVR 최저치가 2,400 ft인 경우, RVR 장비 고장 시 적용할 수 있는 시정은?
　　① 1/4 SM　　② 1/2 SM　　③ 5/8 SM　　④ 3/4 SM

【문제】 12. RVR 5,000피트를 시정으로 환산하면 몇 마일인가?
　　① 8/7 SM　　② 1 SM　　③ 1 1/4 SM　　④ 1 1/2 SM

〈해설〉 FAA AIM 5-4-20. 접근 및 착륙 최저치(Approach and Landing Minimum)
　　RVR을 지상시정 또는 비행시정으로 환산하기 위하여 다음과 같은 표를 사용할 수 있다. 표에 없는 수치의 RVR 값을 환산할 때에는 그 다음 높은 RVR 값을 사용해야 하며 중간의 값을 사용해서는 안된다.

RVR	시정(Statute mile)	RVR	시정(Statute mile)
1600	1/4	4500	7/8
2400	1/2	5000	1
3200	5/8	6000	1 1/4
4000	3/4		

【문제】 13. Flight visibility의 정의로 올바른 것은?
　　① 인가를 받은 기상관측자가 관측하여 통보한 공항의 시정
　　② 이륙 또는 착륙하기 위하여 접근 중에 예상되는 활주로의 시정
　　③ 비행 중 조종사가 항공기의 조종석에서 본 최저 수평시정
　　④ 비행 중 조종사가 항공기의 조종석에서 본 시정

[정답]　9. ①　　10. ①　　11. ②　　12. ②　　13. ④

【문제】 14. Flight visibility는 어디에서 측정하는가?
  ① 관제탑   ② 기상대   ③ 운항실   ④ 비행 중 항공기

〈해설〉 FAA AIM 용어사전(Glossary). 비행시정(Flight Visibility)
  비행 중 항공기의 조종석에서 주간에는 뚜렷한 비발광대상물을 야간에는 뚜렷한 발광대상물을 보고 식별할 수 있는 전방의 평균 수평거리

【문제】 15. Straight in approach 시 runway center line과 최종접근진로 간의 각도는 몇 도 범위 내에서 유지되어야 하는가?
  ① 10° 이내   ② 20° 이내   ③ 30° 이내   ④ 40° 이내

〈해설〉 FAA AIM 5-4-20. 접근 및 착륙 최저치(Approach and Landing Minimums)
  직진입최저치(straight-in minimums)는 최종접근진로가 30° 이내에서 활주로와 정렬되고, IAP에 표기된 IFR 고도에서부터 활주로 표면까지 정상강하를 할 수 있을 때 IAP 상에 표시된다. 정상 강하율이나 30°의 활주로 정렬요소가 초과되면 직진입최저치는 발간되지 않고 선회최저치가 적용된다.

〈참조〉 FAA AIM 용어사전(Glossary). 직진입착륙(straight-in Landing)
  계기접근을 완료하면 최종접근진로와 30° 이내에서 정렬되는 활주로 상에서 이루어지는 착륙을 직진입착륙(straight-in landing)이라고 한다.

【문제】 16. 어떤 facility를 통과하여 procedure turn 이나 base turn으로 direct 진입하기 위한 각도는?
  ① Inbound track의 ±15° 이내   ② Inbound track의 ±30° 이내
  ③ Outbound track의 ±15° 이내   ④ Outbound track의 ±30° 이내

〈해설〉 ICAO Doc 8168 Vol 1, 3.3.1 진입(Entry)
  절차에 특별히 진입 제한사항이 지정되어 있지 않는 한, reversal 절차는 reversal 절차 외향궤도(outbound track)의 ±30° 이내 궤도(track)로부터 진입이 이루어져야 한다.

【문제】 17. Missed approach 시 계기접근차트 상에 별도로 언급되어 있지 않는 경우 적용되는 상승률은?
  ① 2%   ② 2.5%   ③ 3%   ④ 3.5%

【문제】 18. Missed approach에 대한 설명 중 틀린 것은?
  ① 선회접근 중 시각참조물을 잃어 버렸다면 실패접근절차를 따르는 가장 빠른 쪽으로 선회한다.
  ② MAP 이전에 실패접근을 결심한 경우, MAP를 지난 후에 선회를 한다.
  ③ MAP에 도달한 후 착륙할 수 없을 경우, 조종사는 ATC에 보고하여야 한다.
  ④ 최소한 200 FPNM 이상의 상승률을 유지한다.

【문제】 19. 실패접근지점(MAP)에 도달하기 전에 실패접근을 해야 할 경우 올바른 절차는?
  ① 실패접근진로 우측 또는 좌측으로 180° 선회하여 반대방향으로 실패접근을 실시한다.
  ② MDA 또는 DH 이상의 고도로 MAP를 지난 다음 ATC의 지시를 받고 실패접근을 실시한다.
  ③ 실패접근을 결심한 즉시 바로 실패접근을 실시한다.
  ④ MDA 또는 DH 이상의 고도로 MAP까지 비행 후 실패접근을 실시한다.

[정답] 14. ④   15. ③   16. ④   17. ②   18. ①   19. ④

【문제】20. Circling approach를 하는 동안 시각참조물을 잃어버린 경우의 절차로 올바른 것은?
① 직진 상승 후 holding fix로 진입한다.
② 착륙 활주로 쪽으로 MDA/DH 고도를 유지하여 선회 후 다음 missed approach 경로까지 지속 선회한다.
③ 착륙 활주로 쪽으로 상승선회 후 missed approach 경로 상으로 계속 선회접근한다.
④ 직진 상승 후 final approach fix로 재진입한다.

【문제】21. 실패접근 시 상승률이 특별히 지정되어 있지 않는 경우, 몇 ft/NM의 상승률을 유지해야 하는가?
① 최소 200 ft/NM
② 최대 200 ft/NM
③ 최소 300 ft/NM
④ 최대 300 ft/NM

【문제】22. 실패접근(missed approach)에 대한 설명 중 틀린 것은?
① 실패접근지점에 도달 후 착륙할 수 없을 때 조종사는 ATC에 통보한다.
② 상승 시에 접근차트에서 더 높은 상승률을 요구하지 않는 한 최소한 200 FPNM 이상의 상승각으로 상승한다.
③ 조종사는 선회조작을 하기 전에 MDA 또는 DH 고도 이상으로 실패접근지점까지 비행을 한 후 접근차트에 설정된 대로 실패접근비행을 하여야 한다.
④ 선회접근 착륙(circling to land) 중 시각참조물을 잃어 버렸다면 설정된 비행접근절차 경로 상으로 비행하기 위하여 조종사는 일단 착륙 활주로 쪽으로 상승 선회해야 한다.

【문제】23. Missed approach에 관한 내용 중 잘못된 것은?
① 접근차트에서 더 높은 상승률을 요구하지 않는 한 최소 200 FPNM 이상의 상승률로 상승한다.
② Normal missed approach climb gradient는 3.3% 이다.
③ MAP의 위치는 NDB station, fix 또는 FAF로부터의 DME 거리로 나타낸다.
④ MAP 이전에 missed approach 실행 시 MDA 또는 DH 이상의 고도로 MAP까지 비행 후 실패접근을 한다.

〈해설〉 FAA AIM 5-4-21. 실패접근(Missed Approach)
1. 착륙하지 못한 경우, 조종사는 접근절차차트에 명시된 실패접근지점(MAP)에 도달하면 ATC에 통보하고 사용하고 있는 접근절차의 실패접근지시나 ATC가 지시하는 대체실패접근절차에 따라야 한다.
2. 실패접근 시의 장애물 보호는 실패접근이 결심고도/높이(DA/H) 또는 실패접근지점, 그리고 최저 강하고도(MDA)보다는 낮지 않은 고도에서 시작된다는 가정을 기반으로 한다. 접근절차차트의 주석부분(note section)에 더 높은 상승률이 공고되지 않는 한, NM 당 최소 200 ft의 상승률(헬리콥터 접근의 경우, NM 당 최소 400 ft의 상승이 필요한 지역 제외)이 필요하다. 조기실패접근을 할 경우, 조종사는 ATC에 의해 달리 허가되지 않은 한 선회조작을 하기 전에 MAP 또는 DH 이상의 고도를 유지하여 실패접근지점까지 접근 plate의 지정된 계기접근절차에 따라 비행하여야 한다.
3. 계기접근을 하여 선회착륙(circling-to-land)을 하는 동안 시각참조물을 잃어 버렸다면, 해당 특정 절차에 지정된 실패접근절차에 따라야 한다. 설정된 실패접근진로로 진입하기 위하여 조종사는 착륙 활주로 쪽으로 먼저 상승선회를 한 다음 실패접근진로로 진입할 때 까지 계속 선회하여야 한다.

[정답] 20. ③ 21. ① 22. ④ 23. ②

〈참조〉 ICAO Doc 8168 Vol 1, 제7장 실패접근(Missed Approach)
1. 계기접근절차의 실패접근지점(MAP)은 다음과 같은 부분으로 설정할 수 있다.
   가. APV 또는 정밀접근의 경우 : 적용할 수 있는 DA/H와 전자식 glide path의 교차지점
   나. 비정밀접근의 경우 : 항행안전시설, fix 또는 최종접근픽스(FAF)로부터 지정된 거리
2. 일반적인 실패접근절차는 최저 2.5%의 실패접근 상승률을 기준으로 한다. 필요한 조사와 안전보호가 제공된다면 절차 설계에 2%의 상승률을 사용할 수도 있다. 3%, 4% 또는 5%의 상승률을 사용할 수 있는 항공기를 위하여, 그리고 그러한 상승률의 적용이 운항상의 이득을 얻을 수 있다면 인가당국의 허가를 받아 이용할 수 있다.

【문제】 24. Circling approach 시 missed approach를 위한 공항표고로부터의 기준고도는?
① HAA　　　　② HAT　　　　③ TCH　　　　④ TDZE

〈해설〉 FAA AIM 용어사전(Glossary). Height Above Airport(HAA)
발간된 공항표고 상공 최저강하고도(Minimum Descent Altitude)의 높이. 이것은 선회접근 최저치(circling minimum)와 함께 발간된다.

【문제】 25. Visual approach는 누가 요청할 수 있는가?
① 조종사
② 관제사
③ 조종사 또는 관제사
④ 관제탑 관제사

【문제】 26. "Visual approach" 란?
① VFR 기상상태에서 IFR에 의하여 착륙하는 IFR 절차
② VFR 기상상태에서 IFR에 의하여 착륙하는 VFR 절차
③ IFR 기상상태에서 IFR에 의하여 착륙하는 IFR 절차
④ IFR 기상상태에서 IFR에 의하여 착륙하는 VFR 절차

【문제】 27. ATC가 visual approach를 허가하기 위해 필요한 조건으로 맞는 것은?
① 시정은 1 mile 이상이어야 한다.
② 실패접근절차가 수립되어 있어야 한다.
③ 활주로를 육안으로 식별하여야 한다.
④ 항공기 바로 밑의 지형을 육안으로 식별하여야 한다.

【문제】 28. Visual approach에 대한 설명 중 틀린 것은?
① 조종사 또는 관제사에 의해 요청될 수 있다.
② 조종사가 공항을 확인했으나 앞에 있는 항공기를 확인하지 못한 경우 ATC는 visual approach를 인가할 수 없다.
③ 운고 1,000 ft, 시정 3 mile 이상 되어야 한다.
④ 조종사가 전방 항공기를 식별했다면 separation 및 wake turbulence 회피에 대한 책임은 조종사에게 있다.

정답　24. ①　25. ③　26. ①　27. ③　28. ②

【문제】29. Visual approach를 수행하기 위한 최저 기상조건은?
① 시정 2마일 이상, 실링 1,000피트 이상
② 시정 3마일 이상, 실링 1,000피트 이상
③ 시정 2마일 이상, 실링 1,200피트 이상
④ 시정 3마일 이상, 실링 1,200피트 이상

【문제】30. Visual approach 시 radar service 종료시점은 언제인가?
① 활주로 insight 시
② Tower 주파수로 변경하라는 지시를 받았을 때
③ Visual approach를 인가 받았을 때
④ 관제사가 "Resume own navigation, RADAR service terminated."라고 통보한 경우

【문제】31. Visual approach에 관한 설명 중 틀린 것은?
① 실패접근절차가 수립되어 있지 않으면 시행될 수 없다.
② 조종사는 전방의 비행기 또는 활주로를 육안으로 확인해야 한다.
③ 전방 비행기를 육안으로 확인한 경우 wake turbulence에 대한 책임은 조종사에게 있다.
④ 공항은 육안으로 확인하였으나 전방 비행기를 확인할 수 없는 경우에도 visual approach를 허가할 수 있다.

【문제】32. Visual approach에 대한 설명으로 틀린 것은?
① Ceiling은 1,000 ft 이상, visibility는 3 mile 이상 되어야 한다.
② 계기접근절차가 아니므로 missed approach point가 없다.
③ 공항이나 선행 항공기를 육안으로 확인하여야 한다.
④ 시계비행기상상태에서 VFR로 비행한다.

【문제】33. Contact approach와 Visual approach에 관한 설명으로 틀린 것은?
① Contact approach는 조종사에 의해서만 시작된다.
② Visual approach의 기상조건은 Special VFR의 조건과 동일하다.
③ Contact approach는 계기접근절차가 있는 공항에서만 가능하다.
④ Visual approach는 IFR 비행계획에 의거하여 수행된다.

〈해설〉 FAA AIM 5-4-23. 시각접근(Visual Approach)
1. 시각접근은 IFR 비행계획에 의해 수행되며, 조종사가 구름으로부터 벗어난 상태에서 공항까지 육안으로 비행하는 것을 허가한다. 조종사는 공항 또는 식별된 선행 항공기를 시야에 두어야 한다. 이 접근은 적절한 항공교통관제기관에 의해 허가되고 관제가 이루어져야 한다. 공항의 보고된 기상은 1,000 ft 이상의 운고(ceiling) 및 3 mile 이상의 시정을 가져야 한다. 시각접근은 시계비행기상상태에서 IFR에 의하여 수행되는 IFR 절차이다.
2. 시각접근은 계기접근절차(IAP)가 아니며, 따라서 실패접근구간이 없다. 관제공항에서 운항하는 항공기가 어떠한 이유로 인해 복행(go around)이 필요하면 관제탑은 적절한 조언/허가/지시를 발부한다.

정답 29. ② 30. ② 31. ① 32. ④ 33. ②

3. 조종사가 공항은 육안으로 확인하였으나 선행 항공기를 육안으로 확인할 수 없는 경우에도 ATC는 항공기에게 시각접근을 허가할 수 있지만, 항공기 간의 분리 및 항적난기류(wake vortex) 분리에 대한 책임은 ATC에 있다. 시각접근 허가를 받고 선행 항공기를 육안으로 보면서 뒤따를 경우, 안전한 접근간격 및 적절한 항적난기류 분리를 유지하여야 할 책임은 조종사에게 있다.
4. 시각접근 허가는 IFR 허가이며, IFR 비행계획의 취소 책임이 변경되는 것은 아니다.
5. 조언주파수로 변경할 것을 지시받은 경우, 조종사에게 통보없이 레이더업무는 자동으로 종료된다.

〈참조〉 항공교통관제절차 7-4-3. 시각접근 허가(Clearance for Visual Approach)
항공교통센터(ACC) 및 접근관제소는 다음의 경우 시각접근을 허가할 수 있다. 계기접근을 위하여 레이더유도 중인 항공기인 경우라도, 관제사 제안 또는 조종사 요구를 근거로 조종사가 공항 또는 활주로 육안확인을 보고한 경우 시각접근을 할 수 있다.
1. 관제탑이 있는 공항 : 공항 또는 활주로 육안확인을 조종사가 보고하는 경우
2. 관제탑이 없는 공항 : 공항을 육안으로 확인하고 있다고 조종사가 보고 한 경우

【문제】 34. Charted visual approach에 대한 설명 중 맞는 것은?
① 인구밀집지역에서 터빈항공기의 소음감소를 위해 사용된다.
② 계기접근이 아니며 실패접근구간이 없다.
③ 조종사가 공항을 육안으로 확인하지 못하면 접근은 허가되지 않는다.
④ 관제탑이 운영되지 않는 공항에서도 보고된 지상시정이 3마일 이상인 경우 접근이 허가된다.

〈해설〉 FAA AIM 5-4-24. 발간된 시계비행절차(Charted Visual Flight Procedure; CVFP)
1. CVFP는 환경과 소음을 고려하고, 안전하고 효율적인 항공교통 운항을 위하여 필요한 경우 설정하는 발간된 시각접근절차이다. 접근차트에는 눈에 잘 띄는 랜드마크, 진로(course), 특정 활주로의 권고도 등이 표기된다. CVFP는 원래 터보제트 항공기에 사용하기 위하여 설계되었다.
2. 이 절차는 관제탑이 운영되는 공항에서만 사용된다.
3. CVFP는 일반적으로 공항으로부터 20 mile 이내에서 시작된다.
4. CVFP는 계기접근이 아니며 실패접근구간이 없다.
5. ATC는 기상이 공고된 최저치 미만일 때는 CVFP 허가를 발부하지 않는다.

【문제】 35. 계기비행 항공기가 구름으로부터 벗어나서 최소 1마일의 비행시정 상태에서 목적지 공항까지 계속 비행할 수 있을 것으로 예상되는 경우 수행되는 접근으로 지면에 대한 시각참조물을 참조하여 비행할 수 있는 것은?
① Visual approach
② Overhead approach
③ Special VFR approach
④ Contact approach

【문제】 36. Contact approach는 누가 요청할 수 있는가?
① 관제사
② 조종사
③ 관제사 또는 조종사
④ 관제탑 관제사

【문제】 37. Contact approach를 요구하려면 비행시정은 얼마 이상이어야 하는가?
① 1 mile
② 1.5 mile
③ 2 mile
④ 3 mile

정답 34. ② 35. ④ 36. ② 37. ①

【문제】 38. Contact approach에 관한 설명 중 틀린 것은?
① 조종사 또는 관제사가 요청할 수 있다.
② 표준계기접근절차 또는 특별계기접근절차가 수립되어 있는 공항에서만 가능하다.
③ 시정이 1마일을 초과하여야 한다.
④ 계기접근 중 지상 지형지물을 계속 확인하면서 비행할 수 있다.

【문제】 39. Contact approach를 하기 위한 최저 지상시정은?
① 1 SM   ② 1 NM   ③ 3 SM   ④ 3 NM

【문제】 40. Contact approach에 관한 설명 중 틀린 것은?
① 조종사가 요구할 수 있다.
② 비행시정이 1마일 이상이어야 한다.
③ IFR 비행계획이 없어도 된다.
④ 구름을 회피할 수 있는 기상상태이어야 한다.

【문제】 41. Contact approach와 Visual approach에 대한 설명 중 옳은 것은?
① Visual approach는 조종사가 요구한다.
② Contact approach는 표준/특수 계기접근절차가 있는 공항에서 시정이 1 SM 이상이어야 한다.
③ Visual approach는 공항기상이 시정 5 SM, 운고 3,000 ft 이상이어야 한다.
④ Contact approach 시 장애물 회피에 대한 책임은 관제사에게 있다.

【문제】 42. What is the difference between a visual and a contact approach?
① A visual approach is an IFR authorization while a contact approach is a VFR authorization.
② A visual approach may be initiated by ATC while a contact approach can only be initiated by the pilot.
③ A visual approach may be approved with 1 mile visibility, while a contact approach may be approved with 1,000 feet ceiling at least 3 SM visibility.
④ Both are the same but classified according to the party initiating the approach.

〈해설〉 FAA AIM 5-4-25. Contact 접근(Contact Approach)
1. IFR 비행계획에 의하여 운항을 하는 조종사는 구름으로부터 벗어나서 비행시정 최소 1 mile의 기상상태에서 목적지공항까지 계속 비행할 수 있을 것이라고 합리적으로 예상할 수 있는 경우, contact 접근을 위한 ATC 허가를 요구할 수 있다.
2. 관제사는 다음과 같은 경우 contact 접근을 허가할 수 있다.
   가. Contact 접근이 분명히 조종사에 의해 요구되었다. ATC는 이 접근을 제안할 수 없다.
   나. 목적지공항의 보고된 지상시정이 최소 1 SM 이다.
   다. Contact 접근은 표준계기접근절차 또는 특별계기접근절차가 수립되어 있는 공항에서 이루어질 수 있다.

정답 38. ①   39. ①   40. ③   41. ②   42. ②

라. 허가를 받은 항공기 간에, 그리고 이들 항공기와 다른 IFR 항공기 또는 특별 VFR 항공기 간에 인가된 분리가 적용된다.

3. Contact 접근은 조종사가 공항까지 표준 또는 특별 IAP로 비행하는 대신에 사용(ATC의 사전허가를 받아)할 수 있는 접근절차이다. Contact 접근을 할 때 장애물 회피에 대한 책임은 조종사에게 있다.

〈참조〉 FAA AIM 용어사전(Glossary). Contact 접근

Contact 접근을 허가받은 경우, 조종사는 계기접근절차를 위배하여 목적지공항까지 지면의 시각참조물을 참조하여 비행할 수 있다.

■ 잠깐! 알고 가세요.
[Visual approanch와 Contact approach]

구 분	Visual approach	Contact approach
요구자	ATC가 제안하거나 조종사가 요구할 수 있다.	조종사가 요구할 수 있다.
기상상태	공항의 보고된 기상이 운고(ceiling) 1,000 ft 이상, 시정 3 mile 이상이어야 한다.	공항의 보고된 지상시정이 1 SM 이상이어야 한다.
요구조건	공항 또는 선행 항공기를 항상 시야에 두고 있어야 한다.	구름으로부터 벗어난 상태를 유지하여야 한다.

【문제】 43. Overhead approach에 대한 설명 중 틀린 것은?

① IFR 접근절차이다.
② 시계비행기상상황에서 IFR로 비행하는 조종사는 ATC에 overhead approach 허가를 요청할 수 있다.
③ 관제탑이 운영되지 않는 공항으로 운항하는 항공기는 overhead approach를 시작하기 전에 IFR 비행계획을 취소하여야 한다.
④ Overhead approach 장주는 항공기가 운영상 필요성이 있는 공항에 수립된다.

〈해설〉 FAA AIM 5-4-27. 원형접근(Overhead Approach Maneuver)

시계비행기상상태(VMC)에서 IFR 비행계획에 의하여 운항하는 조종사는 ATC에 원형접근 허가를 요청할 수 있다. 원형접근은 계기접근절차는 아니다. 원형접근장주는 항공기가 운영상 이러한 접근을 수행할 필요성이 있는 공항에 수립된다. 원형접근을 수행하는 항공기는 VFR로 간주되며, 항공기가 접근 시 최초접근부분의 시작지점에 도달했을 때 IFR 비행계획은 취소된다. 최초접근부분의 착륙활주로 시단(landing threshold)을 지난 후, 또는 착륙 후에는 IFR 비행계획의 취소가 이루어져야 한다.

Ⅴ. 조종사/관제사의 역할과 책임

【문제】 1. 항공교통관제인가(ATC clearance)나 지시(instruction)를 받았을 때 조종사의 행동으로 옳지 않은 것은?

① ATC 인가는 항상 안전을 보장하는 것임으로 절대적으로 따라야 한다.
② 비상시를 제외하고, 인가사항을 벗어난 행위를 하여서는 안된다.
③ 비상상황으로 ATC 인가를 벗어난 행위를 하였다면 가능한 한 빨리 ATC에 보고하여야 한다.
④ ATC 인가사항에 의심이 간다면 다시 한 번 확인한다.

[정답] 43. ① / 1. ①

【문제】2. 다음 중 ATC 인가에 대한 조종사의 책임사항이 아닌 것은?
① 인가사항에 대하여 응답한다.
② 활주로 진입전대기(hold short of runway) 지시에 대하여는 반드시 복창한다.
③ 충분히 이해하지 못했거나 의심스러운 사항은 다시 한번 확인한다.
④ ATC의 지시를 신속하게 수행할 필요는 없다.

〈해설〉 FAA AIM 5-5-2. 항공교통허가(Air Traffic Clearance)
조종사의 책임은 다음과 같다.
1. ATC 허가를 받았고, 이해하였다는 응답(acknowledge)을 한다.
2. ATC에 의해 발부되는 활주로진입전대기(hold short of runway) 지시에 복창(read back)한다.
3. 허가가 완전히 이해되지 않았거나, 비행안전의 관점에서 수용할 수 없는 경우에는 적절한 설명을 요청하거나 수정허가를 요청한다.
4. 비상상황에 대처하기 위하여 필요한 경우를 제외하고 항공교통허가를 받은 경우 이를 즉시 이행한다. 허가의 위배가 필요한 경우, 가능한 한 빨리 ATC에 통보하고 수정허가를 받는다.

【문제】3. VFR-on-top 항공기가 radar vector를 받을 때 지형지물의 회피책임은 누구에게 있는가?
① 조종사   ② 지형지물을 먼저 본 조종사와 관제사
③ 관제탑 관제사   ④ 접근관제소 관제사

〈해설〉 FAA AIM 5-5-6. 레이더 유도(Vectors)
ATC가 고도배정을 하지 않은 VFR 항공기는 어떤 고도에서든지 레이더 유도를 할 수 있다. 이 경우 지형회피는 조종사의 책임이다.

【문제】4. 항공기의 speed adjustment 지시에 대한 다음 설명 중 틀린 것은?
① 비행계획서의 속도보다 ±5% 또는 10 knot 가운데 더 큰 수치로 변경되면 ATC에 보고하여야 한다.
② 관제사는 마음대로 비행 중인 항공기의 조종사에게 속도조절을 지시할 수 있다.
③ 관제사가 지시한 속도보다 10 knot 이상 빠르면 ATC에 보고한다.
④ 5 knot 단위의 지시대기속도로 속도조절을 지시한다.

〈해설〉 FAA AIM 5-5-9. 속도조절(Speed Adjustments)
1. 조종사
  가. 비행계획서에 기재한 순항속도보다 ±5% 또는 10 knot 가운데 더 큰 수치로 변경되면 언제라도 ATC에 통보한다.
  나. 속도조절지시에 따를 때에는 지시받은 속도에서 ±10 knot 또는 마하수(Mach number) ±0.02 이내의 지시대기속도를 유지한다.
2. 관제사
  가. 필요한 경우에만 항공기에게 속도조절을 지시하여야 하며, 효과적인 레이더유도 기법의 대용으로 속도조절을 사용해서는 안된다.
  나. 감속과 증속을 번갈아가며 요구하는 속도조절지시는 피한다.
  다. 특정 IAS(knot)/마하수(Mach number) 또는 5 knot나 이의 배수간격으로 증속하거나 감속하도록 속도조절을 지시한다.

정답   2. ④   3. ①   4. ②

〈참조〉 항공교통관제절차 5-7-1. 적용(Application)
5노트(KTS) 단위의 지시대기속도(IAS)를 발부하여야 한다. FL240 이상에서 마하 속도(Mach Meter)로 비행하는 터보제트 항공기에 대하여는 마하 0.01 간격으로 지시할 수 있다.

【문제】 5. 레이더 운용지역에서 다른 항공기의 항적에 대한 정보를 받았을 때 조종사가 취해야 할 행동으로 틀린 것은?
① 관제사에게 정보를 수신하였다는 응답을 할 필요는 없다.
② 비행 중 그 항공기를 발견했을 때는 반드시 관제사에 보고한다.
③ 이러한 정보가 항상 제공되는 것은 아니라는 것을 인식하고 있어야 한다.
④ 항적정보가 필요 없을 때는 관제사에게 필요 없음을 통보한다.

【문제】 6. 조종사에게 제공하는 교통조언(traffic advisory)에 대한 설명 중 틀린 것은?
① 조종사는 교통조언을 확인하였다면, ATC에 교통조언을 받았다는 것을 응답하여야 한다.
② 관제사로부터 교통조언을 항상 받을 수 있을 것으로 기대해서는 안 된다.
③ 교통조언이 필요하지 않으면 주파수 감청만 한다.
④ 교통조언을 받은 항공기를 육안 확인하였다면 ATC에 통보한다.

【문제】 7. Traffic advisory 및 traffic information에 대한 설명 중 옳지 않은 것은?
① 교통조언을 받은 경우 ATC에 수신하였다는 응답을 한다.
② 교통조언을 받은 항공기를 육안 확인하였다면 ATC에게 통보한다.
③ "See and avoid"에 대한 책임은 관제사에게 있다.
④ 조언업무를 원하지 않으면 ATC에 통보한다.

【문제】 8. 항적정보 또는 항적조언에 대한 설명 중 틀린 내용은?
① 관제사는 항상 항적조언을 해야 할 책임이 있다.
② 조종사는 항적을 확인하면 관제사에게 통보해야 한다.
③ 조종사는 항적조언을 받았다는 것을 관제사에게 통보해야 한다.
④ 만일 항적을 피하기 위한 vector가 필요하면 항공교통관제기관에 통보해야 한다.

〈해설〉 FAA AIM 5-5-10. 교통조언 (교통정보)〔Traffic Advisories (Traffic Information)〕
1. 조종사(Pilot)
  가. 교통조언을 수신하였다는 응답(acknowledge)을 한다.
  나. 항공기를 육안 확인하였다면 관제사에게 통보한다.
  다. 항공기를 회피하기 위하여 레이더유도가 필요한 경우 ATC에 통보한다.
  라. 모든 항공기에 대한 레이더교통조언을 받을 수 있을 것이라고 기대해서는 안된다. 관제사가 여러 가지 이유로 인하여 교통정보를 발부하지 못할 수도 있다는 것을 인식하고 있어야 한다.
  마. 조언업무가 필요하지 않으면 관제사에게 통보한다.
2. 관제사(Controller)
  가. A등급 공역을 제외하고, 높은 우선순위의 업무에 부합하는 최대범위까지 레이더교통조언을 발부한다.

정답 5. ①   6. ③   7. ③   8. ①

나. 조종사 요구 시, 관측된 교통으로부터 항공기 회피를 돕기 위하여 레이더유도를 제공한다.
다. 순서배정(sequencing)의 목적을 위해 B등급, C등급 및 D등급 공항교통구역의 항공기에게 교통정보를 발부한다.

【문제】9. 공중경계(see and avoid)에 관한 조종사의 책임에 관하여 옳지 않은 것은?
① 조종사는 비행방식(VFR, IFR)에 관계없이 다른 항공기에 대한 경계를 해야 한다.
② Radar 서비스 제공 시 주위 항공기에 대한 경계를 해야 한다.
③ Radar 서비스 제공 시 주위 장애물에 대한 경계를 해야 하고, 다른 항공기에 대한 경계를 할 필요는 없다.
④ Radar 서비스가 제공되지 않을 때에는 주위 장애물과 다른 항공기에 대한 경계를 해야 한다.

【문제】10. 다른 항공기와의 충돌회피에 대한 최종적 책임은 누구에게 있는가?
① 조종사
② 관제사
③ 조종사 및 관제사
④ 다른 항공기를 먼저 본 조종사 또는 관제사

〈해설〉 FAA AIM 5-5-8. 육안회피(See and Avoid)
조종사는 비행계획의 방식이나 레이더시설의 관제 하에 있는지의 여부에 관계없이 기상상태가 허용되면 다른 항공기, 지형 또는 장애물을 육안으로 보고 회피(see and avoid)해야 할 책임이 있다.

【문제】11. 다음 Minimum fuel에 대한 설명 중 맞는 것은?
① 조종사의 minimum fuel 통보는 비상상황을 의미한다.
② 착륙 우선권이 요구될 때 조종사는 ATC에 minimum fuel을 보고한다.
③ 오직 ATC 만이 minimum fuel을 요청할 수 있다.
④ 조종사가 ATC로부터의 어떠한 지연사항도 수용할 수 없다고 판단할 때 ATC에 minimum fuel을 보고한다.

【문제】12. Minimum fuel 상태에 대한 설명 중 맞는 것은?
① 혼동을 줄이기 위해 lb(파운드) 단위로 연료 잔량을 보고한다.
② 타 항공기에 비해 우선권을 가진다.
③ 목적지 공항까지 갈 수 있는 연료량 만을 보유하고 있다는 것을 의미한다.
④ 비상상황으로 간주된다.

【문제】13. Minimum fuel advisory에 관한 설명으로 틀린 것은?
① Minimum fuel 상태를 ATC에 보고한다는 것이 비상상황을 의미하는 것은 아니다.
② Minimum fuel advisory는 교통 우선권을 받아야 할 필요성을 의미하고 있다.
③ Minimum fuel 상태인 경우 조종사는 ATC와 최초교신을 할 때 자신의 호출부호를 말하고 나서 "Minimum fuel"이라고 말해야 한다.
④ 관제사는 조종사가 Minimum fuel 상태를 선언했을 때 이러한 정보를 관할권이 이전되는 관제기관에 전달해 주어야 한다.

정답 9. ③ 10. ① 11. ④ 12. ③ 13. ②

【문제】 14. Minimum fuel 선포 시 ATC의 조치사항으로 올바른 것은?
① 목적지 공항까지 우선권을 부여한다.
② 비상을 선포하고 가장 가까운 비행장으로 유도한다.
③ 단지 비행지연이 발생 시에만 비상상황으로 간주한다.
④ 착륙 우선권을 부여한다.

【문제】 15. Minimum fuel에 대한 설명 중 옳지 않은 것은?
① 항공기가 목적지에 도착하기 전에 중간지연이 발생 시 비상상황이 야기될 수 있다는 의미이다.
② 최초교신 시 호출부호 다음에 "minimum fuel"이라고 말한다.
③ Minimum fuel을 선포한 경우 목적지까지 우선권이 부여된다.
④ 남은 연료량을 분단위로 계산하여 ATC에 보고한다.

【문제】 16. Minimum fuel 시 안전한 착륙을 위하여 우선권이 필요하다고 판단한 경우, 조종사가 취해야 할 행동으로 맞는 것은?
① 비행 우선권을 받을 수 없으므로 불시착을 위해 준비한다.
② Best glide speed를 위해 고도를 높인다.
③ 미리 속도를 줄여 공항에 접근한다.
④ 비상을 선포하고 분단위로 연료량을 계산하여 ATC에 보고한다.

〈해설〉 FAA AIM 5-5-15. 최소연료 통보(Minimum Fuel Advisory)
1. 목적지에 도착할 때의 연료공급량이 어떤 과도한 지연도 받아들일 수 없는 상태에 도달한 경우, 최소연료(minimum fuel) 상태를 ATC에 통보한다.
2. 이것은 비상상황은 아니며, 단지 어떤 과도한 지연이 발생하면 비상상황이 될 수 있다는 것을 나타내는 조언이라는 점을 인식하여야 한다.
3. 최소연료 통보가 교통상의 우선권을 요구한다는 의미는 아니라는 것을 인식하여야 한다.
4. 사용할 수 있는 잔여 연료공급량으로 안전하게 착륙하기 위하여 교통상의 우선권이 필요하다고 판단한 경우, 조종사는 저연료로 인한 비상을 선언하고 분단위로 잔여 연료량을 보고하여야 한다.

【문제】 17. ATC가 항공교통관제업무 이외에 항공기에 제공하는 조언사항이 아닌 것은?
① 목적공항 및 교체공항의 기상정보
② 교체공항의 관제운영시간
③ 해상을 저고도 비행하는 항공기에게 같은 경로 선박의 호출부호, 위치, 진행방향 및 속도 등에 대한 정보
④ C, D, E, F 및 G등급 공역 내에서 비행하는 항공기에 대한 충돌위험

〈해설〉 항공안전법 시행규칙 제241조(비행정보의 제공)
항공교통업무기관에서 항공기에 제공하는 비행정보는 다음과 같다.
1. 중요기상정보(SIGMET) 및 저고도항공기상정보(AIRMET)
2. 화산활동·화산폭발·화산재에 관한 정보
3. 방사능물질이나 독성화학물질의 대기 중 유포에 관한 사항
4. 항행안전시설의 운영변경에 관한 정보

정답 14. ③ 15. ③ 16. ④ 17. ②

5. 이동지역 내의 눈·결빙·침수에 관한 정보
6. 비행장시설의 변경에 관한 정보
7. 무인자유기구에 관한 정보
8. 해당 항공로에 관한 교통정보 및 기상상태에 관한 정보
9. 출발·목적·교체비행장의 기상상태 또는 그 예보
10. 공역등급 C, D, E, F 및 G 공역 내에서 비행하는 항공기에 대한 충돌위험
11. 수면을 항해 중인 선박의 호출부호, 위치, 진행방향, 속도 등에 관한 정보(정보입수가 가능한 경우)
12. 그 밖에 항공안전에 영향을 미치는 사항

Ⅵ. 국가안보 및 요격절차

【문제】1. ADIZ에 진입하려는 민간 항공기의 운항요건이 아닌 것은?
① IFR 또는 DVFR 비행계획서를 제출해야 한다.
② 상호 무선교신을 운용해야 한다.
③ Transponder를 장착해야 하지만 ATC의 Mode C에 대해 응답할 필요는 없다.
④ IFR 비행 시에는 표준 IFR 위치보고를 한다.

【문제】2. 미국 ADIZ 통과 시의 운항요건 중 틀린 것은?
① 외국항공기는 ADIZ 진입 최소한 40분 전에 위치를 보고하여야 한다.
② 자국항공기는 ADIZ 진입 최소한 15분 전에 위치를 보고하여야 한다.
③ 출발 전에 비행계획서를 제출하여야 한다.
④ 상호 무선교신을 유지하여야 한다.

【문제】3. 방공식별구역(ADIZ) 통과 시 해상에서 항공기 위치의 오차허용 범위는?
① 예정시간으로부터 ±3분, 예정경로로부터 10 NM 이내
② 예정시간으로부터 ±3분, 예정경로로부터 20 NM 이내
③ 예정시간으로부터 ±5분, 예정경로로부터 10 NM 이내
④ 예정시간으로부터 ±5분, 예정경로로부터 20 NM 이내

【문제】4. 방공식별구역(ADIZ) 통과 시 항공기 위치의 오차허용 범위로 맞는 것은?
① 육지: 예정시간 ±3분 이내, 계획경로 10 NM 이내
② 해상: 예정시간 ±5분 이내, 계획경로 10 NM 이내
③ 육지: 예정시간 ±3분 이내, 계획경로 20 NM 이내
④ 해상: 예정시간 ±5분 이내, 계획경로 20 NM 이내

〈해설〉 FAA AIM 5-6-4. ADIZ 요건(ADIZ Requirement)
ADIZ와 관련된 항공기 운항을 위한 운항요건은 다음과 같다.
1. 적절한 항공시설에 IFR 또는 DVFR 비행계획서를 제출하여야 한다.
2. ADIZ와 관련된 대부분의 운항에서는 작동되는 송수신무선통신기를 갖추어야 한다.

정답   1. ③   2. ①   3. ④   4. ④

3. ATC에 의해 달리 허가되지 않는 한, ADIZ로 진입하여 내에서 비행하거나 또는 통과하는 각 항공기는 고도보고기능(Mode C)이 있는 사용가능한 레이더비컨 트랜스폰더를 갖추어야 하며, 트랜스폰더를 작동시키고 해당 code 또는 ATC가 지정한 code에 응답할 수 있도록 설정하여야 한다.
4. 위치보고(Position Reporting)
   가. 관제공역에서 IFR 비행 : 레이더관제 하에 있는 동안을 제외하고, ATC가 보고가 필요하다고 특별히 요청한 보고지점을 통과한 경우에만 보고한다.
   나. 비관제공역의 DVFR 비행 및 IFR 비행
   (1) 진입하기 전에 해당 항공시설에 최종보고지점을 통과하는 시간, 항공기의 위치와 고도 및 비행경로의 다음 해당 보고지점의 도착예정시간을 통보한다.
   (2) 비행경로에 해당 보고지점이 없다면, 조종사는 최소한 진입 15분 전에 조종사가 진입할 예정시간, 위치 및 고도를 통보한다.
5. 항공기 위치 오차허용(Tolerance)
   ※ 참조 : 본 오차허용 내용은 '17년 10월 AIM에서 삭제되었음.
   가. 육상에서의 오차허용은 보고지점 또는 진입지점 상공의 예정시간으로부터 ±5분 이내이고, 예정보고지점 또는 진입지점의 계획된 항적(track)의 중앙선으로부터 10 NM 이내이다.
   나. 해상에서의 오차허용은 보고지점 또는 진입지점 상공의 예정시간으로부터 ±5분 이내이고, 예정보고지점 또는 진입지점의 계획된 항적의 중앙선으로부터 20 NM 이내이다.

【문제】5. 일반적인 요격기의 수와 피요격기에 대한 접근방법으로 맞는 것은?
① 2대가 피요격기의 양옆에서 접근
② 4대가 피요격기의 양옆에서 접근
③ 2대가 피요격기의 후방에서 접근
④ 4대가 피요격기의 후방에서 접근

【문제】6. 요격당하는 항공기가 요격기와 무선교신을 시도하기 위하여 사용하는 주파수는?
① 121.5 MHz 또는 125.5 MHz
② 121.5 MHz 또는 243.0 MHz
③ 121.5 MHz 또는 282.8 MHz
④ 125.5 MHz 또는 243.0 MHz

【문제】7. 요격을 당했을 때 피요격항공기의 대처방법으로 맞는 것은?
① 요격항공기가 접근하지 못하도록 날개를 좌우로 흔든다.
② 요격항공기의 교신요구를 거부한다.
③ 요격기의 신호와 지시사항을 거부하고 항공교통관제기관의 지시를 기다린다.
④ 별도의 지시가 없는 경우, transponder를 7700에 맞춘다.

【문제】8. 요격을 당하고 있을 경우, 해당 항공교통관제기관의 별도 지시가 없다면 트랜스폰더 코드 설정은?
① Mode A, code 7500
② Mode A, code 7700
③ Mode C, code 7500
④ Mode C, code 7700

〈해설〉 FAA AIM 5-6-13. 요격절차(Interception Procedure)
1. 표준절차에서 요격기는 피요격기의 후미로 접근한다. 통상적으로 요격기는 두 대가 투입되지만 한 대의 항공기가 요격임무를 수행하는 것이 드문 일은 아니다.
2. 피요격기는 지체없이 다음과 같이 조치하여야 한다.
   가. 시각신호장비, 시각신호 및 무선통신을 사용하여 요격기로부터 전달되는 지시사항을 준수한다.

정답 5. ③ 6. ② 7. ④ 8. ②

나. 요격기 또는 해당 항공교통관제기관과 guard 주파수(121.5 또는 243.0 MHz)로 일반적인 호출을 하여 무선교신을 시도하고 식별부호, 위치 및 비행방식을 통보한다.
다. 트랜스폰더를 갖추고 있으면 항공교통관제기관에 의해 달리 지시되지 않는 한 Mode 3/A Code 7700으로 맞춘다.
라. 피요격기의 승무원은 요격이 확실히 종료될 때 까지는 계속해서 요격기의 신호와 지시사항에 따라야 한다.

【문제】9. 대한민국 내에서 민간항공기에 대한 요격이 발생할 경우 피요격항공기의 조치사항으로 옳지 않은 것은?
① 트랜스폰더를 장착했을 경우, ATC로부터 지시된 경우를 제외하고 Mode A Code 7700으로 맞춘다.
② 요격관제기관과 교신이 이루어지지 않으면 121.5 MHz로 ATC 기관과 교신할 수 있도록 한다.
③ 해당 ATC 기관에 피요격 중임을 통보한다.
④ 요격기의 지시를 따를 필요는 없으며, ATC 기관의 조치를 기다린다.

【문제】10. 대한민국 내에서 요격 중 피요격기의 행동으로 틀린 것은?
① 해당 ATC 기관에 피요격 중임을 통보한다.
② 121.5 MHz의 비상주파수를 이용해 ATC 기관과 무선 교신하도록 노력한다.
③ 트랜스폰더를 장착했을 경우, ATC로부터 지시된 경우를 제외하고 Mode A Code 7500으로 맞춘다.
④ 요격기의 지시에 따른다.

〈해설〉 AIP ENR 1.12 민간항공기에 대한 요격
대한민국 내에서 항공기에 대한 요격이 발생할 경우, 피요격항공기는 지체없이 다음 조치를 취한다.
1. 시각신호를 이해하고 응답하며 요격기의 지시에 따를 것
2. 가능한 경우에는 관할 항공교통업무기관에 피요격 중임을 통보할 것
3. 긴급주파수 121.5 MHz나 243.0 MHz로 호출하여 요격항공기 또는 요격관계기관과 연락하도록 노력하고 해당 항공기의 식별부호 및 위치와 비행내용을 통보할 것
4. 트랜스폰더 SSR를 장착했을 경우에는 항공교통관제기관으로부터 다른 지시가 있는 경우를 제외하고 Mode A Code 7700으로 맞출 것

【문제】11. 비행 중인 항공기의 약간 왼쪽 위에서 요격기가 날개를 흔들고 있는 것을 보았을 경우 이 의미는?
① 이 공항에 착륙하라.   ② 계속 비행해도 좋다.
③ 이해했다.   ④ 나를 따라오라.

【문제】12. 요격기가 전방 좌측에서 wing rocking 한 후 좌측으로 완만한 선회를 하였다면 이 의미는?
① 요격중이니 나를 따라오라.   ② 이 비행장에 착륙하라.
③ 알았다.   ④ 그냥 가도 좋다.

정답   9. ④   10. ③   11. ④   12. ①

【문제】 13. 피요격기의 비행선상을 가로지르지 않고 90° 이상 상승 선회하면서 피요격기로부터 급작스런 이탈기동을 한다면 그 의미는?
① 아래 공항에 착륙하라.
② 이 공항을 사용할 수 없다.
③ 나를 따라오라.
④ 그냥 가도 좋다.

【문제】 14. 요격기가 피요격기의 비행선상을 가로지르지 않고 90° 이상 상승하면서 피요격기로부터 급작스런 이탈 시 피요격기의 응신행동으로 맞는 것은?
① 날개를 흔든다.
② 가용한 모든 등을 규칙적으로 on/off 한다.
③ 착륙장치를 내린다.
④ 가용한 모든 등을 불규칙적으로 flash 한다.

【문제】 15. 요격기가 landing gear를 내리고 비행장을 선회 시의 의미는?
① 알았다. 그냥 가도 좋다.
② 이 비행장에 착륙하라.
③ 이 비행장을 사용할 수 없다.
④ 나를 따라오라.

【문제】 16. 야간에 "당신은 요격을 당하고 있으니 따라오라"는 요격항공기의 지시에 동의할 때, 피요격항공기의 응신으로 맞는 것은?
① 날개를 흔들고 항행등을 불규칙적으로 점멸한 후 뒤에서 요격기를 따라간다.
② 날개를 흔들고 항행등을 켠 후 뒤에서 요격기를 따라간다.
③ 항행등을 불규칙적으로 점멸한 후 뒤에서 요격기를 따라간다.
④ 착륙등을 불규칙적으로 점멸한 후 뒤에서 요격기를 따라간다.

【문제】 17. 피요격기가 날개를 흔드는 것은 "알았다. 지시를 따르겠다."라는 응신이다. 이러한 응신에 대한 그 전의 요격기의 행동으로 맞는 것은?
① 피요격항공기의 진로를 가로질러 180도 이상의 상승선회를 하며 피요격항공기로부터 급속히 이탈한다.
② 피요격항공기의 진로를 가로질러 90도 이상의 상승선회를 하며 피요격항공기로부터 급속히 이탈한다.
③ 피요격항공기의 진로를 가로지르지 않고 180도 이상의 상승선회를 하며 피요격항공기로부터 급속히 이탈한다.
④ 피요격항공기의 진로를 가로지르지 않고 90도 이상의 상승선회를 하며 피요격항공기로부터 급속히 이탈한다.

【문제】 18. 항법등을 포함한 모든 가용한 light를 불규칙적으로 on/off 하는 요격신호의 의미는?
① I will comply.
② In emergency.
③ Understood.
④ Aerodrome you have designated is inadequate.

정답 13. ④ 14. ① 15. ② 16. ① 17. ④ 18. ②

【문제】19. 요격기가 랜딩기어를 내리고 착륙방향으로 활주로를 통과하여 비행장을 선회할 경우, 피요격기의 응신방법으로 맞는 것은?
　① 날개를 흔들고 난 후 뒤를 따라간다.
　② 날개를 흔들고 항행등을 불규칙적으로 점멸시킨 후 뒤를 따라간다.
　③ 랜딩기어를 내리고 착륙방향으로 활주로 상공을 통과하여 비행장을 선회한다.
　④ 랜딩기어를 내리고 요격기를 따라 활주로 상공을 통과한 후 안전하게 착륙할 수 있다고 판단되면 착륙한다.

【문제】20. 요격기의 신호에 따를 수 없을 때의 응신방법으로 적합한 것은?
　① 날개를 좌우로 흔든다.　　　② 착륙등을 켠다.
　③ 모든 등화를 규칙적으로 on/off 한다.　　　④ 모든 등화를 불규칙적으로 점멸한다.

〈해설〉 FAA AIM 5-6-4. 요격신호(Interception Signals)
비행기의 경우 요격신호는 다음과 같다.

순번	요격기 신호	의미	피요격기 응신(비행기의 경우)	의미
1	주간 - 피요격기의 약간 위쪽 전방 좌측에서 날개를 흔들고 나서(rocking wing) 응답을 확인 후, 통상 좌측으로 완만한 선회를 하여 원하는 방향으로 향한다.	당신은 요격을 당하고 있으니 나를 따라오라.	주간 - 날개를 흔들고 난 후 뒤를 따라간다. 야간 - 주간의 응신방법에 추가하여, 항행등을 불규칙적으로 점멸시킨다.	알았다. 지시를 따르겠다.
2	주간 또는 야간 - 피요격기의 진로를 가로지르지 않고 90° 이상의 상승선회를 하며 피요격기로부터 급속히 이탈한다.	그냥 가도 좋다.	주간 또는 야간 - 날개를 흔든다.	알았다. 지시를 따르겠다.
3	주간 - 착륙장치를 내리고 착륙방향으로 활주로상공을 통과하여 비행장을 선회한다. 야간 - 주간의 신호방법에 추가하여 착륙등을 켠다.	이 비행장에 착륙하라.	주간 - 착륙장치를 내리고 요격기를 따라서 활주로상공을 통과한 후 안전하게 착륙할 수 있다고 판단되면 착륙한다. 야간 - 주간의 응신방법에 추가하여 착륙등(장착했을 경우)을 켠다.	알았다. 지시를 따르겠다.
순번	요격기 응신	의미	피요격기 신호	의미
4	주간 또는 야간 - 점멸하는 등화와는 명확히 구분할 수 있는 방법으로 사용가능한 모든 등화의 스위치를 규칙적으로 on, off 한다.	지시를 따를 수 없다.	주간 또는 야간 - 순번 2의 요격기 신호방법을 사용한다.	알았다.
5	주간 또는 야간 - 사용가능한 모든 등화를 불규칙적으로 점멸한다.	조난상태에 있다.	주간 또는 야간 - 순번 2의 요격기 신호방법을 사용한다.	알았다.

【문제】21. 항공기 요격 시 "요격기의 내용을 모두 알아들었으며 그대로 따르겠다"는 의미의 용어는?
　① Roger　　② Copy　　③ Over　　④ Wilco

〈해설〉 항공안전법 시행규칙 제194조(신호), 요격항공기와 통신이 이루어졌으나 통상의 언어로 사용할 수 없을 경우에 사용하는 용어 중, 다음 관제용어의 의미는 다음과 같다.

용어(Phrase)	의미(Meaning)
WILCO	Understood, will comply
AM LOST	Position unknown

[정답] 19. ④　20. ③　21. ④

6 비상절차(Emergency Procedure)

제1절. 조종사에게 제공되는 비상지원업무

1. 비상상황(Emergency Condition)

비상상황이란 조난상황(distress condition) 또는 긴급상황(urgency condition)을 말한다. 조종사는 화재, 기계적 결함 또는 구조적인 손상 등과 같은 조난상황에 직면했을 경우, 비상을 선언하는 것을 주저해서는 안된다.

2. 트랜스폰더 비상 운용(Transponder Emergency Operation)

가. 부호화된 레이더비컨 트랜스폰더(coded radar beacon transponder)를 탑재한 항공기가 조난이나 긴급상황에 처한 경우, 지상 레이더시설에 비상을 선언하려는 조종사는 트랜스폰더를 Mode 3/A, Code 7700/Emergency 및 Mode C 고도보고로 조정한 다음 즉시 ATC 기관과 교신을 하여야 한다.

나. 일반적으로 레이더시설에는 Code 7700이 모든 관제석의 경보음을 울리게 하거나 특별한 경보장치를 작동시키도록 하는 설비가 되어 있다. 조종사는 항공기가 레이더 포착범위(radar coverage) 내에 있지 않을 수도 있다는 것을 알아야 한다. 따라서 조종사는 트랜스폰더를 계속해서 Code 7700에 맞추어 놓고, 가능한 한 빨리 무선교신을 하여야 한다.

3. 비상위치지시용 무선표지설비(Emergency Locator Transmitter: ELT)

가. 일반(General)

(1) 대부분의 일반항공 비행기에는 ELT를 장착하여야 한다.

(2) 다양한 종류의 ELT가 불시착한 항공기의 위치를 찾기 위한 수단으로 개발되었다. Battery로 작동되는 이 전자식송신기(electronic transmitter)는 3개 주파수 중에 하나의 주파수로 운용된다. 작동주파수는 121.5 MHz, 243.0 MHz 및 최근의 406 MHz 이다. 121.5 MHz와 243.0 MHz로 운용되는 ELT는 아날로그 장치(analog device)이다. 가장 최근의 406 MHz ELT model은 추락 후 SAR 구조대가 더 신속하게 항공기의 위치를 찾을 수 있도록 도움을 줄 수 있는 항공기의 위치 data도 암호화 할 수 있다.

(가) 각 아날로그 ELT는 121.5 MHz 및 243.0 MHz의 독특한 하향 연속 신호음(downward swept audio tone)을 발신한다.

(나) ELT를 "armed"한 상태에서 추락으로 인한 충격을 받으면 ELT는 자동으로 작동되어 독특한 아날로그 또는 디지털 신호를 지속적으로 발신할 수 있도록 설계되어 있다. 이 송신기(transmitter)는 폭 넓은 온도 범위에서 최소 48시간 동안 계속 작동한다.

나. 시험운영(Testing)

(1) ELT는 허위경보(false alert)를 유발할 수 있는 신호가 발신되는 것을 방지하기 위하여 되도록 차폐되거나 차단된 장소, 또는 특별히 설계된 시험실(test container)에서 제작사의 지시사항에 따라 시험운영해야 한다.

(2) 이와 같이 할 수 없는 경우, 다음과 같이 항공기 작동시험을 허가한다.

(가) 아날로그 121.5/243 MHz ELT는 매시 처음 5분 동안에만 시험운영해야 한다. 이 시간 이외에 작동시험을 해야 한다면 가장 인접한 FAA 관제탑과 협의하여야 한다. 시험운영은 3회의 가청음(audible sweep) 이내로 하여야 한다. 안테나를 제거할 수 있다면 제거하고, 시험절차 동안에는 의사부하(dummy load)를 대신 사용해야 한다.

(나) 디지털 406 MHz ELT는 장비제작사의 지시사항에 의거해서만 시험운영해야 한다.

(다) 공중시험(airborne test)은 승인되지 않는다.

4. 수색 및 구조(Search and Rescue)

가. VFR 수색 및 구조 보호(Search and Rescue Protection)

(1) 이러한 보호를 받기 위해서는 FAA FSS에 VFR 또는 DVFR 비행계획서를 제출하여야 한다. 최대한으로 보호를 받기 위해서는 첫 착륙예정지점까지만 비행계획서를 제출하고, 최종목적지까지의 각 경로(leg)에 대한 비행계획서는 별도로 제출한다.

(2) 계획한 목적지와는 다른 곳에 착륙했다면, 가장 인접한 FAA FSS에 착륙을 통보하고 원래의 목적지를 알려주어야 한다.

(3) 항행 도중에 착륙하여 30분 이상 지연된다면 가장 인접한 FAA FSS에 이러한 사실을 통보하고 원래의 목적지를 알려주어야 한다.

(4) ETE가 30분 이상 차이가 나는 경우에는 가장 인접한 FSS에 수정된 ETA를 통보하고 원래의 목적지를 알려주어야 한다. 최종목적지 ETA 이후 30분 이내에 응답이 없으면 당신을 찾기 위한 수색이 개시될 것이라는 것을 기억하라.

(5) 최종목적지에 도착한 이후, 비행계획서를 제출할 때 지정한 FSS에 즉시 비행계획을 종료시키는 것이 중요하다. VFR 또는 DVFR 비행계획을 종료시킬 책임은 조종사에게 있으며 자동으로 종료되지 않는다. 이것은 필요 없는 수색활동을 하지 않도록 할 것이다.

나. 불시착 항공기의 관찰(Observance of Downed Aircraft)

(1) 추락현장에 황색 십자(yellow cross) 표시가 되어 있는지의 여부를 확인한다. 만약 있다면 이미 추락은 보고되었으며 위치가 식별된 것이다.

(2) 가능하면 항공기 기종과 대수, 그리고 생존자의 흔적이 있는지의 여부를 확인한다.

(3) 가능한 한 정확하게 항행안전시설과 관련된 추락위치를 확인한다. 가능하면 지상구조대를 돕기 위하여 지역의 지리적 또는 물리적 특징을 제공한다.

(4) 가장 인접한 FAA 또는 그 밖의 적절한 무선시설에 이러한 정보를 송신한다.

(5) 상황이 허용된다면 다른 지원부서를 사고현장으로 안내하기 위하여 다른 지원부서가 사고현장에 도착할 때까지, 또는 다른 항공기와 교대할 때까지 사고현장 상공을 선회한다.

(6) 착륙 후 즉시 가장 인접한 FAA 시설 또는 공군이나 해안경비대 구조조정센터에 상세히 보고한다.

그림 6-1. 생존자가 사용하는 지대공 시각기호(Ground-Air Visual Code for Use by Survivor)

번호	의미(Message)	기호(Code Symbol)
1	도움이 필요함(Require assistance)	V
2	의료도움이 필요함(Require medical assistance)	X
3	아니오 또는 부정(No or Negative)	N
4	예 또는 긍정(Yes or Affirmative)	Y
5	화살표 방향으로 진행(Proceeding in this direction)	↑

그림 6-2. 지상구조대가 사용하는 지대공 시각기호(Ground-Air Visual Code)

번호	의미(Message)	기호(Code Symbol)
1	활동 완료(Operation completed)	L L L
2	사람을 모두 발견하였음(We have found all personnel)	LL
3	일부 사람만 발견하였음(We have found only some personnel)	++
4	우리는 더 계속 진행할 수 없음(We are not able to continue). 기지로 귀환하고 있음(Returning to base)	X X
5	두 그룹으로 나누었음(Have divide into two groups). 각각 표시된 방향으로 진행하고 있음(Each proceeding in direction indicated)	⚡
6	항공기가 화살표 방향에 있다는 정보를 입수하였음(Information received that aircraft is in this direction)	→→
7	발견사항 없음. 수색을 계속할 것임(Nothing found. Will continue search)	N N

제2절. 조난 및 긴급절차(Distress and Urgency Procedures)

1. 조난 및 긴급통신(Distress and Urgency Communications)

가. 조난(distress)에 처한 항공기의 조종사는 충분히 고려하여 필요하다면 최초교신과 이후의 송신을 신호 MAYDAY로 시작하여야 하며, 되도록이면 3회 반복한다. 신호 PAN-PAN은 같은 방법으로 긴급한 상황(urgency condition)에서 사용한다.

나. 조난통신은 다른 모든 통신보다 절대적인 우선권을 가지며, 용어 MAYDAY는 사용 중인 주파수로의 무선통신을 중단하고 침묵을 유지(radio silence)하라고 명령하는 것이다. 긴급통신은 조난을 제외한 다른 모든 통신보다 우선권을 가지며, 용어 PAN-PAN은 긴급송신에 간섭하지 말 것을 다른 기지국(station)에 경고하는 것이다.

다. 일반적으로 호출하는 기지국은 항공교통업무를 제공하는 항공교통시설 또는 그 밖의 기관이 되며, 그 당시 사용 중인 주파수로 호출한다.

라. 호출된 기지국은 조난이나 긴급 메시지에 즉시 응답하고 지원을 제공하며 지원시설의 활동을 조정하고 지시하여야 하며, 조난이나 긴급상황이 타당하다면 해당 수색 및 구조조정본부에 경보를 발령한다. 보다 더 나은 처리결과를 가져다 줄 수 있는 경우에만 책임은 다른 기지국으로 이전된다.

마. 다른 모든 기지국, 항공기 및 지상시설은 지원이 제공되고 있다는 것이 확실해질 때까지 계속 청취하여야 한다. 호출받은 기지국이 조난이나 긴급 메시지를 수신하지 못하였거나 곤경에 처한 항공기와 교신할 수 없다는 것을 다른 기지국이 알았다면, 그 항공기와 교신을 시도하고 도움을 주어야 한다.

바. 현재 사용 중인 주파수나 ATC에 의해 배정된 다른 주파수가 바람직하지만, 필요하거나 원한다면 다음의 비상주파수를 조난 또는 긴급통신에 사용할 수 있다.

(1) 121.5 MHz 및 243.0 MHz. 이 두 주파수의 범위는 일반적으로 가시선(line of sight)의 제한을 받는다. 121.5 MHz는 방향탐지국(direction finding station) 및 일부 군과 민간항공기에 의해 감시된다. 243.0 MHz는 군항공기에 의해 감시된다. 121.5 MHz 및 243.0 MHz는 군 관제탑, 대부분의 민간 관제탑, FSS 및 레이더시설에 의해 감시된다.

(2) 2182 kHz. 보통 항공기설비의 경우 통달범위는 일반적으로 300 mile 미만이다. 이 주파수는 해상업무를 하는 기지국에 지원을 요청할 때 사용할 수 있다. 2182 kHz는 해안경비대 구조조정센터 업무를 제공하는 주 통신국 및 미국 해안과 오대호 연안의 해안경비대에 의해 감시된다.

2. 비상시 도움을 얻는 방법(Obtaining Emergency Assistance)

가. 조난이나 긴급상황에 처한 조종사는 도움을 받기 위하여 즉시 다음과 같은 조치를 취하여야 하며, 기술된 순서대로 할 필요는 없다.

　(1) 통신 수신감도를 향상시키고 더 나은 레이더 및 방향탐지기(direct finding detection)의 포착을 위해 가능하면 상승한다.

　(2) 레이더비컨 트랜스폰더(민간용) 또는 IFF/SIF(군용)를 장착하였다면,

　　(가) 달리 지시되지 않는 한, 항공교통업무를 제공하는 항공교통시설 또는 다른 기관과 무선교신 중일 때는 계속하여 지정된 Mode A/3 discrete code/VFR code 및 Mode C 고도 encoding으로 조정한다.

　　(나) 항공교통시설/기관과 즉시 교신을 할 수 없으면, Mode A/3, Code 7700/Emergency 및 Mode C로 조정한다.

　(3) 다음 중 필요한 사항을 포함한 조난 또는 긴급 메시지를 되도록이면 나열된 순서에 따라 송신한다.

　　(가) 조난(distress)일 경우에는 MAYDAY, MAYDAY, MAYDAY, 긴급(urgency)일 경우에는 PAN-PAN, PAN-PAN, PAN-PAN

　　(나) 호출 기지국 명칭(Name of station addressed)

　　(다) 항공기 식별부호 및 기종(Aircraft identification and type)

　　(라) 조난 또는 긴급상황의 내용

　　(마) 기상상태

　　(바) 조종사의 의도 및 요구사항

　　(사) 현재 위치 및 기수방향(Present position, and heading). 또는 현재 위치를 모른다면, 알고 있는 최종위치, 시간, 그리고 그 위치로부터의 기수방향(heading)

　　(아) 고도 또는 비행고도(Altitude or flight level)

　　(자) 분 단위의 잔여 연료량

　　(차) 탑승인원수

　　(카) 그 밖의 유용한 정보

나. 무선교신이 이루어진 후에는 수신한 조언과 지시사항에 따른다. 서로 협력하라. 지시사항이 이해되지 않거나 허가에 따를 수 없다면 의문이나 지시사항을 명확히 하기 위하여 주저하지 말고 질문하여야 한다. 지상기지국의 현재 사용 중인 주파수의 교신통제에 따른다. 통신국에 방해가 되지 않도록 교신을 중단한다. 반드시 필요한 경우가 아니라면 주파수를 변경하거나 다른 지상기지국으로 변경해서는 안된다.

3. 특별비상상황(공중납치)[Special Emergency(Air Piracy)]

가. 특별비상상황(special emergency)이란 항공기 탑승객에 의한 공중납치 또는 적대행위로 인하여 항공기 또는 승객의 안전을 위협하는 상태를 말한다.

나. 항공기조종사는 다음과 같이 특별비상상황을 보고한다.

　(1) 상황이 허용되면 조난 또는 긴급무선통신절차에 따른다. 특별비상상황의 상세한 내용을 포함한다.

　(2) 규정된 조난 또는 긴급절차를 적용하지 못할 상황이라면,

(가) 그 당시 사용 중인 공지주파수(air/ground frequency)로 송신한다.
(나) 다음 중 가능한 사항을 명확하게 다음 순서에 따라 통보한다.
　① 호출 기지국 명칭 (시간 및 상황이 허용되면)
　② 항공기 식별부호 및 현재 위치
　③ 특별비상상황의 내용 및 조종사 의도 (상황이 허용되면)
　④ 이러한 정보를 제공할 수 없으면, 다음과 같은 코드 용어(code word) 및/또는 트랜스폰더를 사용한다.

구두 용어(Spoken Word)
Transponder Seven Five Zero Zero
의미
I am being hijacked/forced to a new destination
Transponder 설정
Mode 3/A, Code 7500

다. 항공교통관제사는 조종사에게 질문을 하여 확인함으로써 transponder Code 7500을 수신하였음을 응답하고, 실제 불법간섭을 받고 있는지의 여부를 확인한다. 항공기가 불법간섭을 받고 있지 않는 경우, 조종사는 질문에 대하여 항공기가 불법간섭을 받고 있지 않다는 것을 명확하게 응답하여야 한다. 이러한 정보를 수신하면 관제사는 조종사에게 transponder control panel의 code selector window에 표시된 code 설정을 확인하여 적절한 설정으로 code를 변경하도록 요청할 것이다. 조종사가 간섭을 받고 있다고 응답하거나 또는 응답이 없는 경우, 관제사는 더 이상 질문을 하지 말아야 하지만 비행을 추적하고 조종사의 요청에 응하며 해당 담당기관에 통보한다.

라. 비행안전을 위태롭게 하지 않고도 할 수 있다면, 피랍항공기의 조종사는 항공기 운항이 허가된 비행로를 이탈한 후 상황이 허용하는 한 다음 중 한 가지 이상을 시도한다.
(1) 400 knot 이하의 진대기속도로 되도록이면 10,000 ft에서 25,000 ft 사이의 고도를 유지한다.
(2) 납치범이 요구하는 목적지로 향하는 진로(course)로 비행한다.

마. 이러한 조처가 무선교신이나 공중요격으로 인한 것이라면, 조종사는 항공기를 특정 비행장으로 향하게 하거나 또는 보호공역에서 떨어져 현재의 진로를 벗어나도록 항공기의 비행경로를 변경하게 하는 수신받은 어떠한 지시사항이라도 따르기 위해 노력하여야 한다.

4. 연료방출(Fuel Dumping)

가. 연료를 방출해야 할 필요가 있을 때 조종사는 이를 즉시 ATC에 통보하여야 한다. 항공기가 연료를 방출할 것이라는 정보를 받은 경우 ATC는 즉시 방송을 하거나 방송이 되도록 조치를 취하여야 하며, 그 다음에는 3분 간격으로 적절한 ATC와 FSS 무선주파수로 방송을 한다.

나. 이러한 방송을 청취한 경우, 영향을 받는 구역의 IFR 비행계획이나 특별 VFR로 비행하지 않는 항공기의 조종사는 조언방송에서 명시한 구역을 벗어나야 한다. IFR 비행계획이나 특별 VFR 허가를 받은 항공기는 ATC에 의해 일정한 분리가 제공된다. 연료의 방출을 위한 운항이 종료되었을 때 조종사는 ATC에 통보하여야 한다.

제3절. 양방향무선통신 두절(Two-way Radio Communications Failure)

1. 양방향무선통신 두절(Two-way Radio Communications Failure)

가. VFR 상태에서 양방향무선통신이 두절되거나 두절된 이후에 VFR 상태가 된 경우, 조종사는 VFR로 비행을 계속하고 가능한 한 빨리 착륙해야 한다.

나. IFR 상태에서 양방향무선통신이 두절되거나 위의 가항에 따를 수 없는 경우, 조종사는 다음과 같이 계속 비행하여야 한다.

  (1) 비행로(Route)

   (가) 최종적으로 통보받은 ATC 허가에서 배정된 비행로를 따라 비행

   (나) 레이더유도되고 있는 경우에는 무선이 두절된 지점으로부터 레이더유도 허가에 명시된 fix, 비행로 또는 항공로까지 직선비행로를 따라 비행

   (다) 비행로를 배정받지 않은 경우에는 ATC로부터 추후허가예정을 통보받은 비행로를 따라 비행

   (라) 비행로를 배정받지 않았거나, ATC로부터 추후허가예정 비행로를 통보받지 않은 경우에는 비행계획서에 기재한 비행로를 따라 비행

  (2) 고도(Altitude)

   비행하고 있는 비행로구간에서 다음 중 가장 높은 고도 또는 비행고도로 비행한다.

   (가) 최종적으로 통보받은 ATC 허가에서 배정된 고도 또는 비행고도

   (나) IFR 운항을 위한 최저고도

   (다) ATC로부터 추후허가예정을 통보받은 고도 또는 비행고도

  (3) 허가한계점 출발(Leave clearance limit)

   (가) 허가한계점이 접근이 시작되는 fix일 경우 허가예상시간을 통보받았다면 가능한 이 시간에 맞추어서, 또는 허가예상시간을 통보받지 않았다면 ATC에 제출하였거나 수정된 예상비행시간(ETE)으로부터 산정된 대로 가능한 도착예정시간(ETA)에 맞추어서 강하하거나 접근하여야 한다.

   (나) 허가한계점이 접근이 시작되는 fix가 아닌 경우 허가예상시간을 통보받았다면 이 시간에 허가한계점을 떠나거나, 또는 허가예상시간을 통보받지 않았다면 허가한계점에 도착한 후 접근이 시작되는 fix로 계속 비행하여 ATC에 제출하였거나 수정된 예상비행시간으로부터 산정된 대로 가능한 도착예정시간에 맞추어서 강하하거나 접근하여야 한다.

2. 양방향무선통신 두절시 트랜스폰더 운영

가. 부호화된 레이더비컨 트랜스폰더(coded radar beacon transponder)를 탑재한 항공기가 양방향 무선능력을 상실했다면 조종사는 트랜스폰더를 Mode A/3, Code 7600으로 조정해야 한다.

나. 조종사는 항공기가 레이더 포착범위(radar coverage)에 있지 않을 수도 있다는 것을 알아야 한다.

출 제 예 상 문 제

Ⅰ. 조종사에게 제공되는 비상지원업무

【문제】1. 비상사태 시 transponder의 설정은?
　　① 7300　　② 7400　　③ 7500　　④ 7700

〈해설〉 FAA AIM 6-2-2. 트랜스폰더 비상 운용(Transponder Emergency Operation)
　　부호화된 레이더비컨 트랜스폰더(coded radar beacon transponder)를 탑재한 항공기가 조난이나 긴급상황에 처한 경우, 지상 레이더시설에 비상을 선언하려는 조종사는 트랜스폰더를 Mode 3/A, Code 7700/Emergency 및 Mode C 고도보고로 조정한 다음 즉시 ATC 기관과 교신을 하여야 한다.

【문제】2. Emergency Locator Transmitter(ELT)의 운용 주파수가 아닌 것은?
　　① 121.5 MHz　　② 243.0 MHz　　③ 335.0 MHz　　④ 406.0 MHz

【문제】3. ELT(Emergency Locator Transmitter)에 대한 설명으로 틀린 것은?
　　① 불시착한 항공기의 위치를 찾는데 활용된다.
　　② 추락 시의 충격으로 자동 작동된다.
　　③ 신호는 최소 24시간 동안 지속된다.
　　④ 신속한 수색 및 구조로 인명을 구할 수 있도록 한다.

【문제】4. ELT(Emergency Locator Transmitter)는 항공기 추락 후 몇 시간 동안 계속 작동되는가?
　　① 6시간　　② 12시간　　③ 48시간　　④ 72시간

【문제】5. ATC와 사전 협의되지 않은 경우, 비상위치송신기(ELT)의 시험방송은 언제 하여야 하는가?
　　① 매 시간 첫 5분 이내　　② 매 시간 마지막 5분 이내
　　③ 매 시간 첫 10분 이내　　④ 매 시간 마지막 10분 이내

【문제】6. ELT의 시험 운용방법으로 잘못된 것은?
　　① 3회 이상의 가청음(audible sweep)을 시험 운영해야 한다.
　　② 안테나를 제거하고 dummy load를 대신 사용하여야 한다.
　　③ 매시 처음 5분 동안에만 시험 발사하여야 한다.
　　④ 체공 시험발사는 금지되어 있다.

【문제】7. ELT(Emergency Locator Transmitter) test 요령으로 틀린 것은?
　　① 공중점검(airborne test)은 허용되지 않는다.
　　② 매 시간 처음 10분간만 실시하여야 한다.
　　③ 가청음(audible sweep)은 3회 이내로 하여야 한다.
　　④ 안테나를 분리할 수 있다면 분리하고 모형 안테나를 대신 사용한다.

정답　1. ④　2. ③　3. ③　4. ③　5. ①　6. ①　7. ②

〈해설〉 FAA AIM 6-2-4. 비상위치지시용 무선표지설비(Emergency Locator Transmitter; ELT)
1. Battery로 작동되는 이 전자식송신기(electronic transmitter)는 3개 주파수 중에 하나의 주파수로 운용된다. 작동주파수는 121.5 MHz, 243.0 MHz 및 최근의 406 MHz 이다.
2. ELT를 "armed"한 상태에서 추락으로 인한 충격을 받으면 ELT는 자동으로 작동되어 독특한 아날로그 또는 디지털 신호를 지속적으로 발신할 수 있도록 설계되어 있다. 이 송신기(transmitter)는 폭 넓은 온도범위에서 최소 48시간 동안 계속 작동한다.
3. 시험운영(Testing)
   가. 아날로그 121.5/243 MHz ELT는 매시 처음 5분 동안에만 시험운영해야 한다. 시험운영은 3회의 가청음(audible sweep) 이내로 하여야 한다.
   나. 안테나를 제거할 수 있다면 제거하고, 시험절차 동안에는 의사부하(dummy load)를 대신 사용해야 한다.
   다. 공중시험(airborne test)은 승인되지 않는다.

【문제】8. ELT 시험통신의 지속시간은 몇 초 이내로 하여야 하는가?
① 5초　　　　② 10초　　　　③ 15초　　　　④ 20초

〈해설〉 Emergency Locator Transmitters(ELTs)의 시험운영 허용절차는 다음과 같다.
1. 구역 내의 항공기 또는 그 밖의 VHF 수신기를 121.5 MHz에 맞춘다.
2. VHF 수신기를 감시하는 동안 5초 이내로 ELT를 작동시킨다. 약 3번의 ELT 가청음(audible sweep)을 들을 수 있을 것이다.
3. 시험이 종료된 후 ELT를 ARM이나 AUTO로 reset하고, 수 초 동안 121.5 MHz를 청취하여 ELT의 송신이 종료되었는지 확인한다.

【문제】9. 비행 중 ELT 가청음을 수신하였을 때 항공교통관제기관에 보고해야 할 내용이 아닌 것은?
① 수신감도가 가장 약했던 위치　　② 수신감도가 가장 강했던 위치
③ 최초 수신하였던 위치　　　　　　④ 최종 수신하였던 위치

〈해설〉 FAA AIM 6-2-4. 비상위치지시용 무선표지설비(Emergency Locator Transmitter; ELT)
조종사가 비행 중 ELT 신호를 청취하였다면 즉시 가장 인접한 항공교통시설에 다음 사항을 통보하여야 한다.
1. 최초로 신호를 청취했을 때의 항공기 위치 및 시간
2. 마지막으로 신호를 청취했을 때의 항공기 위치 및 시간
3. 최대강도 신호(maximum signal strength)에서의 항공기 위치
4. 비행고도 및 비상신호를 수신한 주파수

【문제】10. 불시착한 항공기의 추락이 이미 보고되었고 위치가 식별되었을 때, 불시착한 위치에 표시하는 것은?
① 황색 십자 표시　　　　　　② 적색 십자 표시
③ 황색 사각형 표시　　　　　④ 적색 사각형 표시

【문제】11. 지상의 항공기 구조대가 보내는 "L L L"의 신호를 보았다. 이의 의미는?
① 생존자를 모두 발견하였다.　　② 더 이상 수색을 계속할 수 없다.
③ 구조작업이 종료되었다.　　　　④ 수색을 계속하겠다.

정답　8. ①　9. ①　10. ①　11. ③

【문제】 12. 지상에서 구조 요청 시 "assistance required" code는?
① L　　　　　② V　　　　　③ X　　　　　④ Y

【문제】 13. 지상에서 구조사에게 보내는 신호 중 "V"의 의미는?
① 임무 완수　　② 약품 요청　　③ 원조 요청　　④ 작전 실패

【문제】 14. Ground air visual signal code "X"의 의미는?
① Require assistance
② Require medical assistance
③ Drop emergency supplies at this point
④ No or Negative

【문제】 15. 수색 및 구조에서 "Nothing found. Will continue search" 의미의 기호는?
① L L L　　　② L L　　　③ X X　　　④ N N

〈해설〉 FAA AIM 6-2-6. 수색 및 구조(Search and Rescue)
1. 추락현장에 황색 십자(yellow cross) 표시가 되어 있는지의 여부를 확인한다. 만약 있다면 이미 추락은 보고되었으며 위치가 식별된 것이다.
2. 생존자가 사용하는 지대공 시각기호(Ground-Air Visual Code)

의미(Message)	기호(Code Symbol)
도움이 필요함(Require assistance)	V
의료도움이 필요함(Require medical assistance)	X
아니오 또는 부정(No or Negative)	N
예 또는 긍정(Yes or Affirmative)	Y
화살표 방향으로 진행(Proceeding in this direction)	↑

3. 지상구조대가 사용하는 지대공 시각기호(Ground-Air Visual Code)

의미(Message)	기호(Code Symbol)
활동 완료(Operation completed)	L L L
사람을 모두 발견하였음(We have found all personnel)	L L
일부 사람만 발견하였음(We have found only some personnel)	╫
우리는 더 계속 진행할 수 없음(We are not able to continue). 기지로 귀환하고 있음(Returning to base)	X X
발견사항 없음. 수색을 계속할 것임(Nothing found. Will continue search)	N N

Ⅱ. 조난 및 긴급절차(Distress and Urgency Procedures)

【문제】 1. 항공기가 마지막으로 통보한 도착예정시간 또는 항공교통업무기관이 예상한 도착예정시간 중 더 늦은 시간으로부터 30분 이내에 도착하지 않는 경우의 비상단계는?
① 조난단계　　② 경보단계　　③ 주의단계　　④ 불확실단계

정답　12. ②　13. ③　14. ②　15. ④　/　1. ④

【문제】 2. INCERFA는 어떤 단계인가?
　① 불확실상황　　② 경보상황　　③ 긴급상황　　④ 재난상황

【문제】 3. 항공기로부터 연락이 있어야 할 시간으로부터 30분이 지나도 연락이 없을 경우의 비상단계는?
　① 주의단계　　② 불확실단계　　③ 조난단계　　④ 경보단계

【문제】 4. 항공기 및 탑승자의 안전이 염려되는 상황은?
　① 조난단계　　② 경보단계　　③ 긴급단계　　④ 비상단계

【문제】 5. 항공기가 착륙허가를 받고도 착륙예정시간부터 5분 이내에 착륙하지 않은 상태에서 그 항공기와의 무선교신이 되지 않는 경우 발령되는 단계는?
　① 불확실단계(INCERFA)　　② 주의단계(CAUTFA)
　③ 조난단계(DETRESFA)　　④ 경보단계(ALERFA)

【문제】 6. 다음 중 경보단계(alert phase)에 해당되지 않는 것은?
　① 불확실상황에서의 항공기와의 교신시도 또는 관계부서의 조회로도 해당 항공기의 위치를 확인하기 곤란한 경우
　② 항공기가 착륙허가를 받고도 착륙예정시간부터 5분 이내에 착륙하지 아니한 상태에서 그 항공기와의 무선교신이 되지 아니할 경우
　③ 항공기 탑재연료가 고갈되어 항공기의 안전을 유지하기가 곤란한 경우
　④ 항공기가 요격테러 등 불법간섭을 받는 것으로 인지된 경우

【문제】 7. 다음 중 ALERFA 단계는?
　① 항공기의 비행능력이 상실되어 불시착하였을 가능성이 있음을 나타내는 정보가 입수되는 경우
　② 착륙허가 후 착륙예정시간으로부터 5분 이내에 착륙하지 않고 통신이 두절된 경우
　③ 항공기 탑재연료가 고갈되어 항공기의 안전을 유지하기가 곤란한 경우
　④ 여러 관계부서와의 조회 결과 항공기가 조난당하였을 가능성이 있는 경우

【문제】 8. 항공기가 불법간섭을 받고 있는 것으로 인지된 경우 발령되는 비상단계는?
　① ALERFA　　② INCERFA　　③ DETRESFA　　④ CAUTFA

【문제】 9. 다음 중 조난상황(DETRESFA)이 아닌 것은?
　① 항공기 탑재연료가 고갈되어 항공기의 안전을 유지하기가 곤란한 경우
　② 항공기의 비행능력이 상실되어 불시착하였을 가능성이 있음을 나타내는 정보가 입수된 경우
　③ 항공기와의 교신시도를 실패하고, 여러 관계부서와의 조회 결과 항공기가 조난당하였을 가능성이 있는 경우
　④ 항공기가 요격·테러 등 불법간섭을 받는 것으로 인지된 경우

[정답]　2. ①　3. ②　4. ②　5. ④　6. ③　7. ②　8. ①　9. ④

【문제】10. 다음 중 재난상황(distress condition)은?
① 납치 요격　　　　　　　　　　② 탑재연료 고갈
③ 송수신 안됨　　　　　　　　　 ④ 항공기 위치 확인 곤란

【문제】11. 다음 중 비상상황의 종류가 아닌 것은?
① 불확실단계　　② 경보단계　　③ 조난단계　　④ 비상단계

〈해설〉항공교통관제절차 10-6-2. 비상 단계(Phases of Emergency)

단 계	내 용
불확실 단계 (INCERFA: Uncertainty phase)	항공기 및 탑승자의 안전이 불확실한 상황. 가. 항공기로부터 연락이 있어야 할 시간 또는 그 항공기와의 첫 번째 교신시도에 실패한 시간 중 더 이른 시간부터 30분 이내에 연락이 없을 경우 나. 항공기가 마지막으로 통보한 도착예정시간 또는 항공교통업무기관이 예상한 도착예정시간 중 더 늦은 시간부터 30분 이내에 도착하지 아니할 경우(다만, 항공기 및 탑승객의 안전이 의심되지 아니하는 경우는 제외)
경보 단계 (ALERFA: Alert phase)	항공기 및 탑승자의 안전이 염려되는 비상상황 가. 불확실상황에서의 항공기와의 교신시도 또는 관계부서의 조회로도 해당 항공기의 위치를 확인하기 곤란한 경우 나. 항공기가 착륙허가를 받고도 착륙예정시간부터 5분 이내에 착륙하지 아니한 상태에서 그 항공기와의 무선교신이 되지 아니할 경우 다. 항공기의 비행능력이 상실되었으나 불시착할 가능성이 없음을 나타내는 정보를 입수한 경우(다만, 항공기 및 탑승자의 안전에 우려가 없다는 명백한 증거가 있는 경우는 제외) 라. 항공기가 요격테러 등 불법간섭을 받는 것으로 인지된 경우
조난 단계 (DETRESFA: Distress phase)	항공기 및 탑승자가 중대하고 절박한 위험에 처해 있으며 긴급한 도움이 필요하다는 상당한 확신이 있는 상황 가. 경보상황에서 항공기와의 교신시도를 실패하고, 여러 관계부서와의 조회 결과 항공기가 조난당하였을 가능성이 있는 경우 나. 항공기 탑재연료가 고갈되어 항공기의 안전을 유지하기가 곤란한 경우 다. 항공기의 비행능력이 상실되어 불시착하였을 가능성이 있음을 나타내는 정보가 입수되는 경우 라. 항공기가 불시착중이거나 불시착하였다는 정보사항이 정확한 정보로 판단되는 경우(다만, 항공기 및 탑승자가 중대하고 긴박한 위험에 처하여 있지 아니하며, 긴급한 도움이 필요하지 아니하다는 명백한 증거가 있는 경우는 제외)

【문제】12. 조난(distress) 상황에서 사용하는 radio call은?
① SOS　　　② Emergency　　　③ Mayday　　　④ Pan-Pan

【문제】13. 즉각적인 지원이 요구되지는 않지만 비행안전에 영향을 줄 수 있는 상태를 나타내는 항공용어와 호출용어가 바르게 연결된 것은?
① 긴급(Urgency) - Pan Pan　　　② 조난(Distress) - Mayday
③ 긴급(Urgency) - Mayday　　　 ④ 조난(Distress) - Pan Pan

【문제】14. 긴급한 상태(urgency)일 때 이를 선언하는 방법으로 맞는 것은?
① "ALERFA"를 3회 반복한다.　　　② "PAN PAN"을 3회 반복한다.
③ "URGENCY"를 3회 반복한다.　　 ④ "MAYDAY"를 3회 반복한다.

[정답] 10. ②　11. ④　12. ③　13. ①　14. ②

【문제】 15. "PAN-PAN" 무선신호의 의미는?
　　① Emergency　　② Distress　　③ Urgency　　④ Alert

【문제】 16. An aircraft in distress shall send the following signal by radiotelephony
　　① EMERGENCY, EMERGENCY, EMERGENCY
　　② PAN PAN, PAN PAN, PAN PAN
　　③ URGENCY, URGENCY, URGENCY
　　④ MAYDAY, MAYDAY, MAYDAY

【문제】 17. 조종사가 Mayday를 call 한 것은 위급한 상황에 처해 있다는 것 외에 다른 어떤 의미가 있는가?
　　① 다른 조종사는 해당 주파수의 무선침묵을 유지하라.
　　② 사용 중인 주파수로 정상적인 통신을 계속하라.
　　③ 다른 주파수로 변경하라.
　　④ 해당 주파수를 청취하라.

【문제】 18. 조난상황에서 방해가 되지 않도록 다른 항공기의 송수신 금지를 지시하는 용어는?
　　① Stop transmission. Mayday
　　② Stop transmitting. Pan-Pan
　　③ Stop transmitting. Mayday
　　④ Stop transmitting. Pan-Pan

〈해설〉 항공통신업무운영규정, 2.3 조난 및 긴급 무선전화 통신절차
　　조난국 또는 조난통신 통제국은 그 공역의 항공이동통신업무의 모든 항공통신국 또는 조난통신을 방해하는 특정 항공통신국에게 침묵을 부과하여야 한다. 상황에 따라 모든 항공통신국 또는 특정 항공통신국에 침묵을 지시할 경우 다음 절차에 따라야 한다.
　　- "STOP TRANSMITTING"
　　- 무선전화 조난신호 "MAYDAY"

【문제】 19. 재난과 긴급통신에 대한 설명 중 틀린 것은?
　　① 재난 또는 긴급통신에 사용되는 주파수는 121.5 MHz와 243.0 MHz 이다.
　　② MAYDAY는 무선침묵을 명령하는 것이다.
　　③ 재난 또는 긴급통신이 이루어지는 동안 계속 청취하여야 한다.
　　④ 비상주파수는 민간항공기만 이용하는 주파수이다.

【문제】 20. 조난 시 사용 주파수로 가장 적합한 것은?
　　① 121.5 MHz　　　　　　　　　② 243.0 MHz
　　③ 현재 주파수　　　　　　　　　④ 사용가능한 모든 주파수

【문제】 21. 다음 중 Emergency frequency가 아닌 것은?
　　① 500.0 MHz　　② 121.5 MHz　　③ 243.0 MHz　　④ 2182 kHz

정답　15. ③　16. ④　17. ①　18. ③　19. ④　20. ③　21. ①

【문제】 22. Control zone 내에서 IFR 비행 중 비상시 가장 적합한 contact 주파수는?
　　① 현재 사용 중인 주파수　　　　　② 121.5 MHz
　　③ 가까운 tower 주파수　　　　　　④ ATC 지정 주파수

【문제】 23. HF 비상주파수는?
　　① 1,091 kHz　　② 2,182 kHz　　③ 4,364 kHz　　④ 7,700 kHz

〈해설〉 FAA AIM 6-3-1. 조난 및 긴급통신(Distress and Urgency Communications)
　　1. 조난(distress)에 처한 항공기의 조종사는 충분히 고려하여 필요하다면 최초교신과 이후의 송신을 신호 MAYDAY로 시작하여야 하며, 되도록이면 3회 반복한다. 신호 PAN-PAN은 같은 방법으로 긴급한 상황(urgency condition)에서 사용한다.
　　2. 조난통신은 다른 모든 통신보다 절대적인 우선권을 가지며, 용어 MAYDAY는 사용 중인 주파수로의 무선통신을 중단하고 침묵을 유지(radio silence)하라고 명령하는 것이다. 긴급통신은 조난을 제외한 다른 모든 통신보다 우선권을 가지며, 용어 PAN-PAN은 긴급송신에 간섭하지 말 것을 다른 기지국(station)에 경고하는 것이다.
　　3. 현재 사용 중인 주파수나 ATC에 의해 배정된 다른 주파수가 바람직하지만, 필요하거나 원한다면 다음의 비상주파수를 조난 또는 긴급통신에 사용할 수 있다.
　　　　121.5 MHz 및 243.0 MHz. 121.5 MHz는 방향탐지국(direction finding station) 및 일부 군과 민간항공기에 의해 감시된다. 243.0 MHz는 군항공기에 의해 감시된다. 121.5 MHz 및 243.0 MHz는 군 관제탑, 대부분의 민간 관제탑, FSS 및 레이더시설에 의해 감시된다.
〈참조〉 항공교통관제절차, 용어의 정의 - DETRESFA(Distress Phase)〔조난단계〕
　　항공기 및 탑승자가 중대하고 절박한 위험에 처해 있으며 긴급한 도움이 필요하다는 상당한 확신이 있는 상황
〈참조〉 500 kHz와 2,182 kHz는 조난 및 수색구조 활동 시 사용하는 국제 조난주파수이다.

【문제】 24. 조난 또는 긴급상황에 처한 경우 통보하여야 할 사항이 아닌 것은?
　　① PAN-PAN, MAYDAY　　　　　② 항공기 등록부호
　　③ 조종사의 의도, 요청사항　　　　④ 이륙공항

〈해설〉 FAA AIM 6-3-2. 비상시 도움을 얻는 방법(Obtaining Emergency Assistance)
　　다음 중 필요한 사항을 포함한 조난 또는 긴급 메시지를 되도록이면 나열된 순서에 따라 송신한다.
　　1. 조난(distress)일 경우에는 MAYDAY, MAYDAY, MAYDAY, 긴급(urgency)일 경우에는 PAN-PAN, PAN-PAN, PAN-PAN
　　2. 호출 기지국 명칭(Name of station addressed)
　　3. 항공기 식별부호 및 기종(Aircraft identification and type)
　　4. 조난 또는 긴급상황의 내용
　　5. 기상상태
　　6. 조종사의 의도 및 요구사항
　　7. 현재 위치 및 기수방향(Present position, and heading)
　　8. 고도 또는 비행고도(Altitude or flight level)
　　9. 분 단위의 잔여 연료량
　　10. 탑승인원수

［정답］　22. ①　　23. ②　　24. ④

【문제】25. MAYDAY에 의하여 무선침묵을 통보 받았음에도 불구하고 국제 통제국의 허가없이 조난주파수로 교신이 가능한 경우가 아닌 것은?
① 긴급조치가 필요한 상황일 때   ② 조난상황이 종료되었을 때
③ 다른 주파수로 전환되었을 때   ④ 통신 통제국의 허가를 받았을 때

〈해설〉 ICAO Annex 10, Vol 2. 5.3 조난 및 긴급 무선통신 절차
　　조난통신은 모든 다른 통신에 대해 절대적인 우선권을 가지며, 조난통신을 인지한 항공 통신국은 다음의 경우를 제외하고 조난주파수로 교신하시 않아야 한다.
　　1. 조난이 취소되거나 조난통신이 종료되었을 경우
　　2. 모든 조난통신이 다른 주파수로 전환되었을 경우
　　3. 조난통신 통제국의 허가를 받은 경우
　　4. 자국이 조난통신에 협조하는 경우

【문제】26. 조난시 의사소통을 원활히 하기 위하여 사용되는 언어는?
① 영어, 프랑스어, 독일어   ② 영어, 독일어, 일어
③ 영어, 프랑스어, 스페인어   ④ 영어, 러시아어, 한국어

〈해설〉 ICAO Annex 12, 2.6 Search and rescue equipment
　　각 수색 및 구조항공기는 해양구역에서의 수색 및 구조 시 선박과의 의사소통에서 처할 수 있는 언어문제를 극복할 수 있도록 국제신호서(International Code of Signals)의 복사본을 소지하여야 한다.
　　● 주(Note) - 국제신호서는 국제해사기구(International Maritime Organization)가 문서 1994E, 1995F 및 1996S에 영어, 프랑스어 및 스페인어로 발간한다.

【문제】27. Hijack과 같은 Special emergency 시 트랜스폰더 code는?
① 7500　　② 7600　　③ 7700　　④ 7777

【문제】28. 공중피랍 시 조종사에게 피랍여부를 확인하기 위한 관제용어로 적합한 것은?
① (항공기 호출부호) (Station) Confirm Squawking 7500.
② (항공기 호출부호) (Station) Verify Squawking 7500.
③ (항공기 호출부호) (Station) Acknowledge Squawking 7500.
④ (항공기 호출부호) (Station) Squawking 7500.

〈해설〉 항공교통관제절차 10-2-6. 피랍항공기(Hijacked Aircraft)
　　피랍을 확인하기 위하여 조종사에게 질문을 함으로써 코드 7500의 수신을 확인하고 인지하고 있음을 알린다. 항공기가 불법간섭을 받고 있지 않은 경우, 조종사는 질문에 대하여 불법간섭을 받고 있는 것이 아님을 명확하게 응답하여야 한다.
　　● 관제용어 : (항공기 호출부호) (시설 명칭) VERIFY SQUAWKING 7500.

【문제】29. Hijack 시 피랍 항공기의 조종사가 유지해야 할 속도 및 고도는?
① 진대기속도 400 kts 이하, 고도 10,000~25,000 ft
② 속도 400 kts 이하, 고도 10,000~25,000 ft
③ 진대기속도 400 kts 이하, 고도 12,000~23,000 ft
④ 속도 400 kts 이하, 고도 12,000~23,000 ft

[정답]　25. ①　26. ③　27. ①　28. ②　29. ①

〈해설〉 FAA AIM 6-3-4. 특별비상상황(공중납치)〔Special Emergency(Air Piracy)〕
1. 특별비상상황(special emergency)이란 항공기 탑승객에 의한 공중납치 또는 적대행위로 인하여 항공기 또는 승객의 안전을 위협하는 상태를 말한다.
2. Transponder를 Mode 3/A, Code 7500으로 설정한다.
3. 비행안전을 위태롭게 하지 않고도 할 수 있다면, 피랍항공기의 조종사는 항공기 운항이 허가된 비행로를 이탈한 후 상황이 허용하는 한 다음 중 한 가지 이상을 시도한다.
   가. 400 knot 이하의 진대기속도로 되도록이면 10,000 ft에서 25,000 ft 사이의 고도를 유지한다.
   나. 납치범이 요구하는 목적지로 향하는 진로(course)로 비행한다.

【문제】30. 담당자가 Emergency를 선포해야 할 Emergency situation이 아닌 것은?
① ELT 신호가 청취되었거나 보고되었을 때
② 지상에서 발사되는 붉은색 및 녹색의 비상불빛을 받았을 때
③ 요격 또는 호위 항공기의 임무가 요구될 때
④ 비상 레이더 비컨 응답이 수신되었을 때

〈해설〉 항공교통관제절차 9-2-5. 비상 상황(Emergency Situations)
다음의 경우 항공기를 비상으로 간주하고, 구조조정센터(RCC) 또는 지역관제소(ACC)에 통보한다.
1. 다음의 경우에 의하여 비상을 선언할 때
   가. 조종사
   나. 항공관제시설 근무자
   다. 항공기의 운영에 대하여 책임을 지는 요원
2. 계기비행(IFR) 또는 시계비행(VFR) 항공기와 예상치 않은 레이더 포착상실 및 무선교신이 안될 때
3. 항공기가 불시착했거나 불시착하려는 정보를 입수한 경우, 또는 운영효율이 너무 낮아 강제착륙이 필요한 경우
4. 승무원이 항공기를 포기했거나 포기할 예정임을 보고 하였을 때
5. 비상 레이더 비컨 응답이 수신되었을 때
6. 요격 또는 호위 항공기의 임무가 요구될 때
7. 지상구조가 필요하다고 판단될 때
8. ELT 신호가 청취되었거나 보고되었을 때

【문제】31. Fuel dumping 시의 절차로 틀린 것은?
① 해당 조종사는 fuel dumping 할 내용을 즉시 ATC에 통보한다.
② 통보를 받은 관제사는 3분마다 fuel dumping을 방송한다.
③ 해당 항로를 비행할 항공기 조종사는 즉시 고도 및 항로를 변경한다.
④ 관제사는 Special VFR 및 IFR 항공기를 해당 항공기와 분리시킨다.

【문제】32. Fuel dump 중 ATC의 조치사항이 아닌 것은?
① 비행로로부터 5마일 이내에 있는 가장 높은 장애물로부터 2,000 ft 이상의 고도를 배정한다.
② 연료투하가 중단될 때까지 3분 간격으로 dumping 정보를 선파한다.
③ IFR 항공기의 경우 상하 1,000 ft 및 수평 5 NM의 분리를 적용한다.
④ 레이더식별된 VFR 항공기의 경우 5 NM의 분리를 적용한다.

정답 30. ② 31. ③ 32. ③

【문제】 33. Fuel dumping 시 비행로로부터 몇 마일 이내에 있는 가장 높은 장애물로부터 최소한 몇 ft 이상의 고도를 배정하여야 하는가?
① 3마일 2,000 ft
② 5마일 2,000 ft
③ 3마일 3,000 ft
④ 5마일 3,000 ft

〈해설〉 FAA AIM 6-3-5. 연료방출(Fuel Dumping)
1. 연료를 방출해야 할 필요가 있을 때 조종사는 이를 즉시 ATC에 통보하여야 한다. 항공기가 연료를 방출할 것이라는 정보를 받은 경우 ATC는 즉시 방송을 하거나 방송이 되도록 조치를 취하여야 하며, 그 다음에는 3분 간격으로 적절한 ATC와 FSS 무선주파수로 방송을 한다.
2. 이러한 방송을 청취한 경우, 영향을 받는 구역의 IFR 비행계획이나 특별 VFR로 비행하지 않는 항공기의 조종사는 조언방송에서 명시한 구역을 벗어나야 한다. IFR 비행계획이나 특별 VFR 허가를 받은 항공기는 ATC에 의해 일정한 분리가 제공된다. 연료의 방출을 위한 운항이 종료되었을 때 조종사는 ATC에 통보하여야 한다.

〈참조〉 항공교통관제절차 제4절. 연료투하(Fuel Dumping)
1. 계기비행(IFR) 조건하에서 연료투하를 한다면, 비행로나 비행장주로부터 5마일 이내에 있는 가장 높은 장애물로부터 최소한 2,000피트 이상의 고도를 배정한다.
2. 연료투하 항공기로부터 인지된 항공기를 다음과 같이 분리시킨다.
　가. 계기비행(IFR) 항공기인 경우, 다음 중 하나의 분리를 취하여야 한다.
　　(1) 위 1,000피트(FL290 이상의 경우 2,000피트)
　　(2) 아래 2,000피트
　　(3) 레이더 5마일
　　(4) 수평 5마일(군), 10마일(민)
　나. 레이더식별된 시계비행(VFR) 항공기의 경우, 5마일

Ⅲ. 양방향무선통신 두절(Two-way Radio Communications Failure)

【문제】 1. VFR 기상상황에서 IFR 비행계획으로 비행 중 무선통신장비의 고장상황에 처했을 때 가장 적절한 조치는?
① VFR 조건에서 계속 비행하고 가능한 한 빨리 착륙한다.
② 지정된 고도와 항로로 계속 비행하고 ETA에 맞추어 접근을 시작한다.
③ 비상사태를 선포하고 즉시 착륙한다.
④ 트랜스폰더 코드를 7600에 맞추고 목적지 공항까지 계속 비행한다.

【문제】 2. 시계비행기상조건 하에서 계기비행 중 통신 두절시 대처 요령은?
① 지정된 고도, 항로에 맞게 비행을 계속하여 도착예정시간에 계기접근을 실시한다.
② 지정된 고도, 항로에 맞게 비행을 계속하여 IAF에서 체공한다.
③ 시계비행기상조건에 맞추어 가능한 한 빨리 착륙한다.
④ 통신 두절 해당 지역에서 체공한다.

〈해설〉 FAA AIM 6-4-1. 양방향무선통신 두절(Two-way Radio Communications Failure)
VFR 상태에서 양방향무선통신이 두절되거나 두절된 이후에 VFR 상태가 된 경우, 조종사는 VFR로 비행을 계속하고 가능한 한 빨리 착륙해야 한다.

정답 33. ② / 1. ① 2. ③

【문제】3. 시계비행방식에 의해 비행 중 무선통신장비의 고장으로 통신 두절 시 트랜스폰더 코드는?
① 1200　　　② 4000　　　③ 7500　　　④ 7600

【문제】4. 언제 transponder code를 7600으로 set 하여야 하는가?
① An emergency
② Unlawful interference with the planned operation of the flight
③ Transponder malfunction
④ Radio communication failure

【문제】5. Transponder의 사용방법으로 옳은 것은?
① "Stop Squawk" 요청을 받은 경우 트랜스폰더를 Standby 위치로 변경한다.
② 양방향 무선통신이 두절된 경우 트랜스폰더 코드를 7600으로 조정한다.
③ "IDENT" 버튼은 조종사 임의로 누를 수 있다.
④ 착륙 후 바로 Off 또는 Standby 위치로 변경한다.

〈해설〉 FAA AIM 6-4-2. 양방향무선통신 두절 시 트랜스폰더 운영
　　부호화된 레이더비컨 트랜스폰더(coded radar beacon transponder)를 탑재한 항공기가 양방향 무선능력을 상실했다면 조종사는 트랜스폰더를 Mode A/3, Code 7600으로 조정해야 한다.

정답　3. ④　4. ④　5. ②

7 비행안전(Safety of Flight)

제1절. 항공기상(Aviation Weather)

1. 비행중 항공기상조언(Inflight Aviation Weather Advisories)

가. 배경

비행중 항공기상조언에는 SIGMET, 대류성 SIGMET과 AIRMET(문자 또는 그림 형식 산출물) 및 항공로교통관제센터기상조언(CWA)의 4가지 종류가 있다.

나. SIGMET

SIGMET은 특정 항공로 상에 발생하거나 발생이 예상되는 항공기의 안전운항에 영향을 미칠 수 있는 기상현상을 간결하게 기술한 것이다. SIGMET은 안전을 증진시키기 위하여 비행 중인 모든 조종사에게 전파된다.

SIGMET은 6시간 동안 유효한 열대성저기압과 화산재구름과 관련된 SIGMET을 제외하고, 4시간 동안 유효한 비정기적 산출물이다. 필요하면 비정기적으로 수정되고 갱신되어 발표된다.

미국본토에서 SIGMET은 다음과 같은 기상현상이 발생하거나 발생이 예상될 때 발표된다.

(1) 뇌우를 동반하지 않은 심한 착빙(severe icing)
(2) 뇌우를 동반하지 않은 심하거나 극심한 난기류 또는 청천난류(CAT)
(3) 시정을 3 mile 미만으로 감소시키는 넓게 퍼진 먼지보라(dust storm) 또는 모래보라(sandstorm)
(4) 화산재(volcanic ash)

다. 대류성 SIGMET(Convective SIGMET) (WST)

대류성 SIGMET에는 심한 난기류나 극심한 난기류, 심한 착빙 및 저고도 윈드시어가 포함된다. 대류성 SIGMET은 기상예보관이 모든 범주의 항공기가 위험할 수 있다고 판단하는 대류성 기상상황에 대하여 발표할 수 있다.

라. AIRMET

(1) AIRMET은 SIGMET의 발표가 필요한 기상현상보다 강도는 낮지만, 특정 항공로 상에 발생하거나 발생이 예상되는 항공기의 안전운항에 영향을 미칠 수 있는 기상현상을 간결하게 기술한 것이다.
(2) AIRMET에는 상세한 IFR 기상상태, 광범위한 산악차폐(mountain obscuration), 난기류, 강한 지상풍, 착빙 그리고 결빙고도 등이 포함된다.
(3) AIRMET은 잠재적인 위험한 기상현상을 모든 조종사, 특히 민감한 항공기의 시계비행방식 조종사와 운영자에게 전파하기 위한 것이다. 안전을 증진시키기 위하여 비행전 및 항공로 구간의 비행단계에 있는 모든 조종사에게 전파된다.
(4) 매 8시간 마다 발표되는 알래스카를 제외하고 매 6시간 마다 정기적으로 발표된다. 필요하면 비정기적으로 수정되고 갱신되어 발표된다.
(5) 미국본토에서 AIRMET은 항공로의 다음과 같은 항공기상 위험요소를 표기한다.
 (가) 계기비행방식 기상상태 (운고 < 1,000 ft 및/또는 지상시정 < 3 mile)
 (나) 광범위한 산악차폐(widespread mountain obscuration)

(다) 보통 착빙(moderate icing)
(라) 결빙고도(freezing level)
(마) 보통 난기류(moderate turbulence)
(바) 2,000 ft AGL 미만의 비대류성 저고도 윈드시어(LLWS)
(사) 30 knot를 초과하는 지속적인 지상풍(surface winds)

2. 기상관측프로그램(Weather Observing Program)

가. 수동관측(Manual Observation)

일부를 제외하고 이러한 보고는 수동으로 관측하고 계산을 수행하며, 이러한 관측자료를 WMSCR 통신시스템에 입력하는 근무자에 의해 공항지역에서 이루어진다.

나. 자동기상관측시스템(Automated Weather Observing System; AWOS)
 (1) AWOS 관측에는 자료가 자동시스템에 의해 획득되었다는 것을 나타내기 위하여 접두어 "Auto"가 포함된다. 보고된 시정이 7 mile 미만일 경우, 어떤 AWOS 지역에서는 기상과 장애물정보를 제공하는 인가된 관측자가 보고 비고란의 시정정보를 보강한다.
 (2) 이 실시간(real-time) 시스템은 운용상 기본적으로 다음과 같은 9개의 수준(level)으로 분류된다.
  (가) AWOS-A는 고도계수정치(altimeter setting)만을 보고한다.
  (나) AWOS-AV는 고도 및 시정을 보고한다.
  (다) AWOS-1은 보통 고도계수정치, 바람자료, 기온, 이슬점 및 밀도고도를 제공한다.
  (라) AWOS-2는 AWOS-1에서 제공하는 정보에 추가하여 시정자료를 제공한다.
  (마) AWOS-3는 AWOS-2에서 제공하는 정보에 추가하여 구름/운고(ceiling) 자료를 제공한다.
  (바) AWOS-3P는 AWOS-3 시스템과 동일한 보고에 추가하여 강수식별감지기를 제공한다.
  (사) AWOS-3PT는 AWOS-3P 시스템과 동일한 보고에 추가하여 뇌우/번개 보고기능을 제공한다.
  (아) AWOS-3T는 AWOS-3 시스템과 동일한 보고에 추가하여 뇌우/번개 보고기능을 제공한다.
  (자) AWOS-4는 AWOS-3 시스템과 동일한 보고에 추가하여 강수 발생, 형태 및 강수량, 어는 비(freezing rain), 뇌우 그리고 활주로표면감지기(runway surface sensor)를 제공한다.

다. 자동지표관측시스템(ASOA: Automated Surface Observing System)/자동기상관측시스템(AWOS; Automated Weather Observing System)

ASOS/AWOS는 미국의 주요 지표기상관측시스템으로 항공운항과 기상예보활동을 지원하기 위한 것이다.

ASOS/AWOS는 지속적으로 시시각각 관측을 제공하고, 항공정시관측보고(METAR) 및 그 밖의 항공기상정보를 생성하기 위하여 필요한 기본적인 관측기능을 수행한다. 정보는 불연속 VHF 무선주파수나 국지 NAVAID의 음성부분으로 송신된다. 불연속 VHF 무선주파수에 의한 ASOS/AWOS 송신은 ASOS/AWOS site로부터 최대 25 NM, 그리고 최대고도 10,000 ft AGL까지 수신할 수 있도록 설계된다.

3. 활주로가시거리(Runway Visual Range; RVR)

가. RVR 값은 활주로를 따라 14 ft 높이의 구조물에 설치되는 투과율계로 측정한다.

나. 접근범주와 해당 최저 RVR 값 (표 7-1 참조)

표 7-1. 접근범주/최저 RVR 표(Approach Category/Minimum RVR Table)

범주(Category)	시정(RVR)	범주(Category)	시정(RVR)
비정밀	2,400 ft	Category Ⅲa	700 ft
Category Ⅰ	1,800 ft*	Category Ⅲb	150 ft
Category Ⅱ	1,000 ft	Category Ⅲc	0 ft

* 특별한 장비를 갖추고 인가를 받은 경우 1,400 ft

4. 구름 높이의 보고(Reporting of Cloud Height)

CFR의 정의에 의한 항공기상보고 및 예보에 사용될 때의 운고(ceiling)란 지표면(또는 수면)으로부터 "broken", "overcast" 또는 "차폐(obscuration)"로 보고되는 가장 낮은 구름층이나 차폐현상까지의 높이를 말한다. 예를 들어 "BKN030"으로 표시된 공항예보(TAF)는 지표면으로부터의 높이를 나타낸다. "BKN030"으로 표시된 공역예보는 평균해면(mean sea level)으로부터의 높이를 나타낸다.

5. 조종사기상보고(Pilot Weather Reports; PIREP)

FAA 항공교통시설은 다음과 같은 상황이 보고되거나 예보될 때 PIREP을 요구하여야 한다.

5,000 ft 이하의 운고, 5 mile 이하의 시정(지표면 또는 상층), 뇌우 및 관련 현상, 약한(light) 정도 이상의 착빙, 보통(moderate) 정도 이상의 난기류, 윈드시어 및 보고되거나 예보된 화산재구름

가. 기체착빙 관련(Airframe Icing) PIREP

(1) 항공기에 축적되는 착빙의 영향은 추력 감소, 항력 증가, 양력 손실 및 무게 증가이다. 그 결과 실속속도는 증가하고 항공기 성능은 저하된다.

(2) 조종사는 빗방울 또는 구름방울과 같이 육안으로 볼 수 있는 강수 속에서 비행할 때, 그리고 기온이 2℃ ~ -10℃ 일 때는 착빙을 예상할 수 있다. 착빙이 감지된 경우 특히 항공기가 제빙장치를 갖추고 있지 않다면, 조종사는 강수지역을 벗어나거나 또는 기온이 빙점 이상인 고도로 비행하거나 두 가지 중에 하나를 하여야 한다. ATC에 착빙을 보고할 때 항공기 기종도 알려주어야 한다.

나. 난기류(Turbulence) 관련 PIREP

난기류와 조우했을 때, 가능한 한 빨리 ATC에 이러한 상황을 긴급히 보고할 것을 조종사에게 요청하고 있다.

다. 윈드시어 PIREP(Wind Shear PIREP)

풍향과 풍속의 예기치 못한 변화는 공항에 접근하거나 출발시 저고도에서 운항하는 항공기에 위험할 수 있기 때문에, 조우한 윈드시어 상태를 관제사에게 즉시 자발적으로 보고할 것을 조종사에게 권고하고 있다.

라. 청천난류(CAT) PIREP

CAT는 모든 고도의 운항에서, 특히 15,000 ft를 초과하는 고도에서 비행하는 제트비행기의 비행에 대단히 심각한 운항요소가 되고 있다. 무선교신을 유지하고 있는 FAA 시설에 요소의 시간, 위치 및 강도를 긴급히 보고해 줄 것을 CAT 상황을 조우한 모든 조종사에게 요청하고 있다.

6. 마이크로버스트(Microburst)

가. 마이크로버스트는 소규모의 강한 하강기류(downdraft)이며, 지표면에 도달하면서 하강기류의 중심으로부터 모든 방향에서 바깥쪽으로 퍼져 나간다. 이것은 특히 저고도에 있는 모든 기종 및 범주의

항공기에게 극히 위험할 수 있는 수직 및 수평 윈드시어 발생의 원인이 된다.
나. 조종사가 고려하여야 할 중요한 사항은 마이크로버스트는 지면에 부딪친 후 약 5분 동안의 강도가 가장 강하다는 사실이다.
다. 마이크로버스트(microburst)의 특성
   (1) 크기(Size). 마이크로버스트 하강기류가 운저(cloud base)로부터 지면 상공 약 1,000~3,000 ft까지 강하할 때, 직경은 통상저으로 1 mile 미만이다. 지면근처의 전이구역(transition zone)에서 하강기류는 바깥쪽 흐름(outflow)으로 변하며, 수평으로 직경 약 2.5 mile까지 확장될 수 있다.
   (2) 강도(Intensity). 하강기류는 분당 6,000 ft에 달할 수 있다. 지표면 근처의 45 knot에 달하는 수평바람은 마이크로버스트를 가로지르는 90 knot의 윈드시어(가로지르는 항공기의 경우 정풍에서 역풍으로 변화)를 야기할 수 있다. 이러한 강한 바람은 지면으로부터 수백 ft 이내에서 발생한다.
   (3) 시각적인 징후(Visual Sign). 마이크로버스트는 대류활동이 있는 거의 모든 지역에서 발견할 수 있다. 이것은 뇌우와 관련된 강한 강수나 온화하게 보이는 증발비(virga)의 약한 강수에 은폐되어 있을 수 있다. 마이크로버스트가 발생한 지표면에 강수가 전혀 없거나 약간 있는 경우, 날리는 둥근 형태의 먼지가 마이크로버스트 존재를 알 수 있는 유일한 시각적인 단서가 될 수 있다.
   (4) 지속시간(Duration). 개개의 마이크로버스트는 지면에 부딪친 때부터 소멸될 때까지 거의 15분 이상 지속되지는 않는다. 처음 5분 동안은 수평바람이 계속해서 증가하며 최대강도의 바람이 2~4분 정도 지속된다. 때로는 마이크로버스트가 일직선상에 집중되고, 이러한 상황에서 활동이 한 시간 동안 지속될 수도 있다.
라. 마이크로버스트 윈드시어는 지면으로부터 1,000 ft 이내의 항공기, 특히 착륙하기 위한 접근과 착륙 그리고 이륙단계의 항공기에게 심각한 위험을 유발할 수 있다. 마이크로버스트를 통과하는 항공기는 처음에는 정풍(성능 증가), 다음에는 하강기류 및 배풍(둘 다 성능 감소) 상태에 처하여 지역에 충돌할 가능성이 있다.

7. 뇌우비행(Thunderstorm Flying)
가. 뇌우 회피(Thunderstorm Avoidance)
   (1) 접근하는 뇌우의 전면으로 이륙하거나 착륙하지 마라. 저고도 난기류의 갑작스러운 돌풍전선은 조종력 손실을 일으킬 수 있다.
   (2) 뇌우의 반대편을 볼 수 있다 하더라도 뇌우 아래로 비행을 시도하지 마라. 뇌우 아래의 난기류와 윈드시어는 재난을 불러올 수 있다.
   (3) 뇌우의 모루(anvil) 아래로 비행을 시도하지 마라. 심하거나 극심한 청천난류의 가능성이 있다.
   (4) 항공기 탑재 레이더 없이 산발적인 은폐뇌우(embedded thunderstorm)를 포함하고 있는 구름 속으로 비행하지 마라. 은폐되지 않은 산발적인 뇌우는 일반적으로 육안으로 보면서 우회할 수 있다.
   (5) 뇌우의 시각적인 외관을 뇌우 내의 확실한 난기류의 징후로 신뢰해서는 안된다.
   (6) ATC가 레이더항행유도나 뇌우 주위로의 회피를 제공할 것이라고 가정해서는 안된다.
   (7) 필요하면 ATC에 레이더 항행유도 또는 뇌우 주위로의 회피를 허가해 줄 것을 요청하라.
   (8) 강한 뇌우로 식별되거나, 또는 강한 레이더 반사파(radar echo)가 나타나는 뇌우는 최소한 20 mile 이상 회피하라. 이것은 거대한 적란운의 모루(anvil) 하단에서 특히 그러하다.
   (9) 비행구역의 6/10이 뇌우 범위라면 구역 전체를 우회하라.

(10) 선명하고 빈번한 번개는 강한 뇌우의 가능성을 나타낸다는 것을 기억하라.
(11) 정상부(top)를 육안으로 확인하였든 레이더로 측정하였든지 간에, 정상부가 35.000 ft 이상인 뇌우는 극히 위험한 것으로 간주하라.
(12) 뇌우지역 주위로 항행하는 것이 불가능하면 회항하여 지상에서 뇌우가 소멸되기를 기다려라.

나. 뇌우를 통과해야 한다면 뇌우로 진입하기 전에 다음과 같이 하여야 한다.
(1) 모든 느슨한 물건들을 고정시켰다면 안전벨트를 단단히 조이고, 어깨끈을 착용한다.
(2) 항공기가 최소시간에 뇌우를 통과할 수 있도록 진로(course)를 계획하고 유지한다.
(3) 가장 위험한 착빙을 피하기 위하여 결빙고도 미만이나 -15℃ 고도 이상의 통과고도로 비행한다.
(4) Pitot heater를 on 하였는지, 그리고 기화기 heater 또는 제트엔진 방빙장치를 작동시켰는지 확인한다. 어떤 고도에서나 착빙은 급속히 이루어질 수 있으며 거의 동시에 출력 상실 또는 대기속도 지시의 상실을 초래할 수 있다.
(5) 항공기 manual에서 권장하는 난기류 통과속도로 동력설정을 맞춘다.
(6) 번개로 인한 일시적인 시력상실(blindness)을 줄이기 위하여 조종실 조명을 가장 높은 광도로 조절한다.
(7) 자동조종장치를 사용하고 있다면 고도유지 mode와 속도유지 mode를 해제한다. 고도 및 속도의 자동조종은 항공기의 조작을 증가시키고, 따라서 구조적인 응력(stress)을 증가시킨다.

다. 다음은 뇌우를 통과하는 동안 준수하여야 할 몇 가지 사항이다.
(1) 시선을 계기에 둔다. 조종실 외부를 보는 것은 번개로 인한 일시적인 시력상실의 위험을 증가시킬 수 있다.
(2) 권장하는 난기류 통과속도로 동력설정을 유지하고, 동력설정을 변경하지 마라.
(3) 일정한 자세를 유지하라. 고도 및 속도가 변동될 수 있도록 놓아두라.
(4) 일단 뇌우 속에 들어갔다면 되돌아가지 마라. 뇌우를 통과하는 직선진로가 위험에서 항공기를 아마 가장 빨리 벗어나게 할 것이다. 더불어 선회기동은 항공기의 응력(stress)을 증가시킨다.

8. 국제민간항공기구 기상형식〔ICAO Weather Format〕

가. METAR 보고의 요소(element)는 다음과 같다.
(1) 보고의 종류(Type of report)
 (가) 항공정시관측보고(Aviation Routine Weather Report; METAR)
 (나) 항공비정기(특별)관측보고(Nonroutine (Special) Aviation Weather Report; SPECI)
(2) ICAO 관측소 식별자(ICAO Station Identifier)
  METAR 부호는 4자리 문자의 관측소 식별자를 사용한다.
(3) 보고 날짜와 시간(Date and Time of Report)
  관측이 이루어진 날짜와 시간이 국제표준시(UTC)라는 것을 나타내기 위하여 Z를 덧붙인 6자리 숫자의 날짜/시간 group으로 전송된다. 처음의 2자리 숫자는 날짜, 다음 2자리 숫자는 시(hour)를 그리고 마지막 2자리 숫자는 분(minute)을 나타낸다.
(4) 수식어(Modifier) (필요한 경우)
  "AUTO"는 METAR/SPECI 보고가 사람이 관여하지 않은 자동기상보고라는 것을 나타낸다. "AUTO"가 없다는 것은 보고가 관측자에 의해 수동으로 이루어졌거나, 자동보고가 사람에 의해 보강/보완되었다는 것을 나타낸다. 수식어 "COR"은 오류가 있는 이전의 보고를 대체하기 위하여 전송된 수정보고라는 것을 나타낸다.

(5) 바람(Wind)

바람은 5자리의 숫자 group(속도가 99 knot를 초과할 경우에는 6자리 숫자)으로 보고된다. 처음 3자리 숫자는 진북(true north) 기준 10° 단위의 바람이 불어오는 방향을 나타내거나, 풍향의 변동이 있으면 "VRB"로 표시한다. 다음의 2자리 숫자는 knot 단위로 나타낸 풍속이며, 99 knot를 초과할 경우에는 3자리의 숫자로 표시한다. 돌풍일 경우에는 풍속 뒤에 "G"를 추가하고, 다음에 보고된 최대돌풍속도를 표시한다. 풍속의 단위가 knot라는 것을 나타내기 위하여 약어 "KT"를 덧붙인다.

(6) 시정(Visibility)

우시정(prevailing visibility)은 시정 다음에 "SM"을 덧붙여 statute mile 단위로 보고된다.

(7) 활주로가시거리(보고시)

Group을 나타내는 "R" 다음의 활주로 기수방향(그리고, 필요시 평행활주로 지시자), "/"과 feet (다른 나라의 경우 meter) 단위의 가시거리 다음에 "FT"(feet는 발음되지 않음)로 나타낸다.

(8) 기상현상(Weather Phenomena)

(가) 강도(intensity)는 첫 번째로 보고되는 강수의 형태에 대해서만 적용된다. "−"는 약함(light), 부호가 없는 것은 보통(moderate), 그리고 "+"는 강함(heavy)을 나타낸다.

(나) 근접도(proximity)는 공항주변(관측지점으로부터 5~10 mile 사이)에서 발생하는 기상에 대해서만 적용된다. 이것은 문자 "VC"로 나타낸다.

(다) 서술자(descriptor). 다음과 같은 8가지의 서술자가 강수 또는 시정장애에 적용된다.

TS .... 뇌우의(thunderstorm)
DR .... 낮게 날린(low drifting)
SH .... 소낙성의(showers)
MI .... 얕은(shallow)
FZ .... 어는(freezing)
BC .... 흩어진(patches)
BL .... 높게 날린(blowing)
PR .... 부분적인(partial)

(라) 강수(precipitation). METAR 부호에는 다음과 같은 9가지 형태의 강수가 있다.

RA .... 비(rain)
DZ .... 이슬비(drizzle)
SN .... 눈(snow)
GR .... 우박(hail) (직경 1/4″ 이상)
GS .... 작은 우박(small hail)/눈 싸라기(snow pellets)
PL .... 얼음 싸라기(ice pellets)
SG .... 쌀알눈(snow grains)
IC .... 빙정(ice crystals) (얼음침〔diamond dust〕)
UP .... 불분명한 강수(unknown precipitation) (자동관측소에만 해당)

(마) 시정장애(obstructions to visibility). METAR 부호에는 다음과 같은 8가지 형태의 차폐현상이 있다. (차폐란 수평시정을 저하시키는 강수 이외의 대기현상을 말한다)

    FG .... 안개(fog) (5/8 mile 미만의 시정)
    HZ .... 연무(haze)
    FU .... 연기(smoke)
    PY .... 물안개(spray)
    BR .... 박무(mist) (5/8~6 mile의 시정)
    SA .... 모래(sand)
    DU .... 먼지(dust)
    VA .... 화산재(volcanic ash)

(바) 기타. 기타 기상현상에는 다음과 같은 5가지 유형이 있다.

    SQ .... 스콜(squall)
    SS .... 모래보라(sandstorm)
    DS .... 먼지보라(dust storm)
    PO .... 먼지/모래회오리(dust/sand whirls)
    FC .... 깔때기구름(funnel cloud)
    +FC .... 토네이도/용오름(tornado/waterspout)

(9) 하늘상태(Sky Condition)

(가) 운량(amount).

전체 하늘에 대해 구름이 가리고 있는 부분을 약어를 사용하여 8분위의 운량으로 보고한다.

    SKC .... clear (구름 없음)
    FEW .... >0~2/8의 구름
    SCT .... scattered (3/8~4/8의 구름)
    BKN .... broken (5/8~7/8의 구름)
    OVC .... overcast (8/8의 구름)
    CB .... 적란운(cumulonimbus)이 존재할 때
    TCU .... 탑상적운(towering cumulus)이 존재할 때

(나) 운고(height). 운저고도(cloud base)는 3자리 숫자를 사용하여 지표면으로부터 100 ft 단위의 고도(AGL)로 보고한다. (자동관측소는 12,000 ft를 초과하는 구름을 보고할 수 없다)

(다) 운형(type). 탑상적운(TCU) 또는 적락운(CB)이 있을 때에는 운저고도 다음에 이를 보고한다.

(라) 수직시정(불명확한 운고). 불명확한 운고(ceiling)의 높이는 "VV" 다음에 100 ft 단위의 3자리 숫자로 수직시정을 보고한다. 이러한 층은 하늘 전체가 차폐되었다는 것을 나타낸다.

(10) 기온/이슬점(Temperature/Dew Point). 기온과 이슬점은 사선("/")으로 구분하여 섭씨 단위의 각각 2자리 숫자 group으로 보고한다. 기온이 영하인 경우에는 접두어 "M"을 덧붙인다. 기온은 이용할 수 있지만 이슬점을 이용할 수 없다면, 기온 다음에 사선("/")을 표시한다. 기온을 이용할 수 없다면 보고에서 이 group은 생략된다.

(11) 고도계(Altimeter). 고도계수정치(altimeter setting)는 압력의 단위임을 나타내기 위하여 접두어 "A"를 붙인 inHg 단위의 4자리 숫자 형식으로 보고된다.

(12) 비고(Remark). 비고는 필요시 모든 관측에 포함된다.

나. 공항예보(Aerodrome Forecast; TAF)

지정된 기간 동안 공항에서 예상되는 기상상태를 간결하게 서술한 것이다. 대부분의 지역에서 TAF는 24시간의 예보주기(forecast period)를 갖는다. 그러나 일부 지역의 경우, TAF는 30시간의 예보주기를 갖는다. 수정 TAF의 경우 이러한 예보주기는 더 짧아질 수도 있다. TAF는 METAR 기상보고와 동일한 부호(code)를 사용한다. TAF는 매일 24시간 중 0000Z, 0600Z, 1200Z 및 1800Z에 4회 발표된다.

TAF 요소(TAF elements)는 다음과 같다.

(1) 보고의 종류(Type of Report)

TAF 발표에는 정기예보 발표(TAF) 및 수정예보(TAF AMD)의 두 가지 종류가 있다. 현재의 TAF로는 진행 중인 기상을 더 이상 적절히 설명할 수 없거나, 또는 기상예보관이 TAF가 현재 기상이나 예상되는 기상을 제대로 나타내지 못한다고 생각할 때 수정 TAF를 발표한다.

(2) ICAO 관측소 식별자(ICAO Station Identifier)

TAF 부호는 4자리 문자의 ICAO 지역 식별자를 사용한다.

(3) 최초날짜와 시간(Date and Time of Origin)

이 요소는 예보가 실제 준비된 날짜와 시간이다. 형식은 2자리 숫자의 날짜 및 4자리 숫자의 시간 다음에 공백 없이 문자 "Z"로 나타낸다.

(4) 유효날짜와 시간(Valid Period Date and Time)

예보의 유효 UTC는 "/"에 의해 구분되는 두 개의 4자리 숫자 set로 구성된다. 첫 번째 4자리 숫자는 2자리 숫자의 날짜 다음에 2자리 숫자의 시작시간, 그리고 두 번째 4자리 숫자는 2자리 숫자의 날짜 다음에 2자리 숫자의 종료시간이다. 대부분의 공항이 24시간의 TAF를 갖지만 선정된 몇몇 공항은 30시간의 TAF를 갖는다. 수정예보 또는 정정이나 지연예보의 경우 유효시간은 24시간 이내이다.

(5) 예보 기상상태(Forecast Meteorological Conditions)

(가) 바람(wind)

바람은 5자리(또는 6자리)의 숫자 group으로 예상되는 풍향(처음 3자리 숫자)과 풍속(마지막 2자리 숫자 또는 100 knot 이상일 경우 3자리 숫자)을 표시한다. 풍속의 단위를 나타내기 위하여 약어 "KT"가 다음에 온다. 돌풍(wind gust)은 풍속에 덧붙이는 문자 "G"와 다음의 예상되는 최대돌풍속도에 의해 제시된다. 변화하는 풍향은 일반적으로 3자리 숫자의 방향이 제시되는 부분을 "VRB"로 나타낸다. 무풍(calm wind) (3 knot 이하)은 "00000KT"로 예보된다.

(나) 시정(visibility)

6 mile까지 예상되는 우시정은 분수의 mile을 포함하여 statute mile 단위로 예보하며, 측정의 단위를 나타내기 위하여 다음에 "SM"을 덧붙인다. 6 mile을 초과하는 예상시정은 P6SM(plus six statute mile)으로 예보한다.

(다) 기상현상(weather phenomena)

예상되는 기상현상은 METAR 보고와 동일한 형식, 수식어 및 기상현상 약어를 사용하여 TAF 보고로 부호화 된다. (UP 제외)

(라) 하늘상태(sky condition)

TAF 하늘상태는 METAR 절에 기술된 METAR 형식을 사용한다. 적란운(CB)은 TAF에서 예보되는 유일한 운형이다. 구름이 없음(clear sky)을 예보할 때는 항상 "SKC"를 사용한다. 약어 "CLR"은 TAF에서는 사용하지 않는다. 지상의 기상현상으로 인해 하늘이 가려졌을 경우, 차폐상태에서의 수직시정(VV)이 예보된다. 수직시정은 "VV" 다음에 100 ft 단위의 3자리 숫자로 높이를 표시한다.

다. 확률예보(Probability Forecast)

기상상태(바람, 시정 및 하늘상태)와 관련하여 뇌우 또는 그 밖의 강수현상이 발생할 수 있는 확률 또는 가능성. PROB30 group은 뇌우나 강수의 발생 가능성이 30~39% 일 때 사용하고, PROB40 group은 뇌우나 강수의 발생 가능성이 40~49% 일 때 사용한다. 이들 다음에는 뇌우나 강수가 예상되는 시간대의 시작날짜와 시간 그리고 종료날짜와 시간을 나타내는 두 개의 4자리 숫자 group을 표시하며, "/"에 의해 구분한다.

라. 예보 변화지시자(Forecast Change Indicators).

(1) From(FM) group

FM group은 일반적으로 우세한 기상상태가 1시간 이내에 급격하게 변화할 것으로 예상될 때 사용한다. 우세한 기상상태가 거의 완전히 새로운 우세한 기상상태로 급격하게 변화하는 것은 전형적으로 터미널지역을 통과하는 기상의 특징과 관련되어 있다 (한랭전선 또는 온난전선의 통과). 변화가 시작될 것으로 예상되는 날짜, 시 및 분을 "FM" 지시자 다음에 6자리 숫자로 나타내며, 이 예보는 다음 변화 group 전까지 또는 현재예보가 종료될 때 까지 지속된다.

(2) Becoming(BECMG) group

BECMG group은 일반적으로 기상상태가 보다 더 장시간, 일반적으로 2시간에 걸쳐 점진적으로 변화할 것으로 예상될 때 사용한다. 변화가 예상되는 시간 group은 BECMG 지시자 다음에 "/"에 의해 분리되는 변화기간의 시작날짜와 시간, 그리고 종료날짜와 시간을 가진 두 개의 4자리 숫자 group으로 나타낸다. 점진적인 변화는 이 시간대 내의 불특정 시간에 발생할 것이다.

(3) Temporary(TEMPO) group

일반적으로 TEMPO group은 바람, 시정, 기상상태 또는 하늘상태가 1시간 미만 동안에 걸쳐서 (일시적으로) 지속되고, 시간대의 1/2 미만 동안 발생할 것으로 예상될 때 사용한다. TEMPO 지시자 다음에는 "/"에 의해 분리되는 두 개의 4자리 숫자 group이 온다. 첫 번째 4자리 숫자 group은 일시적인 상태가 예상되는 시간대의 시작날짜와 시간, 그리고 두 번째 4자리 숫자 group은 종료 날짜와 시간을 나타낸다.

제2절. 고도계 수정 절차(Altimeter Setting Procedures)

1. 일반(General)

가. 항공기 고도계의 정확성에 영향을 미치는 요인은 다음과 같다.
   (1) 비표준 대기온도
   (2) 비표준 대기압
   (3) 항공기 정압계통 (위치오차)
   (4) 계기오차(instrument error)

나. 저온 및 저압에서 장애물이나 지형에 근접하여 비행할 때에는 극히 주의를 기울여야 한다. 주간 표준

기온과 실제기온 사이에 큰 차이가 생길 수 있는 아주 추운 기온에서는 특히 주의를 기울여야 한다. 이러한 상황은 항공기를 지시고도보다 현저히 낮게 비행하도록 하는 심각한 오차를 유발할 수 있다.

다. 해면(sea level)에서의 표준온도는 15℃(59°F)이다. 해면으로부터의 온도변화율은 1,000 ft 당 -2℃(-3.6°F)이다.

2. 절차(Procedures)

가. 해면고도 18,000 ft 미만
  (1) 기압계의 압력(barometric pressure)이 31.00 inHg 이하인 경우
    (가) 비행로를 따라 항공기의 100 NM 이내에 있는 기지국(station)으로부터 통보받은 최신 고도계수정치로 수정한다.
    (나) 100 NM 이내에 기지국이 없는 경우에는 이용 가능한 적정 기지국으로부터 통보받은 최신 고도계수정치로 수정한다.
    (다) 무선통신기를 갖추지 않은 항공기의 경우에는 출발공항의 표고(elevation)에 설정하거나, 출발하기 전의 이용 가능한 적정 고도계수정치를 활용한다.
  (2) 기압계의 압력이 31.00 inHg를 초과하는 경우
    (가) 18,000 ft MSL 미만의 항공로에서 운항하고자 하는 모든 항공기는 31.00 inHg로 수정한다. 영향을 받는 지역을 벗어나거나, 계기접근상의 최종접근구역에 도착할 때까지 이 설정을 유지한다. 가능하다면 최종접근구역에 접근하면서 최신 고도계수정치로 수정한다. 이용 가능한 최신 고도계수정치가 없거나 항공기의 고도계를 31.00 inHg 이상으로 수정할 수 없다면, 접근하는 동안 계속해서 31.00 inHg를 유지한다.
    (나) 출발 중이거나 실패접근 중인 항공기는 의무/통과고도 또는 1,500 ft AGL 중 더 낮은 고도에 도달하기 전까지는 고도계를 31.00 inHg로 설정한다.
    (다) 31.00 inHg를 초과하는 대기압을 정확하게 측정할 수 없는 공항은 대기압을 "missing" 또는 "in excess of 31.00 inches of Hg"로 보고한다. 이러한 공항의 항공기입출항은 VFR 기상상태로 제한된다.

나. 해면고도 18,000 ft 이상
  29.92 inHg(표준기압치)로 수정한다.

3. 고도계 오차(Altimeter Error)

가. 대부분의 기압고도계(pressure altimeter)는 기계적오차, 탄성오차, 온도오차 및 장착오차의 영향을 받는다. 눈금오차는 다음과 같은 방법에 의해 수정할 수 있다.
  (1) 고도계 설정눈금(altimeter setting scale)을 통보받은 최신 고도계수정치로 설정한다.
  (2) 고도계수정치 설정에 사용된 동일 기준고도(reference level)에 항공기가 위치하고 있다면, 고도계는 현재의 공항표고(field elevation)를 나타내어야 한다.
  (3) 알고 있는 공항표고와 고도계 지시 간의 차이를 확인한다. 이 차이가 ±75 ft 이상이라면 고도계의 정확성이 의심스러우므로 적정등급의 수리업체에 평가와 수리가능여부를 문의하여야 한다.

나. 비행중이라면 때때로 항공로의 최신 고도계수정치를 획득하는 것이 대단히 중요하다. 고기압지역에서 저기압지역으로 비행할 때 고도계를 재설정하지 않는다면 항공기는 고도계가 지시하는 고도보다

지표면에 더 근접해 있을 것이다. 고도계수정치 1 in의 오차는 고도 1,000 ft의 오차를 낳는다.

다. 온도 또한 고도와 고도계의 정확성에 영향을 미친다. 대기온도가 표준온도보다 더 따뜻하면 고도계가 지시하는 것보다 더 높이 있는 것이다. 또한 대기가 표준보다 더 춥다면 지시하는 것보다 더 낮게 있는 것이다. 이러한 차이의 크기가 오차의 양을 결정한다. 일정한 지시고도를 유지하면서 더 차가운 기단으로 비행할 경우 진고도(true altitude)는 낮아지게 된다.

4. 높은 기압계 압력(High Barometric Pressure)

한랭건조기단은 31.00 inHg를 초과하는 기압계의 압력을 발생시킬 수 있으며, 다수의 고도계는 이러한 수준의 수정치를 설정할 수 있는 정확한 수단을 가지고 있지 않다. 더 높은 기압수정치로 고도계를 설정할 수 없다면 항공기의 진고도는 고도계의 지시보다 더 높을 것이다. 높은 기압으로 인한 고도계 오차는 추운 기온으로 인한 오차와 반대방향의 결과를 가져온다.

5. 낮은 기압계 압력(Low Barometric Pressure)

비정상적으로 낮은 대기압 상황(28.00 inHg 미만)이 발생할 경우, 실제 고도계수정치를 설정할 수 없는 항공기의 운항은 권하지 않는다. 조종사가 실제 고도계수정치를 설정할 수 없다면 항공기의 진고도는 지시고도보다 더 낮다.

제3절. 항적난기류(Wake Turbulence)

1. 와류의 발생(Vortex Generation)

양력은 날개표면에 형성되는 압력의 차이에 의해 발생한다. 날개표면 상부에는 가장 낮은 압력이, 날개 하부에는 가장 높은 압력이 생긴다. 이 압력차는 날개 끝의 내리흐름(downstream)에 와류를 발생시키고 날개 후방의 공기흐름을 말려 올라가게 한다. 완전히 말려 올라가면 이 후류는 2개의 반대방향으로 회전하는 원통형 와류가 된다.

2. 와류의 강도(Vortex Strength)

가. 와류(vortex)의 강도는 와류를 발생시키는 항공기의 중량, 속도 및 날개의 형상에 좌우된다. 또한 항공기 와류의 특성은 속도변화는 물론 플랩(flap) 또는 그 밖의 날개형태 변경장치(wing configuring device)를 펼침으로서도 변경될 수 있다. 그러나 기본요인은 중량이며, 와류의 강도는 중량에 비례하여 증가한다.

나. 최대와류강도는 와류를 발생시키는 항공기가 무겁고(heavy), 외부 장착물이 없으며(clean), 그리고 저속(slow)일 때 발생한다.

3. 와류의 특성(Vortex Behavior)

가. 뒷전와류(trailing vortex)는 날개 양력발생의 부산물이므로, 이륙 시 부양하는 순간부터 접지시까지 항공기는 와류를 발생시킨다.

나. 측풍은 풍상와류(upwind vortex)의 횡적 움직임은 감소시키고 풍하와류(downwind vortex)의 움직임은 증가시킨다. 45°의 각도로 부는 약한 배풍(tailwind)에는 특히 주의를 기울여야 한다.

4. 와류회피절차(Vortex Avoidance Procedure)

가. 선행 항공기를 육안으로 보면서 뒤따르라는 허가를 조종사가 수락하면 조종사는 분리 및 항적난기류 회피에 대한 책임을 진다.

나. 다음과 같은 각종 상황에서 권고하는 와류회피절차는 다음과 같다.
 (1) 대형항공기의 뒤를 따라 착륙할 때 : 동일 활주로의 경우, 대형항공기의 최종접근비행경로나 위로 비행하며 대형항공기의 접지지점(touchdown point)을 알아 두었다가 그 지점을 지나서 착륙한다.
 (2) 대형항공기의 뒤를 따라 착륙할 때 : 평행활주로 간의 간격이 2,500 ft 미만일 경우, 인접한 활주로에서 와류가 당신의 활주로로 편류(drift)할 가능성을 고려한다. 대형항공기의 최종접근비행경로나 위로 비행하며, 대형항공기의 접지지점을 알아 둔다.
 (3) 대형항공기의 뒤를 따라 착륙할 때 : 교차 활주로의 경우, 대형항공기의 비행경로 위로 횡단하여야 한다.
 (4) 이륙하는 대형항공기의 뒤를 따라 착륙할 때 : 동일 활주로의 경우, 대형항공기의 부양지점(rotation point)을 알아 두었다가 부양지점 훨씬 이전에서 착륙한다.
 (5) 이륙하는 대형항공기의 뒤를 따라 착륙할 때 : 교차 활주로의 경우, 대형항공기의 부양지점을 확인하여 교차지점을 지났다면 계속 접근하여 교차지점 이전에서 착륙한다. 대형항공기가 교차지점 이전에서 이륙하면 대형항공기 비행경로 아래로의 비행은 피해야 한다.
 (6) 대형항공기의 뒤를 따라 이륙할 때 : 대형항공기의 부양지점을 알아 두었다가 대형항공기의 부양지점 이전에서 이륙한다. 대형항공기의 후류에서 벗어나 선회할 때 까지 대형항공기의 상승경로 위로 계속 상승한다. 대형항공기의 후방 및 아래를 가로지르는 기수방향(heading)은 피하여야 한다.

제4절. 잠재적인 비행위험 요소(Potential Flight Hazard)

1. 산악비행(Mountain Flying)

가. 지형이 급격하게 변하는 지역 주변이나 상공으로 비행하지 마라. 특히 강한 바람상태에서는 심한 난기류를 예상할 수 있다.

나. 고고도비행장에 착륙할 때에는 낮은 표고의 비행장과 동일한 지시대기속도를 사용하여야 한다. 고고도에서 낮은 밀도의 공기로 인해 동일한 지시대기속도가 실제로는 너 높은 진대기속도, 더 빠른 착륙속도 그리고 더 중요한 것은 더 긴 착륙거리를 가져올 수 있다는 것을 알아야 한다.

다. 밀도고도(density altitude)의 영향. 항공기 소유자의 handbook에 표시된 이륙활주거리, 마력, 상승률 등의 성능은 일반적으로 해면고도에서의 표준대기상태(59°F(15℃), 기압 29.92 inHg)를 기준으로 한 것이다. 밀도고도는 공기밀도의 정도를 나타낸다. 밀도고도를 높이의 기준으로 사용해서는 안되며 항공기의 성능을 판단하는 기준으로만 사용해야 한다. 고도가 증가하면 공기밀도는 감소한다.

공기밀도가 감소함에 따라 밀도고도는 증가한다. 높은 온도와 높은 습도의 추가적인 영향은 누적되고 높은 밀도고도가 더욱 높아지는 결과를 가져온다. 높은 밀도고도는 항공기의 모든 성능변수 들을 저하시킨다. 조종사에게 이는 정상적인 출력마력은 감소하고 프로펠러 효율은 저하하며, 운항변수(operating parameter) 하에서 항공기를 운항하기 위해서는 더 높은 진대기속도가 필요하다는 것을 의미한다. 이것은 이륙과 착륙에 필요한 활주로 길이의 증가와 상승률의 감소를 의미한다.

라. 산악파(mountain wave).
  (1) 산악파는 바람이 산맥을 지날 때 발생하며, 뾰족하게 솟아오른 지역의 능선(ridge)을 지날 때에도 발생할 수 있다. 바람이 산맥의 풍상측(upwind side)에 부딪히면서 상승하기 시작하면 일반적으로 완만한 상승기류(updraft)가 형성되고, 산마루를 지나면서 난기류의 하강기류(downdraft)로 변한다. 이 지점으로부터 수 mile의 풍하측에 일련의 하강기류와 상승기류가 있게 된다. 산악파가 형성되기 위해서는 30° 이상의 교차각으로 산맥을 가로질러 부는 15 knot 이상의 바람만 있으면 된다.
  (2) 풍상측(일반적으로 서쪽)에서 산맥으로 접근할 때는 보통 완만한 상승기류가 있으며, 따라서 산맥의 풍하측과 달리 그렇게 위험하지는 않다. 풍하측에서는 하강기류가 항공기의 상승성능을 초과할 수도 있기 때문에 항상 1,000 ft 정도 더 높은 고도로 비행하는 것이 바람직한 방법이다. 풍하측에서 산맥으로 접근할 때는 상승기류를 예상해서는 안된다. 항상 하강기류(downdraft)와 난기류에 대처할 수 있는 준비를 하여야 한다.
  (3) 풍하측에서 산맥으로 접근할 때는 능선의 수평방향에 대하여 약 45°의 각도로 능선에 접근할 것을 권장한다. 이러한 방법은 심한 난기류 및 하강기류와 조우한 항공기가 보다 적은 응력(stress)을 받으면서 안전하게 능선에서 벗어날 수 있도록 한다. 심한 난기류와 조우하였다면 출력을 감소시킴과 동시에 항공기가 기동속도(maneuvering speed)에 도달할 때 까지 pitch를 조절하고, 기동속도에 도달하면 출력과 trim을 조절하여 기동속도를 유지한 다음 난기류지역을 벗어난다.

2. Flat Light 및 White Out 상황에서의 비행

가. Flat Light. Flat light는 착시현상이며, "구역 white out 또는 부분적인 white out"이라고도 한다. Flat light는 "white out"처럼 심각하지는 않지만, 조종사는 이러한 상황에서는 시각적인 대비(contrast) 및 심도(depth-of-field)를 상실할 수 있다. 일반적으로 flat light 상황은 시각적인 단서를 볼 수 없도록 하는 잔뜩 흐린 하늘과 함께 나타난다. 이러한 상황은 주로 눈이 덮인 지역에서 발생하지만 먼지, 모래, 진흙 평지 또는 투명한 수면에서도 발생할 수 있다. Flat light는 지형의 특징을 완전히 가릴 수 있으며, 원근감과 근접률을 판단할 수 없도록 한다. 이러한 반사되는 빛으로 인해 조종사는 실제로는 수평비행을 하고 있으면서 상승하거나 강하하고 있는 것 같은 착각을 유발할 수 있다.

나. White Out. White out은 사람이 주위의 모든 것이 백색광(white glow)인 상황에 놓이게 될 때 발생한다. 백색광은 바람에 날리는 눈, 먼지, 모래, 진흙 또는 물 등에 둘러싸여 있을 때 생긴다. 그림자가 없어지고 수평선이나 하늘을 구분할 수 없게 되며, 모든 심도 및 방향감각을 잃어버리게 된다. White out 상황은 시각참조물(visual reference)이 없다는 점에서 심각하다. 어떠한 white out 상황에서도 비행을 해서는 안된다.

제5절. 조종사의 의학적 요소(Medical Facts for Pilots)

1. 비행 적합성(Fitness for Flight)

가. 질병(Illness)

  일상생활에서 앓을 수 있는 가벼운 질병이라도 안전한 비행에 필수적인 여러 조종사 임무 수행능력을 심각하게 저하시킬 수 있다. 질병은 열을 유발하며 판단력, 기억력, 주의력 및 계산능력을 상실시킬 수 있는 정신착란 증상을 일으킬 수 있다.

나. 의약품(Medication)

　　조종사의 수행능력은 앓고 있는 질병뿐만 아니라 처방된 약이나 상용의약품 모두에 의해 심각하게 저하될 수 있다. 신경안정제, 진정제, 강력진통제 및 기침억제제와 같은 여러 의약품들이 주로 판단력, 기억력, 주의력, 협응력, 시력 및 계산능력을 저하시키는 효과를 나타낸다. 항히스타민제, 혈압약, 근육이완제 및 설사약과 멀미약과 같은 그 밖의 의약품들도 동일하게 중요한 기능을 저하시킬 수 있는 부작용을 일으킨다. 진정제, 신경안정제 또는 항히스타민제와 같이 신경계통을 저하시키는 의약품은 조종사를 저산소증(hypoxia)에 보다 더 잘 걸리게 할 수 있다.

다. 알코올(Alcohol)

　　증류주 1 oz, 맥주 한 병 또는 포도주 4 oz 정도의 알코올이라도 최소한 3시간 동안 호흡 및 혈액 속에 남아 있으면서 비행능력을 저하시킬 수 있다. 또한 알코올은 조종사를 방향감각 상실 및 저산소증에 보다 더 잘 걸리게 한다.

라. 피로(Fatigue)

　(1) 피로는 조종사가 심각한 실수를 저지르기 전까지는 드러나지 않을 수 있으므로 여전히 비행안전에서 가장 방심할 수 없는 위험 중의 하나이다. 피로는 대부분 급성피로 또는 만성피로로 나타낸다.

　(2) 일상생활에서 흔하게 발생하는 급성피로는 격심한 근육운동, 부동(不動, immobility), 과중한 정신적인 업무부담, 심한 심리적 압박, 무료함 및 수면부족 등을 포함한 장시간의 신체적, 정신적인 긴장 이후에 느끼는 피로감이다. 결과적으로 안전한 조종사의 수행능력에 필수적인 협응력 및 주의력을 저하시킬 수 있다. 급성피로는 적절한 휴식과 수면뿐만 아니라 규칙적인 운동과 적당한 영향섭취로도 예방할 수 있다.

　(3) 만성피로는 급성피로 증상 사이에 이를 완전하게 회복할 수 있는 충분한 시간이 없을 경우에 발생한다. 계속적인 수행능력의 쇠퇴와 판단력의 저하로 인해 예기치 못한 위험을 초래할 수 있다. 만성피로를 회복하기 위해서는 장기간의 휴식이 필요하다.

마. 스트레스(Stress)

　(1) 일상생활의 압박감에서 오는 스트레스(stress)는 종종 아주 미묘한 방식으로 조종사의 수행능력을 저하시킬 수 있다. 특히 업무에서의 어려움은 주의력을 현저하게 저하시킬 수 있을 만큼 사고과정에 영향을 미친다.

　(2) 대부분의 조종사들은 지상에서의 스트레스를 떨쳐 버리지 못한다. 따라서 평소보다 더 심한 어려운 상황에 처한 경우, 조종사는 이러한 어려운 상황이 만족스럽게 해결될 때 까지 비행을 연기할 것을 고려하여야 한다.

바. 감정(Emotion)

　　심한 논쟁, 가족의 죽음, 별거 또는 이혼, 실직 그리고 재정파탄 등을 포함하여 어떤 감정적인 혼란을 야기하는 상황들은 조종사가 항공기를 안전하게 조종하는 것을 불가능하게 할 수 있다. 이러한 상황으로 인한 노여움, 절망 및 걱정 등의 감정은 주의력을 저하시킬 뿐만 아니라, 자포자기에 가까운 위험에 빠뜨릴 수 있다.

2. 고도의 영향(Effects of Altitude)

가. 저산소증(Hypoxia)

　(1) 저산소증이란 두뇌 및 그 밖의 신체기관의 기능을 저하시킬 정도의 체내 산소결핍 상태이다.

(2) 5,000 ft 정도의 낮은 객실기압고도(cabin pressure altitude)에서는 야간에 시력저하가 발생하기는 하지만, 일반적으로 건강한 조종사라면 12,000 ft까지는 고도의 영향으로 인한 그 밖의 심각한 저산소증은 보통 발생하지 않는다. 12,000~15,000 ft의 고도에서는 판단력, 기억력, 주의력, 협응력 및 계산능력이 저하되고 두통, 졸음, 현기증, 그리고 행복감(다행증) 또는 호전성과 같은 증상이 나타난다. 이 영향은 짧은 시간에 급속히 고도가 증가할 때 나타난다. 실제로 조종사의 수행능력은 15,000 ft에서 15분 이내에 심각하게 저하될 수 있다.

(3) 15,000 ft를 초과하는 객실기압고도에서는 중심시(central vision)만을 제외한 시야의 주변부를 상실할 수 있다(tunnel vision). 손톱과 입술이 검푸른 색으로 변한다(청색증〔cyanosis〕)

(4) 심각한 저산소증의 영향이 발생하는 고도는 여러 가지 요인들에 의해 낮아질 수 있다. 흡연이나 배기가스로부터 흡입된 일산화탄소, 헤모글로빈의 부족(빈혈), 그리고 특정 약물은 수천 feet의 객실기압고도에 노출되었을 때 신체조직에 공급하는 산소량을 평상 시 조직에 공급하는 산소량과 동일하게 하는 혈액의 산소운반능력을 저하시킬 수 있다. 소량의 알코올, 그리고 항히스타민제, 신경진정제, 안정제 및 진통제와 같은 소량의 약품 투여만으로도 이들의 진정작용으로 인해 쉽게 저산소증에 빠질 수 있다.

(5) 적절한 산소계통으로부터 충분한 산소를 흡입하고 쾌적하고 안전한 객실기압고도를 유지하며, 고도에 대한 적응력을 감소시키는 요인들에 주의를 기울임으로써 저산소증을 예방할 수 있다. 최적의 보호를 위해 주간에는 10,000 ft 이상, 야간에는 5,000 ft 이상에서 보조산소를 사용할 것을 조종사에게 권장하고 있다. CFR은 운항승무원이 적어도 12,500~14,000 ft의 객실기압고도에서는 노출된 30분 이후, 그리고 14,000 ft 이상의 객실기압고도에 노출된 경우에는 즉시 보조산소가 공급되고 이를 사용할 수 있어야 한다고 규정하고 있다. 15,000 ft 이상의 객실기압고도에서는 항공기의 모든 탑승객에게 보조산소가 공급되어야 한다.

나. 귀 막힘(Ear Block)

(1) 상승 중에는 항공기의 객실기압이 감소함에 따라 중이(middle ear)의 팽창된 공기가 유스타키오 관(eustachian tube)을 밀어서 열고, 기도(nasal passages)로 새어 나감으로써 객실기압과 기압이 같아진다. 그러나 강하 중에 기압이 같아지도록 하기 위해서는 조종사가 주기적으로 유스타키오 관(eustachian tube)을 열어야 한다. 이것은 침을 삼키거나 하품을 하거나 목구멍의 근육을 긴장시켜서 할 수 있으며, 또는 이런 것들이 여의치 않다면 입을 다물고 손으로 코를 쥔 다음 막힌 콧구멍으로 숨을 내쉬는 복합동작으로도 이루어질 수 있다(발살바법〔Valsalva maneuver〕).

(2) 감기나 인후염 같은 상기도(upper respiratory) 감염 또는 코에 알레르기가 있는 상태에서는 유스타키오 관 주위에 상당한 충혈을 일으켜 기압이 같아지는 것을 어렵게 할 수 있다. 그 결과 중이와 항공기 객실 간의 기압의 차이가 유스타키오 관을 닫혀 있도록 하는 수준까지 증가할 수 있으며, 불가능하지는 않더라도 기압이 같아지는 것을 어렵게 할 수 있다. 이러한 문제점을 일반적으로 "귀 막힘(ear block)"이라고 한다.

다. 부비강 막힘(Sinus Block)

(1) 상승 및 강하하는 동안 부비강(sinus)의 기압은 기도(nasal passages)와 부비강을 연결하는 작은 구멍을 통해 항공기 객실기압과 같아진다. 감기나 인후염 같은 상기도 감염 또는 코에 알레르기가 있는 상태에서는 구멍 주위에 상당한 충혈을 일으켜 기압이 같아지는 것을 더디게 할 수 있고, 부비강과 객실 간의 기압차로 인해 결국 구멍이 막히게 된다. 이러한 "부비강 막힘(sinus block)"은 강하 시에 가장 빈번히 발생한다.

(2) 부비강 막힘(sinus block)은 양 눈썹 위쪽에 있는 전두동(frontal sinus)이나 위쪽 양 볼 위쪽에 있는 상악동(maxillary sinus)에서 발생할 수 있다. 이것은 일반적으로 부비강에 참을 수 없는 통증을 일으킨다. 또한 상악동 막힘(block)은 윗니의 통증을 유발할 수 있다. 코로 피가 나올 수도 있다.

3. 비행중 과호흡증(Hyperventilation in Flight)

가. 비행중 긴장을 유발하는 상황에 처한 경우에는 무의식적으로 과호흡증, 즉 폐로 들어오고 나가는 호흡 공기량의 비정상적인 증가가 발생할 수 있다. 과호흡증은 신체를 통해 이산화탄소가 과다하게 배출되기 때문이며, 조종사는 어지러움, 질식, 졸음, 손발 저림 및 오한 그리고 이것들과 반응하여 한층 더 심한 과호흡증을 겪을 수 있다. 협동운동 장애, 방향감각 상실 및 고통스러운 근육경련은 언젠가는 무기력 상태로 이어질 수 있다. 결국에는 의식불명 상태가 될 수 있다.

나. 호흡률과 호흡의 깊이를 의식적으로 조절하여 정상을 되찾은 후 수분 이내에 과호흡증의 증상은 가라앉는다. 체내에 이산화탄소의 보강은 종이봉지를 코와 입에 대고 내쉬고 들이마시는 호흡을 함으로써 촉진할 수 있다.

다. 과호흡증과 저산소증의 초기증상은 유사하다. 게다가 과호흡증과 저산소증은 동시에 발생할 수 있다. 따라서 조종사가 증상을 느끼고 산소계통을 사용하고자 하면 즉시 100% 산소가 공급되도록 산소조절기를 조절한 다음, 호흡률과 호흡의 깊이에 유의하기 전에 시스템이 효과적으로 기능을 발휘하는지의 여부를 점검하여야 한다.

4. 비행 착각(Illusions in Flight)

가. 경사착오(leans)

경사진 자세의 급격한 수정은 내이(inner ear)의 운동감각기관을 너무 느리게 자극하여 반대방향으로 경사진 것 같은 착각을 유발시킬 수 있다. 방향감각을 상실한 조종사는 원래의 위험한 자세로 되돌아가도록 항공기를 roll 하거나, 또는 수평비행이 유지되고 있다면 이러한 착각이 없어질 때 까지는 지각한 수직면으로 경사지게 하여야 한다고 느껴질 것이다.

(1) 전향성 착각(coriolis illusion)

지속적인 일정률(constant-rate)의 선회시에 갑작스러운 머리의 움직임은 운동감각기관을 자극하는 것을 멈추게 하여 완전히 다른 축에서의 회전착각이나 운동착각을 유발할 수 있다. 방향감각을 상실한 조종사는 회전을 정지시키려고 시도함으로써 항공기를 위험한 자세로 기동시키게 된다. 비행중 모든 착각 가운데에서 가장 대응하기 힘든 이 착각은 특히 IFR 상태 하에서 장시간 일정률 선회를 하는 동안에 갑자기 머리를 심하게 움직이지 않음으로써 방지할 수도 있다.

(2) 반복성 선회감(graveyard spin)

Spin을 회복하기 위한 적절한 조작이 운동감각기관을 자극하는 것을 멈추게 하여 반대방향으로 회전하는 것 같은 착각을 유발시킬 수 있다. 방향감각을 상실한 조종사는 원래의 spin 방향으로 항공기를 되돌리려 할 것이다.

(3) 악성 나선강하(graveyard spiral)

조화된 일정률 선회(coordinated constant-rate turn) 중 고도감소의 주시는 자극된 운동감각기관을 멈추게 하여 수평상태로 강하하는 것 같은 착각을 유발할 수 있다. 방향감각을 상실한 조종사는 조종간을 잡아당길 것이고, 그 결과 나선강하(spiral)는 더 심해지고 고도감소는 증가한다.

(4) 신체중력성 착각(somatogravic illusion)

이륙 중의 급격한 가속은 기수올림(nose up) 자세인 것 같은 착각을 유발시킬 수 있다. 방향감각을 상실한 조종사는 기수내림(nose low) 또는 강하자세가 되도록 항공기의 조종간을 밀 것이다. Throttle의 급격한 줄임으로 인한 급감속은 정반대의 영향을 미칠 수 있으며, 방향감각을 상실한 조종사는 기수올림 또는 실속자세가 되도록 항공기의 조종간을 잡아당길 것이다.

(5) 역전위성 착각(inversion illusion)

상승비행에서 직선 수평비행으로의 급격한 변경은 항공기 기체가 뒤쪽으로 넘어가는 것 같은 착각을 유발시킬 수 있다. 방향감각을 상실한 조종사는 기수내림(nose low) 자세가 되도록 갑작스럽게 항공기의 조종간을 밀게 되며, 착각은 더 심해질 수도 있다.

(6) 승강 착각(elevator illusion)

일반적으로 상승기류에 의한 위쪽 방향으로의 갑작스러운 수직가속은 상승하고 있는 것 같은 착각을 유발시킬 수 있다. 방향감각을 상실한 조종사는 기수내림(nose low) 자세가 되도록 항공기의 조종간을 밀 것이다. 일반적으로 하강기류에 의한 아래쪽 방향으로의 갑작스러운 수직가속은 정반대의 영향을 미칠 수 있으며, 방향감각을 상실한 조종사는 기수올림(nose up) 자세가 되도록 항공기의 조종간을 잡아당길 것이다.

(7) 수평 착각(false horizon)

경사진 구름층(cloud formation), 불분명한 수평선, 지상 불빛 및 별들이 펼쳐진 어두운 지역, 그리고 지상 불빛으로 형성된 기하학적 형태는 실제 수평선과 정확히 일치하지 않은 것 같은 착각을 유발시킬 수 있다. 방향감각을 상실한 조종사는 항공기를 위험한 자세에 놓이게 할 수 있다.

(8) 자가운동(autokinesis)

어둠속에서 정지해 있는 불빛을 수 초 동안 응시하면 움직이는 것처럼 보인다. 방향감각을 상실한 조종사는 항공기를 불빛에 정렬하려다가 조종성을 상실하게 된다.

나. 착륙실수를 유발하는 착각(Illusions Leading to Landing Error)

(1) 활주로 폭 착각(runway width illusion)

일반적인 활주로보다 폭이 좁은 활주로는 항공기가 실제보다 더 높은 고도에 있는 것 같은 착각을 유발시킬 수 있다. 이러한 착각을 인지하지 못한 조종사는 더 낮게 접근하여 접근로의 장애물과 충돌하거나 활주로에 못 미쳐 착륙할 수 있는 위험을 안고 있다. 일반적인 활주로보다 폭이 넓은 활주로는 정반대의 영향을 미칠 수 있으며, 높은 고도에서 수평조작을 하여 거친 착륙(hard landing)을 하거나 활주로를 초과할 수 있는 위험을 안고 있다.

(2) 활주로 및 지형 경사착각(runway and terrain slope illusion)

위로 경사진 활주로, 위로 경사진 지형 또는 양쪽 다인 경우, 항공기가 실제보다 더 높은 고도에 있는 것 같은 착각을 유발시킬 수 있다. 이러한 착각을 인지하지 못한 조종사는 더 낮게 접근할 것이다. 아래로 경사진 활주로, 아래로 경사진 접근 지형 또는 양쪽 다인 경우 정반대의 영향을 미칠 수 있다.

(3) 특색이 없는 지형 착각(featureless terrain illusion)

수면, 어두운 지역, 그리고 눈으로 덮여 특색이 없어진 지형 위에 착륙할 때와 같이 지표면의 특색이 없는 경우, 항공기가 실제보다 더 높은 고도에 있는 것 같은 착각을 유발시킬 수 있다. 이러한 착각을 인지하지 못한 조종사는 더 낮게 접근할 것이다.

(4) 대기현상에 의한 착각(atmospheric illusion)

Windscreen 상의 빗물은 더 높은 고도에 있는 것 같은 착각을 유발시키고, 대기의 연무(haze)는 활주로로부터 더 먼 거리에 있는 것 같은 착각을 유발시킬 수 있다. 이러한 착각을 인지하지 못한 조종사는 더 낮게 접근할 것이다. 안개 속으로 비행하다 보면 기수가 들리는 것(pitch up) 같은 착각이 유발될 수 있다. 이러한 착각을 인지하지 못한 조종사는 종종 갑자기 가파른 경사도로 접근할 수 있다.

(5) 지상 불빛 착각(ground lighting illusions)

도로와 같은 직선경로의 불빛, 그리고 달리는 기차의 불빛이라도 활주로등 및 진입등으로 혼동될 수 있다. 밝은 활주로등 및 진입등시스템에서, 특히 주변 지역을 비추는 조명이 거의 없는 곳에서는 활주로까지의 거리가 더 가까운 것 같은 착각을 유발시킬 수 있다. 이러한 착각을 인지하지 못한 조종사는 더 높게 접근을 할 것이다. 이에 비해 고도를 가늠할 수 있는 불빛이 거의 없는 지역 상공을 비행하는 조종사는 정상접근보다 더 낮게 접근할 수 있다.

5. 비행시각(Vision in Flight)

가. 어둡거나 밝은 조명에서의 시각(Vision Under Dim and Bright Illumination)

(1) 어둠 속에서 시력은 빛에 점점 더 민감해지며 이 과정을 암순응(dark adaptation) 이라고 한다. 조종사가 칠흑 같은 어둠에서 완전한 암순응을 위해서는 최소한 30분 정도의 노출이 필요하지만, 희미한 적색의 조종실 조명에서는 20분 이내에 적정 수준의 암순응을 할 수 있다. 적색조명은 특히 항공차트에서 색상을 왜곡시키며 항공기 내부의 사물에 눈의 초점을 맞추기 대단히 어렵게 하는 원인이 될 수 있으므로, 외부의 적정한 야간시야 능력이 필요한 곳에서만 사용할 것을 권고한다. 밝은 불빛을 보고 수 초 이내에 암순응이 어느 정도 상실될 수 있기 때문에 조종사는 조명을 사용할 경우 어느 정도의 야간시력을 유지하기 위하여 한쪽 눈을 감아야 한다.

(2) 과도한 불빛, 특히 캐노피(canopy), 항공기 내부의 표면, 구름, 수면, 눈 및 사막지역에서 반사된 빛은 눈부심과 더불어 불편한 눈 찡그림, 눈물 글썽임, 그리고 일시적인 시력상실까지도 유발할 수 있다. 눈부심을 보호하기 위한 선글라스(sunglass)는 모든 색상을 균일하게 흡수(중립 투과율)하고 가시광선의 최소한 85%를 흡수(15% 투과)해야 하며, 굴절과 프리즘 오차(prismatic error)로 인한 상의 왜곡이 거의 없어야 한다.

나. 다른 항공기의 탐색(Scanning for Other Aircraft)

(1) 다른 항공기가 있는지 하늘을 탐색하는 것은 충돌회피를 위한 주요한 요소이다. 따라서 조종사는 계기를 살펴보는 동안에도 주변공역을 효과적으로 탐색하기 위하여 시분할(timesharing) 기법을 활용하여야 한다.

(2) 눈은 한 번에 대략 200° 원호(arc)의 수평선을 관찰할 수 있지만, 눈의 뒤편에 있는 황반(fovea) 이라고 하는 아주 작은 중심부만이 뚜렷하고 정확하게 초점이 맞는 메시지를 뇌로 보낼 수 있는 능력을 가지고 있다. 황반(fovea)에서 직접 처리되지 않는 그 밖의 모든 시각정보는 그렇게 선명하지 않다. 눈은 이처럼 좁은 시각범위에만 초점을 맞출 수 있으므로, 중심시야(central visual field)에 하늘의 연이은 부분이 오도록 일련의 짧고 일정한 간격으로 눈을 움직여 효과적인 탐색을 할 수 있다. 각각의 움직임은 10°를 초과하지 않아야 하며, 충돌탐지를 하기 위해서 최소한 1초 동안 각 구역을 주시하여야 한다.

(3) 또한 효과적인 탐색은 "공백근시(empty-field myopia)"를 피할 수 있도록 한다. 일반적으로 이러한 상태는 항공기 외부에 초점을 맞출만한 특정한 것이 전혀 없는 구름 위나 연무층(haze layer) 안에서 비행할 때 발생한다. 이것은 눈의 긴장을 풀리게 하고, 눈을 10~30 ft 범위의 편안한 초점거리에 맞추도록 한다. 이것은 외부를 주시하지 않고 그저 바라보고만 있다는 것(looking without seeing)을 의미하며, 조종사에게 있어 위험한 행위이다.

제6절. 항공차트(Aeronautical Charts)

1. VFR 항법 차트(VFR Navigation Chart)

가. 구역항공차트(Sectional Aeronautical Charts)
　　구역차트(Sectional Chart)는 저속 및 중속 항공기의 시계운항을 위해 만들어진 것이다. 항공정보에는 시각보조시설과 무선항행안전시설, 공항, 관제공역, 특수사용공역, 장애물 그리고 관련된 자료가 포함된다. 축척은 1 : 500,000(1 in=6.86 nm)이다.

나. VFR 터미널지역차트(VFR Terminal Area Charts; TAC)
　　TAC에는 B등급 공역으로 지정된 공역을 표기한다. 구역차트와 유사하지만 축척이 커서 더욱 상세하다. TAC는 B등급 또는 C등급 공역 내부나 근처의 비행장으로 입출항하는 조종사가 사용할 수 있다. TAC 범위의 지역은 구역차트 색인(index)에 ● 로 표시되어 있다. 축척은 1 : 250,000(1 in=3.43 nm)이다.

다. 미국 걸프만 VFR 항공차트(U.S. Gulf Coast VFR Aeronautical Chart)

라. 그랜드캐니언 VFR 항공차트(Grand Canyon VFR Aeronautical Chart)

마. 카리브해 VFR 항공차트(Caribbean VFR Aeronautical Chart)

바. 헬리콥터 비행로 차트(Helicopter Route Chart)
　　헬리콥터 조종사가 헬리콥터 활동이 매우 빈번한 지역의 운항에 유용한 최근의 항공정보를 표시한 3가지 색상의 차트 시리즈(series)

2. IFR 항법 차트(IFR Navigation Chart)

가. IFR 저고도항공로차트(IFR Enroute Low Altitude Chart) (미국대륙 및 알래스카)
　　저고도 항공로차트는 IFR 상태에서 18,000 ft MSL 미만의 운항을 위한 항공정보를 제공한다.

나. IFR 고고도항공로차트(IFR Enroute High Altitude Chart) (미국대륙 및 알래스카)
　　고고도 항공로차트는 18,000 ft MSL 이상의 운항을 위해 만들어진 것이다.

다. 미국 터미널절차간행물(Terminal Procedures Publication; TPP)
(1) 계기접근절차(Instrument Approach Procedure; IAP) 차트
　　IAP 차트는 공항에 계기접근을 하는데 필요한 항공자료를 나타낸다.
(2) 계기출발절차(Instrument Departure Procedure; DP) 차트
　　DP 차트는 허가중계(clearance delivery)를 신속히 하고, 이륙과 항공로 운항 간의 전환을 용이하게 하기 위하여 만들어진 것이다.

(3) 표준터미널도착절차(Standard Terminal Arrival; STAR) 차트
STAR 차트는 ATC 도착절차를 신속히 처리하고, 항공로와 계기접근운항 간의 전환을 용이하게 하기 위하여 만들어진 것이다.

(4) 공항 Diagram(Airport Diagram)
전면(full page) 공항 diagram은 복잡한 활주로/유도로 구성을 가진 지역에서 지상교통의 이동에 도움을 주기 위하여 만들어진 것이다.

라. 알래스카 터미널절차간행물(Alaska Terminal Procedures Publication)
이 간행물에는 알래스카에 있는 민군항공용의 모든 터미널비행절차가 포함되어 있다.

I. 항공기상(Aviation Weather)

【문제】1. 지상에서 출발 전 FSS contact 시 가장 중요하게 들을 수 있는 기상정보는?
① 목적지 기상, 항로 기상
② 목적지 기상
③ 항로 기상
④ 출발공항 기상

【문제】2. 17,500 ft 이하의 고도에서 비행 중 EFAS(En-route Advisory Flight Service)를 받기 위한 주파수는?
① 108.0 MHz
② 122.0 MHz
③ 243.0 MHz
④ 460.0 MHz

〈해설〉 EFAS는 계획한 비행방식, 비행경로 및 고도와 관련하여 적시에 적절한 기상조언을 항공로의 항공기에 제공하기 위하여 특별히 지정된 업무이다. EFAS는 122.0 MHz 공통주파수로 지표면 상부 5,000 ft에서부터 17,500 ft MSL까지의 고도에서 비행하는 항공기에 대하여 통신성능을 제공한다.

【문제】3. SIGMET의 유효시간은 최대 얼마를 초과하지 않아야 하는가?
① 3시간
② 6시간
③ 9시간
④ 12시간

〈해설〉 FAA AIM 7-1-6. 비행중 항공기상조언(Inflight Aviation Weather Advisories)
SIGMET은 특정 항공로 상에 발생하거나 발생이 예상되는 항공기의 안전운항에 영향을 미칠 수 있는 기상현상을 간결하게 기술한 것이다. SIGMET은 6시간 동안 유효한 열대성저기압과 화산재구름과 관련된 SIGMET을 제외하고, 4시간 동안 유효한 비정기적 산출물이다.

【문제】4. 비행 중에 만날 수 있는 moderate turbulence나 moderate icing을 확인할 수 있는 예보는?
① SIGMET
② Convective SIGMET
③ AIRMET
④ Terminal forecast

〈해설〉 FAA AIM 7-1-6. 비행중 항공기상조언(Inflight Aviation Weather Advisories)
AIRMET은 SIGMET의 발표가 필요한 기상현상보다 강도는 낮지만, 특정 항공로 상에 발생하거나 발생이 예상되는 항공기의 안전운항에 영향을 미칠 수 있는 기상현상을 간결하게 기술한 것이다. 미국본토에서 AIRMET은 항공로의 다음과 같은 항공기상 위험요소를 표기한다.
1. 계기비행방식 기상상태 (운고〈1,000 ft 및/또는 지상시정〈3 mile)
2. 광범위한 산악차폐(widespread mountain obscuration)
3. 보통 착빙(moderate icing)
4. 결빙고도(freezing level)
5. 보통 난기류(moderate turbulence)
6. 2,000 ft AGL 미만의 비대류성 저고도 윈드시어(LLWS)
7. 30 knot를 초과하는 지속적인 지상풍(surface winds)

【문제】5. 자동기상 관측소를 나타내는 약어(abbreviation)는?
① AWCS
② AWOS
③ AWSS
④ ASOS

정답   1. ①   2. ②   3. ②   4. ③   5. ②

【문제】6. AWOS-1 system에서 제공하는 정보는?
 ① Altimeter setting, wind data, temperature, dewpoint, density altitude
 ② Altimeter setting, wind data, temperature, dewpoint, pressure altitude
 ③ Altimeter setting, wind data, temperature, visibility, density altitude
 ④ Altimeter setting, wind data, temperature, visibility, pressure altitude

【문제】7. 자동기상관측장비(AWOS)에 제공하는 관측 data에 대한 설명 중 잘못된 것은?
 ① AWOS-A는 altimeter setting을 제공한다.
 ② AWOS-1은 altimeter setting, wind data, temperature, dew point 및 density altitude를 제공한다.
 ③ AWOS-2는 AWOS-1에서 관측하는 data에 추가하여 visibility를 제공한다.
 ④ AWOS-3는 AWOS-2에서 관측하는 data에 추가하여 precipitation identification sensor를 제공한다.

〈해설〉 FAA AIM 7-1-10. 기상관측프로그램(Weather Observing Program)
 자동기상관측시스템(Automated Weather Observing System; AWOS)은 운용상 기본적으로 다음과 같은 9개의 수준(level)으로 분류된다.
 1. AWOS-A는 고도계수정치(altimeter setting) 만을 보고한다.
 2. AWOS-AV는 고도 및 시정을 보고한다.
 3. AWOS-1은 보통 고도계수정치, 바람자료, 기온, 이슬점 및 밀도고도를 제공한다.
 4. AWOS-2는 AWOS-1에서 제공하는 정보에 추가하여 시정자료를 제공한다.
 5. AWOS-3는 AWOS-2에서 제공하는 정보에 추가하여 구름/운고(ceiling) 자료를 제공한다.
 6. AWOS-3P는 AWOS-3 시스템과 동일한 보고에 추가하여 강수식별감지기(precipitation identification sensor)를 제공한다.
 7. AWOS-3PT는 AWOS-3P 시스템과 동일한 보고에 추가하여 뇌우/번개 보고기능을 제공한다.
 8. AWOS-3T는 AWOS-3 시스템과 동일한 보고에 추가하여 뇌우/번개 보고기능을 제공한다.
 9. AWOS-4는 AWOS-3 시스템과 동일한 보고에 추가하여 강수 발생, 형태 및 강수량, 어는 비(freezing rain), 뇌우 그리고 활주로표면감지기(runway surface sensor)를 제공한다.

【문제】8. Runway Visual Range(RVR) 측정방법에 대한 설명 중 맞는 것은?
 ① 시정이 500 m 미만일 때 항상 측정해야 한다.
 ② Runway centerline으로부터 측면거리 120 m 이내의 위치에서 측정해야 한다.
 ③ 항상 정밀접근 활주로에서 측정하여야 한다.
 ④ 항공기에서 측정 시는 3곳 이상의 장소에서 측정하여야 한다.

【문제】9. 다음 중 공항에서 RVR을 보고해야 하는 경우는?
 ① Visibility가 800 m 미만으로 감소할 때
 ② Visibility가 1,500 m 미만으로 감소할 때
 ③ RVR이 800 m 미만으로 감소할 때
 ④ RVR이 2,000 m 미만으로 감소할 때

정답 6. ①   7. ④   8. ②   9. ②

〈해설〉 항공기상 관측지침, 5.5.3 활주로가시거리의 관측과 통보
1. 측정대상 활주로 및 측정방법
   가. 활주로가시거리는 시정이 악화된 기간 동안에 사용하기 위하여 모든 활주로에서 측정해야 한다.
   나. 시정 또는 활주로가시거리가 1,500 m 미만일 때는 그 기간 내내 m 단위로 보고한다.
2. 활주로가시거리의 측기위치
   가. 활주로가시거리 측정은 활주로 중심선으로부터 측면거리 120 m 이내의 위치에서 수행해야 한다.
   나. 접지구역의 상태를 대표하는 활주로 시단으로부터 활주로를 따라 약 300 m에 위치한 장소이어야 한다.
   다. 활주로 중간지점 및 반대편 끝 부분의 상태를 대표하는 측정지점은 활주로 전단으로부터 활주로를 따라 1,000 m에서 1,500 m 되는 지점과 활주로 반대편 끝으로부터 약 300 m 되는 거리에서 관측해야 한다.

【문제】10. 다음 중 RVR에 대한 설명으로 틀린 것은?
① 항상 장비에 의해 측정된 값을 사용한다.
② 1,000 ft 또는 1 SM 단위로 통보한다.
③ 움직이는 항공기 내의 조종사가 활주로를 내려다보는 것을 기준으로 한다.
④ Transmissometer를 활용하여 측정한다.

〈해설〉 FAA IPH 제1장. 출발절차(Departure Procedures), 활주로가시거리(Runway Visual Range)
활주로가시거리(RVR)는 조종사가 접근활주로시단(approach end)에서 활주로를 내려다보는 수평거리를 나타내며, 표준 교정방법에 따라 측정을 하여 도출한 값이다. 우시정이나 활주로 시정과는 대조적으로 RVR은 움직이는 항공기 내의 조종사가 활주로를 내려다보는 것을 기준으로 한다. RVR은 100 ft 단위로 통보되므로, 시정이 statute mile 단위로 통보되지 않으면 값을 statute mile로 환산하여야 한다. 활주로 근처의 transmissometer로 RVR을 통보하기 위한 시정을 측정한다.

【문제】11. Mid-Point 및 Roll-out RVR 모두를 발부하는 시기로 옳은 것은?
① Mid-Point 또는 Roll-out RVR 값이 2,000피트 미만이고, Touchdown RVR 값이 Mid-Point 또는 Roll-out RVR 값보다 클 때
② Mid-Point 또는 Roll-out RVR 값이 2,000피트 이상이고, Touchdown RVR 값이 Mid-Point 또는 Roll-out RVR 값보다 클 때
③ Mid-Point 또는 Roll-out RVR 값이 6,000피트 미만이고, Touchdown RVR 값이 Mid-Point 또는 Roll-out RVR 값보다 클 때
④ Mid-Point 또는 Roll-out RVR 값이 6,000피트 이상이고, Touchdown RVR 값이 Mid-Point 또는 Roll-out RVR 값보다 클 때

〈해설〉 항공교통관제절차 2-8-2. 도착, 출발 활주로 시정(Arrival/Departure Runway Visibility)
Mid-Point 또는 Roll-out RVR 값이 2,000피트(600미터) 미만이고, Touchdown RVR 값이 Mid-Point 또는 Roll-out RVR 값보다 클 때, Mid 및 Roll-out RVR 모두를 발부한다.

【문제】12. 관제기관에서 조종사에게 PIREP을 요청하는 기상상황이 아닌 것은?
① 5,000 ft 이하의 운고
② 5 mile 이하의 시정
③ 약한 정도 이상의 난기류
④ Wind shear

[정답] 10. ② 11. ① 12. ③

〈해설〉 FAA AIM 7-1-18. 조종사기상보고(Pilot Weather Reports; PIREP)
　　　　FAA 항공교통시설은 다음과 같은 상황이 보고되거나 예보될 때 PIREP을 요구하여야 한다.
　　　　5,000 ft 이하의 운고, 5 mile 이하의 시정(지표면 또는 상층), 뇌우 및 관련 현상, 약한(light) 정도 이상의 착빙, 보통(moderate) 정도 이상의 난기류, 윈드시어 및 보고되거나 예보된 화산재구름

【문제】 13. Ceiling의 정의로 올바른 것은?
　　① 가장 낮은 구름층의 높이
　　② Broken 또는 overcast로 보고되는 가장 낮은 구름층의 높이
　　③ Scatter로 보고되는 가장 낮은 구름층의 높이
　　④ 하늘의 6/10 이상을 덮는 가장 낮은 구름층의 높이

【문제】 14. 운고(ceiling)의 정의로 올바른 것은?
　　① 하늘의 절반을 초과하는 부분을 덮고 있는 20,000 ft 미만의 가장 낮은 구름층 높이
　　② 가장 낮은 구름층의 지표면 또는 수면으로부터의 높이
　　③ Overcast로 보고되는 가장 낮은 구름층의 높이
　　④ 하늘의 4 oktas 이상을 덮고 있는 가장 낮은 구름층 또는 차폐현상의 높이
〈해설〉 FAA AIM 7-1-14. 구름 높이의 보고(Reporting of Cloud Heights)
　　　　CFR의 정의에 의한 항공기상보고 및 예보에 사용될 때의 운고(ceiling)란 지표면(또는 수면)으로부터 "broken", "overcast" 또는 "차폐(obscuration)"로 보고되는 가장 낮은 구름층이나 차폐현상까지의 높이를 말한다.
〈참조〉 FAA AIM 용어사전(Glossary). 운고(Ceiling) 〔ICAO〕
　　　　하늘의 절반을 초과하는 부분을 덮고 있는 지표면 또는 수면으로부터 6,000 m(20,000 ft) 미만의 가장 낮은 구름층 높이

【문제】 15. 착빙(icing)이 항공기에 미치는 영향으로 틀린 것은?
　　① 항공기 무게의 증가　　　　② 추력과 양력의 감소
　　③ 계기의 오작동　　　　　　④ 실속속도의 감소
〈해설〉 FAA AIM 7-1-21. 기체착빙 관련(Airframe Icing) PIREP
　　　　항공기에 축적되는 착빙의 영향은 추력 감소, 항력 증가, 양력 손실 및 무게 증가이다. 그 결과 실속속도는 증가하고 항공기 성능은 저하된다.

【문제】 16. 기상보고 중 VC(Vicinity)는 공항반경 얼마의 범위에서 발생하는 기상에 적용하는가?
　　① 3~10 mile　　② 5~10 mile　　③ 5~12 mile　　④ 7~12 mile

【문제】 17. 기상보고 중 VC(in the vicinity)는 공항 기준위치로부터 반경 얼마의 범위를 나타내는가?
　　① 6 km　　② 8 km　　③ 10 km　　④ 12 km

【문제】 18. METAR에서 기상현상을 보고하기 위해 사용하는 "VC"의 의미는?
　　① Vertical Cloud　　　　　② Volcanic Activity
　　③ Vicinity　　　　　　　　④ Vertical velocity

정답　13. ②　　14. ①　　15. ④　　16. ②　　17. ②　　18. ③

〈해설〉 FAA AIM 7-1-29. 국제민간항공기구(ICAO) 기상형식
근접도(proximity)는 공항주변(관측지점으로부터 5~10 mile 사이)에서 발생하는 기상에 대해서만 적용된다.
〈참조〉 항공기상 관측지침, 5.3.4 현재일기의 관측과 통보
부근(VC : Vicinity)이란 공항표점(reference point)으로부터 반경 8~16 km 사이를 뜻한다.

【문제】19. 뇌우(TS) 조우 시 조치사항으로 맞지 않는 것은?
① 섬광에 의한 순간적인 시력상실을 방지하기 위해 cockpit 내의 조명은 되도록 밝게 한다.
② 뇌우구름 상부는 안전하므로 가능하면 구름 위로 피한다.
③ 불가피하게 뇌우구름으로 진입하였을 경우, 일정한 고도를 유지하려 하는 것은 기체에 큰 응력을 발생시키므로 항공기가 기류를 타도록 하는 것이 좋다.
④ 뇌우구름의 운정(on top)에 있는 모루구름(anvil cloud) 주위에는 강항 wind shear와 착빙이 발생할 수 있으므로 위험하다.

【문제】20. 뇌우 통과 시 조치사항으로 맞는 것은?
① 항공기의 출력을 일정하게 유지한다.
② 항공기의 고도 및 속도를 일정하게 유지한다.
③ 조종실 실내를 어둡게 한다.
④ 착빙을 피하기 위해 외기온도가 0 ~ -10℃ 정도인 고도로 비행한다.

〈해설〉 FAA AIM 7-1-27. 뇌우비행(Thunderstorm Flying)
1. 권장하는 난기류 통과속도로 동력설정을 유지하고, 동력설정을 변경하지 마라.
2. 일정한 자세를 유지하라. 고도 및 속도가 변동될 수 있도록 놓아두라.
3. 번개로 인한 일시적인 시력상실(blindness)을 줄이기 위하여 조종실 조명을 가장 높은 광도로 조절한다.
4. 가장 위험한 착빙을 피하기 위하여 결빙고도 미만이나 -15℃ 고도 이상의 통과고도로 비행한다.

【문제】21. Microburst 하강기류의 강도는?
① 3,000 fpm ② 4,000 fpm ③ 5,000 fpm ④ 6,000 fpm

〈해설〉 FAA AIM 7-1-24. 마이크로버스트(Microburst)
강도(Intensity). 하강기류는 분당 6,000 ft에 달할 수 있다. 지표면 근처의 45 knot에 달하는 수평바람은 마이크로버스트를 가로지르는 90 knot의 윈드시어(가로지르는 항공기의 경우 정풍에서 역풍으로 변화)를 야기할 수 있다.

【문제】22. 눈이 와서 시정이 불량할 때, 눈(snow)의 등급 분류에 대한 설명으로 틀린 것은?
① Light: 시정 1/2마일 초과
② Medium: 시정 3/4마일 초과
③ Moderate: 시정 1/2~1/4마일
④ Heavy: 시정 1/4마일 이하

〈해설〉 FAA AIM 7-1-17. 시정에 의거한 눈(snow) 또는 이슬비(drizzle)의 강도 산정
1. 약함(Light) : 1/2 SM 초과 시정
2. 보통(Moderate) : 1/4 SM 초과 1/2 SM 이하 시정
3. 강함(Heavy) : 1/4 SM 이하 시정

정답 19. ② 20. ① 21. ④ 22. ②

【문제】 23. 직경 1/4 in 이상의 우박(hail)을 나타내는 METAR 부호는?
   ① GR   ② GS   ③ SG   ④ SN

【문제】 24. 최대 우박의 직경이 5 mm 이상일 때 이를 나타내는 부호는?
   ① SG   ② GS   ③ GR   ④ SN

〈해설〉 FAA AIM 7-1-29. 국제민간항공기구(ICAO) 기상형식
   강수(precipitation). METAR 부호에는 다음과 같은 9가지 형태의 강수가 있다.
      RA ………… 비(rain)
      DZ ………… 이슬비(drizzle)
      SN ………… 눈(snow)
      GR ………… 우박(hail) (직경 1/4″ 이상)
      GS ………… 작은 우박(small hail)/눈 싸라기(snow pellets)
      PL ………… 얼음 싸라기(ice pellets)
      SG ………… 쌀알눈(snow grains)
      IC ………… 빙정(ice crystals) (얼음침[diamond dust])
      UP ………… 불분명한 강수(unknown precipitation) (자동관측소에만 해당)
〈참조〉 항공기상 관측지침
   우박(Hail. GR)이란 투명하거나, 부분 또는 전부가 불투명하고 일반적으로 5~50 mm 이내의 직경을 갖는 얼음 조각(우박)을 말한다.

【문제】 25. 연기(smoke)에 의한 시정장애를 나타내는 METAR 부호는?
   ① BR   ② FU   ③ SA   ④ PY

【문제】 26. 부호 "PO"로 나타내는 기상현상은?
   ① Fog   ② Small hail/snow pellet
   ③ Funnel cloud   ④ Dust/Sand whirls

【문제】 27. 전체 하늘에 대해 구름이 차지하고 있는 부분이 1/8~2/8인 운량을 보고하는 약어는?
   ① SKC   ② FEW   ③ SCT   ④ BKN

【문제】 28. 구름의 양을 나타내는 약어 중 틀린 것은?
   ① SKC: 구름 없음   ② FEW: 1/8~2/8의 운량
   ③ BKN: 3/8~4/8의 운량   ④ OVC: 8/8의 운량

〈해설〉 FAA AIM 7-1-29. 국제민간항공기구(ICAO) 기상형식
   1. METAR 부호에는 다음과 같은 8가지 형태의 차폐현상이 있다. 차폐란 수평시정을 저하시키는 강수 이외의 대기현상을 말한다.
      FG ………… 안개(fog) (5/8 mile 미만의 시정)
      HZ ………… 연무(haze)
      FU ………… 연기(smoke)
      PY ………… 물안개(spray)

[정답] 23. ① 24. ③ 25. ② 26. ④ 27. ② 28. ③

BR ········· 박무(mist) (5/8~6 mile의 시정)
SA ········· 모래(sand)
DU ········· 먼지(dust)
VA ········· 화산재(volcanic ash)

2. 전체 하늘에 대해 구름이 가리고 있는 부분을 약어를 사용하여 8분위의 운량(amount)으로 보고한다.
SKC ········ clear (구름 없음)
FEW ········ >0~2/8의 구름
〔참조; 항공기상 관측지침에서는 FEW를 1/8~2/8의 구름으로 정의하고 있음〕
SCT ········ scattered (3/8~4/8의 구름)
BKN ······· broken (5/8~7/8의 구름)
OVC ······· overcast (8/8의 구름)
CB ········· 적란운(cumulonimbus)이 존재할 때
TCU ······· 탑상적운(towering cumulus)이 존재할 때

3. 기타
PO ········· 먼지/모래회오리(dust/sand whirls)

【문제】29. METAR …SCT010 BKN030 OVC080…로 보고되었다면 ceiling은?
① 800 ft   ② 1,000 ft   ③ 3,000 ft   ④ 8,000 ft

【문제】30. 구름의 base가 불분명하고 안개 때문에 완전 차폐되었을 때 보고되는 시정은?
① Tower visibility   ② Slant visibility
③ Prevailing visibility   ④ Vertical visibility

【문제】31. METAR에서 sky condition을 나타내는 "VV003"의 의미는?
① 운고 300 ft   ② 운고 3,000 ft   ③ 수직시정 300 ft   ④ 수직시정 3,000 ft

〈해설〉 FAA AIM 7-1-29. 국제민간항공기구(ICAO) 기상형식
1. 항공목적상 운고는 가장 낮은 broken 층이나 overcast 층, 또는 차폐상태에서의 수직시정이다. 운저고도(cloud base)는 3자리 숫자를 사용하여 지표면으로부터 100 ft 단위의 고도(AGL)로 보고한다.
2. 수직시정(불명확한 운고) : 불명확한 운고(ceiling)의 높이는 "VV" 다음에 100 ft 단위의 3자리 숫자로 수직시정을 보고한다. 이러한 층은 하늘 전체가 차폐되었다는 것을 나타낸다.

【문제】32. METAR 기상예보에서 altimeter setting A3006의 의미는?
① Altimeter를 30.03 inHg로 set 한다.   ② Altimeter를 30.06 inHg로 set 한다.
③ Altimeter를 3003 hPa로 set 한다.   ④ Altimeter를 3006 hPa로 set 한다.

〈해설〉 FAA AIM 7-1-29. 국제민간항공기구(ICAO) 기상형식
고도계수정치(altimeter setting)는 압력의 단위임을 나타내기 위하여 접두어 "A"를 붙인 inHg 단위의 4자리 숫자 형식으로 보고된다.

【문제】33. ICAO Annex에서 규정하고 있는 TAF의 권장 유효시간은?
① 3~12시간   ② 6~20시간   ③ 6~30시간   ④ 12~30시간

정답   29. ③   30. ④   31. ③   32. ②   33. ③

【문제】34. 유효시간이 12~30시간인 TAF의 발행주기는?
① 3시간   ② 6시간   ③ 9시간   ④ 12시간

〈해설〉 ICAO Annex 3. 6.2 공항예보(Aerodrome forecasts)
권고(recommendation) - 정기 TAF의 유효시간은 6시간 이상 30시간 이하이어야 하며, 이러한 유효시간은 지역항공항행협정(regional air navigation agreement)에 의하여 결정하여야 한다. 유효시간이 12시간 미만인 정기 TAF는 매 3시간 간격으로, 유효시간이 12시간에서 30시간까지인 정기 TAF는 매 6시간 간격으로 발표해야 한다.

【문제】35. TAF는 하루에 몇 번 발표하는가?
① 수시로   ② 2번   ③ 4번   ④ 6번

【문제】36. Terminal area forecast(TAF)의 측정기준은?
① 공항표점 기준 반경 5 SM 이내   ② 접지지점 기준 반경 5 SM 이내
③ 기상대 기준 반경 5 SM 이내   ④ 공항중심 기준 반경 5 SM 이내

〈해설〉 FAA AIM 7-1-29. 국제민간항공기구(ICAO) 기상형식, 공항예보(Aerodrome Forecast; TAF)
공항예보(Aerodrome Forecast; TAF)란 지정된 기간 동안 공항에서 예상되는 기상상태를 간결하게 서술한 것이다. TAF는 매일 24시간 중 0000Z, 0600Z, 1200Z 및 1800Z에 4회 발표된다.

〈참조〉 항공기상예보지침
공항예보(TAF) 구역은 해당 공항의 공항 표점(ARP, Aerodrome Reference Point)을 기준으로 반경 8 km(5 SM) 이내의 지역을 말한다.

【문제】37. Terminal의 풍속이 얼마인 경우 calm wind 상태로 간주하는가?
① 무풍   ② 2 kt 미만   ③ 3 kt 미만   ④ 4 kt 미만

〈해설〉 FAA AIM 7-1-29. 국제민간항공기구(ICAO) 기상형식, 공항예보(Aerodrome Forecast; TAF)
무풍(calm wind) (3 knot 이하)은 "00000KT"로 예보된다.

〈참조〉 항공교통관제절차 2-6-5. 무풍상태(Calm Wind Conditions)
터미널(Terminal) : 풍속이 3 knots 미만일 때, 무풍상태로 간주한다.

【문제】38. METAR 보고에서 풍속이 얼마인 경우, wind calm으로 표기하여야 하는가? (ICAO 기준)
① 0.2 m/s 미만   ② 0.3 m/s 미만   ③ 0.5 m/s 미만   ④ 0.7 m/s 미만

〈해설〉 ICAO Annex 3, Appendix 3, 4.1.5 보고(Reporting)
국지 정시보고와 특별보고 그리고 METAR와 SPECI에서 풍속이 0.5 m/s(1 kt) 미만으로 보고된 경우에는 정온(calm)으로 표기해야 한다.

【문제】39. 관제사가 불러주는 바람정보는 활주로 상공 몇 m에서 측정하는가?
① 3 m   ② 5 m   ③ 7 m   ④ 10 m

【문제】40. METAR 보고에서 풍속이 100 kt 이상인 바람의 표기로 맞는 것은?
① 100/99KT   ② 100V99KT   ③ 100P99KT   ④ 100G99KT

정답   34. ②   35. ③   36. ①   37. ③   38. ③   39. ④   40. ③

【문제】 41. 바람의 측정 및 보고방법으로 잘못된 것은?
① 활주로 10 m 위에서 측정하고, 풍향은 10° 단위, 풍속은 1 kt 단위로 표기한다.
② 100 kt 이상의 gust는 문자 M 다음에 99KT로 보고한다.
③ 측정 바로 전 10분 동안 순간 최대풍속이 평균풍속의 10 kt 이상일 경우 문자 G 다음에 최대순간풍속을 표기한다.
④ Wind calm은 00000 다음에 KT로 보고한다.

〈해설〉 항공기상 관측지침, 3.6.1 지상풍의 관측과 통보
  1. 지상풍 관측용(풍향·풍속계) 측기 설치
    지상풍 관측은 지면 위 10±1 m(30±3 ft) 높이에서 관측한다.
  2. 지상풍 관측의 전문 작성
    가. 풍향은 진북기준 10° 단위로 반올림한 3단위 숫자로 표기해야 하며, 바로 뒤에 풍속을 2자리 숫자로 공백없이 표기하고 풍속의 측정단위(KT)를 표기한다.
      예) 24008KT
    나. 풍속이 1 kt 미만일 때 즉, 정온(calm)인 경우에는 "00000"으로 표기한다.
      예) 00000KT
    다. 100 kt 이상인 풍속을 통보할 때는 지시자 "P"를 사용하여 풍속을 "99"로 표기한다.
      예) 140P99KT
    라. 관측시간 바로 전 10분 동안에 평균풍속으로부터의 변동폭(gust)이 평균풍속값의 10 kt 이상일 때 풍향풍속 뒤에 문자 "G"를 표시하고, 최대순간풍속을 2자리로 표기한다.
      예) 12006G18KT

【문제】 42. TAF에 포함되는 운형은?
① AC   ② CB   ③ NS   ④ SC

〈해설〉 FAA AIM 7-1-29. 국제민간항공기구(ICAO) 기상형식, 공항예보(Aerodrome Forecast; TAF)
  TAF 하늘상태는 METAR 절에 기술된 METAR 형식을 사용한다. 적란운(CB)은 TAF에서 예보되는 유일한 운형이다.

【문제】 43. TAF의 변화지시군(change indicator groups)으로 알맞은 것은?
① CAVOK   ② SKC   ③ NIL   ④ BECMG

【문제】 44. TAF에서 점진적으로 규칙 또는 불규칙인 기상상태의 변화가 예상될 때 이를 나타내는 변화지시자는?
① TEMPO   ② BECMG   ③ FM   ④ PROB

〈해설〉 AIM 7-1-29. 국제민간항공기구(ICAO) 기상형식, 예보 변화지시자(Forecast Change Indicators)
  1. From(FM) group : 우세한 기상상태가 1시간 이내에 급격하게 변화할 것으로 예상될 때 사용한다.
  2. Becoming(BECMG) group : 기상상태가 보다 더 장시간, 일반적으로 2시간에 걸쳐 점진적으로 변화할 것으로 예상될 때 사용한다.
  3. Temporary(TEMPO) group : 바람, 시정, 기상상태 또는 하늘상태가 1시간 미만 동안에 걸쳐서 (일시적으로) 지속되고, 시간대의 1/2 미만 동안 발생할 것으로 예상될 때 사용한다.

[정답] 41. ②   42. ②   43. ④   44. ②

Ⅱ. 고도계 수정 절차(Altimeter Setting Procedures)

【문제】1. 항공기의 고도 5,000피트에서 온도가 -10℃일 때, 9,000피트에서의 온도는 얼마인가?
① -24℃   ② -20℃   ③ -18℃   ④ -4℃

〈해설〉 FAA AIM 7-3-1. 기압고도계(Barometric Altimeter)에 대한 저온의 영향
해면(sea level)에서의 표준온도는 15℃(59°F)이며, 온도변화율은 1,000 ft 당 -2℃(-3.6°F)이다. 예를 들어 고도가 4,000 ft(9,000 ft - 5,000 ft) 증가하면 온도는 8℃ 감소한다.

【문제】2. 31.00 inHg 이상의 대기압을 정확히 측정할 수 없는 공항의 기상보고 및 항공기 운항에 대한 설명으로 틀린 것은?
① 대기압은 "Missing"으로 보고된다.
② 대기압은 "In excessive of 31.00 inHg"로 보고된다.
③ 이륙은 계기출발하는 항공기만 가능하다.
④ Mode C 운용 중인 비행기의 경우 radar scope 상에 실제와 상이한 고도정보가 표시된다.

〈해설〉 FAA AIM 7-2-3. 고도계 오차(Altimeter Errors)
기압계의 압력이 31.00 inHg를 초과하는 경우, 31.00 inHg를 초과하는 대기압을 정확하게 측정할 수 없는 공항은 대기압을 "missing" 또는 "in excess of 31.00 inches of Hg"로 보고한다. 이러한 공항의 항공기 입출항은 VFR 기상상태로 제한된다.

〈참조〉 항공교통관제절차 2-7-2. 전이고도 미만에서의 고도계수정치 발부
주(note) - Mode C를 장착한 항공기는 관제사의 레이더스코프 상에 배정된 고도와는 다르게 일정한 오차를 지닌 고도로 전시된다. 실제 고도계가 31.28 inches Hg일 때, Mode C가 장착된 항공기가 3,000피트로 고도배정을 받은 경우 3,300피트로 고도가 나타난다.

【문제】3. 정밀접근에서 DH는 ( )를 기준으로 하고, circling approach 시 MDA는 ( )를 기준으로 한다. ( ) 안에 맞는 것은?
① HAT, HAA   ② HAA, HAT   ③ HAT, TDZE   ④ HAA, TDZE

〈해설〉 FAA IFH 제1장. The National Airspace System, 착륙 최저치(Landing Minimums)
최저접근고도(minimum approach altitude)를 기술하기 위해 사용되는 용어는 정밀접근과 비정밀접근 간에 다르다. 정밀접근은 시단표고 상공의 높이(height above threshold elevation; HAT)를 기준으로 하는 DH를 사용하고, 비정밀접근은 "feet MSL"을 기준으로 하는 MDA를 사용한다. 또한 MDA는 직진입접근의 경우 HAT를 기준으로 하고, 선회접근의 경우 공항표고 상공의 높이(height above airport; HAA)를 기준으로 한다.

【문제】4. Decision height(DH) 용어가 적용되는 접근은?
① Indirect approach
② Conventional approach followed by a visual maneuver
③ Precision approach
④ Conventional approach

정답 1. ③   2. ③   3. ①   4. ③

【문제】 5. Decision height(DH) 고도는?
① Pressure altitude　② Absolute altitude
③ True altitude　④ Density altitude

〈해설〉 FAA AIM 용어사전(Glossary). 결심고도/결심높이(Decision Altitude/Decision Height) [ICAO] 접근을 수행하는데 요구되는 시각참조물을 확인하지 못한 경우, 실패접근이 시작되는 정밀접근에서의 특정고도 또는 높이(A/H). 결심고도(DA)는 평균해면고도(MSL)를 기준으로 표시하고, 결심높이(DH)는 활주로시단(threshold) 표고를 기준으로 표시한다.

【문제】 6. 항공기가 착륙했을 때 활주로 표면 위에서 고도계가 "0"을 지시하도록 하는 고도계 설정방법은?
① QFE　② QFH　③ QNE　④ QNH

【문제】 7. QNE로 set 할 경우 지시하는 고도는?
① 진고도　② 기압고도　③ 절대고도　④ 밀도고도

【문제】 8. 전이고도 미만의 표준대기상태가 아닌 곳에서 고도계수정치를 29.92 inHg로 set 할 경우 지시하는 고도는?
① 진고도　② 밀도고도　③ 절대고도　④ 기압고도

【문제】 9. 기압고도계를 비행장의 QNH로 set할 경우, 고도계가 지시하는 고도는?
① 국제표준대기상태일 경우에만, 착륙 시 "0"을 지시한다.
② 착륙 시 "0"을 지시한다.
③ 국제표준대기상태일 경우에만, 착륙 시 비행장표고를 지시한다.
④ 착륙 시 비행장표고를 지시한다.

【문제】 10. Altimeter setting에 대한 다음 설명 중 틀린 것은?
① QNE set 시 지표면으로부터의 실제고도를 지시한다.
② QNH set 시 MSL 고도의 실제 비행고도를 지시한다.
③ QFE set 시 지표면에서는 "0"을 지시한다.
④ 전이고도 이상으로 상승시에는 QNE, 미만으로 하강시에는 QNH로 set 한다.

〈해설〉 항공기상 관측지침, 5.3.7.4 고도계수정치
　　항공기 운항에서는 기압을 고도로 전환하는 기압고도계를 사용한다. 고도계수정치는 특정 기준고도면으로부터 기압고도를 구하기 위하여 사용되는 값으로 사용목적과 기준고도의 차에 따라 QFE, QNH, QFF 및 QNE의 네 가지로 구분한다. 즉 항공기 기압고도계의 "0"점을 어느 기준면에 맞추느냐에 따라 지시값의 차이가 나는 것이다.
　1. QFE
　　현지기압을 공항 공식 표고값으로 고도 보정한 기압값으로, QFE값을 기준으로 setting한 항공기가 공항의 표고지점 위에 있을 경우 기압고도계의 지시값이 "0"을 나타내는 고도계수정치이다. 비행 중에 표시되는 고도는 공항의 표고지점 위의 고도이다.

[정답] 5. ②　6. ①　7. ②　8. ④　9. ④　10. ①

2. QNH
   공항 관측지점으로부터 해수면까지를 국제표준대기(ISA)온도로 가정하여 해면경한 기압값으로, QNH값을 기준으로 setting한 항공기가 공항의 공식 표고지점 위에 있을 때 기압고도계의 지시값이 공항의 공식표고값을 나타내는 고도계수정치이다.
3. QFF
   공항 관측지점으로부터 해수면까지를 등온대기로 가정하여 해면경정한 기압값으로, 현재온도를 사용한다. QFF와 QNH의 차이는 대기의 상태가 국제표준대기와 명확히 다를 때(예를 들면, 기온이 높고 고도가 높은 공항) 확연히 구별될 수 있다.
4. QNE
   기압고도계의 고도계 지시값 "0"점을 표준대기 29.92 inHg로 맞추는 고도계수정치이다. QNE로 공항의 착륙지점까지의 고도를 알 수 있다. 더욱 넓은 의미로 이것은 또한 기압고도이며, 국제표준대기에서 어떤 특정고도로서 달리 정의될 수 있다. 대양상공을 비행하거나 특정고도 이상의 고공을 비행할 때에는 동일한 QNE를 사용하여 항공기 충돌을 방지한다.

■ 잠깐! 알고 가세요.
[기압고도계 수정방식]

구분	QNH	QNE	QFE
용도	고도 14,000 ft 미만에서 비행할 경우(장거리비행)	해상비행 또는 14,000 ft 이상의 고고도에서 비행할 경우(원거리비행)	단거리비행
지시 고도	진고도(해면상에서부터의 고도)	기압고도(기압기준선 즉 표준대기압으로부터의 고도)	절대고도(항공기로부터 그 당시 지형까지의 거리)
비고	활주로 상에서 고도계는 활주로의 표고를 지시한다. Tower에서 불러주는 setting 이다.	29.92 inHg의 표준대기압 고도에서 고도계는 0 ft를 지시한다.	지정된 임의의 지형면(대개 활주로면)으로부터의 고도이며, 활주로 상에서 고도계는 0 ft를 지시한다.

【문제】11. 전이고도 미만에서 altimeter set 후 착륙 시 고도계가 지시하는 고도는?
① Touchdown zone elevation
② Aerodrome reference point(ARP) elevation
③ Field elevation
④ 0 ft

【문제】12. 전이고도 이하의 고도에서 비행하는 경우 altimeter setting은?
① 출발공항의 altimeter로 setting 한다.
② 착륙공항의 altimeter로 setting 한다.
③ 비행로를 따라 185 km 이내에 있는 ATC로부터 통보받은 altimeter로 setting 한다.
④ 29.92 inHg로 setting 한다.

【문제】13. 전이고도 미만에서의 고도계 setting 방식은?
① QNE   ② QFF   ③ QFE   ④ QNH

[정답] 11. ③   12. ③   13. ④

【문제】 14. FL210에서 altimeter set 후 비행 시 고도계가 지시하는 고도는?
  ① 절대고도   ② 진고도   ③ 밀도고도   ④ 압력고도

【문제】 15. 알려진 altimeter가 없을 경우, 비행로를 따라 몇 마일 이내에 있는 ATC로부터 통보받은 QNH로 수정하여야 하는가?
  ① 50마일   ② 100마일   ③ 150마일   ④ 200마일

【문제】 16. 이륙 시 altimeter setting에 대한 자료가 없을 경우 고도계 setting은?
  ① 이륙공항의 표고에 고도계를 맞춘다.   ② 착륙공항의 표고에 고도계를 맞춘다.
  ③ 고도계를 "0"으로 맞춘다.   ④ 29.92 inHg로 맞춘다.

〈해설〉 FAA AIM 7-2-3. 고도계 오차(Altimeter Errors)
  해면고도 18,000 ft 미만에서 기압계의 압력이 31.00 inch Hg 이하인 경우, 다음과 같이 고도계를 수정한다.
  1. 비행로를 따라 항공기의 100 NM 이내에 있는 기지국(station)으로부터 통보받은 최신 고도계수정치로 수정한다.
  2. 100 NM 이내에 기지국이 없는 경우에는 이용 가능한 적정 기지국으로부터 통보받은 최신 고도계 수정치로 수정한다.
  3. 무선통신기를 갖추지 않은 항공기의 경우에는 출발공항의 표고(elevation)에 설정하거나, 출발하기 전의 이용 가능한 적정 고도계수정치를 활용한다.

〈참조〉 항공안전법 시행규칙 제165조(기압고도계의 수정)
  1. 전이고도 이하의 고도로 비행하는 경우에는 비행로를 따라 185 km(100해리) 이내에 있는 항공교통관제기관으로부터 통보받은 QNH[185 km(100해리) 이내에 항공교통관제기관이 없는 경우에는 제227조제1호에 따른 비행정보기관 등으로부터 받은 최신 QNH]로 수정할 것
  2. 전이고도를 초과한 고도로 비행하는 경우에는 표준기압치(1,013.2헥토파스칼)로 수정할 것

【문제】 17. 우리나라의 전이고도(transition altitude)는?
  ① 12,000 ft   ② 14,000 ft   ③ 16,000 ft   ④ 18,000 ft

〈해설〉 AIP ENR 1.7 고도계 수정절차(Altimeter Setting Procedures)
  인천 비행정보구역 내의 전이고도는 14,000피트이며 전이비행고도는 FL140 이다.

【문제】 18. 전이고도에서 고도계를 변경할 때 변경 기압치의 기준으로 옳은 것은?
  ① 1012.3 hPa   ② 1013.2 hPa   ③ 1031.2 hPa   ④ 1032.3 hPa

【문제】 19. 우리나라에서 항공기가 상승하려는 경우 QNE로 변환해야 하는 고도는?
  ① 10,000 ft   ② 12,000 ft   ③ 14,000 ft   ④ 16,000 ft

【문제】 20. Transition level 060, transition altitude 5,800 ft인 transition layer를 통과하여 강하하는 항공기가 고도계를 local altimeter로 수정해야 하는 고도는?
  ① 5,800 ft   ② 5,900 ft   ③ 6,000 ft   ④ 6,100 ft

정답 14. ④ 15. ② 16. ① 17. ② 18. ② 19. ③ 20. ③

〈해설〉 Transition altitude와 transition level 사이의 공역을 전이층(transition layer)이라고 한다. 이 전이층을 통과하여 강하하는 항공기는 transition level에서 고도계를 QNH(local altimeter)로 수정하여야 한다.
　반대로 전이층을 통과하여 상승하는 항공기는 transition altitude에서 표준기압치(1013.2 hPa 또는 29.92 인치)로 수정하여야 한다.

【문제】 21. 고도계의 오차가 아닌 것은?
　① 기계적오차　② 온도오차　③ 탄성오차　④ 밀도오차

【문제】 22. 고도계는 이륙 전에 해당 공항의 표고와 국지 QNH로부터 얻어진 계기고도와의 편차가 몇 ft 이내이어야 계기비행에 사용할 수 있는가?
　① ±25 ft　② ±50 ft　③ ±75 ft　④ ±100 ft

【문제】 23. Altimeter setting 0.1 inHg 차이에 따른 고도 편차는?
　① 1,000 feet　② 100 feet　③ 10 feet　④ 1 feet

〈해설〉 FAA AIM 7-2-3. 고도계 오차(Altimeter Error)
1. 대부분의 기압고도계(pressure altimeter)는 기계적오차, 탄성오차, 온도오차 및 장착오차의 영향을 받는다.
2. 고도계는 이륙 전에 해당 공항의 표고와 국지 QNH로부터 얻어진 계기고도와의 편차가 ±75 ft 이내이어야 계기비행에 사용할 수 있다.
3. 고기압지역에서 저기압지역으로 비행할 때 고도계를 재설정하지 않는다면 항공기는 고도계가 지시하는 고도보다 지표면에 더 근접해 있을 것이다. 고도계수정치 1 in의 오차는 고도 1,000 ft의 오차를 낳는다.

【문제】 24. 고도계수정치를 30.10″Hg로 통보받고도 30.01″Hg로 잘못 setting 했다면 기압고도계는 어떻게 지시하는가?
　① 실제고도보다 60 ft 높게 지시한다.　② 실제고도보다 90 ft 높게 지시한다.
　③ 실제고도보다 60 ft 낮게 지시한다.　④ 실제고도보다 90 ft 낮게 지시한다.

〈해설〉 기압 차이는 30.01−30.10 = −0.09 inHg
　1 inHg의 기압 차이는 1,000 ft의 고도 차이를 발생시키므로, 고도 차이는 −0.09×1,000 = −90 ft
　∴따라서, 기압고도계는 실제고도보다 90 ft 낮게 지시한다.

【문제】 25. 이륙공항 altimeter가 29.91″Hg 이었다. 비행 후 altimeter를 수정하지 않고 활주로 표고가 1,500 ft인 공항에 표준 대기압 상태에서 착륙 시 고도계가 지시하는 고도는?
　① 1,480 ft　② 1,490 ft　③ 1,500 ft　④ 1,510 ft

〈해설〉 표준 대기압은 29.92 inHg 이므로, 기압 차이는 29.91−29.92 = −0.01 inHg
　1 inHg의 기압 차이는 1,000 ft의 고도 차이를 발생시키므로, 고도 차이는 −0.01×1,000 = −10 ft
　∴고도계는 실제 활주로 표고보다 10 ft 낮게 지시하므로, 지시고도는 1,500−10 = 1,490 ft 이다.

정답　21. ④　22. ③　23. ②　24. ④　25. ②

【문제】26. 29.91″Hg set하여 비행 후 비행장 표고 1,500 ft, QNH 30.08″Hg인 공항에 착륙하였을 시 계기고도는?

① 0 ft ② 1,330 ft ③ 1,483 ft ④ 1,670 ft

〈해설〉 기압 차이는 29.91−30.08=−0.17 inHg, 고도 차이는 −0.17×1,000=−170 ft
∴ 따라서, 계기고도는 1,500−170=1,330 ft 이다.

【문제】27. FL220으로 비행을 하던 항공기가 QNH 30.26″Hg, 비행장 표고 134 ft인 비행장에 고도계를 setting하지 않고 착륙 시 고도계가 지시하는 고도는?

① 134 ft ② 206 ft ③ −134 ft ④ −206 ft

〈해설〉 해면고도 18,000 ft 이상으로 비행하는 항공기는 고도계수정치를 29.92 inHg(표준기압치)로 설정하여야 한다.
기압 차이는 29.92−30.26=−0.34 inHg, 고도 차이는 −0.34×1,000=−340 ft
∴ 따라서, 계기고도는 134−340=−206 ft 이다.

【문제】28. FL220으로 항로 비행 후 QNH 30.37 inHg인 공항(활주로 표고 450 ft)에 고도계 수정없이 착륙 시 고도계가 지시하는 고도는?

① Zero ② 450 ft ③ −450 ft ④ 405 ft

〈해설〉 해면고도 18,000 ft 이상으로 비행하는 항공기는 고도계수정치를 29.92 inHg(표준기압치)로 설정하여야 한다.
기압 차이는 29.92−30.37=−0.45 inHg, 고도 차이는 −0.45×1,000=−450 ft
∴ 따라서, 계기고도는 450−450=0 ft 이다.

【문제】29. 외기온도가 일정한 상태에서 일정한 Calibrated Airspeed(CAS)로 강하 시 True Airspeed(TAS)는?

① 감소한다. ② 일정하게 증가한다.
③ 변하지 않는다. ④ 급격하게 증가한다.

【문제】30. 일정한 Power와 Calibrated Airspeed(CAS)로 고온지역에서 저온지역으로 비행하면?

① 진고도와 진대기속도는 감소한다.
② 진고도와 진대기속도는 증가한다.
③ 진고도는 감소하고, 진대기속도는 증가한다.
④ 진고도는 증가하고, 진대기속도는 감소한다.

【문제】31. 일정한 고도로 비행 중 외기온도가 상승하면?

① 진대기속도, 진고도 모두 증가한다.
② 진대기속도, 진고도 모두 감소한다.
③ 진대기속도는 감소하고, 진고도는 증가한다.
④ 진대기속도는 증가하고, 진고도는 감소한다.

[정답] 26. ② 27. ④ 28. ① 29. ① 30. ① 31. ①

【문제】32. 일정한 Indicated Airspeed(IAS) 상태에서 온도 강하 시 True Airspeed(TAS)는?
　　① 증가한다.　　　　　　　　　　② 감소한다.
　　③ 변화가 없다.　　　　　　　　　④ 외기온도가 표준온도보다 낮으면 증가한다.

【문제】33. 일정한 power setting에서 일정한 지시고도를 유지하며 온도가 높은 지역으로 비행 시 다음 중 맞는 것은?
　　① True airspeed는 감소하고, true altitude는 증가한다.
　　② True airspeed와 true altitude 모두 감소한다.
　　③ True airspeed와 true altitude 모두 증가한다.
　　④ True airspeed는 증가하고, true altitude는 감소한다.

【문제】34. 표준대기상태에서 일정한 Indicated Airspeed(IAS)로 상승 시 True Airspeed(TAS)는?
　　① 증가한다.　　　　　　　　　　② 급격하게 감소한다.
　　③ 일정하게 감소한다.　　　　　　④ 변함이 없다.
　〈해설〉 FAA AFH, 용어사전(Glossary), 진대기속도(True Airspeed; TAS)
　　　수정대기속도(calibrated airspeed)를 고도 및 비표준기온으로 수정한 속도. 고도가 증가함에 따라 공기밀도는 감소하기 때문에 항공기는 더 높은 고도에서 더 빨리 비행할 수 있다. 따라서 일정한 수정대기속도 또는 지시대기속도에서 고도가 증가함에 따라 진대기속도는 증가한다.
　　　또한 온도가 증가함에 따라 공기밀도는 감소하기 때문에 항공기는 더 빨리 비행할 수 있다. 따라서 일정한 수정대기속도 또는 지시대기속도에서 온도가 증가함에 따라 진대기속도는 증가한다.

【문제】35. 온도가 높은 지역에서 낮은 지역으로 비행 시 고도계의 지시는?
　　① 지시고도와 진고도는 동일하게 지시한다.　② 지시고도는 진고도보다 낮게 지시한다.
　　③ 지시고도는 진고도보다 높게 지시한다.　　④ 변화가 없다.

【문제】36. 일정한 지시고도를 유지하면서 기온이 높은 지역에서 낮은 지역으로 비행할 때 진고도는?
　　① 높아진다.　　　　　　　　　　② 낮아진다.
　　③ 변하지 않는다.　　　　　　　　④ 외기온도가 표준온도보다 높으면 증가한다.

【문제】37. FL310에서 기온이 표준온도 이하일 때, true altitude(TA)와 pressure altitude(PA)의 관계로 옳은 것은?
　　① TA와 PA는 같다.　　　　　　　② TA는 FL310보다 높다.
　　③ TA는 FL310보다 낮다.　　　　　④ PA는 TA보다 낮다.

【문제】38. FL370에서 외기온도가 ISA -10℃ 일 때, true altitude(TA)와 pressure altitude(PA)의 관계로 옳은 것은?
　　① FL370보다 TA가 높다.　　　　② FL370보다 TA가 낮다.
　　③ PA가 TA보다 낮다.　　　　　　④ PA와 TA는 관계가 없다.

[정답]　32. ②　33. ③　34. ①　35. ③　36. ②　37. ③　38. ②

⟨해설⟩ FAA AIM 7-3-1. 기압고도계(Barometric Altimeter)에 대한 저온의 영향
온도 또한 고도와 고도계의 정확성에 영향을 미친다. 표준온도와 해당 고도에서의 대기온도의 차이가 지시고도(indicated altitude)의 오차를 발생시킨다. 대기온도가 표준온도보다 더 따뜻하면 당신은 고도계가 지시하는 것보다 더 높이 있는 것이다. 또한 대기가 표준보다 더 춥다면 당신은 지시하는 것보다 더 낮게 있는 것이다. 이러한 차이의 크기가 오차의 양을 결정한다. 일정한 지시고도를 유지하면서 더 차가운 기단으로 비행할 경우 진고도(true altitude)는 낮아지게 된다.

【문제】39. 저기압 지역에서 고기압 지역으로 비행 시 진고도는?
① 진고도는 계기고도보다 높다. ② 진고도는 계기고도보다 낮다.
③ 진고도는 계기고도와 같다. ④ 진고도는 계기고도보다 높았다 낮아진다.

【문제】40. 기압이 높은 곳에서 낮은 곳으로 비행할 경우 고도계의 지시는?
① 진고도는 지시고도보다 높게 지시한다. ② 진고도는 지시고도보다 낮게 지시한다.
③ 진고도는 지시고도와 동일하게 지시한다. ④ 진고도와 지시고도는 변함이 없다.

⟨해설⟩ FAA AIM 7-2-4. 기압고도계 오차(Barometric Pressure Altimeter Errors). 높은 기압계 압력
한랭건조기단은 31.00 inHg를 초과하는 기압계의 압력을 발생시킬 수 있으며, 대다수의 항공기 고도계는 31.00 inHg 이상을 설정할 수 없다. 항공기의 고도계를 31.00 inHg 이상으로 설정할 수 없다면, 항공기의 진고도는 기압고도계의 지시고도보다 더 높을 것이다.

■ 잠깐! 알고 가세요.
[기상요소에 따른 항공기 고도와 속도의 변화]

구 분		진고도	지시고도	진대기속도
온도	감소	감소	증가	감소
	증가	증가	감소	증가
기압	감소	감소	증가	증가
	증가	증가	감소	감소
고도	감소	–	–	감소
	증가	–	–	증가

Ⅲ. 항적난기류(Wake Turbulence)

【문제】1. Wake turbulence의 강도에 관한 다음 설명 중 틀린 것은?
① 강도는 항공기의 무게, 속도 및 날개의 형태에 따라 달라진다.
② 강도의 기본요인은 항공기의 무게이며, 강도는 무게에 비례하여 증가한다.
③ 플랩 또는 날개형태 변경장치(wing configuring device)를 펼치면 강도가 변할 수 있다.
④ 최대와류강도는 항공기가 무겁고, 외부 장착물이 없으며 고속일 때 발생한다.

【문제】2. 다음 중 wake turbulence의 강도가 가장 큰 경우는?
① 높은 받음각, 무거운 중량, 저속 항공기 ② 낮은 받음각, 가벼운 중량, 고속 항공기
③ 높은 받음각, 무거운 중량, 고속 항공기 ④ 낮은 받음각, 가벼운 중량, 저속 항공기

정답 39. ① 40. ② / 1. ④ 2. ①

【문제】 3. 다음 중 가장 강도가 큰 wake turbulence를 발생시키는 항공기는?
① Large, heavy, at maximum speed in full flaps configuration.
② Large, heavy, at low speed in clean configuration.
③ Small, light, at maximum speed in full flaps configuration.
④ Small, light, at low speed in clean configuration.

【문제】 4. 다음 중 가장 큰 강도의 wake turbulence를 발생시키는 조건은?
① heavy, slow, landing gear/flaps up 상태일 때
② heavy, slow, landing gear/flaps down 상태일 때
③ heavy, fast, landing gear/flaps up 상태일 때
④ heavy, fast, landing gear/flaps down 상태일 때

〈해설〉 FAA AIM 7-4-3. 와류의 강도(Vortex Strength)
와류(vortex)의 강도는 와류를 발생시키는 항공기의 중량, 속도 및 날개의 형상에 좌우된다. 또한 항공기 와류의 특성은 속도변화는 물론 플랩(flap) 또는 그 밖의 날개형태 변경장치(wing configuring device)를 펼침으로서도 변경될 수 있다.
그러나 기본요인은 중량이며, 와류의 강도는 중량에 비례하여 증가한다. 최대와류강도는 와류를 발생시키는 항공기가 무겁고(heavy), 외부 장착물이 없으며(clean), 그리고 저속(slow)일 때 발생한다.

【문제】 5. 착륙 활주로 위에 가장 오랫동안 위험요소로 남아있는 비행 난기류가 존재할 수 있는 조건은?
① 맞바람(정풍)　　　　　　　　　② 뒷바람(배풍)
③ 약한 45도 후측풍　　　　　　　④ 강한 45도 후측풍

〈해설〉 FAA AIM 7-4-4. 와류의 특성(Vortex Behavior)
측풍은 풍상와류(upwind vortex)의 횡적 움직임은 감소시키고 풍하와류(downwind vortex)의 움직임은 증가시킨다. 따라서 활주로를 가로지르는 1~5 knot의 미풍은 일정 시간동안 풍상와류를 접지구역에 남아있도록 하고, 풍하하류가 다른 활주로 쪽으로 빨리 편류되도록 한다. 45°의 각도로 부는 약한 배풍(light quartering tailwind)에는 특히 주의를 기울여야 한다.

【문제】 6. 대형 항공기 뒤에서 접근할 때 wake turbulence를 회피하기 위한 방법으로 적합한 것은?
① 대형항공기의 접근비행경로 또는 비행경로 아래로 접근한다.
② 대형항공기의 접지지점을 지나서 착륙한다.
③ 대형항공기의 접지지점 이전에 착륙한다.
④ 대형항공기의 접지지점과 동일한 지점에 착륙한다.

【문제】 7. 대형항공기 다음에 이륙할 때 후류를 회피하기 위한 절차로 맞는 것은?
① 대형항공기의 부양지점과 동일한 지점에서 이륙한다.
② 대형항공기의 부양지점 전에서 이륙한다.
③ 이륙을 한 후에 대형항공기의 밑으로 비행을 한다.
④ 대형항공기의 동일고도 바로 뒤쪽에서 비행을 한다.

[정답] 3. ②　4. ①　5. ③　6. ②　7. ②

〈해설〉 FAA AIM 7-4-6. 와류회피절차(Vortex Avoidance Procedure)
1. 대형항공기의 뒤를 따라 착륙할 때 : 동일 활주로의 경우, 대형항공기의 최종접근비행경로나 위로 비행하며 대형항공기의 접지지점(touchdown point)을 알아 두었다가 그 지점을 지나서 착륙한다.
2. 이륙하는 대형항공기의 뒤를 따라 착륙할 때 : 동일 활주로의 경우, 대형항공기의 부양지점(rotation point)을 알아 두었다가 부양지점 훨씬 이전에서 착륙한다.
3. 대형항공기의 뒤를 따라 이륙할 때 : 대형항공기의 부양지점을 알아 두었다가 대형항공기의 부양지점 이전에서 이륙한다. 대형항공기의 후류에서 벗어나 선회할 때 까지 대형항공기의 상승경로 위로 계속 상승한다. 대형항공기의 후방 및 아래를 가로지르는 기수방향(heading)은 피하여야 한다.

【문제】8. 동일 고도 또는 1,000 ft 이하로 분리된 항공기 뒤를 따를 때 wake turbulence 간격분리 최저치로 틀린 것은?
① Heavy 뒤에 Light : 5 NM
② Heavy 뒤에 Medium : 5 NM
③ Heavy 뒤에 Heavy : 4 NM
④ Medium 뒤에 Light : 5 NM

【문제】9. Wake turbulence Category 별 final에서의 간격분리로 틀린 것은?
① Heavy 뒤에 Heavy : 4 NM
② Heavy 뒤에 Medium : 5 NM
③ Heavy 뒤에 Light : 6 NM
④ Medium 뒤에 Light : 4 NM

〈해설〉 항공교통관제절차 5-5-4. 최저치(Minima)
민간전용 공항에서 다음과 같은 분리조건인 경우, 항적난기류 분리최저치를 적용하여 분리기준에 따라 항공기를 분리한다.
1. 분리조건
  가. 항공기가 동일 고도 또는 300 m(1,000 ft) 미만의 고도 차이로 앞선 항공기 뒤를 운항하는 경우
  나. 두 항공기가 동일 활주로를 이용하거나, 평행활주로가 760 m(2,500 ft) 미만으로 분리된 경우
2. 분리기준
  가. 대형기(H) 뒤의 대형기(H) : 7.4 km(4마일)
  나. 대형기(H) 뒤의 중형기(M) : 9.3 km(5마일)
  다. 대형기(H) 뒤의 소형기(L) : 11.1 km(6마일)
  라. 중형기(M) 뒤의 소형기(L) : 9.3 km(5마일)

【문제】10. 동일 활주로 상에서 출항하는 CAT Ⅱ항공기와 뒤따라 이륙하는 CAT Ⅰ항공기 간의 분리간격은?
① 2,000피트
② 3,000피트
③ 4,500피트
④ 6,000피트

〈해설〉 항공교통관제절차 3-9-6. 동일 활주로 상 분리(Same Runway Separation)
동일 활주로 상에서 선행 이착륙하는 항공기로부터 이륙하는 항공기를 분리하기 위하여 두 항공기 간 다음의 최저거리가 유지될 때, 선행 항공기가 이륙 후 뒤따라 출발하는 항공기를 활주시킬 수 있다.
1. CAT Ⅰ항공기간 : 3,000 ft
2. CAT Ⅱ항공기가 CAT Ⅰ항공기에 앞서 비행할 때 : 3,000 ft
3. 뒤따르는 항공기 또는 둘 다 CAT Ⅱ항공기일 때 : 4,500 ft
4. 둘 중의 하나가 CAT Ⅲ항공기일 때 : 6,000 ft(다만, 민간전용공항인 경우 8,000 ft 적용)
5. 뒤따르는 항공기가 헬리콥터일 때, 거리최저치 사용 대신 시계(visual) 분리를 적용한다.

정답 8. ①   9. ④   10. ②

【문제】 11. 대형항공기 다음에 소형항공기가 뒤따라 착륙하는 경우 항적난기류 분리를 위한 시차 분리 및 레이더 분리간격은?

① 2분, 5 NM　　　② 3분, 6 NM　　　③ 4분, 7 NM　　　④ 5분, 8 NM

〈참조〉 항공교통관제절차 6-7-5. 간격 최저치(Interval Minima)
　1. "2"와 같이 특정한 상황이 아닐 시 연속적인 접근 항공기간 분리는 2분 또는 5마일 레이더 분리기준을 적용한다.
　2. 연속적인 접근 항공기간 항적난기류 분리는 다음과 같이 시간 또는 레이더 분리기준을 적용한다.
　　가. 초대형(super) 뒤
　　　(1) 대형 : 3분 또는 6마일
　　　(2) 중형 : 3분 또는 7마일
　　　(3) 소형 : 4분 또는 8마일
　　나. 대형 뒤 소형 : 3분 또는 6마일

Ⅳ. 잠재적인 비행위험 요소

【문제】 1. 비행성능을 결정하는 기준이 되는 고도는?

① 밀도고도　　　② 기압고도　　　③ 진고도　　　④ 절대고도

【문제】 2. 다음 중 밀도고도가 증가하는 경우는?

① 온도 하강, 기압 하강, 습도 상승　　　② 온도 하강, 기압 상승, 습도 하강
③ 온도 상승, 기압 하강, 습도 상승　　　④ 온도 상승, 기압 상승, 습도 상승

【문제】 3. 밀도고도가 증가하기 위한 조건으로 맞는 것은?

① 온도 증가, 고도 증가, 습도 증가　　　② 온도 증가, 고도 증가, 습도 감소
③ 온도 증가, 고도 감소, 습도 증가　　　④ 온도 감소, 고도 증가, 습도 증가

〈해설〉 FAA AIM 7-6-7. 산악비행(Mountain Flying)
　밀도고도는 공기밀도의 정도를 나타낸다. 밀도고도를 높이의 기준으로 사용해서는 안되며, 항공기의 성능을 판단하는 기준으로만 사용해야 한다. 고도가 증가하면 공기밀도는 감소한다. 공기밀도가 감소함에 따라 밀도고도는 증가한다. 높은 온도와 높은 습도의 추가적인 영향은 누적되고 높은 밀도고도가 더욱 높아지는 결과를 가져온다.

【문제】 4. 눈으로 덮인 극지역 비행 시 눈의 햇빛 반사로 인하여 시야가 잘 보이지 않는 현상을 무엇이라고 하는가?

① Aurora　　　② Vertigo　　　③ Whiteout　　　④ Blackout

〈해설〉 FAA AIM 7-6-14. Flat Light 및 White Out 상황에서의 비행
　White out은 사람이 주위의 모든 것이 백색광(white glow)인 상황에 놓이게 될 때 발생한다. 백색광은 바람에 날리는 눈, 먼지, 모래, 진흙 또는 물 등에 둘러싸여 있을 때 생긴다. 그림자가 없어지고 수평선이나 하늘을 구분할 수 없게 되며, 모든 심도 및 방향감각을 잃어버리게 된다. White out 상황은 시각참조물이 없다는 점에서 심각하다. 어떠한 white out 상황에서도 비행을 해서는 안된다.

정답　11. ②　/　1. ①　2. ③　3. ①　4. ③

V. 조종사의 의학적 요소(Medical Facts)

【문제】1. 조종사가 약물을 복용했을 때 나타나는 증상이 아닌 것은?
① 경각심 증가   ② 저산소증 발생   ③ 판단력 저하   ④ 주의력 저하

〈해설〉 FAA AIM 8-1-1. 비행 적합성(Fitness for Flight), 의약품(Medication)
　　조종사의 수행능력은 앓고 있는 질병뿐만 아니라 처방된 약이나 상용의약품 모두에 의해 심각하게 저하될 수 있다. 신경안정제, 진정제, 강력진통제 및 기침억제제와 같은 여러 의약품들이 주로 판단력, 기억력, 주의력, 협응력, 시력 및 계산능력을 저하시키는 효과를 나타낸다. 진정제, 신경안정제 또는 항히스타민제와 같이 신경계통을 저하시키는 의약품은 조종사를 저산소증(hypoxia)에 보다 더 잘 걸리게 할 수 있다.

【문제】2. 저산소증의 증상이 아닌 것은?
① 현기증   ② 체강통   ③ 두통   ④ 시력 저하

【문제】3. 단독으로 비행하는 조종사에게 저산소증이 특히 위험한 이유는 무엇인가?
① 야간시력이 손상되어 다른 항공기를 발견할 수 없기 때문이다.
② 저산소증의 증상은 조종사의 반응에 영향을 미치기 전에는 쉽게 인지하기 어렵기 때문이다.
③ 조종사는 산소를 흡입한다 하더라도 항공기를 조종할 수 없기 때문이다.
④ 저산소증은 고공에서만 발생하는 현상이기 때문이다.

【문제】4. 다음은 저산소증에 관련된 사항이다. 틀린 것은?
① 저산소증의 종류에는 고공성 저산소증, 빈혈성 저산소증이 있다.
② 음주, 자가 복약 후 비행 시에는 상승작용을 일으킨다.
③ 주간, 야간 공히 10,000 ft 이하에서는 안전하다.
④ 보통의 조종사는 증상을 잘 인식하지 못한다.

〈해설〉 FAA AIM 8-1-2. 고도의 영향(Effcts of Altitude), 저산소증(Hypoxia)
　1. 저산소증이란 두뇌 및 그 밖의 신체기관의 기능을 저하시킬 정도의 체내 산소결핍 상태이다.
　2. 5,000 ft 정도의 낮은 객실기압고도에서는 야간에 시력저하가 발생하기는 하지만, 일반적으로 건강한 조종사라면 12,000 ft까지는 고도의 영향으로 인한 그 밖의 심각한 저산소증은 보통 발생하지 않는다. 12,000~15,000 ft의 고도에서는 판단력, 기억력, 주의력, 협응력 및 계산능력이 저하되고 두통, 졸음, 현기증, 그리고 행복감(다행증) 또는 호전성과 같은 증상이 나타난다.
　　〔참고〕위에 열거한 증상 중에서 졸음을 저산소증의 자각증상으로 여기지 않는 교재/교범도 있다.
　3. 소량의 알코올, 그리고 항히스타민제, 신경진정제, 안정제 및 진통제와 같은 소량의 약품 투여만으로도 이들의 진정작용으로 인해 쉽게 저산소증에 빠질 수 있다. 저산소증의 영향을 인지하는 것은 일반적으로 아주 어려우며 점진적으로 발생할 때는 특히 더 어렵다.
　4. 최적의 보호를 위해 주간에는 10,000 ft 이상, 야간에는 5,000 ft 이상에서 보조산소를 사용할 것을 조종사에게 권장하고 있다.

【문제】5. 고도 35,000 ft에서 비여압 상태일 때, 비상산소가 없는 경우 유효의식시간은?
① 1~2분   ② 30~60초   ③ 15~20초   ④ 9~12초

정답　1. ①　2. ②　3. ②　4. ③　5. ②

〈해설〉 FAA PHAK. 제17장 항공의학적 요소(Aeromedical Factors), 저산소증(Hypoxia)

용어 "유효의식시간(time of useful consciousness)"이란 보조산소가 없는 경우, 해당 고도에서 조종사가 합리적으로 비상탈출 여부를 판단하고 이를 수행할 수 있는 최대시간을 의미한다. 아래 표와 같이 10,000 ft 이상에서 고도가 증가함에 따라 유효의식시간은 현저하게 감소하고, 저산소증 증상은 심각하게 증가한다.

고 도	유효의식시간(TUC)	고 도	유효의식시간(TUC)
45,000 ft MSL	9~15초	28,000 ft MSL	2.5~3분
40,000 ft MSL	15~20초	25,000 ft MSL	3~5분
35,000 ft MSL	30~60초	22,000 ft MSL	5~10분
30,000 ft MSL	1~2분	20,000 ft MSL	30분 이상

【문제】6. 지표면이 표준기압일 때, 대기압이 해면기압의 1/2로 감소되는 고도는?
① 8,000피트   ② 10,000피트   ③ 15,000피트   ④ 18,000피트

〈해설〉 FAA PHAK. 제4장 비행원리(Principles of Flight), Chapter 3 대기압(Atmospheric Pressure)
18,000 ft에서의 대기압은 해면(sea level) 대기압의 1/2 이다.

【문제】7. 부비강통의 치료방법으로 틀린 것은?
① 가벼운 증상일 경우 침을 삼킨다.
② 지속적으로 통증이 올 경우 발살바(Valsalva)를 실시한다.
③ 통증이 악화될 경우 2,000 ft~3,000 ft 상승 후 비점막수축제를 투여하고 서서히 하강한다.
④ 100% 산소를 호흡한다.

〈해설〉 한국항공진흥협회 항공과 인적요소. 단원 2 항공생리
부비강통도 중이통과 마찬가지로 이를 막기 위해서는 단순히 침을 삼키거나 하품을 해도 좋고, "발살바(Valsalva)"라는 특수한 행동을 해주면 매우 효과적이다. 통증이 심할 때는 2,000 ft~3,000 ft 상승하여 비점막수축제를 투여하고 서서히 하강한다.

【문제】8. 다음 중 과다호흡증의 증상인 것은?
① 근육경련   ② 호흡속도의 감소
③ 시야의 협소   ④ 불안 및 초조함

【문제】9. 과호흡증(hyperventilation)이 나타날 경우 취해야 할 행동으로 맞는 것은?
① 산소비율을 높이기 위해 환기를 시킨다.   ② 호흡률을 줄인다.
③ 숨을 크게 쉰다.   ④ 침을 삼킨다.

〈해설〉 FAA AIM 8-1-3. 비행중 과호흡증(과다호흡증, Hyperventilation in Flight)
1. 과호흡증은 신체를 통해 이산화탄소가 과다하게 "배출"되기 때문이며, 조종사는 어지러움, 질식, 졸음, 손발 저림 및 오한 그리고 이것들과 반응하여 한층 더 심한 과호흡증을 겪을 수 있다. 협동운동 장애, 방향감각 상실 및 고통스러운 근육경련은 언젠가는 무기력 상태로 이어질 수 있다.
2. 호흡률과 호흡의 깊이를 의식적으로 조절하여 정상을 되찾은 후 수분 이내에 과호흡증의 증상은 가라 앉는다. 체내에 이산화탄소의 보강은 종이봉지를 코와 입에 대고 내쉬고 들이마시는 호흡을 함으로써 촉진할 수 있다.

정답 6. ④   7. ④   8. ①   9. ②

【문제】 10. 직진수평비행 중 속도를 증가시키면 상승하는 것과 같이 느끼는 신체현상을 무엇이라 하는가?
① 수평 착각　　② 전향성 착각　　③ 신체중력성 착각　　④ 과중력 효과

【문제】 11. 수평비행 중 항공기 감속 시 나타나는 착각은?
① 신체중력성 착각 – 강하감
② 신체중력성 착각 – 상승감
③ 안구중력성 착각 – 강하감
④ 안구중력성 착각 – 상승감

〈해설〉 FAA AIM 8-1-5. 비행착각(Illusions in flight), 신체중력성 착각(somatogravic illusion)
이륙 중의 급격한 가속은 기수올림(nose up) 자세인 것 같은 착각을 유발시킬 수 있다. 방향감각을 상실한 조종사는 기수내림(nose low) 또는 강하자세가 되도록 항공기의 조종간을 밀 것이다. Throttle의 급격한 줄임으로 인한 급감속은 정반대의 영향을 미칠 수 있으며, 방향감각을 상실한 조종사는 기수올림 또는 실속자세가 되도록 항공기의 조종간을 잡아당길 것이다.

【문제】 12. 평소보다 좁은 활주로에 착륙 시 조종사의 접근 경향성은?
① 실제보다 높은 접근을 실시한다.
② 실제보다 낮은 접근을 실시한다.
③ 기상에 따라 다르다.
④ 변화 없다.

【문제】 13. 일반적인 활주로보다 폭이 넓은 활주로에 착륙할 때, 조종사는 어떠한 시각적 착각을 유발할 수 있는가?
① 실제보다 높게 보이고, 정상 접근보다 낮게 접근할 수 있다.
② 실제보다 낮게 보이고, 정상 접근보다 높게 접근할 수 있다.
③ 실제보다 높게 보이고, 정상 접근보다 높게 접근할 수 있다.
④ 실제보다 낮게 보이고, 정상 접근보다 낮게 접근할 수 있다.

【문제】 14. 실제보다 높은 고도에 있는 것 같은 착각을 유발하는 활주로는?
① Downslope, narrower than usual runway
② Downslope, wider than usual runway
③ Upslope, narrower than usual runway
④ Upslope, wider than usual runway

【문제】 15. 활주로 접근 시 비행착각에 대한 설명 중 틀린 것은?
① Up slope runway 접근 시 고도가 낮게 느껴진다.
② 평소보다 좁은 활주로 접근 시 고도가 높아 보인다.
③ 연무가 끼어있으면 runway가 멀게 느껴진다.
④ 주변보다 높은 곳에 있는 것 같은 활주로 접근 시 하향 완만한 접근을 하게 된다.

【문제】 16. 비행착각에 따른 조종사의 접근 경향성으로 틀린 것은?
① 상향 활주로 – 낮은 접근
② 좁은 활주로 – 낮은 접근
③ 야간비행 – 낮은 접근
④ 안개, 연무 – 높은 접근

정답　10. ③　11. ①　12. ②　13. ②　14. ③　15. ①　16. ④

【문제】17. 비행착각에 대한 다음 설명 중 틀린 것은?
① 우중 - 높다는 착각
② 주변 장애물이 없는 활주로 - 높다는 착각
③ 맑은 날씨 - 멀다는 착각
④ 안개 - 기수가 들린다는 착각

【문제】18. Optical illusion에 대한 다음 설명 중 틀린 것은?
① 안개에 진입 - 기수가 들리는 착각
② 폭이 넓은 활주로 - 평소보다 높아 보이는 착각
③ 위로 경사진 활주로 - 평소보다 높아 보이는 착각
④ 특색이 없는 지형 - 평소보다 높아 보이는 착각

【문제】19. 비행착각에 대한 설명 중 맞는 것은?
① 날씨가 맑으면 더 멀어 보인다.
② 비가 오면 더 가까워 보인다.
③ 활주로 주변에 장애물이 없는 활주로가 장애물이 있는 활주로보다 낮게 보인다.
④ 안개 속으로 들어가면 기수가 들린다는 착각이 든다.

〈해설〉 FAA AIM 8-1-5. 비행 착각(Illusions in Flight), 착륙실수를 유발하는 착각
1. 활주로 폭 착각(runway width illusion)
  일반적인 활주로보다 폭이 좁은 활주로는 항공기가 실제보다 더 높은 고도에 있는 것 같은 착각을 유발시킬 수 있다. 이러한 착각을 인지하지 못한 조종사는 더 낮게 접근하여 접근로의 장애물과 충돌하거나 활주로에 못 미쳐 착륙할 수 있는 위험을 안고 있다. 일반적인 활주로보다 폭이 넓은 활주로는 정반대의 영향을 미칠 수 있으며, 높은 고도에서 수평조작을 하여 거친 착륙(hard landing)을 하거나 활주로를 초과할 수 있는 위험을 안고 있다.
2. 활주로 및 지형 경사착각(runway and terrain slope illusion)
  위로 경사진 활주로, 위로 경사진 지형 또는 양쪽 다인 경우, 항공기가 실제보다 더 높은 고도에 있는 것 같은 착각을 유발시킬 수 있다. 이러한 착각을 인지하지 못한 조종사는 더 낮게 접근할 것이다. 아래로 경사진 활주로, 아래로 경사진 접근 지형 또는 양쪽 다인 경우 정반대의 영향을 미칠 수 있다.
3. 특색이 없는 지형 착각(featureless terrain illusion)
  수면, 어두운 지역, 그리고 눈으로 덮여 특색이 없어진 지형 위에 착륙할 때와 같이 지표면의 특색이 없는 경우, 항공기가 실제보다 더 높은 고도에 있는 것 같은 착각을 유발시킬 수 있다. 이러한 착각을 인지하지 못한 조종사는 더 낮게 접근할 것이다.
4. 대기현상에 의한 착각(atmospheric illusion)
  Windscreen 상의 빗물은 더 높은 고도에 있는 것 같은 착각을 유발시키고, 대기의 연무(haze)는 활주로로부터 더 먼 거리에 있는 것 같은 착각을 유발시킬 수 있다. 이러한 착각을 인지하지 못한 조종사는 더 낮게 접근할 것이다. 안개 속으로 비행하다 보면 기수가 들리는 것(pitch up) 같은 착각이 유발될 수 있다. 이러한 착각을 인지하지 못한 조종사는 종종 갑자기 가파른 경사도로 접근할 수 있다.

【문제】20. 비행착각 발생 시 조치사항에 관한 설명 중 틀린 것은?
① 수평직선비행 시 머리를 좌우로 약간 움직여 본다.
② 착각이 지속되면 부조종사에게 조종을 인계한다.

정답 17. ③ 18. ② 19. ④ 20. ③

③ 심한 비행착각 시 계기와 외부를 cross check 한다.
④ 크게 놀랐다면 의사나 동료들과 상의한다.

〈해설〉 한국항공진흥협회 항공과 인적요소. 단원 2 항공생리
비행착각의 극복방법은 다음과 같다.
1. 지속적으로 반복되는 경미한 착각을 운항승무원이 비행임무의 다른 방향으로 주의를 돌림으로써 없어질 수 있다. 수평, 직선비행 시에는 머리를 약간 움직이는 것이 효과적일 수 있다.
2. 강한 착각, 또는 정위 유지나 비행기 조종의 어려움에 갑작스럽게 직면했을 때에는
  가. 계기로 돌아가서 cross-check 하라.
  나. 항공기의 계기판을 보고 원하는 비행자세가 되도록 조작하라.
  다. 계기점검을 지속적으로 수행하고 특히 고도계에 주의를 집중하라.
  라. 외부의 시각적 단서가 명확하기 전까지는 시계비행과 계기비행을 혼용해서 비행하지 마라.
  마. 심한 착각이 지속되면 도움을 청하라. 부조종사에게 조종간을 넘기거나, 지상 관제사, 다른 비행기 운항승무원과 교신하고 고도계를 체크하라.
  바. 조종불능인 경우에는 너무 하강하기 전에 비상 탈출하라.
3. 거의 모든 비행착각은 부자연스러운 비행환경에 대한 정상적 반응이므로 비행중 일어났던 일로 크게 놀랐다면 의사를 포함한 동료들과 의논하라.

■ 잠깐! 알고 가세요.
[착륙실수를 유발하는 착각]

구 분		착각유형	결 과
활주로 폭	폭이 좁은 활주로	높다는 착각	낮게 접근
	폭이 넓은 활주로	낮다는 착각	높게 접근
활주로/지형 경사	상경사 활주로	높다는 착각	낮게 접근
	하경사 활주로	낮다는 착각	높게 접근
특색이 없는 지형		높다는 착각	낮게 접근
대기현상	Windscreen 빗물	높다는 착각	낮게 접근
	연무	멀다는 착각	낮게 접근
	안개 속	기수가 들리는 착각	가파른 경사도로 접근

【문제】 21. 야간 관측방법에 대한 설명 중 틀린 것은?
① 밝은 빛에서 암순응에 완전히 적응하는데 약 30분 소요된다.
② 주간보다 눈동자를 천천히 움직인다.
③ 보고 있는 물체에 집중한다.
④ 주변시를 이용한다.

〈해설〉 FAA AFH. 제11장 야간운항(Night Operations), 야간시야(Night Vision)
다음 항목들은 야간시야의 효율성을 높이는데 도움을 줄 것이다.
1. 비행 전에 눈을 어둠에 적응시키고 그러한 적응상태를 유지하라. 밝은 빛에 노출 된 이후에 눈이 최대 효율로 적응하기 까지는 대략 30분이 필요하다.
2. 만약 산소가 있다면 야간비행 중에 사용하라. 5,000 ft 근처에서 야간시야의 현저한 악화가 발생할 수 있다는 것을 명심해라.
3. 밝은 빛에 노출되었을 경우 한 쪽 눈을 감아 아무것도 안 보이는 현상을 피하라.

정답 21. ③

4. 해가 진 이후에는 선글라스를 쓰지 마라.
5. 주간보다 눈을 더 천천히 움직여라.
6. 흐릿하게 보일 때는 눈을 깜빡거려라.
7. 눈으로 하여금 중심 밖을 보도록 하라.

【문제】22. 주간에 효율적으로 타 항공기를 경계하기 위해서는 몇 도 범위로 보아야 하는가?
① 8°　　　　　② 10°　　　　　③ 12°　　　　　④ 15°

〈해설〉AIM 8-1-6. 비행시각(Vision in Flight), 다른 항공기의 탐색(Scanning for Other Aircraft)
눈은 좁은 시각범위에만 초점을 맞출 수 있으므로, 중심시야(central visual field)에 하늘의 연이은 부분이 오도록 일련의 짧고 일정한 간격으로 눈을 움직여 효과적인 탐색을 할 수 있다. 각각의 움직임은 10°를 초과하지 않아야 하며, 충돌탐지를 하기 위해서 최소한 1초 동안 각 구역을 주시하여야 한다.

Ⅵ. 항공차트(Aeronautical Charts)

【문제】1. 야외시계비행을 위한 지도의 축척은?
① 1 : 250,000　　② 1 : 500,000　　③ 1 : 1,000,000　　④ 1 : 1,500,000

【문제】2. B등급 또는 C등급 공역 내부 또는 주변의 비행장으로 접근하는 시계비행 조종사가 보아야 할 차트는?
① Sectional aeronautical chart　　② Enroute chart
③ VFR terminal area chart　　④ Standard terminal arrival chart

【문제】3. 저속 및 중속 비행기의 시계비행을 위한 축척 1:500,000의 chart는?
① Charted VFR Flyway Planning Chart
② VFR Terminal Area Chart
③ VFR Enroute Low Altitude Chart
④ Sectional Chart

【문제】4. 공항 인근 주요 지형지물을 묘사하여 시계비행 조종사들에게 필요한 정보를 제공하며, 또한 대형공항 주변의 혼잡한 공역에서의 접근과 출발절차에 대한 정보를 포함하고 있는 차트는?
① Visual approach procedure chart
② Aerodrome chart
③ Terminal area chart
④ Aerodrome obstruction chart

【문제】5. B등급 공역으로 지정된 공역을 수록하고 있는 VFR Terminal area chart의 축척은?
① 1 : 125.000　　② 1 : 100.000　　③ 1 : 250.000　　④ 1 : 500.000

정답　22. ②　/　1. ②　2. ③　3. ④　4. ③　5. ③

【문제】 6. 고고도 장거리 비행에 적합한 chart는?
① Aeronautical navigation chart
② World aeronautical chart
③ Aeronautical chart
④ Sectional aeronautical chart

〈해설〉 FAA AIM 9-1-4. 각 차트 시리즈의 일반적인 설명. VFR 항법 차트(VFR Navigation Chart)
1. 구역항공차트(Sectional Aeronautical Charts) : 구역차트(Sectional chart)는 저속 및 중속항공기의 시계운항을 위해 만들어진 것이다. 지형정보는 등고선, 음영 기복(shaded relief), 수로의 모양, 그리고 VFR 비행에 사용하기 위하여 광범위하게 선정된 시각참조점(visual checkpoint) 및 랜드마크로 구성된다. 축척은 1:500,000 이다.
2. VFR 터미널지역차트(VFR Terminal Area Charts; TAC) : TAC에는 B등급 공역으로 지정된 공역을 표기한다. 구역차트와 유사하지만 축척이 커서 더욱 상세하다. TAC는 B등급 또는 C등급 공역 내부나 근처의 비행장으로 입출항하는 조종사가 사용할 수 있다. 축척은 1:250,000 이다.

〈참조〉 항공정보 및 항공지도 등에 관한 업무기준, 제4장 항공지도업무(Charts)
1. 세계항공도(World Aeronautical Chart) : 항공지도업무기관은 세계항공도에 시계항행기준(visual air navigation)을 충족시키기 위한 정보를 제공하여야 한다.
2. 항법도(Aeronautical Navigation Chart) : 항공지도업무기관은 항법도에 고고도로 장거리 비행을 하는 운항승무원의 공중항법 지원업무를 수행할 수 있는 정보를 제공하여야 한다.

【문제】 7. ICAO Area chart에서 계기비행 항공기에 제공하는 정보가 아닌 것은?
① 항로에서 비행장으로 최종진입 시 전환절차
② 선회 시의 절차를 포함한 최저안전고도(MSA)
③ 이륙에서 항로로의 전환절차
④ 복합 ATS 항로 또는 공역을 통과하는 운항

〈해설〉 항공정보 및 항공지도 등에 관한 업무기준, 제7절 지역도(Area Chart)-ICAO
항공지도업무기관은 지역도에 다음과 같은 계기비행단계를 용이하게 수행하기 위한 정보를 조종사에게 제공하여야 한다.
1. 비행의 항공로단계와 비행장 접근단계간의 전환
2. 이륙/실패접근단계와 순항단계간의 전환
3. 복잡한 항공로 또는 공역의 통과비행

【문제】 8. ICAO Type B의 aerodrome obstacle chart에서 제공되지 않는 정보는?
① 최저안전고도
② 최대 허용이륙중량
③ 장애물 허용 간격
④ 이착륙실패 절차

〈해설〉 항공정보 및 항공지도 등에 관한 업무기준, 제13절 비행장장애물도(Aerodrome Obstacle Chart)-ICAO 유형 B
항공지도업무기관은 항공지도 제작을 위한 기초자료로 제공하기 위해 비행장장애물도 ICAO Type B에 다음과 같은 기능을 충족시키는 정보를 제공하여야 한다.
1. 선회절차에 관한 최저안전고도를 포함한 최저안전고도/높이의 결정
2. 이륙 또는 착륙 중 비상사태 발생 시 사용절차의 결정
3. 장애물 회피 및 표지 기준의 적용

정답   6. ①   7. ②   8. ②

【문제】 9. 다음 중 Visual Approach Chart를 적용하지 않는 공항은?
  ① 시계접근절차가 수립된 공항
  ② 1/500,000 이상의 축척을 가진 chart가 발행되지 않은 공항
  ③ 통신장비가 설치된 공항
  ④ 제한된 항법장비가 설치된 공항

〈해설〉 항공정보 및 항공지도 등에 관한 업무기준, 제11절 시계접근도(Visaul Approach Charts)-ICAO
   항공지도업무기관은 다음과 같은 경우 국제민간항공에 사용되는 모든 비행장에 대해 시계접근도를 제작하여야 한다.
   1. 제한된 항행안전무선시설만을 이용할 수 있는 경우
   2. 무선통신시설을 사용할 수 없는 경우
   3. 1:500,000 또는 그 이상의 축척으로 제작된 비행장 및 인근지역에 대한 항공지도가 없는 경우
   4. 시계접근절차가 수립되었을 경우

【문제】 10. IFR Enroute Low Altitude Chart의 최대사용고도는?
  ① 10,000 ft 미만 ② 14,000 ft 미만 ③ 18,000 ft 미만 ④ 20,000 ft 미만

〈해설〉 AIM 9-1-4. IFR 저고도항공로차트(IFR Enroute Low Altitude Chart) (미국대륙 및 알래스카)
   저고도항공로차트는 IFR 상태에서 18,000 ft MSL 미만의 운항을 위한 항공정보를 제공한다.

【문제】 11. 우리나라에서 High/Low alternate chart의 구분 기준고도는?
  ① 10,000 ft 미만 ② 14,000 ft 미만 ③ 18,000 ft 미만 ④ 25,000 ft 미만

〈해설〉 우리나라에서 High/Low alternate chart를 구분하는 기준고도는 14,000 ft 이다.

【문제】 12. Enroute chart에 표기된 270°가 가리키는 방향은?
  ① TH   ② Track   ③ MH   ④ MC

【문제】 13. Enroute chart에 표시되는 방위(bearing)의 기준은?
  ① True North   ② Compass North
  ③ Grid North   ④ Magnetic North

〈해설〉 ICAO Annex 4. 제7장 Enroute Chart-ICAO
   방위(bearing), 진로 및 레디얼(radial)은 자북을 기준으로 하여야 한다.

【문제】 14. Approach chart에 표기된 260° hdg의 의미는?
  ① Magnetic heading을 260°로 유지하라.
  ② True heading을 260°로 유지하라.
  ③ True course를 260°로 유지하라.
  ④ Track을 260°로 유지하라.

〈해설〉 ICAO Annex 4, 제11장. Instrument Approach Chart-ICAO
   방위(bearing), 진로 및 레디얼(radial)은 자북을 기준으로 하여야 한다.

정답 9. ③   10. ③   11. ②   12. ④   13. ④   14. ①

【문제】15. En-route chart, Terminal area chart, Approach chart에 사용되는 거리 단위는?
① Statutes mile ② Nautical mile
③ Mile ④ Feet

〈해설〉 ICAO Annex 4, 2.5 측정단위(Units of measurement)
거리(distance)는 최단거리로 kilometers 또는 nautical miles 단위를 사용하여 표기하여야 하며, 각 단위가 명확히 구분될 수 있을 경우에는 두 단위 모두를 사용할 수 있다.

【문제】16. Chart에 표기되는 고도는?
① Above ground level(AGL) ② Mean sea level(MSL)
③ Pressure altitude ④ Density altitude

【문제】17. 항공도에 표기되는 고도는?
① 밀도고도 ② 기압고도 ③ 절대고도 ④ 진고도

【문제】18. SID와 STAR chart에 사용되는 고도는?
① MSL ② AGL ③ MEA ④ MORA

〈해설〉 FAA AFH, 용어사전(Glossary), 진고도(True Altitude)
달리 명시되지 않는 한 항공 차트의 공항, 지형 및 장애물표고는 MSL을 기준으로 하는 진고도이다. 진고도란 해면고도 상부 비행기의 수직거리로 실제고도이며, 보통 평균해발고도(mean sea level ; MSL)의 높이를 feet 단위로 나타낸다.

〈참조〉 Jeppesen, Introduction to Navigation charts. SID/DP and STAR Legend
달리 명시되지 않는 한, SID/DP 및 STAR chart에 제시되는 모든 고도는 MSL 이다.

【문제】19. 항법시설을 중심으로 한 위치를 나타내는 용어는?
① Course ② Radial ③ Heading ④ Track

〈해설〉 FAA AIM 용어사전(Glossary). Radial
VOR/VORTAC/TACAN 항행안전시설로부터 연장된 자방위(magnetic bearing)

【문제】20. VOR 설치 시 radial의 기준은?
① Magnetic heading ② True heading
③ Magnetic bearing ④ True bearing

〈해설〉 Radial은 VOR, VORTAC, 또는 TACAN station으로부터의 자방위(magnetic bearing)를 나타낸다.

【문제】21. 아래 기호가 의미하는 navigation aid는?
① VORTAC ② VOR
③ DME ④ ADF

정답 15. ② 16. ② 17. ④ 18. ① 19. ② 20. ③ 21. ①

【문제】 22. Enroute chart에서 아래 그림과 같은 부호의 의미는?

① Basic radio navigation symbol
② RNAV waypoint compulsory position report
③ RNAV waypoint non-compulsory position report
④ Collocated VOR and DME radio navigation aids

〈해설〉 AIP GEN 2.3 Chart Symbols. Radio navigation aid symbols

항행안전시설		부호(symbol)
Basic radio navigation aid symbol		⊙
Non-directional radio beacon	NDB	◎
VHF omnidirectional radio range	VOR	⬡
Distance measuring equipment	DME	⊡
Collocated VOR and DME radio navigation aids	VOR/DME	⬡
UHF tactical air navigation aid	TACAN	⬠
Collocated VOR and TACAN radio navigation aids	VORTAC	⬡
Radio marker beacon(Elliptical)		⬯

【문제】 23. Area chart에서 부호 ◄— —가 의미하는 것은?
① Arrival route   ② Departure route
③ Feeder route   ④ Transition route

【문제】 24. Area chart에서 부호 ◄——의 의미는?
① Arrival route   ② Departure route
③ RNAV route   ④ Arrival and departure on same route

〈해설〉 Jeppesen, Introduction to Navigation charts. Enroute Chart Legend
다음의 범례(legend)는 Area Chart에만 적용된다.
◄——— Departure route
◄— — Arrival route
——— Arrival & Departure on same route

【문제】 25. Enroute chart에서 아래 그림과 같은 기호의 의미는?

```
 21
  └32
```

① DME Distance
② MEA Change
③ Segment mileage
④ Changeover point

〈해설〉 Jeppesen, Introduction to Navigation charts. Enroute Chart Legend

[정답] 22. ③   23. ①   24. ②   25. ④

두 station 간의 항법 주파수 변경지점(changeover point; COP)은 station으로부터 변경지점까지의 마일 수로 나타낸다. COP가 중간지점 또는 선회지점 일 경우에는 생략된다.

【문제】26. Enroute chart에서 symbol의 의미가 잘못된 것은?
① (RJ) - Japan   ② (P) - Prohibited
③ (W) - Warning   ④ (A) - Advised

〈해설〉Enroute Chart에서 symbol "(A)"는 경계구역(Alert area)을 나타낸다.

【문제】27. 아래 그림과 같은 chart의 기호가 의미하는 것은?

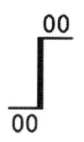

① 두 항법시설 사이의 항법 주파수 변경지점까지의 거리
② 인근 장애물과의 거리
③ 항로상의 필수보고지점
④ 항로에서 MEA가 변하는 표시

【문제】28. Enroute chart에서 아래 그림의 symbol이 의미하는 것은?

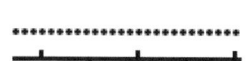

① ADIZ, DEWIZ and CADIZ boundary
② FIR, UIR, ARTCC or OCA boundary
③ International boundary
④ Time zone boundary

【문제】29. 다음 중 chart에서 ADIZ를 의미하는 기호는?

〈해설〉Jeppesen, Introduction to Navigation charts. Enroute Chart Legend
경계선(boundary)을 나타내는 부호(symbol)는 다음과 같다.

경계선(boundary)	부호(symbol)
ADIZ, DEWIZ and CADIZ	··················
FIR, UIR, ATRCC or OCA boundary	··············
International boundary	── ─ ─
Time zone boundary	┤┤┤┤
QNH/QNE-boundaries	QNH ·-o-·-o-·-o-· QNE
RVSM boundary	RVSM AIRSPACE

〈참조〉ICAO Annex 4. Appendix 2 ICAO Chart Symbols
방공식별구역(Air Defence Identification Zones; ADIZs)의 부호(symbol)는 다음과 같다.

【정답】 26. ④   27. ①   28. ②   29. ③

경계선(boundary)	부호(symbol)
Air Defence Identification Zones (ADIZs)	∷∷∷∷∷∷∷∷∷∷∷∷∷∷

【문제】30. SID/STAR chart에서 기호 "━ ━ ━ ━ ━ ━"가 의미하는 것은?
　　① Sector boundary　　　　② Time zone boundary
　　③ Sectional boundary　　　④ Monitoring boundary

〈해설〉Jeppesen, Introduction to Navigation charts. SID/DP and STAR legend
　　　출발관제주파수가 SID/DP에 포함되어 있다. 주파수는 차트의 head에 수록되거나, 주파수 섹터 (frequency sector)가 명시되어 있는 경우 차트의 평면도에 게재될 수 있다.

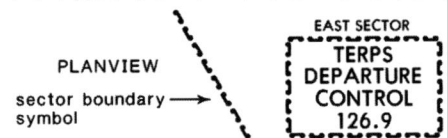

【문제】31. Feeder route에 대한 설명 중 맞는 것은?
　　① 연료절약을 보장하는 route 이다.
　　② 공항 5 NM 전까지 안전운항을 보장하는 route 이다.
　　③ En route structure로부터 IAF까지의 전환을 제공한다.
　　④ Final approach fix를 통과하면 종료된다.

【문제】32. Feeder route를 볼 수 있는 chart는?
　　① Enroute chart　　　　② Approach chart
　　③ Arrival chart　　　　 ④ Area chart

〈해설〉FAA AIM 용어사전(Glossary). 전이로(Feeder Route)
　　　항공로 구조에서 최초접근 fix(IAF)까지 비행하는 항공기의 비행로를 지정하기 위하여 계기접근절차 chart에 명시된 비행로

정답　30. ①　31. ③　32. ②

항공종사자(조종/관제 분야)를 위한
비행정보 및 관제절차 문제집

1판 1쇄 발행	2024년 2월 19일
2판 1쇄 발행	2025년 3월 10일

지은이 | 편집부
펴낸이 | 김명선
펴낸곳 | 항공출판사
등 록 | 2022. 7. 4(제25100-2022-000042호)
주 소 | 경기도 부천시 경인로 605 103동 2401호
문 의 | 항공출판사 네이버 카페(Cafe.Naver.net/aerobooks)

정 가 20,000원
ISBN 979-11-979475-5-1 93550

※ 항공출판사의 서면 동의 없이 이 책을 무단 복사, 복제, 전재하는 것은 저작권법에 저촉됩니다.
※ 파손된 책은 구입한 곳에서 교환해 드립니다.

Copyright©2022 aviation books. All rights reserved.